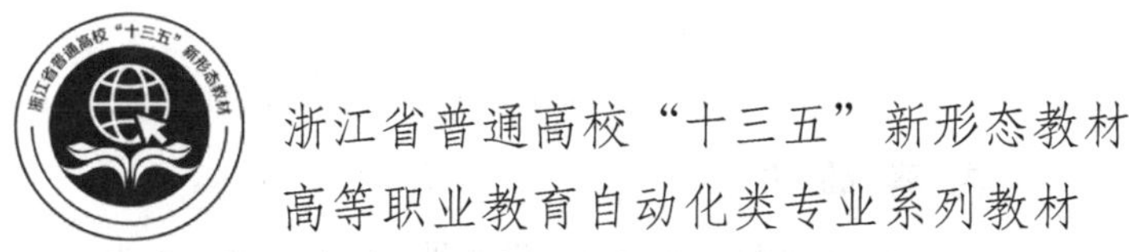

浙江省普通高校“十三五”新形态教材

高等职业教育自动化类专业系列教材

供配电技术与应用

主　编　姜　磊

副主编　郑红峰

電子工業出版社

Publishing House of Electronics Industry

北京 · BEIJING

内 容 简 介

本书按照理实一体、任务驱动模式，以经典供配电理论及前沿的供配电技术及设备为载体，以实训操作及工程任务为主线，着重培养学生的职业技术能力。本书通过一整套完整的供配电系统进行课题划分，如高压侧项目（包括高压侧设备原理分析、高压侧设备的选择及校验）、供配电线路原理图的分析设计（包括供配电原理图的分析、供配电原理图的绘制、供配电线路的接线）、低压侧项目（包括低压设备介绍、低压设备的选择与校验、工厂中照明及动力线路的设计安装与计算）、供配电系统的保护（包括一次侧及二次侧继电保护、中性点运行方式原理分析、各种检测仪表的应用）、节能及安全用电（包括无功补偿、短路的简单分析及预防、电费计价、安全用电急救措施等）、综合设计（包括项目设计、施工、图纸绘制、安全检修及电工作业操作）。

本书可作为应用型本科、高职高专院校电气工程及自动化、生产过程自动化、工业自动化等电类专业的教材，也可供相关专业的工程师和技术人员参考。

图书在版编目（CIP）数据

供配电技术与应用 / 姜磊主编. — 北京：电子工业出版社，2020.8

ISBN 978-7-121-39239-9

Ⅰ. ①供… Ⅱ. ①姜… Ⅲ. ①供电系统－高等职业教育－教材 ②配电系统－高等职业教育－教材 Ⅳ. ①TM72

中国版本图书馆CIP数据核字（2020）第122715号

责任编辑：康　霞
印　　刷：涿州市般润文化传播有限公司
装　　订：涿州市般润文化传播有限公司
出版发行：电子工业出版社
　　　　　北京市海淀区万寿路173信箱　邮编 100036
开　　本：787×1092　1/16　　印张：18.25　　字数：467.2千字
版　　次：2020年8月第1版
印　　次：2024年12月第7次印刷
定　　价：45.00元

凡所购买电子工业出版社图书有缺损问题，请向购买书店调换。若书店售缺，请与本社发行部联系，联系及邮购电话：（010）88254888，88258888。

质量投诉请发邮件至 zlts@phei.com.cn，盗版侵权举报请发邮件至 dbqq@phei.com.cn。

本书咨询联系方式：（010）88254609 或 hzh@phei.com.cn。

前言

PREFACE

本书为浙江省普通高校“十三五”新形态教材，是在国家信息化教学建设飞速发展的背景下，结合当前“互联网+”课程改革要求而编写的具有工学结合特色的教材。本书可作为应用型本科、高职高专院校电气工程及自动化、生产过程自动化、工业自动化等电类专业的教材，内容可以根据每个学校不同专业的人才培养要求进行取舍；也可供相关专业的工程师和技术人员参考。

本书分为8个课题，内容包括供配电系统基本认识，供配电系统的转换设备、高压侧设备及其选择校验，供配电系统的成套配电装置、低压侧设备及其选择校验，供配电线路的运行与维护，供配电系统的电力负荷计算及短路计算，供配电系统的保护、二次接线及自动装置，供配电系统的安全及节约用电，供配电系统的运行维护及检修试验。内容由浅入深，通俗易懂，图文并茂，使读者能够将理论与实践相结合。在内容安排上突出理实一体化概念，每章都有对应的实训课题，应用性较强。

本书不同于其他供配电技术教材，配备了配套的视频教程（通过二维码学习），让枯燥的学习变得生动、有趣，充分体现了新形态教材的优势。同时根据高职学生的特点，将烦琐的计算内容进行整合，引入企业实际工程案例，有针对性地进行项目训练。

本书由浙江工业职业技术学院姜磊担任主编，由浙江工业职业技术学院郑红峰担任副主编，在编写过程中得到了浙江天煌科技实业有限公司（天煌教仪）相关技术部门的大力支持，在此表示衷心的感谢。

限于编者水平，加之本书又是新形态一体化教材的首度尝试，还处于不断的探索过程中，难免存在不妥之处，恳请使用本书的师生和相关专家批评指正。

编者

2020年6月

目录

CONTENT

课题1　供配电系统基本认识

［**内容概述**］ 本课题包括三点内容：第一，概述供配电技术的一些基本知识；第二，讲述电力系统的运行状态和中性点运行方式；第三，讲述供电质量的要求及电力用户供配电基本参数的选择。

［**课题目标**］

1. 了解电力系统的基本概念、组成和作用。
2. 了解电力系统中发电厂、电力网和用户之间的关系。
3. 了解电力系统运行的基本要求。
4. 了解供配电系统电压的选择要求。

1.1　供配电系统的基本概念

供配电技术主要用于解决电力的供应和分配问题。供配电工作要很好地为企业生产和国民经济服务，切实满足企业生产和整个国民经济生活的需要，切实搞好安全用电、节约用电、计划用电（合称“三电”）工作，必须达到下列基本要求：

• 安全——在电力的供应、分配和使用中，要注意环境保护，特别要注意避免发生人身或设备事故。

• 可靠——应满足电力用户对供电可靠性，即连续供电的要求。

• 优质——应满足电力用户对电压质量和频率质量等方面的要求。

• 经济——在满足安全、可靠和电能质量的前提下，应尽量使供配电系统投资少、运行费用低，并尽可能地节约用电和减少有色金属消耗量。

此外，在供配电工作中，应合理地处理局部与全局、当前与长远的关系，既要照顾局部和当前的利益，又要有全局观念，能顾全大局，适应发展。例如，处理计划用电问题时，不能只考虑本单位的局部利益，更要有全局观念，要服从公共电网的统一调度。

1.1.1　发电厂

电力用户所需的电力是由发电厂生产的。发电厂（又称“发电站”）是将自然界蕴藏的各种天然能源（又称“一次能源”）转换为电能（属“二次能源”，即人工能源）的工厂。发电厂按其利用的能源不同，分为水力发电厂、火力发电厂、核能发电厂、风力发电厂、太阳能发电厂和地热发电厂等类型。

1. 水力发电厂

水力发电厂（简称“水电厂”，通称“水电站”）利用水流的位能（势能）来产生电能。水电站的发电容量与水电站所在河道上下游的水位差（通称“水头”或“落差”）和流过水轮机的水流量的乘积成正比，即水电站的出力（容量）为：

$$P=kQH \tag{1-1}$$

式中，P 为水电站出力（kW）；k 为出力因数，一般取 8.0 ～ 8.5；Q 为流量（m^3/s）；H 为水头（m）。

由式（1-1）可知，建造水电站时，要想获得较大的出力，就必须采用人工的办法来提高水位，以增大水头。常用的办法是在河道上建造一个很高的拦河坝，提高上游水位，使坝的上下游形成尽可能大的落差。水电站的厂房就建造在大坝后面。这类水电站称为“坝后式水电站”。我国一些大型水电站包括三峡水电站都属于这种类型。另一种提高水位的办法，是在具有相当坡度的弯曲河段上游筑一低坝，拦住河水，然后利用沟渠或隧道，将河水直接引至建造在河段末端的水电站。这类水电站称为“引水式水电站”。还有一类水电站是上述两类的综合，由水坝和引水渠道分别提高一部分水位，这类水电站称为“混合式水电站”。水电站的能量转换过程如图 1-1 所示。

图 1-1　水电站的能量转换过程

水电是一种清洁、廉价和可再生的能源，因此我国早就制定了优先发展水电的方针。21 世纪以来，随着我国“西部大开发”战略的实施，拥有极其丰富水力资源的西南地区正出现一个水电站建设的高潮，并实施“西电东送”工程，这将从根本上改变经济较发达的东部地区能源紧张的状况，同时促进西部地区的经济实现跨越式发展。

2. 火力发电厂

火力发电厂的生产过程

火力发电厂（简称“火电厂”或“火电站”）利用燃料（煤、天然气、石油等）的化学能来生产电能。我国的火电厂以燃煤为主，为了提高燃煤效率，现代火电厂都把煤块粉碎成煤粉，用鼓风机将空气吹入锅炉的炉膛内使煤粉充分燃烧，将锅炉内的水烧成高温高压的蒸汽，推动汽轮机转动，带动与它联轴的发电机旋转发电。火电厂的能量转换过程如图 1-2 所示。

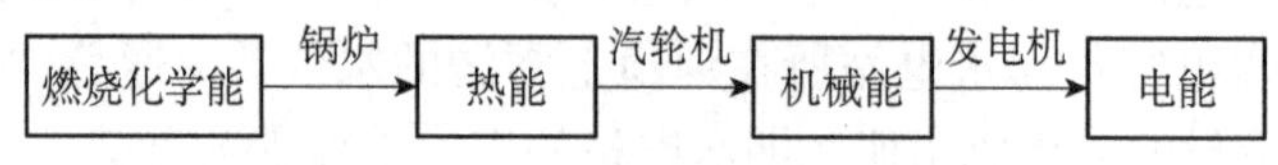

图 1-2　火电厂的能量转换过程

现代火电厂一般考虑了“三废”(废渣、废水、废气)的综合利用，在实现了发电的同时，也实现了供热(供应蒸汽和热水)。这种既供电又供热的火电厂称为“热电厂”。热电厂通常建在城市或工业区附近。为了实现可持续发展，在21世纪，我国要大力发展大容量、高参数和高效率的火电机组，并要在火电厂的开发建设中采用洁净煤发电技术和电力环保技术，开发利用城市垃圾和生物质能(如糖厂、纸厂等的副产品)来发电，同时在煤炭基地建设一些大型坑口电厂，而一些严重污染环境的低效火电厂则按节能减排的方针坚决予以关停。

3. 核能发电厂

核能发电厂(又称“原子能发电厂”，通称“核电站”)是利用原子核的裂变能来生产电能的工厂，其生产过程与火电厂的生产过程基本相同，只是以核反应堆代替了燃煤锅炉，以少量的核燃料取代了大量的煤炭等燃料。核电站的能量转换过程如图1-3所示。

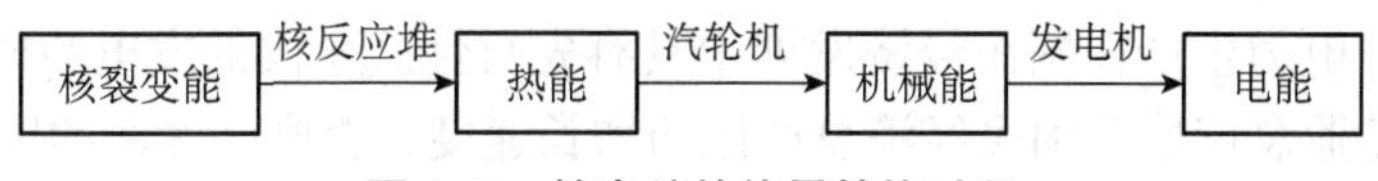

图1–3 核电站的能量转换过程

由于核能是能量极其巨大的能源，也是比较洁净和安全的一种能源，因此世界各国都很重视核电站建设，核电发电量占全部能源的比重正在逐年快速增长。我国从20世纪80年代起就确定“适当发展核电”的方针，现已在沿海地区兴建了秦山、大亚湾、岭澳等多座大型核电站，并已安全运行多年。但核电站不能处于地震带，以防地震引发核燃料的核泄漏，污染环境，危害人类健康。

4. 其他类型发电厂

我国确定21世纪在发展常规能源发电的同时，要大力发展风能、太阳能和地热能等新能源发电，以保持能源与国民经济及环保事业的协调发展。风力发电厂利用风力的动能来生产电能，它建造在常年有稳定风力资源的地方。太阳能发电厂利用太阳辐射的光能或热能来生产电能，它建造在常年日照时间长的地方。地热发电厂利用地壳内蕴藏的地热能来生产电能，它建造在有足够地热资源的地方。风能、太阳能和地热能都属于清洁、廉价和可再生的能源，特别是取之不尽的风能和太阳能值得大力推广利用。

1.1.2 电力系统基本概念

1. 电力的生产和输送过程

如前所述，电力用户所需电力是由发电厂生产的。但发电厂大多建在能源基地附近，往往离用户很远。为了减少电力输送中的线路损耗，发电厂生产的电力一般要经升压变压器升高电压，在送到用户附近后，又经降压变压器降低电压，最后供给用户所需的电压，如图1-4所示。

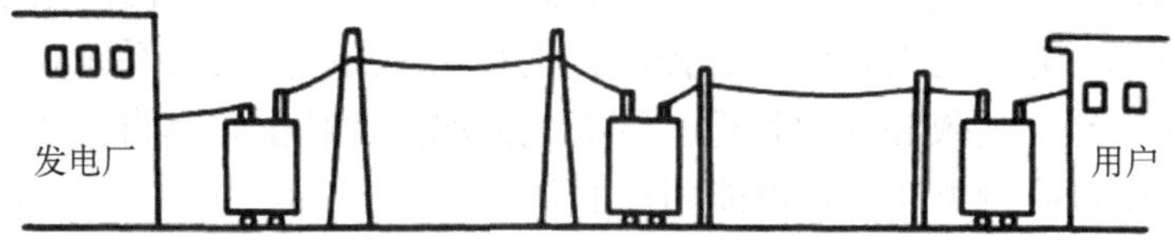

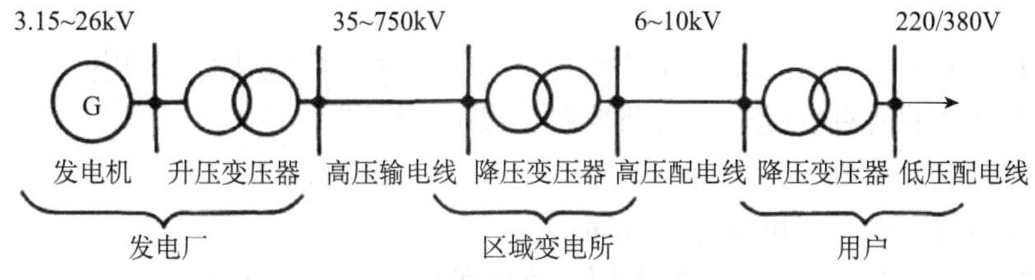

图1–4 从发电厂到用户的送电过程示意图

高压输电视频

2. 电力生产的特点

电力是一种特殊商品，电力生产具有不同于一般商品的特点：

（1）同时性。电力的生产、输送、分配及转换为其他形态能量的过程几乎是同时进行的。电能不能大量储存。电能的发、供、用始终是同步的。

（2）集中性。电力的生产必须集中统一，有统一的质量标准、统一的调度管理和统一的生产和销售。在一个供电区域内只能“独家经营”。

（3）快速性。电力系统中各元件（包括设备、线路等）的投入或切除，几乎在瞬间就能完成，系统运行方式的改变过程也极其短暂，因此，除了有关生产技术人员和管理人员必须具备相应的技术知识和业务能力，电力系统还必须装设相当完善的保护和自动装置，才能确保其安全、可靠地运行。

（4）先行性。电力生产在国民经济发展中具有先行性。全国的发电装机容量和发电量的增长速度应大于工业总产值及国民经济总产值的增长速度，否则必然制约国民经济的发展。

3. 电力系统、电力网及动力系统的概念

通过各级电压的电力线路，将发电厂、变配电所和电力用户连接起来形成的一个发电、输电、变电、配电和用电的整体，称为“电力系统”。

发电厂与电力用户之间的输电、变电和配电的整体，包括所有变配电所和各级电压的线路，称为“电力网”，简称“电网”。

电网或系统又往往以电压等级来区分。例如，通常所说的 10kV 电网或 10kV 系统实际上是指 10000V 电压级的整个电力线路。电力系统加上发电厂的动力部分及热能系统和热能用户，称为“动力系统”。由此可见，发电厂与电力用户之间是通过电网联系起来的。发电厂生产的电力先要送入电网，然后由电网送给电力用户。因此，电网的营业机构，即供电企业才是电力用户的供电单位。图 1–5 是一个大型电力系统的简图。

建立大型电力系统（联合电网）有下列优越性：

（1）可以更经济、合理地利用动力资源，首先利用水力资源和其他清洁、价廉、可再生的资源。

（2）可以减少电能损耗，降低发电和输配电成本，大大提高经济效益。

（3）可以更好地保证电能质量，提高供电可靠性。

按照我国的电力发展规划，到 2020 年，在实现水电、火电、核电和新能源四者结构合理的基础上，初步建成全国统一的智能电网，实现电力资源在全国范围内的合理配置和安全、可靠、经济、环保及可持续发展。“智能电网”是建立在集成、高速双向通信网络基础上的，通过先进的电子信息技术、先进的设备技术和控制方法及先进的决策支持系统技术的应用，实现电网的安全、可靠、经济高效和环保目标。智能电网的主要特征是其自愈（自行修复）能力强，节能减排好，供电质量更能满足电能用户的要求。

1.1.3 供配电系统示意图

以工厂企业为例，其供配电系统是指工厂企业所需的电力，从进厂起到所有用电设备入端止的整个供配电线路及其中的所有变配电设备和控制、保护等设备。

1. 具有高压配电所的供配电系统

图 1–6 是一个有代表性的中型企业供配电系统简图。

根据国家标准 GB/T 6988.1—2008《电气技术用文件的编制第 1 部分规则》的定义，电

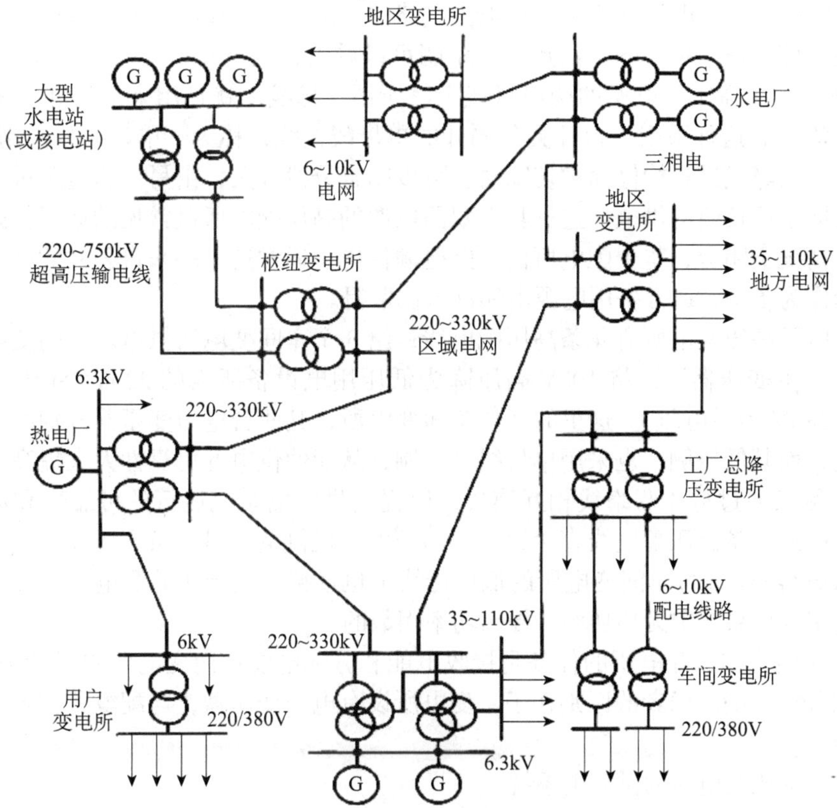

图 1–5　大型电力系统的简图

气简图是采用电气图形符号和带注释的框来表示包括连接线在内的一个系统或设备的多个部件或零件之间关系的图示形式。图 1–6 所示简图中只绘出高、低压母线上和低压联络线上的联络开关，未绘出高、低压设备。

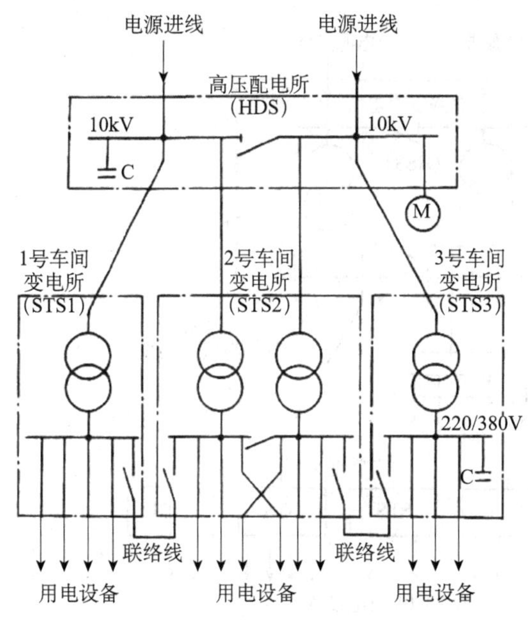

图 1–6　具有高压配电所的中型企业供配电系统简图

高压配电视频

为使电路图简明，图 1-6 所示的这类主电路图（又称主接线图）通常只用一根线来表示其三相线路，即绘成“单线图”的形式。由图可以看出，该企业高压配电所有两路 10kV 电源进线，分别接在高压配电所的两段母线上。所谓“母线”就是用来汇集和分配电能的导体，又称汇流排。这种采用一台开关分隔开的单母线接线，称为“单母线分段制”。当一路电源进线发生故障或进行检修而被切除时，可以闭合分段开关，由另一路电源进线来实现对整个配电所即全厂负荷的供电。这种具有双路电源的高压配电所最常见的运行方式是：分段开关在正常情况下闭合，整个配电所由一路电源供电，通常这一路来自公共的高压电网；另一路电源则作为备用，通常备用电源由邻近单位取得。

图 1-6 所示高压配电所有 4 条高压配电线，给 3 个车间变电所供电。车间变电所装有变压器（通称“主变压器”），将 10kV 高压降为低压用电设备所需的 220V/380V 电压（220V 为相电压，380V 为线电压）。这里的 2 号车间变电所，其两台电力变压器分别由配电所的两段母线供电，而其低压侧，也采用单母线分段制，从而使供电的可靠性大大提高。各车间变电所的低压侧又通过低压联络线相互连接，以提高供配电系统运行的可靠性和灵活性。此外，该配电所的一条高压配电线直接给一组高压电动机供电；另一条高压配电线直接连接一组高压并联电容器。3 号车间变电所的低压母线上也连接一组低压并联电容器。这些并联电容器都是用来补偿系统中无功功率、提高功率因数的。

由以上介绍可知，配电所的任务是接收电能和分配电能；而变电所的任务是接收电能、变换电压和分配电能。两者的区别在于，变电所设有电力变压器，与配电所相比增加了变换电压的功能。

2. 具有总降压变电所的供配电系统

图 1-7 是一个比较典型的具有总降压变电所的大中型企业供配电系统简图。该企业的总降压变电所有两路 35kV 及以上的电源进线，采用“桥形接线”。35kV 及以上的电压经电力变压器降为 10kV 电压，再经 10kV 高压配电线将电能送到各车间变电所。车间变电所又经电力变压器将 10kV 电压降为一般低压用电设备所需的 220V/380V 电压。为了补偿系统的无功功率，提高功率因数，通常也在 10kV 母线或 380V 母线上装设并联电容器。

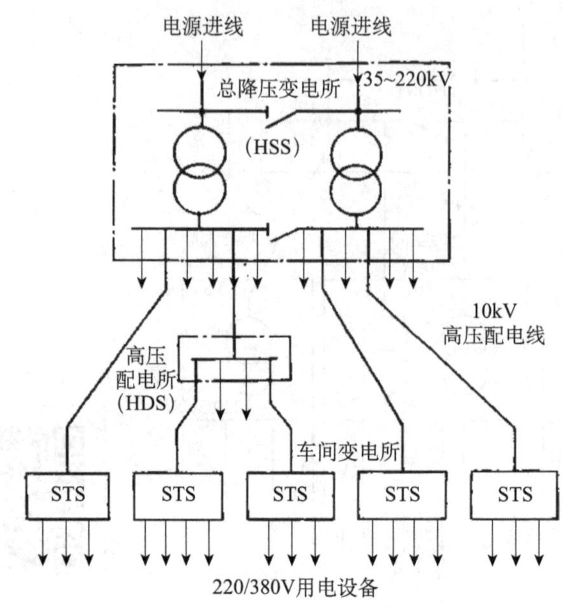

图 1-7 具有总降压变电所的大中型企业供配电系统简图

3. 高压深入负荷中心的企业供配电系统

如果当地公共电网电压为35kV，而企业的环境条件和设备条件又允许采用35kV架空线路和较经济的电气设备时，则可考虑采用35kV架空线路直接引入靠近负荷中心的车间变电所，经电力变压器直接降为低压用电设备所需的电压220V/380V，如图1–8所示。这种高压深入负荷中心的直配方式，可以节省一级中间变压，从而简化了供配电系统，可节约有色金属，降低电能和电压损耗，减少运行费用，提高供电质量，但是选用这种高压直配方式必须考虑企业内有满足35kV架空线路的“安全走廊”，以确保供电安全。

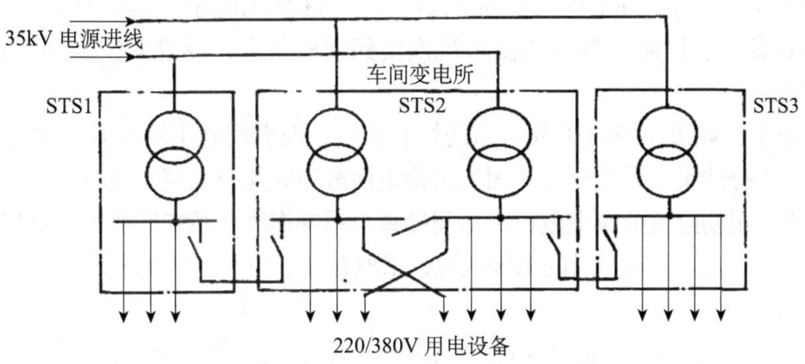

图1–8　高压深入负荷中心的企业供配电系统简图

1.2　电力系统的运行状态和中性点运行方式

1.2.1　电力系统的运行状态

电力系统正常及异常运行有5种状态，即正常运行状态、警戒状态、紧急状态、系统崩溃、恢复状态。

1. 正常运行状态

在正常运行状态下，电力系统中总的有功和无功输出能力与负荷总的有功和无功的需求达到平衡；电力系统频率和各母线电压在正常运行的允许范围内；各电力设备和输变电设备均在额定范围内运行，系统内的发电和输变电设备均有足够的备用容量。此时，系统不仅能以电压和频率质量均合格的电能满足负荷用电的需求，而且具有适当安全的储备，能承受正常扰动（如断开一条线路或停止运行一台发电机）所造成的有害后果（如设备过载等）。电网调度中心的任务就是使系统维持在正常运行状态。根据电力系统中每时每刻变化的负荷，调节发电机的出力，使之与负荷的需求相适应，以保证电能的质量。同时，应在保证安全的条件下，实现电力系统的经济运行。

2. 警戒状态

电力系统受到灾难性扰动的机会不太多，大量情况是在正常运行状态下由于一系列影响不大的扰动的积累，使电力系统总的安全水平逐渐降低，以致进入警戒状态。在警戒状态下，虽然电压、频率等均在允许范围内，但系统的安全储备系数大大减小了，对外界扰动的抵抗能力削弱了。当发生一些不可预测的扰动或负荷增长到一定程度时，就可能使电压、频率的偏差超过允许范围，某些设备发生过载，使系统的安全运行受到威胁。电网调度自动化系统要随时监测系统的运行情况，并通过静态安全分析、暂态安全分析等应用软件，对系统的安全水平做出评价。当发现系统处于警戒状态时，及时向调度人员发出报告，调度人员应及时采取预防性控制措施，如增加和调整发电机出力、调整负荷、改变运行方式等，使系统尽快恢复到正常状态。

3. 紧急状态

系统处于警戒状态时，若调度人员没有及时采取有效的预防性措施，一旦发生足够严重的扰动（如发生短路故障或一台大容量机组退出运行等），系统就要从警戒状态进入紧急状态，可能造成某些线路的潮流或系统中其他元件的负荷超过极限值，系统的电压或频率超过或低于允许值。这时电网调度自动化系统担负着特别重要的任务，它向调度人员发出一系列告警信号，调度人员根据 CRT 或模拟屏的显示，掌握系统的全局运行状态，以便及时采取正确而有效的紧急控制措施，尽可能使系统恢复到警戒状态，或进而恢复到正常运行状态。

4. 系统崩溃

在紧急状态下，如果不及时采取适当的控制措施，或者措施不够有效，或者因为扰动及其产生的连锁反应十分严重，系统则可能因失去稳定而解列成几个系统。此时，由于出力和负荷的不平衡，不得不大量切除负荷及发电机，从而导致全系统崩溃。系统崩溃后，要尽量利用调度自动化系统提供的手段，了解崩溃后的系统状况，采取各种措施，使已崩溃的电网逐步恢复起来。

5. 恢复状态

系统崩溃后，整个电力系统可能已解列为几个小系统，并且造成许多用户大面积停电和许多发电机紧急停机，此时，要采取各种恢复出力和送电能力的措施，逐步对用户恢复供电，使解列的小系统逐步并列运行，从而使电力系统恢复到正常运行状态或警戒状态。

1.2.2 电力系统的中性点运行方式

1. 电力系统的中性点运行方式介绍

在我国电力系统中，电源（包括发电机和电力变压器）的中性点有下列三种运行方式：第一种是中性点不接地的运行方式；第二种是中性点经阻抗（通常是经消弧线圈）接地的运行方式；第三种是中性点直接接地或经低电阻接地的运行方式。前两种系统在发生单相接地故障时的接地电流较小，因此又统称为“小接地电流系统”；后一种系统在发生单相接地故障时即形成单相接地短路，电流较大，因此称为“大接地电流系统”。

电力系统的中性点运行方式对电力系统的运行特别是在系统发生单相接地故障时有明显影响，而且影响系统二次侧保护装置及监视、测量系统的选择与运行，因此有必要予以充分重视和研究。

（1）中性点不接地的电力系统。中性点不接地的电力系统正常时的电路图和相量图如图 1–9 所示。

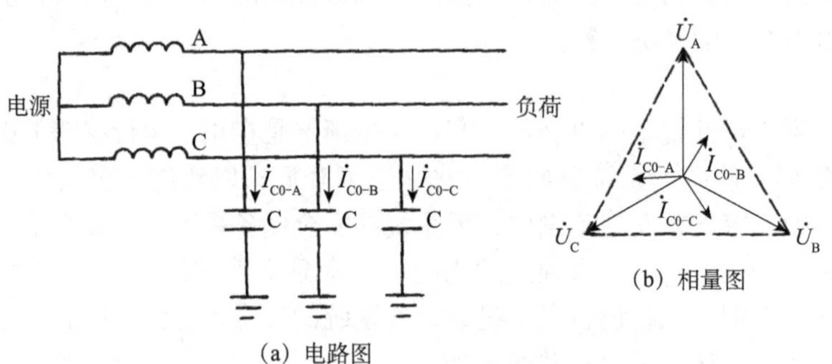

图 1–9　正常运行时的中性点不接地的电力系统

由电工基础知识可知，三相线路的相间及相与地间都存在部分电容，但相间电容与这里讨论的问题无关，因此不予考虑，只考虑相与地间的分布电容，用集中电容C来表示，如图1–9（a）所示。系统正常运行时，三个相的相电压 $\dot{U}_A$、$\dot{U}_B$、$\dot{U}_C$ 是对称的，三个相的对地电容电流 I_{C0} 也完全对称，如图1–9（b）所示。这时三个相的对地电容电流的相量和为零，因此，没有电流在地中流过。各相对地电压均为相电压。当系统发生单相接地故障时，假设C相接地，如图1–10（a）所示，这时C相对地电压为零，而A相对地电压：$\dot{U}'_A=\dot{U}_A+(-\dot{U}_C)=\dot{U}_{AC}$，B相对地电压：$\dot{U}'_B=\dot{U}_B+(-\dot{U}_C)=\dot{U}_{BC}$，如图1–10（b）所示。由此可见，C相接地时，完好的A、B两相对地电压值均由原来的相电压值升高到线电压值，即升高为原对地电压的 $\sqrt{3}$ 倍。因此这种系统中设备的相绝缘不能只按相电压来考虑，而要按线电压来考虑。

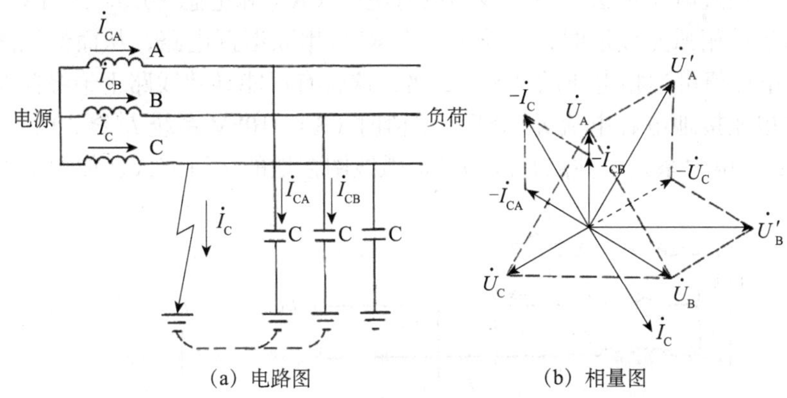

（a）电路图　　（b）相量图

图1–10　单相接地时的中性点不接地的电力系统

C相接地时，系统的接地电流（接地电容电流）$\dot{I}_C$ 为A、B两相对地电容电流之和，即

$$\dot{I}_C=-(\dot{I}_{CA}+\dot{I}_{CB}) \tag{1–2}$$

由图1–10（b）的相量图可知，$\dot{I}_C$ 不在相位上，正好比C相电压 $\dot{U}_C$ 超前90°。由于 $\dot{I}_C=\sqrt{3}\,\dot{I}_{CA}$，其中 $\dot{I}_{CA}=\dot{U}'_A/X_C=\sqrt{3}\,\dot{U}_A/X_C=\sqrt{3}\dot{I}_{C0}$，因此，$\dot{I}_C=3\dot{I}_{C0}$，即系统单相接地时的接地电容电流为正常运行时每相对地电容电流的3倍。

由于线路对地电容 C 难以准确确定，所以 I_C 和 I_{C0} 也不好根据 C 来准确计算。在工程中，通常采用下列经验公式来计算，即

$$I_C=\frac{U_N\left(l_{oh}+35l_{cab}\right)}{350} \tag{1–3}$$

式中，I_C 为中性点不接地系统的单相接地电容电流（A）；U_N 为系统的额定电压（kV）；l_{oh} 为同一电压 U_N 的具有电气联系的架空线路总长度（km）；l_{cab} 为同一电压 U_N 的具有电气联系的电缆线路总长度（km）。

必须指出：当中性点不接地的电力系统发生单相接地时，由图1–10（b）所示的相量图可以看出，系统的三个线电压其相位和量值都没有改变，因此系统中的所有设备仍可照常运行，但是这种状态不能长期运行下去，以免在另一相又接地时形成两相接地短路，这将

产生很大的短路电流，可能损坏线路和设备。因此，这种中性点不接地系统必须装设单相接地保护装置或绝缘监视装置。当系统发生单相接地故障时，发出报警信号或指示，以提醒运行值班人员注意，并及时采取措施，查找和消除接地故障；如有备用线路，则可将重要负荷转移到备用线路上。当发生单相接地故障危及人身和设备安全时，单相接地保护应动作于跳闸。

这种中性点不接地系统的高压多用于 3 ～ 10kV 系统，低压则用于三相三线制的 IT 系统（见图 1-15）。

（2）中性点经消弧线圈接地的电力系统。在上述中性点不接地的系统中有一种情况相当危险，即在发生单相接地时，如果接地电流较大，将在接地点产生断续电弧，这将使线路有可能发生谐振过电压现象。由于线路既有电阻（R）和电感（L），又有对地电容（C），因此在系统发生单相弧光接地时，可形成一个 RLC 串联谐振电路，从而使线路上出现危险的过电压，过电压值可达相电压的 2.5 ～ 3 倍，这就有可能导致线路上绝缘薄弱处的绝缘击穿。因此，在单相接地电容电流 I_C 大于一定值时（3 ～ 10kV 系统 $I_C \geqslant 30A$、20kV 及以上系统 $I_C \geqslant 10A$），电力系统中性点宜改为经消弧线圈接地的运行方式，如图 1-11 所示。

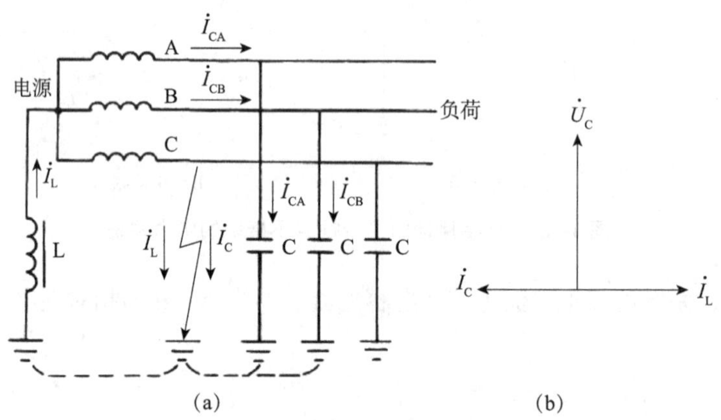

图 1-11　中性点经消弧线圈接地的系统

消弧线圈实际上就是一种带有铁芯的电感线圈，其电阻很小，感抗很大，而且可以调节。当此中性点经消弧线圈接地的系统发生单相接地时，流过接地点的总电流是接地电容电流$\dot{I}_C$与流过消弧线圈的电感电流$\dot{I}_L$的相量和。由于$\dot{I}_C$超前$\dot{U}_C$ 90°，而$\dot{I}_L$滞后$\dot{U}_C$ 90°（参看图 1-11（b）），所以$\dot{I}_C$与$\dot{I}_L$在接地点互相补偿，可使接地电流小于最小生弧电流，从而消除接地点的电弧，这样也就不会出现危险的谐振过电压现象了。

中性点经消弧线圈接地的系统中发生单相接地时，与中性点不接地的系统中发生单相接地时一样，相间电压的相位和量值关系均未改变，因此，三相设备仍可照常运行，但不能长期运行，以免发展为两相接地而短路，因此，必须装设单相接地保护或绝缘监视装置，在出现单相接地故障时发出报警信号或指示，以便值班人员及时处理。这种中性点经消弧线圈接地的运行方式主要用于 35 ～ 66kV 的电力系统。

（3）中性点直接接地或经低阻接地的电力系统。中性点直接接地的电力系统发生单相接地时即形成单相接地短路，如图 1-12 所示。单相短路用符号 $k^{(1)}$ 表示。单相短路电流 $I_k^{(1)}$ 比线路正常负荷电流大得多，对系统危害很大。因此，这种系统中装设的短路保护装置动作，可切断线路，切除接地故障部分，使系统的其他部分恢复正常运行。

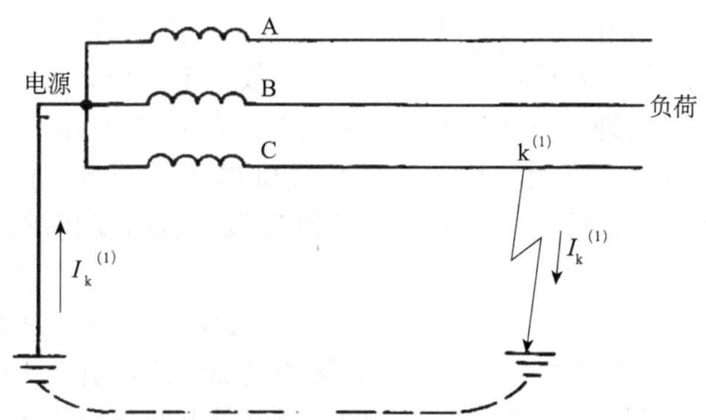

图 1-12 中性点直接接地的电力系统在发生单相接地时的电路

中性点直接接地的电力系统发生单相接地时，相间电压的对称关系被破坏，但未接地的另外两个完好相的对地电压不会升高，仍维持相电压。因此，中性点直接接地系统中的供用电设备，其相绝缘只需按相电压来考虑，不用按相电压的 $\sqrt{3}$ 倍即线电压来考虑。这对 110kV 及以上的超高压系统来说，具有显著的经济技术价值，因为高压电器特别是超高压电器，其绝缘问题是影响电器设计制造的关键。电器绝缘要求的降低，直接降低了电器的造价，同时改善了电器的性能，因此 110kV 及以上的电力系统通常采用中性点直接接地的运行方式。在低压配电系统中，三相四线制的 TN 系统和 TT 系统也采用中性点直接接地的运行方式，这主要是考虑到同时用三相设备和单相设备的需要，另外也考虑到在它发生单相接地故障时相线对地电压不致升高，从而有利于人身安全的保障。

由于现代化大中城市逐渐以电缆线路取代架空线路，而电缆线路的单相接地电容电流远比架空线路的大，由式（1-3）可以看出，前者的 $I_{C.cab}$ 约为后者 $I_{C.oh}$ 的 35 倍，因此这类城市电网不仅不能采取中性点不接地的运行方式，而且采取中性点经消弧线圈接地的运行方式也达不到抑制单相接地电流的要求，因此我国有的城市如北京市的 10kV 电网采取中性点经低阻（一般为 10 ～ 20Ω）接地的运行方式，近似于中性点直接接地。在发生单相接地故障时，系统中装设的单相接地保护装置迅速动作于是跳闸，切除故障电路；同时，系统的备用电源投入装置动作，投入备用电源，恢复对重要负荷的供电。必须指出，这类城市电网通常采用环网结构，而且保护装置完善，因此供电可靠性是相当高的。

2. 低压配电系统的接地形式

按其中电气设备的外露可导电部分[①]保护接地的形式不同，低压配电系统分为 TN 系统、TT 系统和 IT 系统。

1）TN 系统（见图 1-13）

TN 系统的电源中性点直接接地，并从中性点引出中性线（N 线）、保护线（PE 线）或将 N 线与 PE 线合二为一的保护中性线（PEN 线），而该系统中电气设备的外可导电部分则接 PE 线或 PEN 线。图 1-13（a）为 TN-C 系统，图 1-13（b）为 TN-S 系统，图 1-13（c）为 TN-C-S 系统。

具有 N 线或 PEN 线的三相系统被称为“三相四线制”系统。没有 N 线或 PEN 线的三相系统，则称为“三相三线制”系统。TN 系统属于三相四线制系统。

中性线（N 线）的功能：①用于额定电压为系统相电压的单相用电设备，如照明灯等；

---

① 设备的外露可导电部分是指正常时不带电在故障时可带电的易被触及部分，如设备的金属外壳、金属构架等。

②传导三相系统中的不平衡电流和单相电流；③减小负荷中性点的电位偏移。

保护线（PE 线）是保障人身安全、防止触电事故发生的公共接地线。系统中的设备外露可导电部分通过 PE 线接地，可使设备在发生接地（壳）故障时降低触电危险。由于 PEN 线是 N 线与 PE 线合二为一的导体，因此兼有 N 线和 PE 线的功能。PEN 线在我国电工界习惯称为“零线”。因此，设备外露可导电部分接 PEN 线（包括接 PE 线）的这种接地形式也称为“接零”。

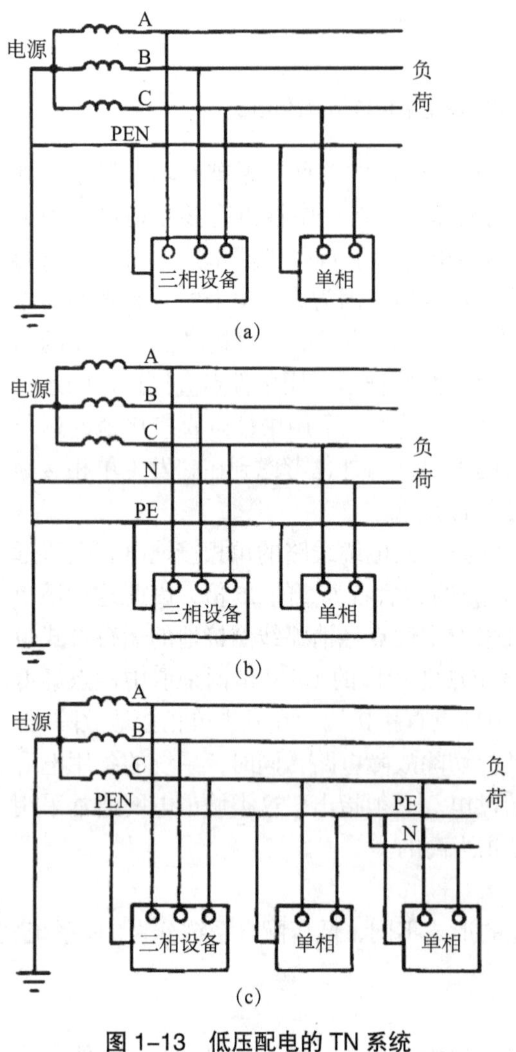

图 1–13　低压配电的 TN 系统

（1）TN–C 系统（见图 1–13（a））。TN–C 系统的电源中性点引出一根 PEN 线，其中设备的外露可导电部分均接至 PEN 线，这种系统的 N 线与 PE 线合二为一，因此可节约导线材料，比较经济。但由于 PEN 线中可能有电流通过，会对接 PEN 线的某些设备产生电磁干扰，因此这种系统不适用于对抗电磁干扰要求高的场所。此外，如果 PEN 线断线，可使接 PEN 线的设备外露可导电部分带电而造成人身触电危险，因此 TN–C 系统也不适用于安全要求较高的场所，包括住宅建筑。

必须注意：PEN 线断线，不仅会造成人身触电危险，而且会造成有的相电压大大升高而烧毁单相用电设备，因此 PEN 线一定要连接牢固可靠，而且 PEN 线上不得装设开关和熔断器，以免 PEN 线断开而造成事故。

（2）TN–S 系统（见图 1–13（b））。TN–S 系统的电源中性点分别引出 N 线和 PE 线，其中设备的外露可导电部分接至 PE 线。由于这种系统的 PE 线与 N 线分开，PE 线中没有电流通过，因此，所有接 PE 线的设备之间不会产生电磁干扰，所以这种系统适用于对抗电磁干扰要求较高的数据处理、电磁检测等实验场所。又由于 PE 线与 N 线分开，PE 线断线时不会使接 PE 线的设备外露可导电部分带电，因此比较安全，所以这种系统也适用于安全要求较高的场所，如潮湿易触电的浴池等地及居民住宅[①]内。但由于 PE 线与 N 线分开，导线材料耗用较多，因此其建造投资比 TN–C 系统略高。

（3）TN–C–S 系统（见图 1–13（c））。TN–C–S 系统在 TN–C 系统的后面，部分地或全部采用 TN–S 系统，设备的外露可导电部分接 PEN 线或 PE 线。显然，此系统为 TN–C 系统与

① GB 50096—2011《住宅设计规范》规定：住宅应采用TT、TN–C–S或TN–S接地方式，并应进行总等电位联结。

TN-S 系统的组合，对安全要求较高及对抗电磁干扰要求较高的场所采用 TN-S 系统，而其他场所则采用 TN-C 系统。因此，这种系统比较灵活，兼有 TN-C 系统和 TN-S 系统的优越性，经济实用。这种系统在现代企业和民用建筑中应用日益广泛。

2）TT 系统（见图 1-14）

TT 系统的电源中性点，与 TN 系统一样，也直接接地，并从中性点引出一根中性线（N 线），以通过三相不平衡电流和单相电流，但该系统中电气设备的外露可导电部分均经各自的 PE 线单独接地。由于各设备的 PE 线之间没有直接的电气联系，不会发生电磁干扰，因此这种系统也适用于对抗电磁干扰要求较高的场所。但是这种系统中有设备因绝缘不良或损坏使其外露可导电部分带电时，由于其漏电电流一般很小往往不足以使线路上的过电流保护装置（熔断器或低压断路器）动作，从而增加了触电危险。因此，为保障人身安全，这种系统中必须装设灵敏的漏电保护装置。

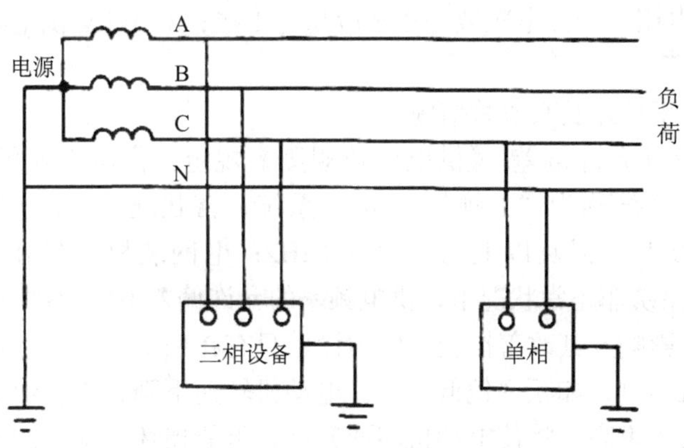

图 1-14　低压配电的 TT 系统

3）IT 系统（见图 1-15）

IT 系统的电源中性点不接地，或经高阻抗（约 1000Ω）接地，它没有中性线（N 线）。该系统中设备的外露可导电部分与 TT 系统一样，均经各自的 PE 线单独接地。此系统中各设备之间也不会发生电磁干扰，而且在发生单相接地故障时，仍可短时继续运行，但需装设单相接地保护，以便在发生单相接地故障时发出报警信号。这种 IT 系统主要用于对连续供电要求较高或对抗电磁干扰要求较高及有易燃易爆危险的场所，如矿山、井下等地。

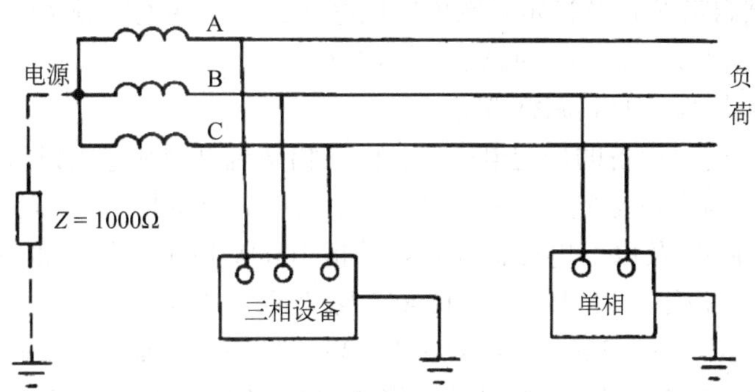

图 1-15　低压配电的 IT 系统

1.3 供配电系统的基本参数

1.3.1 供电质量要求及质量指标

1. 供电质量概述

供电质量包括电能质量和供电可靠性两方面。

电能质量是指电压、频率和波形的质量。电能质量的主要指标有频率偏差、电压偏差、电压波动和闪变、电压波形畸变引起的高次谐波及三相电压不平衡度等。供电可靠性可用供电企业对电力用户全年实际供电小时数与全年总小时数（8760h）的比值来衡量，也可用全年的停电次数和停电持续时间来衡量。原电力工业部 1996 年发布实行的《供电营业规则》规定：供电企业应不断提高供电可靠性，减少设备检修和电力系统事故对用户的停电次数及每次停电持续的时间。供用电设备计划检修应做到统一安排。供电设备计划检修时，对 35kV 及以上电压供电用户的停电次数每年不应超过 1 次；对 10kV 供电的用户，每年停电次数不应超过 3 次。

2. 供电频率、频率偏差及其改善措施

（1）供电频率及其允许偏差。《供电营业规则》规定：供电企业供电的额定功率为交流 50Hz，此 50Hz 频率统称为“工频”。在电力系统正常状况下，供电频率的允许偏差为：电网装机容量在 300 万千瓦及以上的，为 ±0.2Hz；电网装机容量在 300 万千瓦以下的，为 ±0.5Hz。在电力系统非正常状况下，供电频率的允许偏差不应超过 ±1.0Hz。

（2）频率偏差的影响及其改善措施。电力设备只有在额定频率下运行才能获得最佳经济效果：以感应电动机为例，如频率偏低，将使电动机转速下降，不仅影响产品产量，而且会影响产品质量；如果频率高，将使电动机转速升高，可能损坏所拖动的设备，并将使铁芯损耗增加，使电动机发热，缩短使用寿命，甚至造成电动机烧毁。对整个系统来说，频率偏差过大，还可影响广播、电视的质量和一些自动装置的正常运行；如果频率过低，可影响系统运行的稳定性，甚至导致系统解列。

改善供电频率偏差可采取下列措施：

• 加速电力建设，增加系统的装机容量和调节负荷高峰的能力。

• 做好计划用电工作，搞好负荷调整，移峰填谷，并采取技术措施来降低冲击性负荷的影响。

• 装设低频减载自动装置及排定低频停限电序次，以便在电网频率降低时，适时地切除部分非重要负荷，以保证重要负荷的稳定连续供电。

3. 供电电压、电压偏差及其调整措施

（1）供电电网和电力设备的额定电压。我国三相交流电网和电力设备（包括发电机、电力变压器和用电设备等）的额定电压按 GB/T 156—2017《标准电压》规定，如表 1-1 所示。表中“低压”，指 1000V 及以下电压；“高压”，指 1000V 以上电压。也有下列分类：“安全特低电压”——50V 及以下；“低压”——1000V 及以下；“中压”——3 ～ 35kV；“高压”——66 ～ 220kV；“超高压”——330 ～ 500kV；“特高压”——500kV 及以上。电压分类标准并不完全一致，也有的将 35kV 归入“高压”，将 220kV 归入“超高压”。另外，须说明，GB/T 156—2017 中规定的“电网和用电设备额定电压”尚有 1000（1140）V，但此电压级只限于矿井下使用。下面就表 1-1 规定的额定电压进行说明。

表 1–1　我国三相交流电网和电力设备的额定电压

分类	电网和用电设备额定电压 /kV	发电机额定电压 /kV	电力变压器额定电压 /kV	
			一次绕组	二次绕组
低压	0. 38	0. 40	0. 38	0. 40
	0. 66	0. 69	0. 66	0. 69
高压	3	3. 15	3，3. 15	3. 15，3. 3
	6	6. 3	6，6. 3	6. 3，6. 6
	10	10. 5	10，10. 5	10. 5，11
	20	13. 8，15. 75，18，20，22，24，26	13. 8，15. 75，18，20，22，24，26	—
	35	—	35	38. 5
	66	—	66	72. 5
	110	—	110	121
	220	—	220	242
	330	—	330	362
	500	—	500	550
	750	—	750	825（800）
	1000	—	1000	1100

①电网额定电压。

电网额定电压（标准电压）等级是国家根据国民经济的发展需要和电力工业的发展水平，经全面技术经济分析后确定的。它是确定其他电力设备额定电压的基本依据。

②用电设备额定电压。

用电设备运行时会在送电线路中产生电压损耗，从而造成线路上各点的电压略有不同，如图 1-16 中的虚线所示。但是成批生产的用电设备，其额定电压不可能按其装设地点的实际电压来制造，而只能按线路首端电压与末端电压的平均值即电网的额定电压 U_N 来制造，所以用电设备的额定电压规定与电网额定电压相同，如表 1-1 所示。但是在此必须指出：按 GB/T 11022—2011《高压开关设备和控制设备标准的共用技术要求》规定，高压开关设备和控制设备的额定电压按其允许最高工作电压来标注，即其额定电压不得小于它所在系统可能出现的最高电压，如表 1-2 所示。我国现在生产的高压设备均按此规定标注。

表 1–2　系统额定电压、系统最高电压和高压设备的额定电压（单位为 kV）

系统额定电压	系统最高电压	高压开关、互感器及支柱绝缘子的额定电压	穿墙套管额定电压	熔断器额定电压
3	3. 5	3. 6	—	3. 5
6	6. 9	7. 2	6. 9	6. 9
10	11. 5	12	11. 5	12
35	40. 5	40. 5	40. 5	40. 5

③发电机额定电压。

由于电力线路一般允许的电压偏差为 ±5%，即整个线路允许有 10% 的电压损耗，因此，为维持线路首端电压与末端电压的平均值在额定值，处于线路首端的发电机额定电压应高于电网（线路）额定电压 5%，如图 1-16 所示。

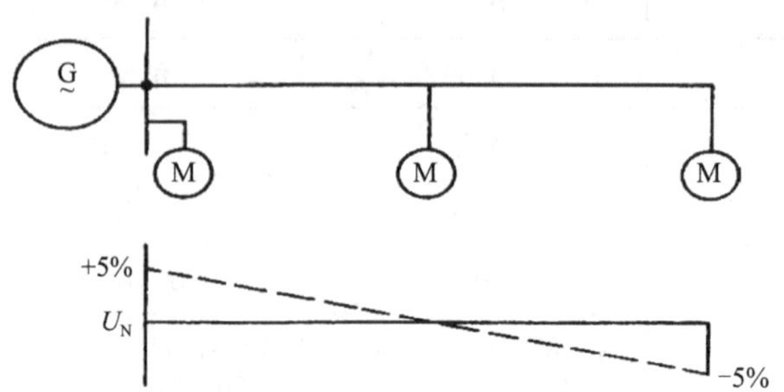

图 1-16　用电设备和发电机的额定电压说明

④电力变压器一次绕组额定电压。

电力变压器一次绕组额定电压的确定分为两种情况：一种情况是变压器一次绕组与发电机直接相连，如图 1-17 中的电力变压器 T1，其一次绕组额定电压应与发电机额定电压相同，即高于电网（线路）额定电压 5%；另一种情况是电力变压器一次绕组不与发电机直接相连，如图 1-17 中的电力变压器 T2 所示，则应将电力变压器看作电网的用电设备，其一次绕组额定电压应与电网额定电压相同。

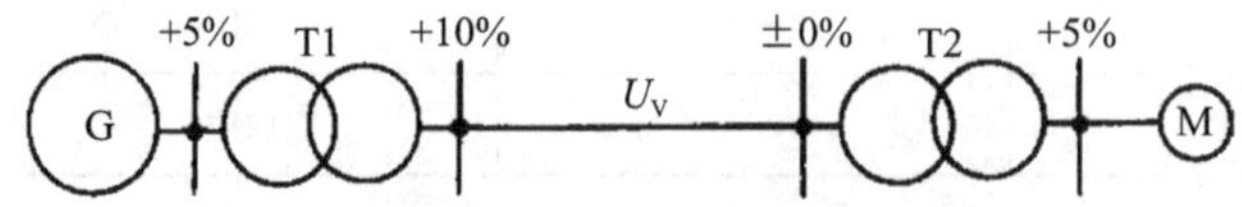

图 1-17　电力变压器的额定电压说明

⑤电力变压器二次绕组额定电压。

首先必须明白，电力变压器二次绕组额定电压是指变压器在其一次绕组加上额定电压时的二次绕组开路（空载）电压，而变压器满载（额定负荷）运行时，二次绕组内有约 5% 的阻抗电压降，因此电力变压器二次绕组额定电压的确定必须考虑上述因素，也分为两种情况：第一种情况是，电力变压器二次侧的出线较长，如为较大的高压电网，如图 1-17 中电力变压器 Tl 所示，其二次侧出线为较长的高压线路，则电力变压器二次绕组额定电压一方面要考虑补偿绕组本身 5% 的电压降，另外要考虑变压器满载运行时其二次电压仍需高于二次侧电网额定电压 5%，因此，电力变压器二次绕组额定电压应高于其二次侧电网额定电压 10%；第二种情况是，电力变压器二次侧的出线不长，例如，二次侧为低压电网或直接供电给高低压用电设备，如图 1-17 中的电力变压器 T2 所示，则电力变压器二次绕组额定电压只需高于其二次侧电网额定电压 5%，仅考虑补偿变压器绕组内 5% 的电压损耗。

（2）电压偏差及其允许值。

①电压偏差的定义。

用电设备端子处的电压偏差 ΔU 的百分值按下式定义，即

$$\Delta U\% = \frac{U - U_N}{U_N} \times 100\% \tag{1-4}$$

式中，U_N 为用电设备额定电压；U 为用电设备端电压。

②电压偏差允许值。

GB/T 50052—2009《供配电系统设计规范》规定：正常运行情况下，用电设备端子处的电压偏差允许值（以 U_N 的百分值表示）应符合下列要求。

• 电动机：规定为 ±5%。

• 电气照明：在一般工作场所为 ±5%；远离变电所的小面积工作场所难以满足上述要求时，可为-10% ～ +5%；应急照明、道路照明和警卫照明等为-10% ～ +5%。

• 其他用电设备：当无特殊要求时，为 ±5%。

③电压偏差的影响及其调整措施。

电力设备也只有在额定电压下运行才能获得最佳的经济效果。例如，感应电动机，如果端电压偏低，则其转矩将按端电压的平方成比例地减小，而在负载转矩不变的情况下，电动机电流必然增大，从而使电动机绕组绝缘过热受损，使电动机寿命缩短；如果端电压偏高，虽然电动机转矩按其端电压的平方成比例地增大，但同时电流也要增大，同样会使电动机绕组绝缘过热受损，缩短电动机寿命。又如白炽灯，如果电压偏低，则照度明显降低；如果电压偏高，则灯的使用寿命将大大缩短。由此可见，电压差过大是不经济、不合理的。

为了减小电压偏差值，供配电系统可采取下列措施进行电压调整：

• 正确选择电力变压器的电压分接头或采用有载调压的电力变压器。我国电力用户所使用的 6 ～ 10kV 配电变压器，大多是无载调压型的，其高压绕组有 $U_{1N} \pm 5\%U_{1N}$ 的 5 个电压分接头，并装设无载调压分接开关，如图 1-18 所示。如果用电设备端电压偏高，则应将分接开关换接到 $+5\%U_{1N}$ 的分接头，以降低设备端电压。如果用电设备端电压偏低，则应将分接开关换接到$-5\%U_{1N}$ 的分接头，以升高设备端电压，但是必须注意，换接电压分接头时，应停电进行，因此不能频繁操作，也就不能适时地按用电设备端电压的变动进行电压调整。如果用电负荷中某些设备对电压要求严格，6 ～ 10kV 无载调压型变压器满足不了要求，而单独装设调压设备在技术经济上不合理时，可采用有载调压型变压器。当 35kV 降压变电所的主变压器在电压偏差满足不了要求及 35kV 以上降压变电所的主变压器直接向 35kV 或 6 ～ 10kV 电网送电时，其主变压器均应采用有载调压变压器。

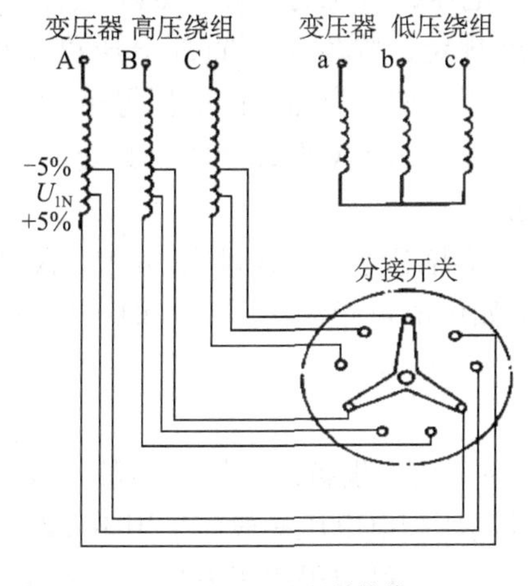

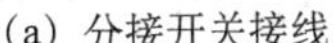
(a) 分接开关接线

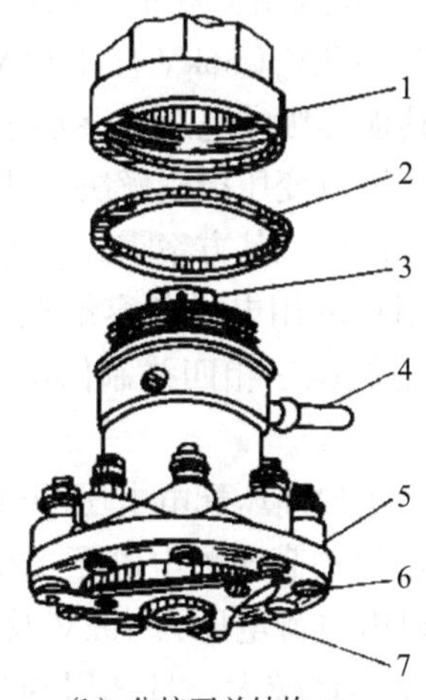

(b) 分接开关结构

1—帽；2—密封垫圈；3—操动螺母；4—定位钉；5—绝缘盘；6—静触头；7—动触头

图 1-18　电力变压器的分接开关

• 降低供配电系统的阻抗。供配电系统中各元件的电压降与各元件的阻抗成正比。因此，在技术、经济合理的情况下，减少供配电系统的变压级数及以铜线代替铝线，或增大导线截面，或以电缆替换架空线，都能有效地降低系统阻抗，减小电压降，从而缩小电压偏差范围。

• 尽量使三相系统的负荷均衡。在低压三相四线制配电系统中，如果三相负荷分布不均衡，将使负荷中性点的电位偏移，造成有的相电位升高，从而增大线路的电压偏差。为此，应使三相负荷尽可能地均衡。

• 合理地调整系统的运行方式。在一班制或两班制企业中，在工作班时间内，由于负荷重，往往电压偏低，因而需要将变压器高压绕组的分接头调在$-5\%U_{1N}$的位置。但这样一来，在非工作班时间，由于负荷轻，电压就会过高。这时可切除此变压器，改用低压联络线供电（参看图 1-6）。操作时，应先投入低压联络线，再切除变压器，以免造成负荷的短时停电，如果变电所有两台变压器并列运行，则可在负荷轻时切除一台变压器，而在负荷重时两台变压器并列运行，上述调整系统运行方式的措施，不仅能达到调整电压的目的，而且能取得降低电能损耗的效果。

• 采用无功功率补偿装置。由于供配电系统中存在大量的感性负荷，如感应电动机、高频电炉、气体放电灯等，加上系统中感抗很大的电力变压器，线路中的感抗一般大于电阻，从而使系统中产生大量相位滞后的无功功率，降低功率因数，增加系统的电压降。为了提高系统的功率因数，减小电压降，可采用并联电容器或同步补偿机，使之产生相位超前的无功功率，以补偿一部分相位滞后的无功功率。由于采用并联电容器补偿较采用同步补偿机更简单经济和便于运行维护，因此，并联电容器在供配电系统中应用较广泛。不过采用专门的无功补偿设备需额外投资，在进行电压调整时，应优先考虑前面所述的各项措施，以提高供配电系统的经济效果。

1.3.2 供配电参数的选择依据

1. 电力用户供电电压的选择

电力用户的供电电压主要取决于当地供电企业（当地电网）供电的电压等级，同时也要考虑用户用电设备的电压、容量及供电距离等因素。

《供电营业规则》规定：供电企业供电的额定电压，低压有单相 220V、三相 380V；高压有 10kV、35kV（66kV）、110kV、220kV。另外规定，除发电厂直配电压可采用 3kV 或 6kV 外，其他等级的电压应逐步过渡到上述额定电压。如用户需要的电压等级不在上列范围时，应自行采取变压措施解决。用户需要的电压等级在 110kV 及以上时，其受电装置应作为终端变电所设计，其方案需经省电网经营企业审批。

电力用户的用电设备容量在 100kW 及以下，或需用变压器容量在 50kV · A 及以下时，一般应采用低压三相四线制供电；特殊情况下（如供电点距离用户太远时）也可采用高压供电。

2. 电力用户高压配电电压的选择

电力用户的高压配电电压主要取决于该用户高压用电设备的电压、容量和数量等因素。当用户的供电电源电压为 10kV 及以上时，用户的高压配电电压一般应采用 10kV。当用户用电设备的总容量较大，且选用 6kV 经济合理时，特别是可取得附近发电厂的 6kV 直配电压时，可采用 6kV 作为高压配电电压。如果用户用电设备不多，则仍应采用 10kV 作为高压配电电压，对设备则通过专用的 10kV/6.3kV 变压器单独供电。如果用户有 3kV 的用电设备，则应通过专用的 10kV/3.15kV 变压器供电。当用户的供电电压为 35kV 时，为了减少用户供配电系统的变压级数，如果安全要求允许，且技术经济合理，也可考虑采用 35kV 作为用户的高压配电电压。

3. 电力用户低压配电电压的选择

电力用户的低压配电电压通常采用 220V/380V，其中，线电压 380V 用来接三相电力设备及额定电压为 380V 的单相设备，而相电压 220V 用来接额定电压为 220V 的单相设备和照明灯具。某些场合应采用 660V 甚至更高的 1140V 作为低压配电电压。例如，在矿井下负荷往往离变电所较远，为保证远端负荷的电压水平，应采用 660V 或 1140V 作为低压配电电压。采用较高的电压配电不仅可减少线路的电压损耗，保证远端负荷的电压水平，而且能减小导线横截面积，降低线路投资，增加供电半径，减少变电点，简化供配电系统。因此，提高低压配电电压有其明显的经济价值，也是节电的一项有效措施，但是将 380V 升压为 660V，需电器制造部门的全面配合，在这方面我国目前尚有困难。采用 660V 作为配电电压，目前只限于采矿、石油和化工等少数部门，而对于 1140V 电压，GB/T 156—2017《标准电压》中明确规定：只限矿井下采用。

技能实训

实训　高压开关柜的认知与操作

一、实训目的

- 认识目前市场中常用高压开关柜的组成。
- 了解常规供配电系统实训设备构造的组成。
- 理解 10kV 高压开关柜的构成原理。
- 掌握现场正确操作送电与停电的过程。

二、实训设备的组成及原理

1. XGN2—12 型高压开关柜（1 套）

XGN2—12 型高压开关柜为金属封闭式结构，柜体骨架由角钢焊接而成，柜内分为断路器室、母线室、电缆室、继电器室，室与室之间用钢板隔开，继电器室在柜体前方上部，门上安装指示仪表、信号元件等二次元件，顶部装有二小母线，在门的外部装有机械联锁机构，具有五防功能：防止带负荷分合隔离开关；防止误分误合断路器；防止带电合接地开关；防止带接地刀合闸；防止误入带电间隔。柜外还装设一次主接线模拟牌。

高压开关柜
操作视频 1

XGN2—12 型高压开关柜主要由二次部分和一次设备单元组成。

（1）二次部分。

①仪表主要由三只电流表、一只电压表组成，主要用来测量开关柜的进线电流和进线电压。

高压开关柜
操作视频 2

②断路器的操作手柄和储能旋转按钮。将储能旋转按钮转至“通”位置，如果观察到储能指示灯亮，则表明高压真空断路器已经完成储能。

③将断路器的操作手柄打到“就地合”位置，如果断路器合闸成功，则合闸指示灯亮。

④将断路器的操作手柄打到“就地分”位置，如果断路器分闸成功，则分闸指示灯亮。

⑤当主回路进线有 10kV 的电压时，面板上的 L1、L2、L3 就会亮，表明主回路带电。

⑥将照明按钮打至“通”位置时，开关柜内部的照明灯就会亮。将照明按钮打至“断”位置时，开关柜内部的照明灯就会灭。

（2）一次设备单元。

一次设备单元主要由高压真空断路器、高压隔离开关、高压电流互感器、高压电压互感器等组成，这里介绍一下高压真空断路器。高压真空断路器在合闸之前，应该先储能，其储能有两种方式，一种通过面板上的储能旋转按钮来完成，另一种则通过操作手柄进行手动储能操作（把操作手柄插入手动储能位置，顺时针旋转，直至储能指示——已储能，表明储能完成）。

高压开关柜
操作视频 3

按下面板上的合闸按钮，并观察合闸指示为 I 时，表明合闸成功。

按下面板上的分闸按钮，并观察合闸指示为 O 时，表明分闸成功。

计数器用于记录断路器的合、分闸次数。

10kV 高压开关柜采用符合 IEC 标准的国内变配电室常用的 XGN2—12 型高压（箱式固定交流金属封闭型）开关柜，其主接线图如图 1-19 所示。

（3）结构特点。

图 1-20 为 XGN2—12 型高压开关柜的各室分布示意图。

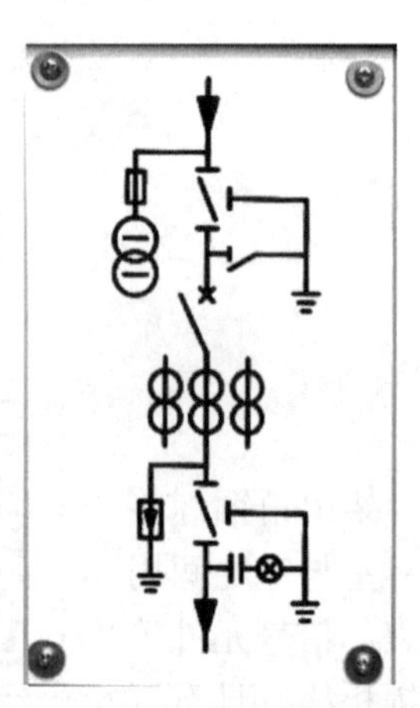

图 1-19　XGN2—12 型高压开关柜主接线图

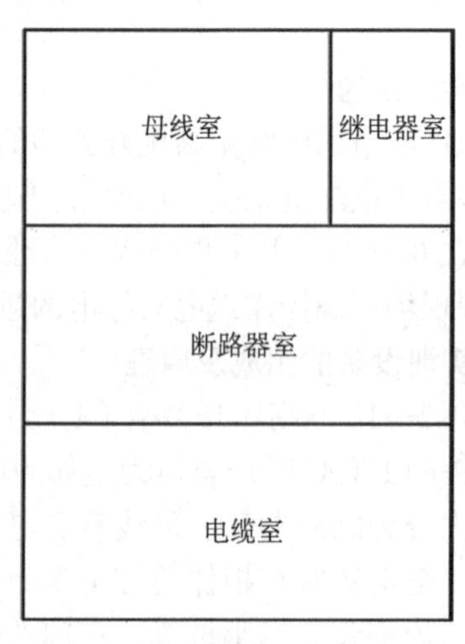

图 1-20　XGN2—12 型高压开关柜的各室分布示意图

①断路器室在柜体的下部前方，断路器的转动由拉杆与操作机构连接，断路器的上接线端子与上隔离开关连接，断路器的下接线端子与电流互感器连接，电流互感器与下隔离开关的母排连接，断路器室还设有压力释放通道，在内部电弧发生时，气体可通过排气通道将压力释放。

②母线室在柜体的上部后方，为了减小柜体的高度，母线呈品字形排列，以 7350N 抗弯强度的瓷质绝缘子支持，母线与上隔离开关母排连接，相邻亮母线室之间可隔离。

③电缆室在柜体下部的后方，电缆室内设有电压监视装置，电缆固定在支架上，主接线

为联络方案时，本室则为联络小室。继电器室在柜体的上部前方，室内安装板可安装中间继电器等，室内有端子排支架，门上可安装指示仪表、信号元件等二次元件，顶部还可布置二次小母线。

④断路器的操作机构装在下面左边位置，其上方为隔离开关的操作机构及联锁机构。开关柜采用双面维护，前面检修继电器的二次元件，维护操作机构、机械联锁及传动部分，检修断路器；后面维修主母线和电缆终端，在断路器室和电缆室均设有照灯。在前门的下方设有与柜宽方向平行的接地铜母线。

⑤机械联锁机构：为了防止带负荷分合隔离开关、误分误合断路、误入带电间隔、带电合接地开关，以及带接地刀合闸，开关柜采用断路器；上、下隔离开关及在前、后门之间采用 JSXGN 型箱式柜专用机械锁机构与机械程序锁并用的方式。

2. 高压隔离开关

GN30—12D 型开关采用在 GN30—12 型开关基础上增加带接地刀的形式，可满足不同电力系统的需要，适用于 10kV、交流 50Hz 及以下户内电力系统，作为在有电压无负载情况下分合电路之用。只有电压互感器、避雷器、励磁电流不超过 2A 的空载变压器、电流不超过 5A 的空载线路，才能用隔离开关进行直接操作。隔离开关可与高压开关柜配套使用，也可单独使用。隔离开关采用 JSXGN—12 型可联锁操作机构传动，绝缘部分全部采用大爬距瓷绝缘子，安全可靠。触头采用片状触指，线状接触，降低了操作力并增加了转动灵活性。

3. 高压电流互感器

高压电流互感器采用 LZZBJ9—10 系列，其为干式电流互感器，具有环氧树脂绝缘、户内型、全封闭、支柱式结构，适用于中置式开关柜或其他形式开关柜中，以及额定电压为 10kV、额定频率为 50Hz 的交流电力系统中做电流、电能测量及继电保护用。

①技术参数：产品性能符合 IEC 标准和 GB/T 1208—2006《电磁式电压互感器》。

②额定绝缘水平：12kV/42kV/75kV。

③负荷功率因数：cosφ=0.8（滞后 Lag），额定频率为 50Hz，额定二次电流为 5A。

④局部放电水平：符合 JB/T 8166—1995 标准，其局部放电不大于 20PC。

4. 高压电压互感器

JDZ10—10 系列电压互感器为单相、户内、干式全封闭产品，使用时单台或两台一组，JDZ10—3、JDZ10—6、JDZ10—10 两台一组时采用 V/V 连接，JDZF10—3、JDZF10—6、JDZF10—10 两台一组时采用 V/V/V 连接，分别适用于在额定频率为 50Hz 或 60Hz，额定电压为 3kV、6kV、10kV 时电力系统中做电能计量、电压监控和继电保护用。JDZ10—10 型互感器采用全封闭、绕组为环氧树脂全真空浇注全绝缘结构。铁芯采用优质硅钢片卷绕而成。互感器绝缘靠环氧树脂，产品体积小、质量轻，安装仅占有限空间，所有绕组完全浇注在环氧树脂中，具有优良的绝缘性能，耐冲击和机械压力，同时可以保护绕组不受潮。一次绕组引出线端子的标志为 A、N，二次绕组引出线端子的标志为 a、n，均清晰标注在浇注体上。在夹件上的接地标志旁有接地螺栓供接地用，下部支架供安装用。

5. 户内高压带电显示器

户内高压带电显示器通过抽压电容芯棒，从高压带电回路中抽取一定的电压作为显示和闭锁的电源，用于反映装置设置处的带电状态，并能强制将开关网门闭锁，电压指示和强制闭锁的工作均受同一高压信号控制，而电路系统又是相互独立的。只要高压回路带电，那么即使显示电路和闭锁电路同时出现故障，电磁锁也处于闭锁状态。因此，产品的防误闭锁装置可靠性和安全度高。传感器全部按全工况要求设计，爬电距离满足技术要求，显示器外观新颖，电子元件全部进行筛选，组装精致，传感器为环氧树脂浇注支柱绝缘子式产品，可作为隔离开关、接地开关和其他支柱绝缘子使用，具有高强度、耐电弧能力强、局部放电量小等特点。高压带电显示一次系统图如图 1-21 所示，高压带电显示器接线图如图 1-22 所示。

6. JSN（W）I 五防程序锁

JSN（W）I 型系列防误（操作）机械程序锁是一种高压开关设备用锁。该锁强制运行人员按照既定的安全操作程序，对电气设备进行正确操作，从而避免了误操作事故的发生，较为完善地达到了“五防”要求。

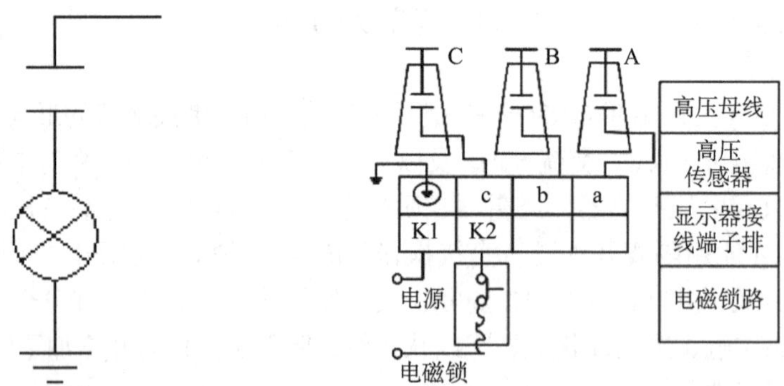

图 1-21　高压带电显示一次系统图　　图 1-22　高压带电显示器接线图

7. 高压带电显示装置

高压带电显示装置又叫电压抽取装置，其由高压传感器和显示器两个单元组成。该装置不但可以提示高压回路带电状态，而且可以与电磁锁配合，实现控制闭锁开关手柄和开关柜柜门，防止带电关合接地开关和误入带电间隔，从而提高防误性能。

8. 温 / 湿度传感器和加热器

在断路器室和电缆室内分别装设加热器和凝露自动控制器，防止凝露和腐蚀。

9. 工厂供电综合自动化实训系统屏

工厂供电综合自动化实训系统屏模拟有 35kV、10kV 两个不同电压等级的中型工厂供电系统。该装置用一对方形按钮来模拟实际的断路器，用长柄带灯旋钮来模拟实际的隔离开关。当按下面板上的红色方形按钮（“合闸”）时，红色按钮指示灯亮，表示断路器处于合闸状态；当按下绿色方形按钮（“分闸”）时，绿色按钮指示灯亮，表示断路器处于分闸状态；当把长柄带灯旋钮（“隔离开关”）拨至竖直方向时，红色指示灯亮，表示隔离开关处于合闸状态；当把长柄带灯旋钮（“隔离开关”）顺时针拨转 30 度时，指示灯灭，表示隔离开关处于分闸状态。通过操作面板上的按钮和开关可以接通和断开线路，进行系统模拟倒闸操作。本工厂供电综合自动化实训系统屏主要分为 8 部分：35kV 总降压变电所主接线模拟部分、10kV 高压配电所主接线模拟部分、变压器分接头部分、数字时钟显示部分、电测计量接线部分、微机自动装置接线部分、考核设置箱部分、外围部分。下面介绍前面 4 部分。

（1）35kV 总降压变电所主接线模拟部分。

该部分采用两路 35kV 进线，其中一路正常供电，另一路作为备用。两者互为明备用。

在这两路进线的电源侧分别设置了“WL1 模拟失电”和“WL2 模拟失电”按钮，用于模拟外部电网失电现象。

（2）10kV 高压配电所主接线模拟部分。

10kV 高压配电所中的进线有两路，这两路进线互为暗备用。总降压变压器是按有载调压器设计的，通过有载调压分接头控制单元实现有载调压。在 10kV 母线上还接有无功自动补偿装置，母线上并联了 4 组三角形接法的电容器组，对高压母线的无功功率进行集中补偿。当低压负荷的变化导致 10kV 母线的功率因数低于设定值时，通过无功功率补偿控制单元，实现电容器组的手动或自动补偿功能。除此之外，在 10kV 高压配电所的 1 # 和 2 # 母线上还有 5 路出线：其中，一条接一号车间变电所；一条接二号车间变电所；一条接三号车间变电所；一条供模拟高压电动机使用；最后一条接分厂，分厂有 XL—1 和 XL—2 两段输电线路。

（3）变压器分接头部分。

变压器分接头有 5 个位置，分别接 0%、+5%、+10%、−5%、−10% 五挡分头的位置，按下“降压”或“升压”按钮时，就可以调节变压器分头的位置。

（4）数字时钟显示部分。

数字时钟显示部分主要由时钟和安全运行时间两部分组成，可以显示某年某月某日，某时某分某秒，以及可以记录安全运行的天数。

10. 工厂供电电测计量综合柜

工厂供电电测计量综合柜主要由电流表、电压表、有功功率表、无功功率表、频率表、功率因数表、感应式有功电度表、感应式无功电度表、电子式多功能三相电度表、智能电量监测仪、数字式电秒表和外围部分组成。所有仪表的端子均通过控制柜右侧的航空插座引至工厂供电综合自动化实训系统屏的电测计量接线区。COM1 口主要供通信使用。

11. 工厂供电自动装置综合柜

工厂供电自动装置综合柜主要由微机保护装置、无功补偿装置、凸轮开关和外围部分组成。

（1）微机保护装置。微机保护装置主要由线路保护装置、变压器后备保护装置、电动机保护装置、备自投保护装置组成。微机保护装置主要用于配合工厂供电综合自动化实训系统完成线路保护、电动机保护、变压器后备保护、备自投保护等实验。

（2）无功补偿装置。无功补偿装置主要用来配合工厂供电综合自动化实训系统完成无功自动补偿实验，无功补偿切换开关有远动、自动、手动、2、3、4 六挡位置，当打至“远动”挡时，配合监控软件完成 VQC 功能，即电压无功补偿功能；当打至“自动”挡时，由无功补偿控制器来自动投退电容；当打至“1”挡时，投入一路电容；当打至“2”挡时，投入两路电容；当打至“3”挡时，投入三路电容；当打至“4”挡时，投入四路电容。

（3）凸轮开关。凸轮开关有 5 个，无功补偿方式在无功补偿装置中已经详细介绍，这里不再介绍。

系统运行方式凸轮开关：当凸轮开关打至“最大”时，表明线路工作在最大运行方式；当凸轮开关打至“最小”时，表明线路工作在最小运行方式；当凸轮开关打至“正常”时，表明线路工作在正常运行方式。

备自投工作方式凸轮开关：当凸轮开关打至“手动”时，表明备自投保护装置没有投入工作；当凸轮开关打至“自动”时，表明备自投装置已投入工作；当凸轮开关打至“远动”时，则通过 THLWJ—1 型监控软件来遥控断路器的合分闸。

电动机启动方式：当凸轮开关打至“直接”时，表明电动机回路直接启动。当凸轮开关打至“变频”时，表明电动机回路变频启动。

电动机负载投退方式：当凸轮开关打至“空载”时，表明电动机空载运行。当凸轮开关打至“满载”时，表明电动机满载运行。

（4）外围部分。外围部分主要由航空插座和通信接口组成。其1#至4#航空插座与工厂供电综合自动化实训系统屏配合使用。

12. 低压电气接线及运行控制实训柜

低压电气接线及运行控制实训柜主要由一次回路单元、面板仪表单元、照明回路单元实训模块和电动机控制线路实训模块组成。

（1）一次回路单元。一次回路单元主要由低压刀开关、低压万能断路器、低压电流互感器、低压电压互感器组成。低压刀开关采用操作手柄进行合分闸。低压万能断路器通过面板上的合闸按钮、分闸按钮进行操作。低压电流互感器主要用来采集主回路中的电流。低压电压互感器主要用来采集主回路中的电压。

（2）面板仪表单元。面板仪表单元主要由一只电压表、三只电流表、一只功率因数表、一只电度表、合分闸按钮和合分闸指示灯组成。电流表主要用来显示系统的三相电流。功率因数表用来显示系统的功率因数。按下合闸按钮时，低压万能断路器就会合闸，如果合闸指示灯亮，则表示合闸成功。

（3）照明回路单元实训模块。照明回路单元实训模块主要由电源控制部分、控制开关、日光灯、镇流器、启辉器组成。通过接线完成两地控制一盏灯的实训。

（4）电动机控制线路实训模块。电动机控制线路实训模块主要由低压断路器、熔断器、合分闸指示灯、接触器、时间继电器、三相异步电动机组成。通过接线完成低压电动机的启停控制回路、低压电动机的减压启动控制回路等实训。

13. 继保及电气二次接线实训柜

继保及电气二次接线实训柜主要由电磁型继电器部分、仪表部分、电源部分、接线端子部分组成。

（1）电磁型继电器部分。电磁型继电器部分主要由电流继电器、电压继电器、中间继电器、时间继电器、信号继电器、闪光继电器、重合闸继电器、反时限继电器组成，主要完成典型继电器的特性实验、典型的线路和变压器保护。

（2）仪表部分。仪表部分主要由交流电流表、交流电压表、直流电流表、直流电压表组成，接线端子分别引至背部接线区和正面强电柱。仪表还包括电秒表，通过电秒表可以测量时间，时间的测量范围为0.0001～9999.9s。

（3）电源部分。电源部分主要由单相调压器、直流固定电源和直流可调电源组成。合上调压器电源，通过调节调压器手轮，可得到0～220V的可调电压，可调电压可通过电压表指示，并且有熔断器保护。把电源开关打至“开”位置，这时可得到一路固定的直流220V电压。通过给整流滤波模块加0～220V的可调交流电压，即可得到一组可调的直流电压0～220V。

（4）接线端子部分。接线端子部分采用工业现场的接线端子的形式，把各种继电器、指示灯、凸轮开关、仪表直流电源和电动操作回路进行连接，通过接线操作完成典型线路保护和变压器保护等实训项目，锻炼学生的接线、调试能力。

三、实训内容与步骤

1. 观察高压开关柜的一次主接线，根据一次主接线找到其一次设备并进行认识研究。

2. 高压开关柜从检修到运行操作。

（1）所有合分操作在断路器分断后进行。

（2）送电。关闭后门→关闭前门→置“分断闭锁”挡→分上接地→分下接地→合上隔离→合下隔离→置“工作”挡锁定。把高压开关柜仪表面板上的储能按钮打至“通”位置，这时如果面板上的储能指示灯亮，则表明储能已完成。再把凸轮开关打至“就地合”位置，这时如果合闸指示灯亮，则表明高压真空断路器合闸成功。

3. 高压开关柜的运行到检修操作。

把高压开关柜仪表面板上的凸轮开关打至“就地分”位置，这时如果分闸指示灯亮，则表明高压真空断路器分闸成功。

置“分断闭锁（操作）”挡→分下隔离→分上隔离→合下接地→合上接地→置“检修（操作）”挡锁定→开启前门→开启后门。

四、注意事项

1. 注意事项说明。

为了顺利完成所有实训项目，确保实训时设备可安全、可靠地长期运行，实训人员要严格遵守如下安全规程：

（1）实训前请详细熟悉台子的相关部分。

（2）实训前请先保证实训装置电源处于断开状态。

（3）实训前根据实训指导书中相关内容熟悉此次实训需要连接的相关线路。

2. 操作 XGN2—12 高压开关柜时，应该遵循下列原则。

（1）送电操作步骤：关闭后门→关闭前门→将小手柄旋至“分断闭锁”挡→将操作手柄插入上接地开关操作孔内，从上往下拉，使上接地开关处于分闸位置→将操作手柄插入上隔离的操作孔内从下向上推，推至上隔离合闸位置→将操作手柄插入下隔离的操作孔内从下向上推，推到下隔离合闸位置→将小手柄旋至“工作”挡锁定→合断路器。

（2）停电操作步骤：分断路器→将小手柄旋至“分断闭锁”挡→将操作手柄插入下隔离的操作孔内从上往下拉，拉至下隔离分闸位置→将操作手柄插入上隔离的操作孔内从上往下拉，拉至上隔离分闸位置→再将手柄拿下，插入上接地开关操作孔内，从下向上推，使上接地开关处于合闸位置→将小手柄旋至“检修”挡锁定→开启前门→开启后门。在合分闸隔离开关和接地开关时，左手把锁键往下按，千万别用蛮力拉隔离开关。

3. 操作高压开关柜时，必须在老师的指导下进行合分闸操作。在高压开关柜上电以后，手和身体的各部分切勿碰到带电体。

4. 当高压开关柜通电时，身体的各个部位不允许接触到任何带电装置。一定要在保证开关柜在断电的情况下才能观察柜内的元器件。注意人身安全。

五、实训报告

1. 请详细说明高压开关柜的五防闭锁具有什么功能。

2. 试总结高压开关柜的停 / 送电操作和注意事项。

复习思考练习题

1-1　试确定图 1-23 所示供电系统中变压器 Tl 和线路 WLI、WL2 的额定电压。

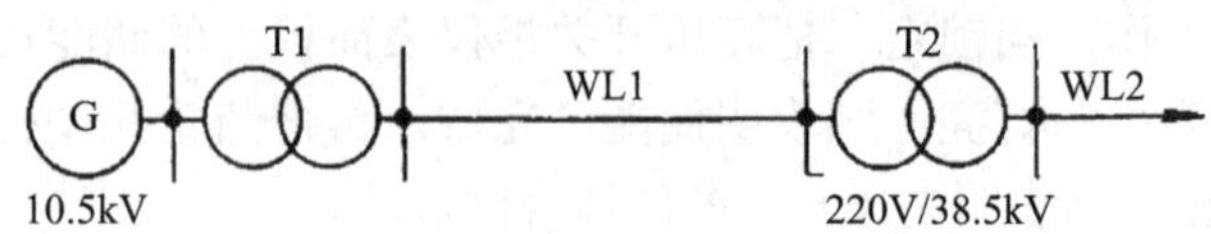

图 1-23　题 1-1 图

1-2　某企业有若干车间变电所，互有低压联络线相连，其中，某一车间变电所装有一台无载调压型变压器，高压绕组有 +5%、0、−5% 三个电压分接头，现将主接头调至“0”位置，即 U_{1N} 运行，但是白天生产时，低压母线电压只有 360V，而晚上不生产时，低压母线电压又高达 410V，问此车间变电所低压母线昼夜的电压偏差范围（%）为多少？应采用哪些改进措施？

1-3　某 10kV 电网，架空线路总长度为 70km，电缆线路总长度为 15km，试求此中性点不接地的电力系统发生单相接地时的接地电容电流，并判断此系统的中性点是否需要改为经消弧线圈接地。

课题2　供配电系统的转换设备、高压侧设备及其选择校验

［内容概述］ 本课题首先介绍供配电系统电气设备的分类，着重介绍电力变压器、互感器和高压一次设备的功能、结构特点、基本原理及注意事项，最后介绍高压设备的选择校验情况。

［课题目标］

1. 了解一次电路设备按功能可分为哪几类。
2. 了解电力变压器的结构特点及容量选择依据。
3. 了解互感器的运行原理、结构特点及使用注意事项。
4. 了解高压一次设备的文字符号、图形符号、功能及型号说明。

2.1　电气设备概述

供配电系统中担负输送和分配电力这一主要任务的电路称为“一次电路”，也称“主电路”。供配电系统中用来控制、指示、监测和保护一次电路及其电气设备运行的电路称为“二次电路”，也称“二次回路”。相应地，供配电系统中的电气设备分为两大类：一次电路中的所有电气设备称为“一次设备”；二次回路中的所有电气设备称为“二次设备”。供配电系统的主要电气设备是指其一次设备。一次设备按其功能可分为以下几类。

- 变换设备：按系统工作要求来改变电压、电流或频率的设备，如电力变压器、电压互感器、电流互感器及变流或变频设备等。
- 控制设备：按系统工作要求来控制电路通断的设备，如各种高低压开关。
- 保护设备：用来对系统进行过电流和过电压保护的设备，如高低压熔断器和避雷器。
- 无功补偿设备：用来补偿系统中的无功功率、提高功率因数的设备，如并联电容器。
- 成套配电装置：按照一定的线路方案要求，将有关一次设备和二次设备组合为一体的电气装置，如高低压开关柜、动力和照明配电箱等。

2.2　供配电系统高压侧设备

1. 高压隔离开关

高压隔离开关（文字符号为 QS）主要用来隔离高压电源，以保证其他设备和线路的安全检修。因此，其结构有如下特点，即它断开后有明显可见的断开间隙，而且断开间隙的绝缘及相间绝缘是足够可靠的，能够充分保障人身和设备安全。但是隔离开关没有专门的灭弧装置，因此，不允许带负荷操作。然而，它可以用来通断一定的小电流，如励磁电流不超过 2A 的空载变压器、电容电流不超过 5A 的空载线路及电压互感器和避雷器等。高压隔离开关按安装地点不同可分为户内式高压隔离开关和户外式高压隔离开关两大类。图 2-1 是 GN30—12D 型户内式高压隔离开关的外形；图 2-2 是 GW2—35 型户外式高压隔离开关的外形。

户内式高压隔离开关通常采用 CS6 型手动操作机构操作。图 2-3 是 CS6 型手动操作机构与 GN8 型隔离开关配合的一种安装方式。操作机构型号含义：C—操作机构，S—手动式。

35kV 及以上的户外式高压隔离开关通常采用杠杆传动的手动操作机构，而 10kV 及以下的户外式高压隔离开关大多采用图 2-4 所示的绝缘操作棒（俗称“令克棒”）进行操作。

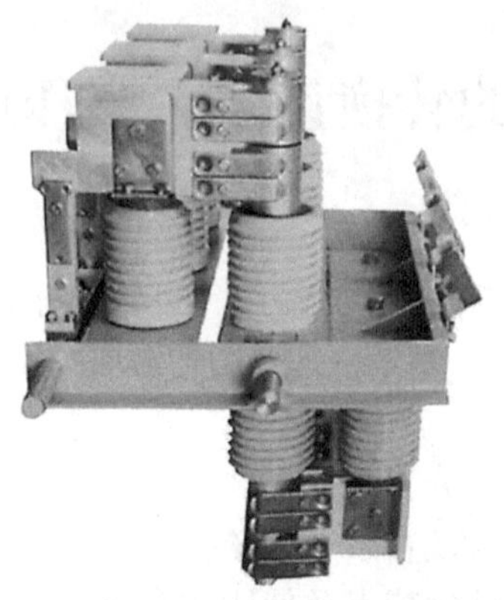

图 2-1　GN30—12D 系列户内交流高压旋转式隔离开关

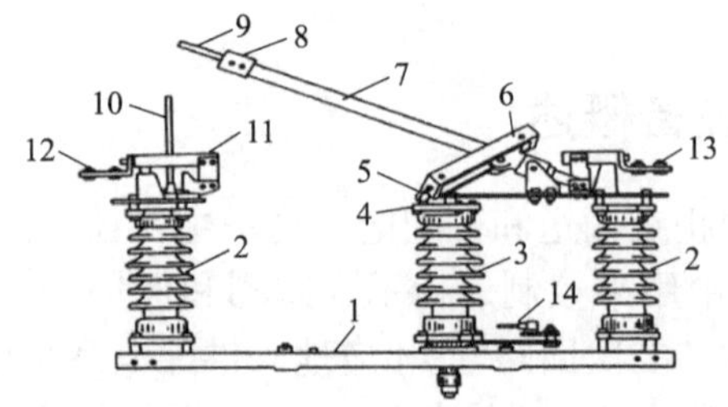

1—角钢架；2—支柱瓷瓶；3—旋转瓷瓶；4—曲柄；5—轴套；6—传动框架；7—管形闸刀；8—工作动触点；9、10—灭弧角条；11—插座；12、13—接线端子；14—曲柄传动机构

图 2-2　GW2—35 型户外式高压隔离开关的外形

隔离开关处理方法

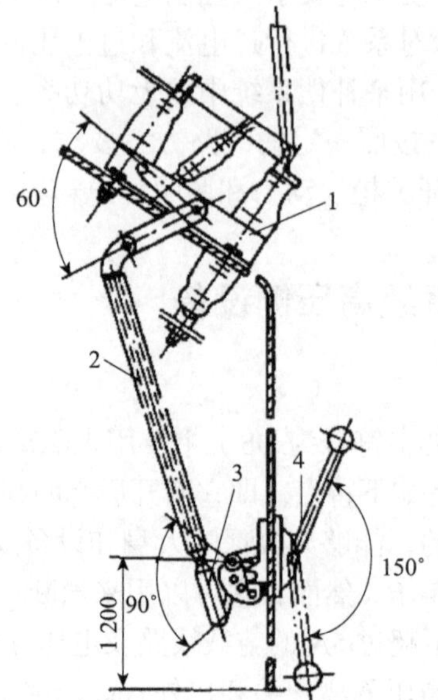

1—GN8 型隔离开关；2—传动连杆；3—调节杆（Φ20mm 焊接钢管）；4—CS6 型手动操作机构

图 2-3　CS6 型手动操作机构与 GN8 型隔离开关配合的一种安装方式

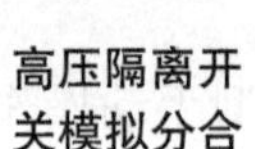

高压隔离开关模拟分合

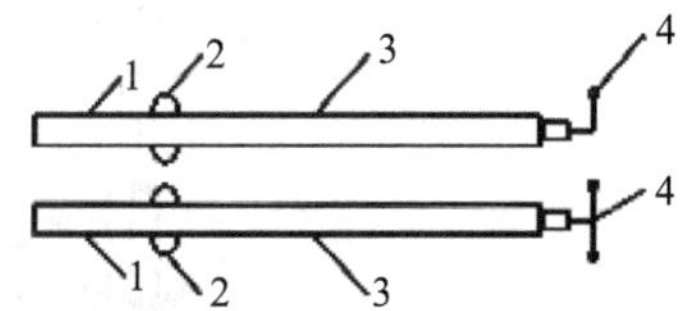

1—操作手柄；2—护环；3—绝缘杆；4—金属钩

图 2–4　绝缘操作棒

高压隔离开关全型号的表示和含义如图 2–5 所示。

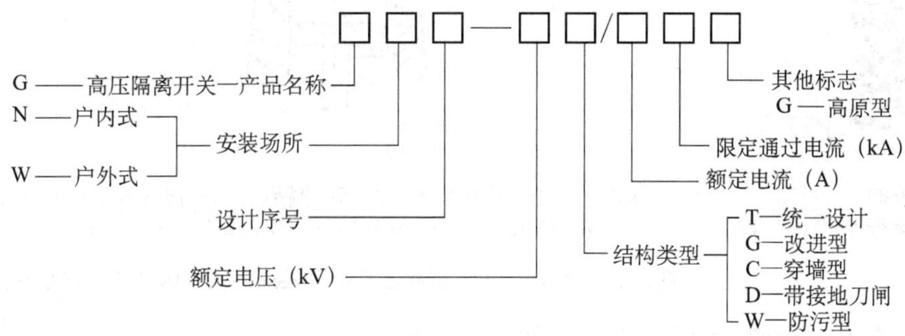

图 2–5　高压隔离开关全型号的表示和含义

2. 高压负荷开关

高压负荷开关（文字符号为 QL）具有简单的灭弧装置，因此，能通断一定的负荷电流和过负荷电流，但不能断开短路电流。因此，它必须与高压熔断器串联使用，借助熔断器来实现短路保护，切断短路故障。负荷开关断开后，与隔离开关一样，有明显可见的断开间隙。因此，它也具有隔离电源、保证安全检修的功用。图 2–6 是一种比较常见的 FN3—10RT 型户内压气式高压负荷开关。上半部为负荷开关本身，很像一般的高压隔离开关，实际上也就是在高压隔离开关基础上加一个简单的灭弧装置。负荷开关上端的绝缘子就是一个压气式灭弧室，不仅起支持绝缘子的作用，而且内部是一个气缸，装有操作机构主轴转动的活塞，如图 2–7 所示，其功能如打气筒一样。当负荷开关分闸时，在闸刀一端的弧动触头与绝缘喷嘴内的弧静触头之间产生电弧。由于分闸时主轴转动面带动活塞压缩气缸内的空气，使之从喷嘴往外吹弧，加之断路弹簧使电弧迅速拉长及电流回路的电动吹弧作用，使电弧迅速熄灭。高压负荷开关一般配用 CS2 型等手动操作机构进行操作。

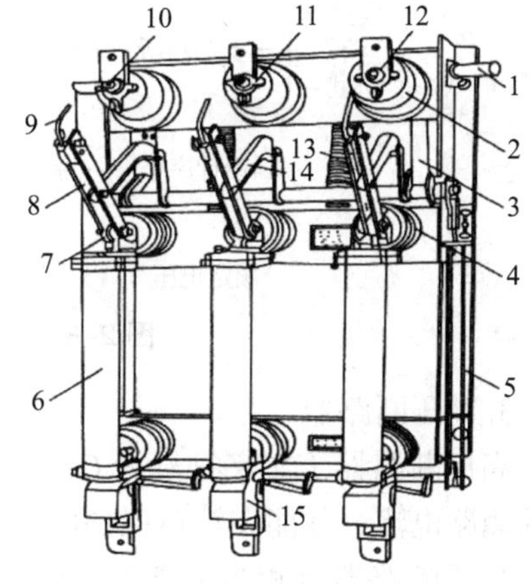

1—主轴；2—上绝缘子兼气缸；3—连杆；4—下绝缘子；5—框架；6—RN1 型高压熔断器；7—下触座；8—闸刀；9—弧动触点；10—绝缘喷嘴（内有弧静触点）；11—主静触点；12—上触座；13—断路弹簧；14—绝缘拉杆；15—热脱扣器

图 2–6　FN3—10RT 型户内压气式高压负荷开关

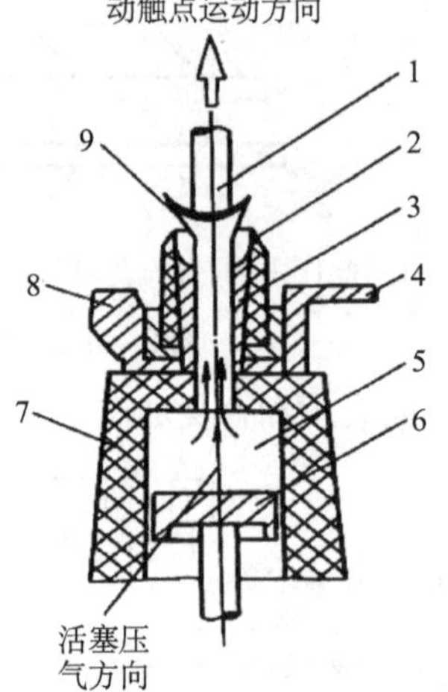

高压开关的
结构及运行

1—弧动触点；2—绝缘喷嘴；3—弧静触点；4—接线端子；5—气缸；6—活塞；7—上绝缘子；8—主静触点；9—电弧

图 2-7　FN3—10RT 型高压负荷开关压气式灭弧装置工作示意图

高压负荷开关全型号的表示和含义如图 2-8 所示。

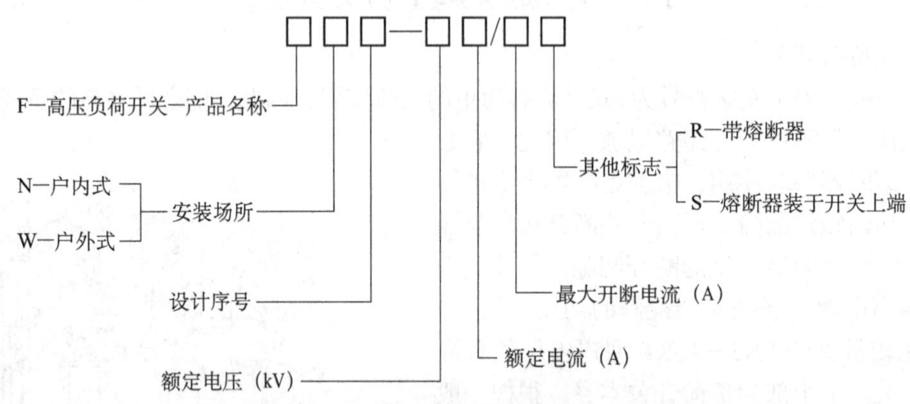

图 2-8　高压负荷开关全型号的表示和含义

3. 高压断路器

高压断路器（文字符号为 QF）的功用：不仅能用来通断正常负荷电流，而且能通断一定的短路电流，并能在短路保护的作用下自动跳闸。

高压断路器有相当完善的灭弧结构。按其采用的灭弧介质分，有油断路器、六氟化硫（SF_6）断路器、真空断路器及压缩空气断路器、磁吹断路器等。油断路器按其油量多少和油的功能又分多油断路器和少油断路器两类。多油断路器的油量多，其油一方面作为灭弧介质，另一方面又作为相对地（外壳），甚至相与相之间的绝缘介质。少油断路器的油量很少，其油只作为灭弧介质。企业变配电所中使用的高压断路器过去多为少油断路器，而现在越来越多地使用真空断路器了。高层建筑中的变配电所则一般使用六氟化硫断路器或真空断路器。部分高压断路器的主要技术数据如表 A-1 所示，供参考。高压断路器全型号的表示和含义如图 2-9 所示。

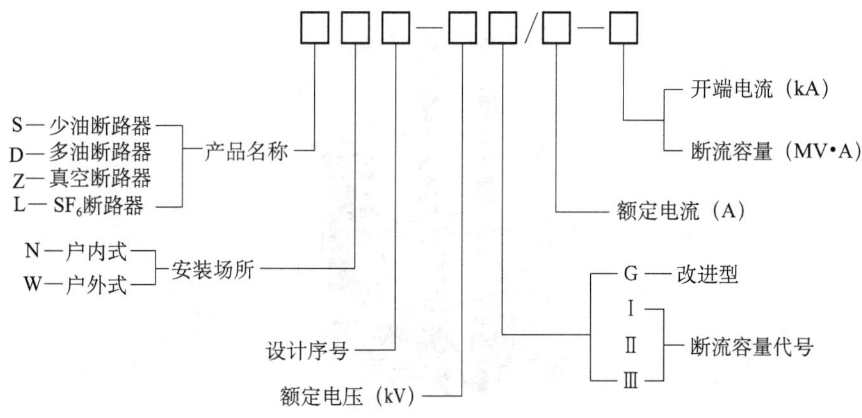

图 2-9 高压断路器全型号的表示和含义

（1）SN10—10 型高压少油断路器。SN10—10 型高压少油断路器是我国统一设计、应用最广的一种户内式少油断路器。它按断流容量分，有Ⅰ、Ⅱ、Ⅲ型。SN10—10Ⅰ型的断流容量为 300MV · A；SN10—10Ⅱ型的断流容量为 500MV · A；SN10—10Ⅲ型的断流容量为 750MV · A。图 2-10 是 SN10—10 型高压少油断路器的外形图。

SN10—10 型高压少油断路器可配用 CD10 型直流电磁操作机构或 CT7 型交直流弹簧储能操作机构。以往断路器还有配用 CS2 型手动操作机构的，它能手动和电动分闸，但只能手动合闸，且因操作速度所限，其所操作的断路器开断的短路容量不应大于 100MV · A，因此这类手动操作机构现已不再用于断路器了。

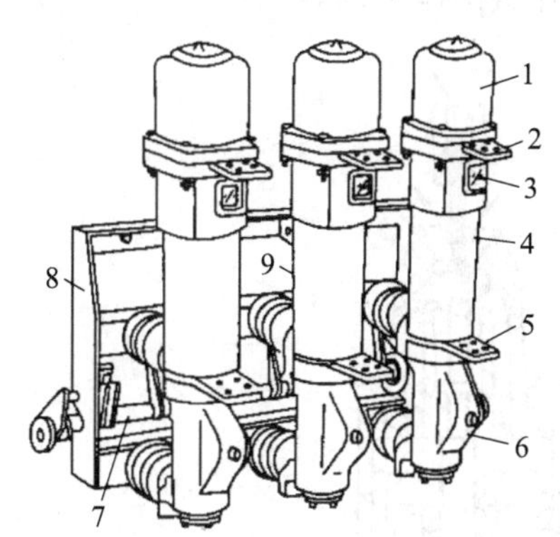

1—铝帽；2—上接线端子；3—油标；4—绝缘筒；
5—下接线端子；6—基座；7—主轴；8—框架；9—断路弹簧

图 2-10 SN10—10 型高压少油断路器的外形图

断路器断路弹簧机构动作 3D 动画

（2）高压六氟化硫断路器。高压六氟化硫（SF_6）断路器是利用 SF_6 气体做灭弧介质及触点断开间隙绝缘介质的一种断路器。按其灭弧方式分，SF_6 断路器的结构有双压式和单压式两类。双压式具有两个气压系统，压力低的作为绝缘，压力高的作为灭弧。单压式只有一个气压系统，灭弧时，SF_6 的气流靠压气活塞产生。单压式结构简单，我国现在生产的 LN1、LN2 型断路器均为单压式。图 2-11 是 LN2—10 型高压六氟化硫断路器。

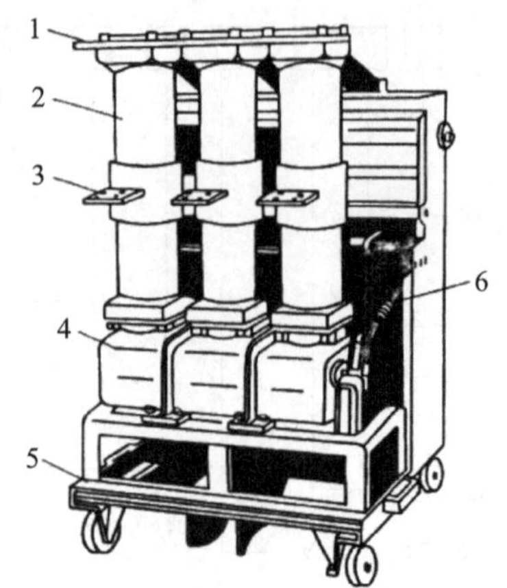

1—上接线端子；2—绝缘筒；3—下接线端子；4—操作机构箱；5—小车；6—断路弹簧

图 2-11　LN2—10 型高压六氟化硫断路器

SF_6 断路器灭弧室的结构和工作示意图如图 2-12 所示。断路器分闸时，装有动触头和绝缘喷嘴的气缸由断路器操作机构通过连杆带动，离开静触头，造成气缸与活塞的相对运动，压缩 SF_6，使之通过喷嘴吹弧，从而使电弧迅速熄灭。SF_6 断路器与油断路器比较，具有下列优点：断流能力强，灭弧速度快，绝缘性能好，检修周期长，适于频繁操作，而且没有燃烧爆炸危险；但是它要求加工精度高，对其密封性能要求更严，因此，价格较贵。SF_6 断路器主要用于需频繁操作及有易燃易爆危险的场所，特别适合作为全封闭组合电器。SF_6 断路器配用 CD10 型电磁操作机构或 CT7 型弹簧操作机构等。

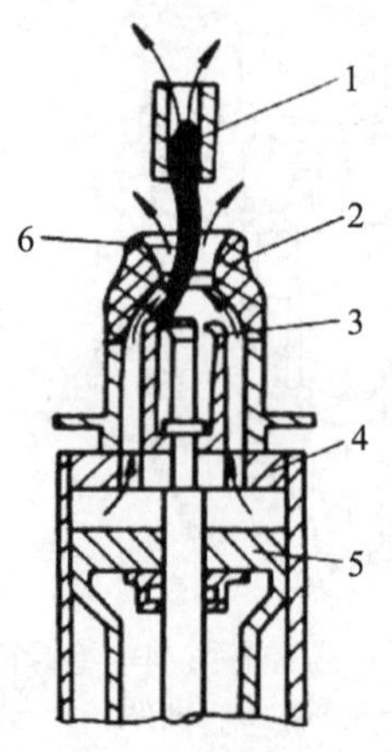

1—静触点；2—绝缘喷嘴；3—动触点；
4—气缸（连同动触点由操作机构传动）；5—压气活塞（固定）；6—电弧

图 2-12　SF_6 断路器灭弧室的结构和工作示意图

（3）高压真空断路器。高压真空断路器是利用“真空”（气压为 10^{-6} ～ 10^{-2}Pa）灭弧的一种断路器，其触头装在真空灭弧室内。由于真空中不存在气体游离的问题，所以这种断路器的触点断开时很难出现大的电弧，但是在感性电路中，灭弧速度过快，瞬间切断电流 i 将使 $\frac{di}{dt}$ 极大，从而使电路产生过电压（$U_L=L\frac{di}{dt}$），这对供电系统是很不利的。因此，这种“真空”不能是绝对的真空，实际上也不可能是绝对的真空，因此，在触头带载断开时，因高电场发射和热电发射而产生一点电弧，该电弧通常称为“真空电弧”。真空电弧能使交流电流第一次过零时熄灭。这样，燃弧时间既短（至多半个周期，0.01s），又不致产生危险的过电压。图 2-13 是 ZN12—12 型户内式高压真空断路器的结构图。

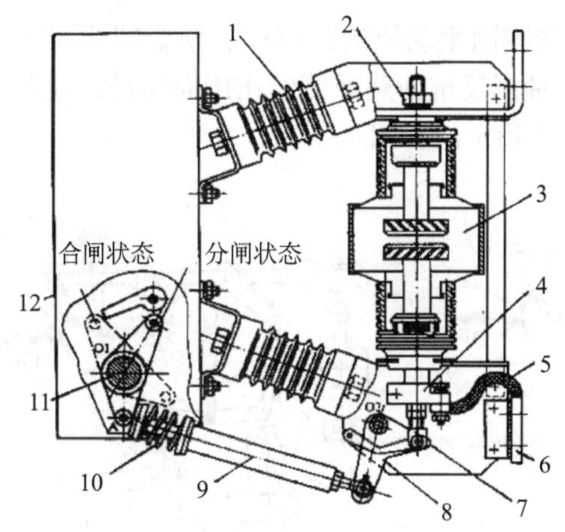

1—绝缘子；2—上出线端；3—真空灭弧室；4—出线导电夹；5—出线软连接；6—下出线端；7—万向杆端轴承；8—转向杠杆；9—绝缘拉杆；10—触头压力弹簧；11—主轴；12—操作机构箱

（注：虚线为合闸位置，实线为分闸位置）

图 2-13　ZN12—12 型户内式高压真空断路器的结构图

ZN12-12 型户内或高压真空断路器

真断路器具有体积小、质量轻、动作快、寿命长、安全可靠和便于维护检修等优点，但价格较贵，过去主要用于频繁操作和安全性要求较高的场所，而现在已开始取代少油断路器，被广泛应用在 35kV 及以下的高压配电装置中。真空断路器也配用 CT7 等型弹簧操作机构或 CD10 等型电磁操作机构。

（4）高压断路器的操作机构。

• CD10 型电磁操作机构。CD10 型电磁操作机构能手动和远距离控制分闸与合闸，可以实现自动化，但需直流操作电源。图 2-14 是 CD10 型电磁操作机构，图 2-15 是其传动原理示意图。

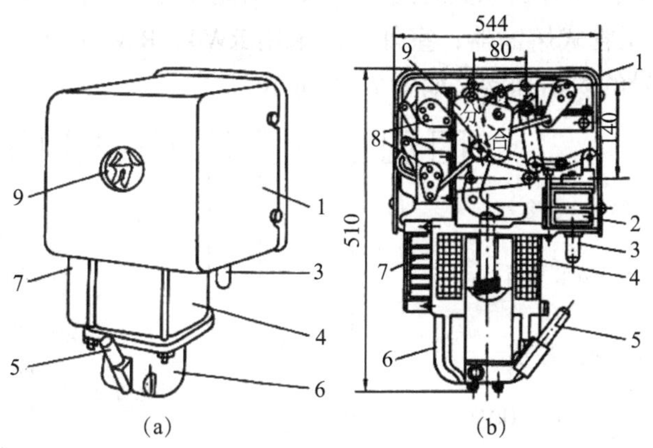

1—外壳；2—跳闸线圈；3—手动跳闸铁芯；4—合闸线圈；5—手动合闸操作手柄；6—缓冲底座；7—接线端子排；8—辅助开关；9—分 / 合闸指示器

图 2-14　CD10 型电磁操作机构

分闸时（见图 2-15（a）），跳闸线圈上的撞头因手动或远距离控制使跳闸线圈通电而往上撞击连杆系统，使搭在 L 形搭钩上的连杆滚轴下落，于是主轴在断路弹簧作用下转动，使断路器跳闸，并带动辅助开关切换。断路器跳闸后，跳闸线圈下落，正对此铁芯的两连杆也恢复到跳闸前的状态。

合闸时（见图 2-15（b）），合闸线圈因手动或远距离控制使合闸线圈通电而上举，使连杆滚轴又搭在 L 形搭钩上，同时使主轴因反抗断路弹簧的作用而转动，使断路器合闸，并带动辅助开关切换，整个连杆系统又处在稳定的合闸状态。

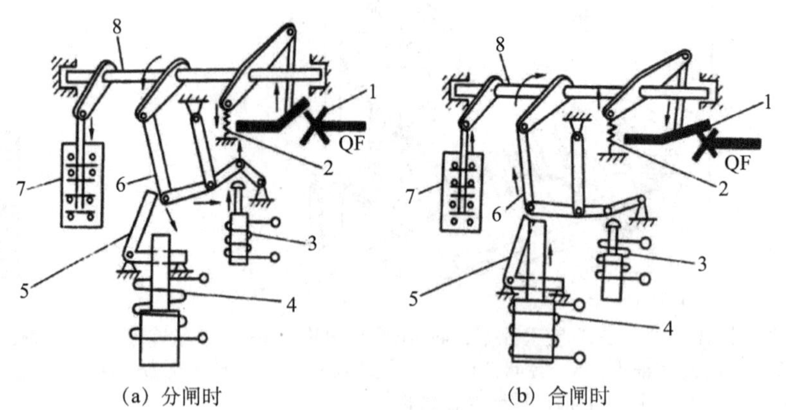

（a）分闸时　　（b）合闸时

1—高压断路器（QF）；2—断路弹簧；3—跳闸线圈（带铁芯）；
4—合闸线圈；5—L 形搭钩；6—连杆；7—辅助开关；8—操作机构主轴

图 2-15　CD10 型电磁操作机构的传动原理示意图

• CT7 型弹簧操作机构。弹簧操作机构的全称为弹簧储能式电动操作机构，由交直流两用串励电动机使合闸弹簧储能，在合闸弹簧释放能量的过程中将断路器合闸。弹簧操作机构可手动和远距离分闸、合闸，并可实现一次自动重合闸，而且由于可交流操作，保护和控制装置得到简化，但其结构复杂，价格较贵。

4. 高压熔断器

熔断器（文字符号为 FU）是一种应用极广的过电流保护电器。其主要功能是对电路及电路设备进行短路保护，但有的也具有过负荷保护功能。在用户供配电系统中，室内广泛采用 RN1、RN2 等型高压管式熔断器，室外广泛采用 RW4、RW10（F）等型高压跌开式熔断器。高压熔断器全型号的表示和含义如图 2-16 所示。

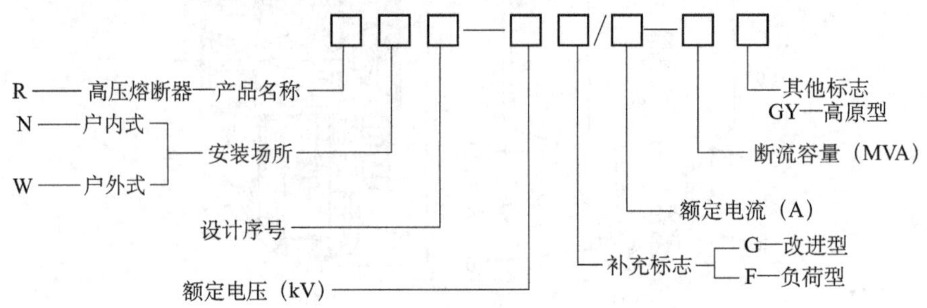

图 2-16　高压熔断器全型号的表示和含义

（1）RN1 和 RN2 型户内高压管式熔断器。RN1 型与 RN2 型的结构基本相同，都是瓷质熔管内充石英砂填料的密闭管式熔断器。RN1 型主要用于高压线路和设备的短路保护，并能起过负荷保护的作用，其熔体在正常情况下要通过主电路的负荷电流，因此，其结构尺寸较大。RN2 型只用于电压互感器一次侧的短路保护，其熔体额定电流一般为 0.5A，因此，其结构尺寸较小，瓷质熔管较细。图 2-17 是 RN1、RN2 型高压熔断器的外形结构；图 2-18 是其瓷质熔管剖面图。

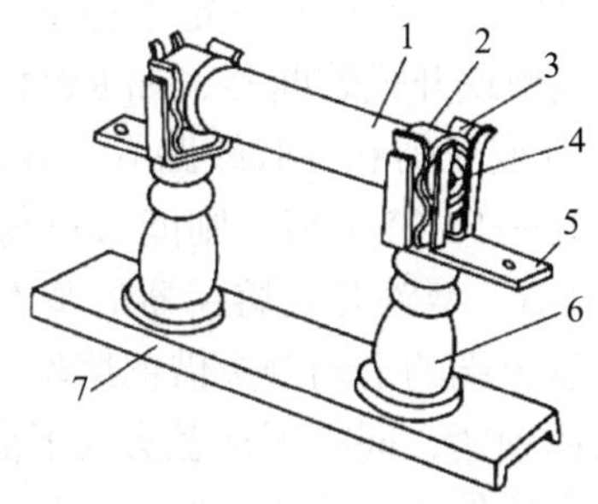

1—瓷质熔管；2—金属管帽；3—弹性触座；4—熔断指示器；
5—接线端子；6—支柱瓷瓶；7—底座

图 2-17　RN1、RN2 型高压熔断器的外形结构

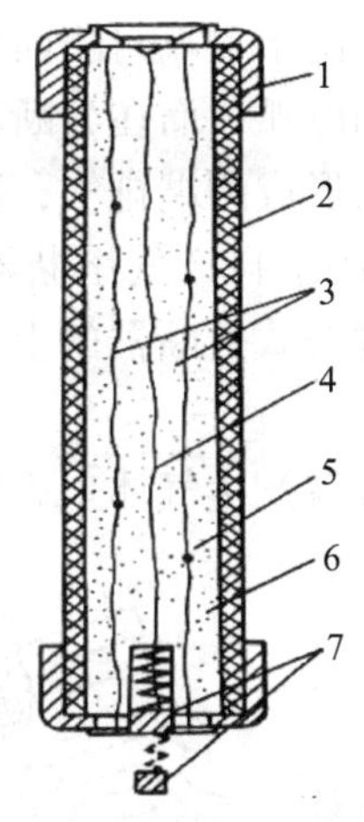

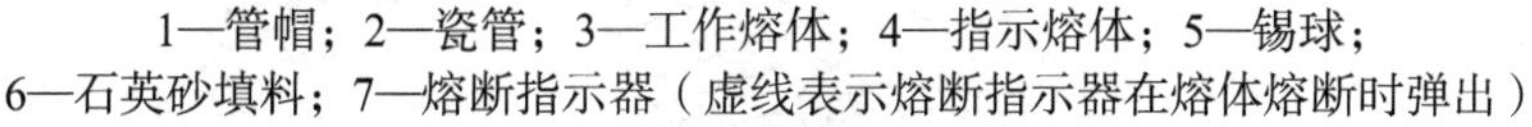
1—管帽；2—瓷管；3—工作熔体；4—指示熔体；5—锡球；
6—石英砂填料；7—熔断指示器（虚线表示熔断指示器在熔体熔断时弹出）

图 2-18　RN1、RN2 型熔断器的瓷质熔管剖面图

真空灭弧室结构与电弧开断示意

由图 2-18 可知，熔断器的工作熔体铜熔丝上焊有小锡球。锡是低熔点金属，过负荷时锡球受热首先熔化，包围铜熔丝，铜锡分子相互渗透形成比铜的熔点低的铜锡合金，使铜熔丝能在较低的温度下熔断，这就是所谓的“冶金效应”。它使得熔断器能在过负荷电流或较小的短路电流通过时也能动作，从而提高了保护灵敏度。又由该图可知，这种熔断器采用几根熔丝并联，以便它们熔断时产生几根并行的电弧，利用“粗弧分细灭弧法”来加速电弧的熄灭。这种熔断器的密封瓷熔管内填充石英砂，熔丝熔断时产生的电弧在石英砂内燃烧，因此，其灭弧能力很强，灭弧速度很快。通常这种熔断器能在短路后不到半个周期（0.01s）熄灭电弧，而短路过程中最大的短路瞬时电流即短路冲击电流出现在短路后半个周期，因此，这种熔断器能在短路电流达到冲击值之前熔断，切除短路，从而使装有这种熔断器保护的电路和设备可不考虑短路冲击电流的影响。这种能躲过短路冲击电流的熔断器，称为“限流熔断器”。当短路电流或过负荷电流通过熔体使熔断器的工作熔体熔断后，其指示熔体相继熔断，其红色的熔断指示器弹出，如图 2-18 中的虚线所示，给出熔断的指示信号。

（2）RW4 和 RW10（F）型户外高压跌开式熔断器。跌开式熔断器（一般型的文字符号用 FD，负荷型用 FDL），又称跌落式熔断器，广泛用于环境正常的室外场所，其功能是，既可做 6 ～ 10kV 线路和设备的短路保护，又可在一定条件下，直接用高压绝缘操作棒（参看图 2-4）来操作熔管的分合。一般型跌开式熔断器，如 RW4—10（G）型等，只能在无负荷情况下操作，或通断小容量的空载变压器和空载线路等，其操作要求与高压隔离开关相同。而负荷型跌开式熔断器，如 RW10—10（F）型，则能带负荷操作，其操作要求与高压负荷开关相同。图 2-19 是 RW4—10（G）型跌开式熔断器的基本结构示意图，其串接在被保护线路的首端。正常运行时，其熔管上端的上动触头借铜熔丝张力拉紧后，利用绝缘操作环将熔管连同上动触头推入上静触头内锁紧，同时下动触头与下静触头相互压紧，从而使电路接通。当线路上发生短路时，短路电流使熔丝熔断，形成电弧。纤维质消弧管内壁由于电弧燃烧而使之分解出大量气体，使管内压力剧增，并沿着管道形成强烈的气流纵向吹弧，使电弧迅速熄灭。熔丝熔断后，熔管的上动触头因失去熔丝的张力而下翻，使锁紧机构释放熔管。在触头弹力及熔管自重的作用下，熔管回转向下跌开，造成明显的断开间隙。这种跌开式熔断器采用了“逐级排气”的结构。由图 2-19 可以看出，其熔管上端在正常运行时是封闭的，可以防止雨水浸入。在分断较小的短路电流时，由于上端封闭而形成单端排气，使管内保持足够高的气压，有利于熄灭较小短路电流产生的电弧，而在分断较大的短路电流时，由于管内产生的气体多，气压大，使上端的薄膜冲开而形成两端排气，这样有助于防止分断大的短路电流时可能造成的熔管爆裂，从而有效地解决了自产气熔断器分断大、小故障电流的矛盾。RW10—10（F）型跌开式熔断器在一般型跌开式熔断器的上静触头上加装简单的灭弧装置和灭弧触头，因此，它能带负荷操作。

跌开式熔断器是依靠电弧燃烧使熔管内壁分解产生气体来灭弧的。即使负荷型跌开式熔

高压跌开式熔断器工作过程动画

安装 6kW 跌开式熔断器

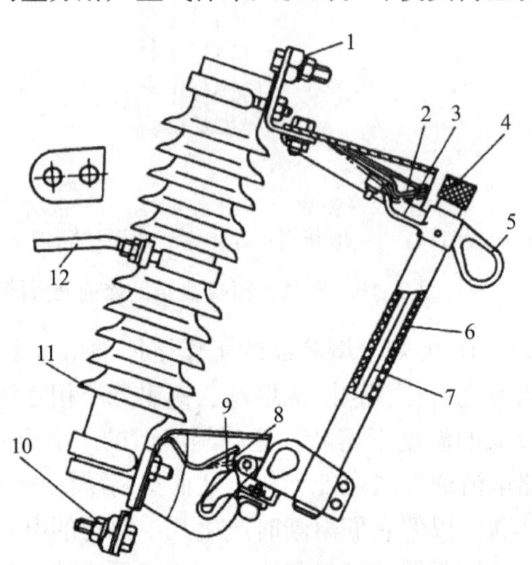

1—上接线端子；2—上静触头；3—上动触头；4—管帽（带薄膜）；5—操作环；6—熔管（外层为酚醛纸管或环氧玻璃布管，内套纤维质消弧管）；7—铜熔丝；8—下动触头；9—下静触头；10—下接线端子；11—绝缘瓷瓶；12—固定安装板

图 2-19　RW4-10（G）型跌开式熔断器

断器加装简单的灭弧装置，其灭弧能力也不强，灭弧速度不快，不能在短路电流到达冲击值，即在半个周期（0.01s）内灭电弧，因此，这种跌开式熔断器属于“非限流熔断器”。

5. 高低压避雷器

避雷器（文字符号为F）用来防止雷电产生的过电压沿线路侵入变配电所或其他建筑物内，以免危及被保护电气设备的绝缘。避雷器应与被保护设备并联，装在被保护设备的电源侧，如图2-20所示。当线路上出现危及设备绝缘的雷电过电压时，避雷器的火花间隙被击穿，或由高阻变为低阻，使过电压对大地泄放，从而保护了设备的绝缘。避雷器按结构分为阀式避雷器、排气式避雷器、保护间隙和金属氧化物避雷器等。

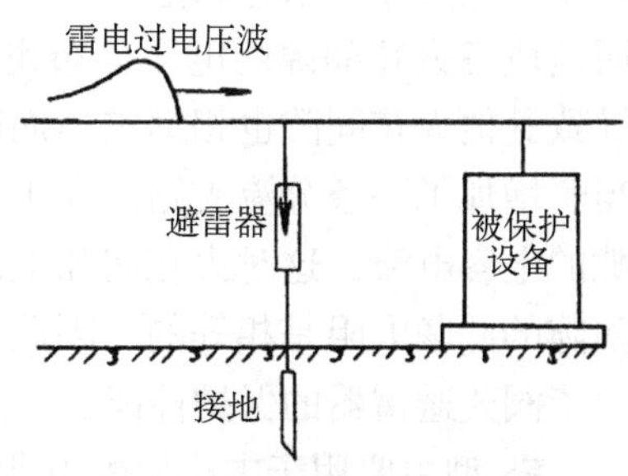

图2-20　避雷器的连接

（1）阀式避雷器。阀式避雷器（文字符号为FV）主要由火花间隙和阀片组成，装在密封的瓷套管内。火花间隙用铜片冲制而成。每对间隙用厚0.5～1mm的云母垫圈隔开。正常情况下，火花间隙阻断工频电流通过，但在雷电过电压作用下，火花间隙被击穿放电。阀片是用陶料粘固的电工用金刚砂（碳化硅）颗粒制成的。这种阀片具有非线性电阻特性，正常电压时，阀片电阻很大，而过电压时，阀片电阻则变得很小。因此，阀式避雷器在线路上出现雷电过电区时，其火花间隙被击穿，阀片电阻变得很小，能使雷电流顺畅地向大地泄放。当雷电过电压消失、线路上恢复工频电压时，阀片电阻又变得很大，使火花间隙的电弧熄灭，切断工频续流，从而恢复线路的正常运行。

阀式避雷器中火花间隙和阀片的数量，与其工作电压的高低成比例。高压阀式避雷器串联的火花间隙多，目的是将长弧分割为多段短弧，以加速电弧的熄灭，而阀电阻的限流作用是加速灭弧的主要因素。图2-21（a）、图2-21（b）分别是FS4—10型高压阀式避雷器和FS—0.38型低压阀式避雷器结构图。

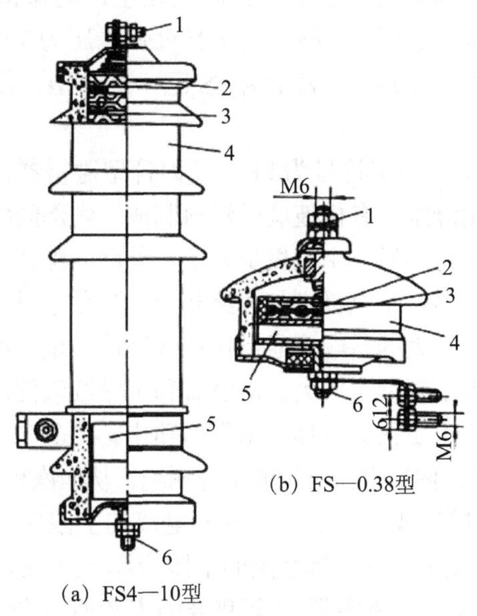

1—上接线端子；2—火花间隙；3—云母垫圈；4—瓷套管；
5—阀电阻片；6—下接线端子

图2-21　高压、低压阀式避雷器

更换杆上避雷器

普通阀式避雷器除上述 FS 型外，还有一种 FZ 型。FZ 型避雷器内的火花间隙旁并联一串分流电阻。这些并联电阻主要起均压作用，使与之并联的火花间隙上的电压分布比较均匀。火花间隙在未并联电阻时，由于各火花间隙对地和对高压端都存在不同的杂散电容，从而造成各火花间隙的电压分布也不均匀，这就使得某些电压较高的火花间隙容易击穿重燃，导致其他火花间隙也相继重燃而难以灭弧，使工频放电电压降低。火花间隙在并联电阻后相当于增加了一条分流支路。在工频电压作用下，通过并联电阻的电导电流远大于通过火花间隙的电容电流，这时火花间隙上的电压分布主要取决于并联电阻上的电压分布。由于各火花间隙的并联电阻是相等的，因此，各火花间隙上的电压分布也相应地比较均匀，从而大大改善了阀式避雷器的保护性能。

FS 型主要用于中小变配电所，所以称为“所用阀式避雷器”。FZ 型避雷器则用于发电厂和大型变配电站，通常称为“站用阀式避雷器”。阀式避雷器除上述两种普通型外，还有一种磁吹型，即磁吹阀式避雷器，其内部附加有磁吹装置来加速火花间隙中电弧的熄灭，从而进一步改善其保护性能，降低残压，专用来保护重要的而绝缘又较薄弱的旋转电动机等。例如，FCD 型就是专用来保护旋转电动机用的阀式避雷器。阀式避雷器全型号的表示和含义如图 2-22 所示。

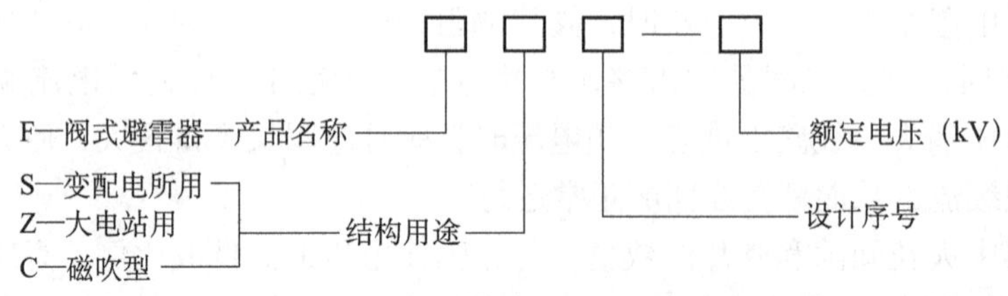

图 2-22　阀式避雷器全型号的表示和含义

必须说明：上述型号中的“额定电压”，过去是用避雷器所工作的系统额定电压来标注的，例如，FS □—6 型表示它适用于 6kV 系统中工作；而现在生产的避雷器，其额定电压多按其灭弧电压值来标注，例如，上述 FS □—6 型，由于其灭弧电压为 7.6kV，故其型号现表示为 FS □—7.6 型，同样，原 FS □—10 型现表示为 FS □—12.7 型，原 FS □—35 型现表示为 FS □—41 型等。

（2）排气式避雷器。排气式避雷器（文字符号为 FE）又称管型避雷器，由产气管、内部间隙和外部间隙三部分组成。产气管由纤维、有机玻璃或塑料制成。内部间隙除装在产气管内外，其一个电极呈棒形，通过接地线接地，另一个电极呈环形。外部间隙在产气管外部，其一个电极与产气管端部的环形电极相连，另一个电极则与线路相连。当雷电过电压波沿线路传来时，排气避雷器的内、外间隙被击穿，强大的雷电流通过接地线泄放入地。由于这种避雷器放电时内阻接近于零，所以残压极小，但工频续流极大。雷电流和工频续流使产气管内部间隙发生强烈电弧，使管内壁材料烧灼而产生大量灭弧气体，由管口喷出，强烈吹弧，从而使电弧迅速熄灭。这时外部间隙的空气恢复绝缘，使避雷器与供电系统隔绝，从而恢复线路的正常运行。

为了保证避雷器可靠工作，对于排气式避雷器，其开断电流的上限应不小于安装地点短路电流的最大有效值（计入非周期分量）；而开断电流的下限应不大于安装地点短路电流的最小值（不计非周期分量）。因此，排气式避雷器的全型号中表示有开断电流的上、下限。排气式避雷器具有简单经济、残压很小的优点，但它动作时有电弧和气体从管中喷出，因此，它只能用在室外架空场所（主要是架空线路上）。排气式避雷器全型号的表示和含义如

图 2-23 所示。

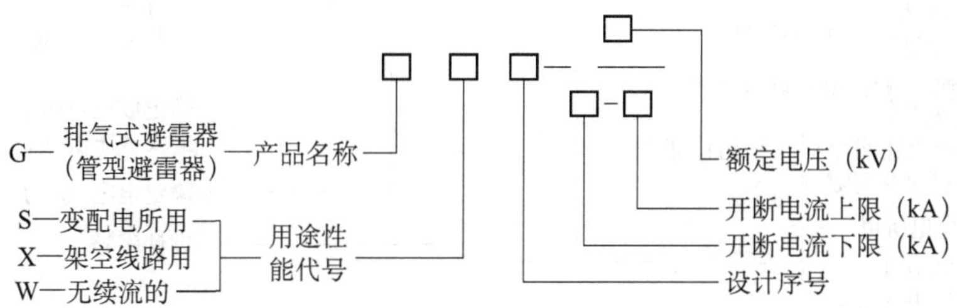

图 2-23　排气式避雷器全型号的表示和含义

（3）保护间隙。保护间隙（文字符号为 FG）又称角型避雷器。其结构如图 2-24 所示。

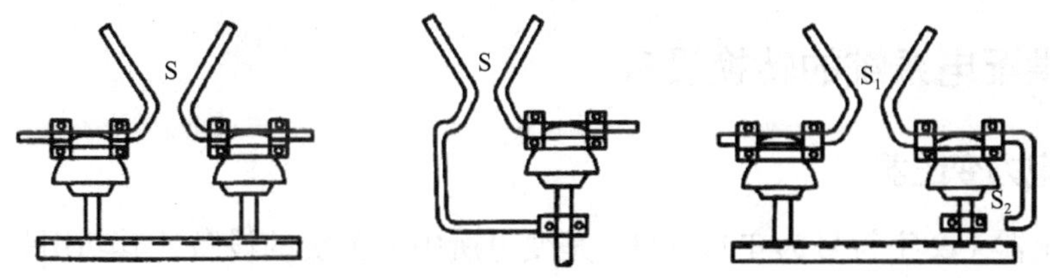

（a）双支持绝缘子单间隙（b）单支持绝缘子单间隙（c）双支持绝缘子双间隙

S—保护间隙；S_1—主间隙；S_2—辅助间隙

图 2-24　保护间隙的结构

保护间隙简单经济，维修方便，但灭弧能力小，保护性能差，容易造成系统接地或短路故障，引起线路开关跳闸或熔断器熔断，使线路停电。因此对于装有保护间隙的线路，一般要求装设自动重合闸装置，以提高供电的可靠性。保护间隙的一个电极接线路，另一个电极通过接地线接地。但为了防止间隙被外物（如鼠、鸟、树枝等）短接而造成接地或短路故障，只有一个间隙的保护间隙（如图 2-24（a）和图 2-24（b）所示）必须在其公共接地引下线中间串入一个辅助间隙，如图 2-25 所示。这样即使主间隙被外物短接，也不致造成线路接地或短路。保护间隙只用于室外且负荷不重要的线路上。

（4）金属氧化物避雷器。金属氧化物避雷器（文字符号为 FMO）按有无火花间隙分为两种类型，最常见的一种是没有火花间隙只有压敏电阻片的避雷器。压敏电阻片是由氧化锌或氧化铋等金属氧化物烧结而成的多晶半导体陶瓷元件，具有理想的阀电阻特性。在正常工频电压下，它呈现极大的电阻，能迅速、有效地阻断工频续流，无须火花间隙来熄灭由工频续流引起的电弧。而在雷电过电压作用下，其电阻即变得很小，能很好地泄放雷电流。另一种是有火花间隙并有金属氧化物电阻片的避雷器，其结构与前面讲的普通阀式避雷器类似，只是普通阀式避雷器采用的是碳化硅电阻片，而有火花间隙金属氧化物避雷器采用的是性能更优异的金属氧化物电阻片，是普通阀式避雷器的更新换代产品。

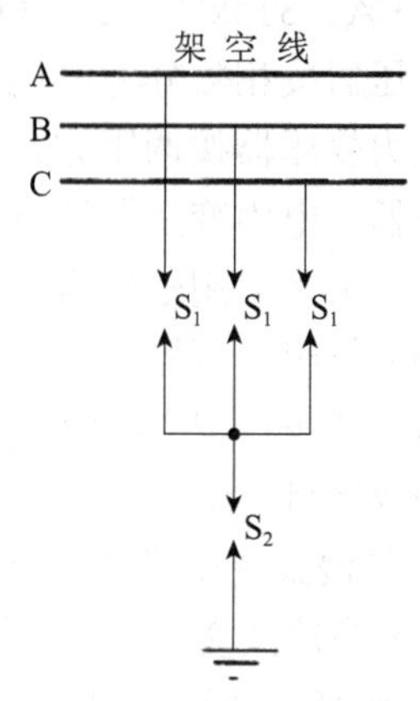

S_1—主间隙；S_2—辅助间隙

图 2-25　三相线路上保护间隙的连接

金属氧化物避雷器全型号的表示和含义如图 2-26 所示。

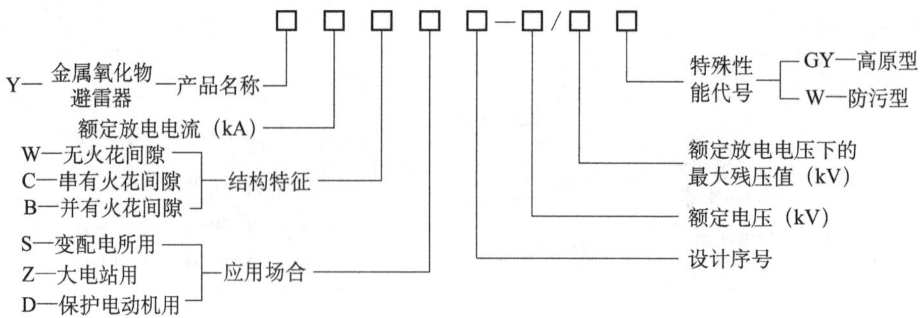

图 2-26　金属氧化物避雷器全型号的表示和含义

注意：金属氧化物避雷器的额定电压现在也多用其灭弧电压值表示。

2.3　供配电系统的转换设备

2.3.1　电力变压器

电力变压器（文字符号为 T 或 TM）是变电所中最关键的设备，其功用是将电力系统中的电力电压升高或降低，以利于电力的合理输送、分配和使用。

1. 电力变压器的类型

电力变压器按功用分，有升压变压器和降压变压器两大类。用户变电所采用降压变压器。二次侧为低压配电电压的降压变压器，通常称为“配电变压器”。电力变压器按容量系列分为 R8 容量系列和 R10 容量系列两大类。所谓 R8 容量系列，是指容量等级是按 $\sqrt[8]{10}$（≈ 1.33）倍数递增的。我国老的变压器容量等级采用此系列，如容量 100kV · A、135kV · A、180kV · A、240kV · A、320kV · A、420kV · A、560kV · A、750kV · A、1000kV · A 等；所谓 R10 容量系列，是指容量等级是按 $\sqrt[10]{10}$（≈ 1.26）倍数递增的。R10 容量系列等级较密，便于合理选用，是国际电工委员会（IEC）推荐的，我国现在生产的电力变压器容量等级均采用这一系列，如容量 100kV · A、125kV · A、160kV · A、200kV · A、250kV · A、315kV · A、400kV · A、500kV · A、630kV · A、800kV · A、1000kV · A 等。电力变压器按相数分为单相和三相两大类，用户变电所通常采用三相变压器。

电力变压器按调压方式分，有无载调压和有载调压两大类。用户变电所大多采用无载调压变压器。电力变压器按绕组导体材质分，有铜绕组变压器和铝绕组变压器两大类。用户变电所以往大多采用较价廉的铝绕组变压器，如 SL7 型等，现在一般采用更为节能的 S9、SC9 等系列铜绕组变压器。

电力变压器按绕组形式分，有双绕组变压器、三绕组变压器和自耦变压器。用户变电所一般采用双绕组变压器。电力变压器按绕组绝缘和冷却方式分，有油浸式、树脂绝缘式和充气式（SF_6）。油浸式变压器又分为油浸自冷式、油浸风冷式和强迫油循环冷却式等。用户变电所大多采用油浸自冷式变压器，但树脂绝缘式变压器近年来在用户变电所中的应用日益增多，高层建筑中的变电所一般采用干式变压器或充气式变压器。充气式（SF_6）变压器一般用于成套变电所。

电力变压器按结构性能分，有普通变压器、全密封变压器和防雷变压器等。用户变电所大多采用普通变压器（包括油浸式和干式）。全密封变压器（包括油浸式、干式和充气式）具有全密封结构，维护安全方便，在高层建筑中应用较广。防雷变压器适用于多雷地区用户变电所使用。

2. 电力变压器的联结组别

电力变压器的联结组别是指变压器一、二次绕组（和一、二、三次绕组）因采取不同联结（连接）方式而形成变压器一、二次侧（和一、二、三次侧）对应的线电压之间的不同相位关系。下面重点介绍用户配电变压器常见的几种联结组别。

Yyn0 联结的示意图如图 2-27 所示。其一次线电压与对应的二次线电压之间的相位关系，如同时钟在零点、12 点时分针与时针的相互关系一样。图中一、二次绕组一端标“•”(黑点)的端子为对应的“同名端”，称为“同极性端”。

Dyn11 联结的示意图如图 2-28 所示。其一次线电压与对应的二次线电压之间的相位关系，如同时钟 11 点和 23 点时的分针与时针的相互关系一样。我国过去大多采用 Yyn0 联结的配电变压器，但近年来 Dyn11 联结的配电变压器得到推广应用。

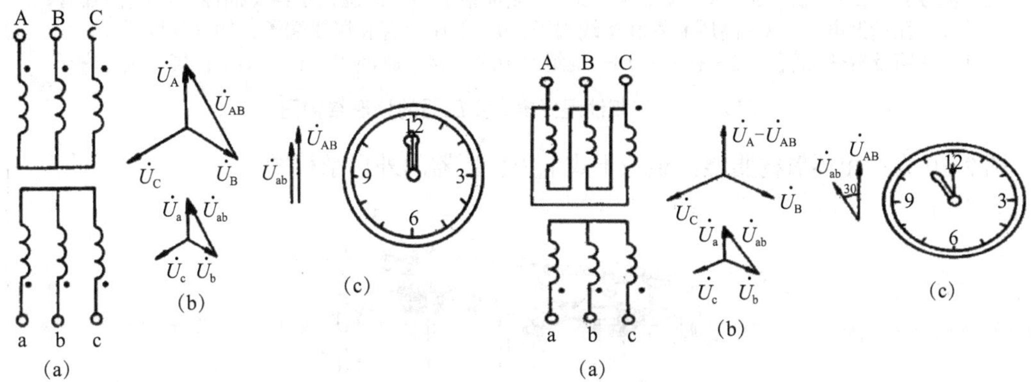

图 2-27　Yyn0 联结的示意图　　　　图 2-28　Dyn11 联结的示意图

配电变压器采用 Dyn11 联结与采用 Yyn0 联结相比有下列优点：

（1）Dyn11 联结的变压器对 3 次及其整数倍次的谐波电流，可在其三角形联结的一次绕组内形成环流，从而不致注入高压公用电网中去。由此可见，其比 Yyn0 联结的变压器更有利于抑制高次波电流。

（2）Dyn11 联结的变压器，其零序阻抗比 Yyn0 联结的变压器的零序阻抗小得多，因此，Dyn11 联结的变压器二次侧的单相接地短路电流比 Yyn0 联结的变压器二次侧的单相接地短路电流大得多，从而更有利于低压侧单相接地短路故障的保护和切除。

（3）当接用单相不平衡负荷时，由于 Yyn0 联结变压器要求中性线（N 线）电流不应超过二次绕组额定电流的 25%，因而严重限制了接用单相用电负荷的容量，影响了变压器负荷能力的充分发挥。Dyn11 联结变压器的中性线电流允许达到相电流的 75% 以上，其承受单相不平衡负荷的能力远比 Yyn0 联结变压器大。这在现代供配电系统中单相负荷急剧增加的情况下，推广应用 Dyn11 联结变压器就显得更有必要了。但是，由于 Yyn0 联结变压器一次绕组的绝缘强度要求比 Dyn11 联结变压器稍低（以前者承受相电压或线电压），从而使 Yyn0 联结变压器的制造成本稍低于 Dyn11 联结变压器，因此，在 TN 及 TT 系统中，有单相不平衡负荷引起的中性线电流不致超过电压绕组额定电流的 25% 时，应选用 Yyn0 联结变压器。

3. 电力变压器的结构和型号

电力变压器的基本结构包括铁芯和一、二次（或一、二、三次）绕组两大部分。

图 2-29 为三相油浸式电力变压器的外形结构图。

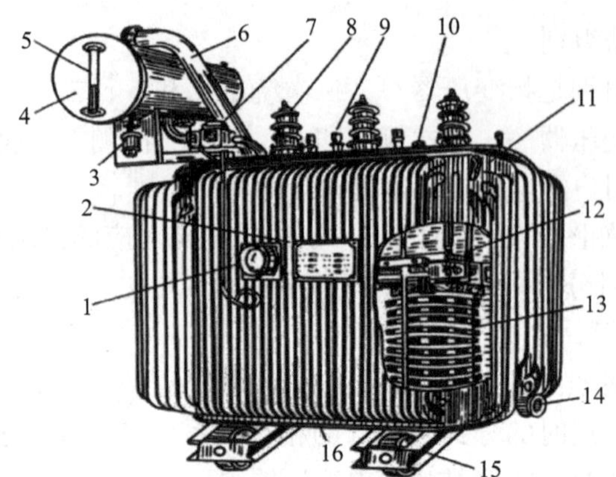

1—温度计；2—铭牌；3—吸湿器；4—油枕（储油柜）；5—油位指示器（油标）；6—防爆管；7—瓦斯继电器；8—高压套管和接线端子；9—低压套管和接线端子；10—分接开关；11—油箱及散热油管；12—铁芯；13—绕组及绝缘；14—放油阀；15—小车；16—接地端子

图 2-29　三相油浸式电力变压器的外形结构图

图 2-30 为三相环氧树脂浇注绝缘干式电力变压器的外形结构图。

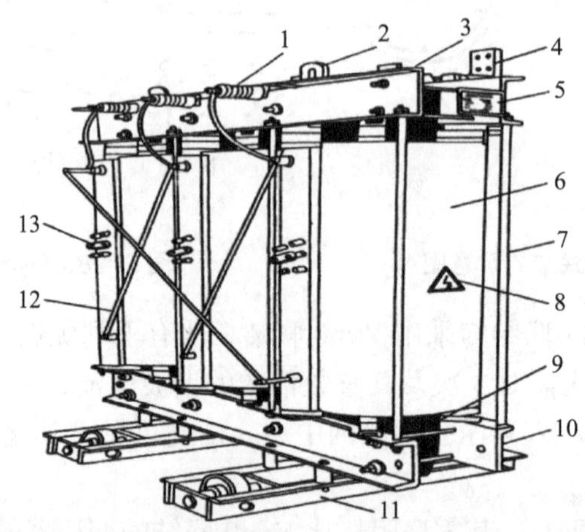

1—高压出线套管和接线端子；2—吊环；3—上夹件；4—低压出线套管和接线端子；5—铭牌；6—环氧树脂浇注绝缘绕组；7—上下夹件拉杆；8—警示标牌；9—铁芯；10—下夹件；11—小车；12—高压绕组间连接导杆；13—高压分接头连接片

图 2-30　三相环氧树脂浇注绝缘干式电力变压器的外形结构图

电力变压器全型号的表示和含义如图 2-31 所示。

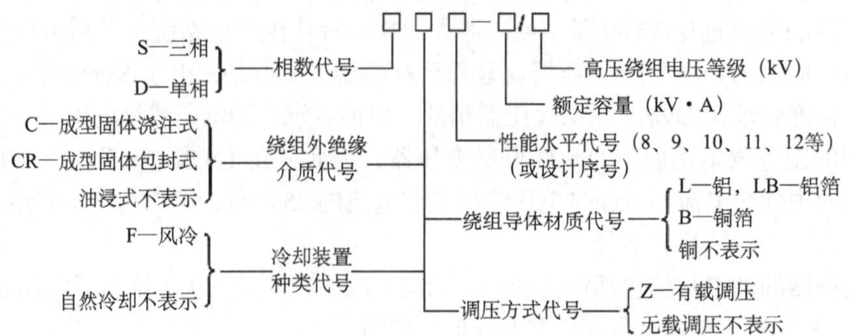

图 2-31　电力变压器全型号的表示和含义

4. 电力变压器的容量和过负荷能力

（1）电力变压器的额定容量和实际容量。电力变压器的额定容量是指其在规定的环境温度条件下进行室外安装时，在规定的使用年限（一般为 20 年）内所能连续输出的最大视在功率（kV · A）。GB/T 1094《电力变压器》规定，变压器正常使用的最高年平均气温为 +20℃。如果变压器安装地点的年平均气温 $\theta_{0.av} \neq 20℃$，则每升高 1℃，变压器的容量就要减小 1%。因此，变压器的实际容量（出力）S_T 应按下式计算，即

$$S_T = \left(1 - \frac{\theta_{0.av} - 20}{100}\right) S_{N.T} \tag{2-1}$$

式中，$S_{N.T}$ 是变压器的额定容量。

气象部门提供的环境温度是室外温度，而对电力变压器室来说一般室内温度比室外温度按升高 8℃考虑。因此，由于变压器运行发热的影响而有所升高，室内变压器的实际容量（出力）S_T 应按下式计算，即

$$S_T = \left(0.92 - \frac{\theta_{0.av} - 20}{100}\right) S_{N.T} \tag{2-2}$$

（2）电力变压器的正常过负荷。油浸式电力变压器在必要时可以过负荷运行而不致影响其使用寿命。这种正常过负荷与下列因素有关：

• 因昼夜负荷不均衡而允许的过负荷。油浸式电力变压器因昼夜负荷不均衡而允许的过负荷因数 $K_{OL(1)}$，可根据日负荷填充系数（日负荷率）β 和最大负荷持续时间 t 去查图 2-32 所示的曲线求得。

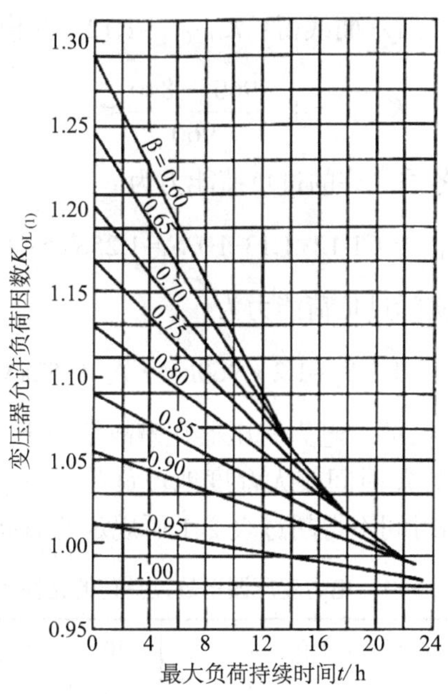

图 2-32　油浸式电力变压器的允许过负荷因数与日负荷率及最大负荷持续时间的关系曲线

• 因季节性负荷差异而允许的过负荷。如果夏季（或冬季）的平均日负荷曲线中的最大负荷 S_{max} 低于油浸式变压器的实际容量 S_T，则每低 1%，可在冬季（或夏季）过负荷 1%，但此项过负荷不得超过 15%，这称为“百分之一规则”。因此，其允许的过负荷因数 $K_{OL(2)}$ 可按下式计算，即

$$K_{OL(2)} = 1 + \frac{S_T - S_{max}}{S_T} \leqslant 1.15 \tag{2-3}$$

但是油浸式电力变压器总的正常过负荷因数不得超过下列数值：对户内变压器，20%；对户外变压器，30%。因此，油浸式电力变压器的正常过负荷能力（最大出力）可达：

户内变压器

$$S_{T(OL)} = (K_{OL(1)} + K_{OL(2)} - 1) S_T \tag{2-4}$$
$$\text{且 } S_{T(OL)} \leqslant 1.2S_T$$

户外变压器

$$S_{T(OL)} = (K_{OL(1)} + K_{OL(2)} - 1) S_T \tag{2-5}$$
$$\text{且 } S_{T(OL)} \leqslant 1.3S_T$$

干式电力变压器一般不考虑正常过负荷。

［例 2-1］ 某用户变电所变压器室有一台 1000kV·A 的油浸式电力变压器，已知该用户的平均日负荷率 β=0.7，负荷持续时间为 8h，夏季的平均日最大负荷为 840kV·A，当地年平均气温为 16℃。试求该变压器的实际容量和冬季允许的过负荷能力。

解：（1）变压器的实际容量。

由式（2-2）得

$$S_T = \left(0.92 - \frac{16-20}{100}\right) \times 1000\text{kV·A} = 960\text{kV·A}$$

（2）变压器的冬季允许的过负荷能力。

由 β=0.7 和 t=8h 查图 2-32 所示曲线得：$K_{OL(1)}$=1.12。又由式（2-3）得

$$K_{OL(2)} = 1 + \frac{960-840}{960} \approx 1.13$$

由式（2-4）得该变压器冬季允许的过负荷能力为

$$S_{T(OL)} = (1.12+1.13-1) S_T = 1.25S_T > 1.2S_T$$

应取过负荷系数 1.2，故实际过负荷能力为

$$S_{T(OL)} = 1.2\, S_T = 1.2 \times 960\text{kV·A} = 1152\text{kV·A}$$

（3）电力变压器的事故过负荷。电力变压器在事故情况下（例如，并列运行的两台变压器有一台因故障切除时），允许短时间较大幅度地过负荷运行，而不论事故前的负荷情况如何，但这种事故过负荷运行的时间不得超过表 2-1 所规定的时间。

表 2-1　电力变压器事故过负荷的允许值

油浸自冷式变压器	过负荷百分值（%）	30	45	60	75	100	200
	过负荷时间 /min	120	80	45	20	10	1.5
干式变压器	过负荷百分值（%）	10	20	30	40	50	60
	过负荷时间 /min	75	60	45	32	10	5

注：变压器事故过负荷对其使用寿命是有影响的。

5. 电力变压器的并列运行条件

两台或多台电力变压器并列运行时，必须满足以下三个基本条件：

（1）所有并列变压器的额定一次电压和二次电压必须对应相等，也就是说所有并列变压器的电压比必须相同，允许差值范围为 ± 5%。如果并列变压器的电压比不同，则并列变压器二次绕组的回路内将出现环流，即二次电压较高的绕组将向二次电压较低的绕组供给电流，从而引起绕组过热甚至烧毁。

（2）所有并列变压器的阻抗电压必须相等。由于并列变压器二次侧的负荷是按其阻抗电压值成反比分配的，所以并列变压器的阻抗电压如果不同，将导致阻抗电压较小的变压器过负荷甚至烧毁，因此，并列变压器的阻抗电压必须相等，允许差值范围为 ± 10%。

（3）所有并列变压器的联结组别必须相同。也就是说，所有并列变压器的一次电压和二次电压的相序和相位必须对应相同，否则不允许并列运行。假设两台变压器并列，一台采用 Yyn0 联结，另一台采用 Dyn11 联结，则它们的二次电压将出现 30° 相位差，从而并列运行时将在两台变压器的一次绕组间产生电位差 ΔU。这一电位差 ΔU 将在两台变压器的二次绕组回路内产生一个很大的环流，有可能使变压器绕组烧毁。

此外，并列运行的变压器容量应尽量相同或相近，其最大容量与最小容量之比一般不应超过 3 : 1。如果容量相差悬殊，不仅运行很不方便，而且在变压器性能略有差异时，变压器间的环流往往相当显著，极易造成容量小的变压器过负荷或烧毁。

附录 A 中的表 A-2 和表 A-3 分别列出了 S9 系列和 SC9 系列两种节能型铜线电力变压器的主要技术数据，供参考。

2.3.2　电流 / 电压互感器

1. 电流互感器（文字符号为 TA）

（1）电流互感器的功用。

①用来使仪表、继电器等二次设备与主电路绝缘。这既可防止主电路的高电压直接引入仪表、继电器等二次设备，又可防止仪表、继电器等二次设备的故障影响主电路，从而提高整个一、二次电路运行的安全性和可靠性，并有利于保障人身安全。

②用来扩大仪表、继电器等二次设备应用的电流范围。例如，用一只 5A 的电流表，通过不同变流比的电流互感器即可测量任意大的电流。由于采用的是电流互感器，可使仪表、继电器等二次设备的规格统一，有利于这些设备的批量生产。

（2）电流互感器的结构。电流互感器的基本结构和接线如图 2-33 所示。

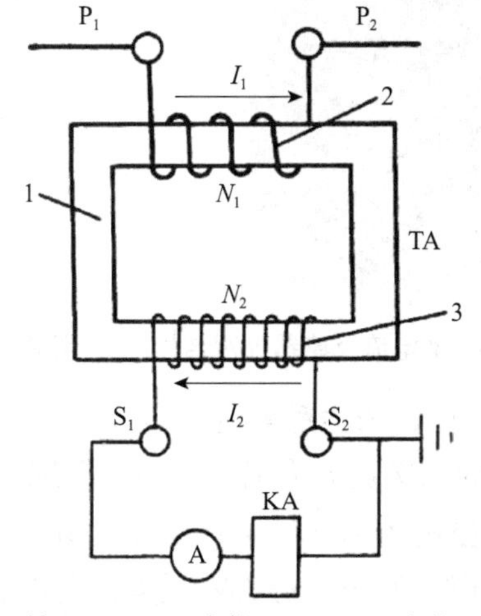

1— 铁芯；2— 一次绕组；3— 二次绕组

图 2-33　电流互感器的基本结构和接线

怎样安装电流互感器

电流互感器的结构特点是：一次绕组的匝数很少，有的电流互感器还没有一次绕组（见图 2-35），而是利用穿过其铁芯的一次电路导体

（母线）作为一次绕组（相当于绕组匝数为 1），且一次绕组导体相当粗；而二次绕组匝数很多，导体较细。工作时，一次绕组串联在一次电路中，而二次绕组与仪表、继电器等的电流线圈串联，形成一个闭合回路。由于这些电流线圈的阻抗很小，因此，电流互感器工作时其二次回路接近于短路状态。二次绕组的额定电流一般为 5A，个别也有 1A 的。电流互感器的一次电流 I_1 与其二次电流 I_2 之间有下列关系，即

$$I_1 \approx \frac{N_2}{N_1} I_2 \approx K_i I_2 \tag{2-6}$$

式中，N_1、N_2 分别为电流互感器一、二次绕组匝数；K_i 为电流互感器的变流比，$K_i=I_{1N}/I_{2N}$，即其一、二次额定电流之比。

（3）电流互感器的类型和型号。电流互感器的类型有很多种。按其一次绕组的匝数分，有单匝式（包括母线式、芯柱式、套式等）和多匝式（包括线圈式、线环式、串级式等）。按其一次电压分，有高压和低压两大类。按其用途分，有测量用和保护用两大类。按其准确度等级分，测量用电流互感器有 0.1 级、0.2 级、0.5 级、1 级、3 级、5 级，保护用电流互感器有 5P、10P 两级。按其绝缘和冷却方式分，有油浸式和干式两大类，油浸式主要用于户外装置中。现在应用最普遍的是环氧树脂浇注绝缘的干式电流互感器，特别是在户内装置中，油浸式电流互感器已基本淘汰不用。

图 2-34 是 LZJC—10 型高压电流互感器。

图 2-35 为 BH—0.66 Ⅰ型低压电流互感器。BH—0.66 系列Ⅰ型电流互感器为方圆孔型电流互感器，主要适用于单根、多根电缆穿越或单根母排穿越，作为电流测量和电能计量使用。100A 及以下额定容量可达到 5 ～ 10VA（穿芯匝数仅 2 ～ 3 匝）。型号及其含义为 B：封闭式；H：电流互感器；0.66：电压等级。

电流互感器全型号的表示和含义如图 2-36 所示。

图 2-34　LZJC—10 型电流互感器外观结构

图 2-35　BH—0.66 Ⅰ型低压电流互感器

（4）使用电流互感器的注意事项。

①电流互感器的二次负荷为电流线圈，阻抗很小，因此，其正常工作接近于短路状态。根据磁动势平衡方程式 $\dot{I}_1 N_1 - \dot{I}_2 N_2 = \dot{I}_0 N_1$ 可知，其一次电流 I_1 产生的磁动势为 I_1N_1，绝大部分被二次电流 I_2 产生的磁动势 I_2N_2 抵消，所以总的磁动势 I_0N_1 很小，励磁电流即空载电流 I_0 一般只有 I_1 的百分之几。但是，如果二次侧开路，即 I_2= 0 时，I_0N_1= I_1N_1，将使 I_0 增大到 I_1，突然增大几十倍，励磁磁动势 I_0N_1 增大几十倍，则会产生如下严重后果：第一，铁芯

由于其中磁通剧增而过热，并产生剩磁，而降低准确度等级；第二，由于电流互感器二次绕组匝数远比一次绕组匝数多，因此，可在二次侧感应出危险的高电压，危及人身和设备的安全。所以电流互感器工作时二次侧不允许开路，有的互感器还专门标有这样的警示牌，如图 2-34 所示。电流互感器在安装时，其二次接线必须牢靠，且不允许接入开关和熔断器。

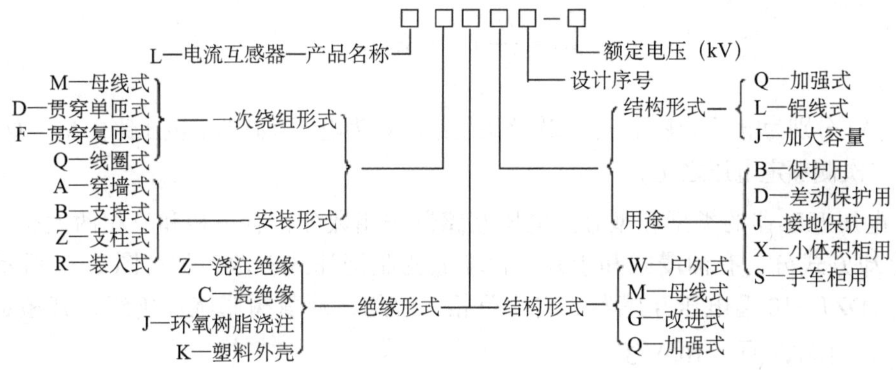

图 2-36　电流互感器全型号的表示和含义

②电流互感器的二次侧必须有一端接地。这样做的目的是防止互感器一、二次绕组间绝缘击穿时，一次侧的高电压串入二次侧，危及人身和设备的安全。

③电流互感器连接时必须注意其端子极性。电流互感器的一、二次绕组端子，按 GB/T 1208—2006《电流互感器》规定，一次绕组端子标 P_1、P_2，二次绕组端子标 S_1、S_2，其中 P_1 与 S_1、P_2 与 S_2 分别为对应的同名端即同极性端。如果一次电流 I_1 从 P_1 流向 P_2，则二次电流 I_2 由 S_2 流向 S_1，如图 2-33 所示。

在安装和使用电流互感器时，一定要注意其端子极性，否则将造成不良后果或事故。如某相电流互感器的 S_1 和 S_2 接反，则二次侧公共线中的电流就不是相电流，其大小是相电流的$\sqrt{3}$倍，可能使电流表烧毁。

2. 电压互感器（文字符号为 TV）

（1）电压互感器的功用。

①用来使仪表、继电器等二次设备与主电路绝缘。这与电流互感器的功用完全相同，以提高一、二次电路运行的安全性和可靠性，并有利于保障人身安全。

②用来扩大仪表、继电器等二次设备应用的电压范围。例如，用一只 100V 的电压表，通过不同变压比的电压互感器可测量任意高的电压，这也有利于电压表、继电器等二次设备的规格统一和批量生产。

（2）电压互感器的结构。电压互感器的基本结构和接线如图 2-37 所示。

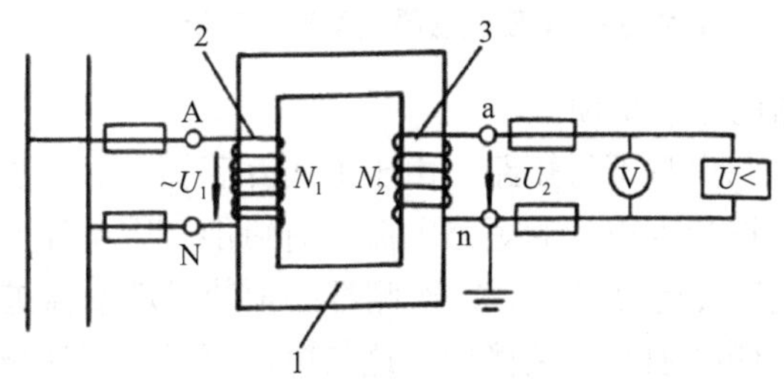

1— 铁芯；2— 一次绕组；3— 二次绕组

图 2-37　电压互感器的基本结构和接线

电压互感器的结构特点是：一次绕组匝数很多，二次绕组匝数较少，相当于降压变压器。其接线特点是：一次绕组并联在一次电路中，而二次绕组并联仪表、继电器的电压线圈。由于这些电压线圈的阻抗很大，所以电压互感器工作时其二次侧接近于空载状态。二次绕组的额定电压一般为 100V。电压互感器的一次电压 U_1 与二次电压 U_2 之间有下列关系，即

$$U_1 \approx \frac{N_1}{N_2} U_2 \approx K_u U_2 \tag{2-7}$$

式中，N_1、N_2 分别为电压互感器一、二次绕组匝数；K_u 为电压互感器的电压比，$K_u = U_{1N} / U_{2N}$，即其一、二次侧额定电压之比。

（3）电压互感器的类型和型号。电压互感器按相数分，有单相和三相两大类。按绕组绝缘和冷却方式分，有油浸式和干式（含环氧树脂浇注式）两大类。图 2-38 所示的是应用广泛的 JDZJ—10 型电压互感器，它为单相三绕组，环氧树脂浇注绝缘，其额定电压为 $10000\text{V}/\sqrt{3}$：$100\text{V}/\sqrt{3}$：100V/3。

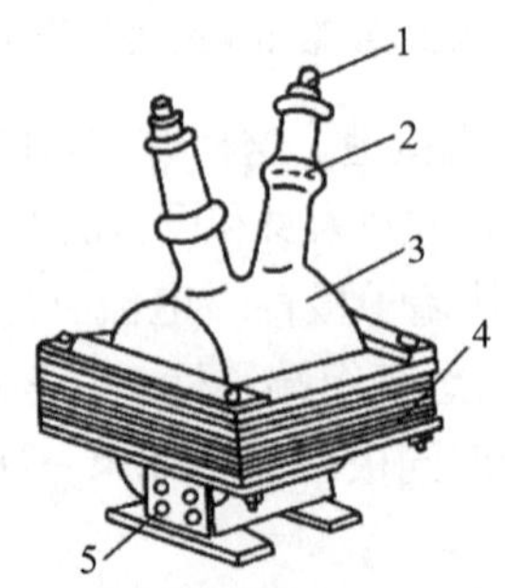

1— 一次接线端子；2— 高压绝缘套管；3— 一、二次绕组，树脂浇注绝缘；
4— 铁芯；5— 二次接线端子

图 2-38　JDZJ—10 型电压互感器

电压互感器全型号的表示和含义如图 2-39 所示。

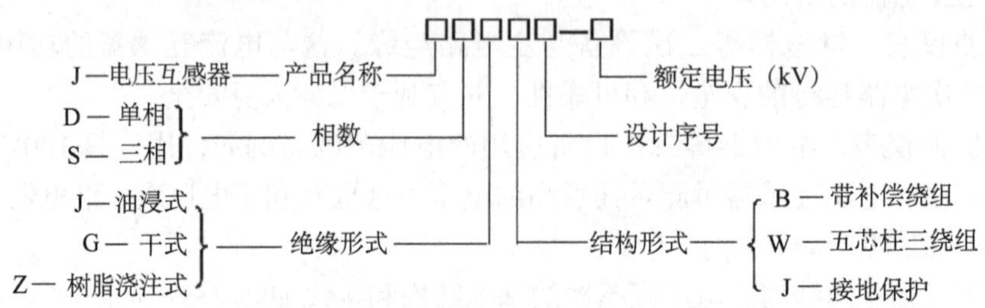

图 2-39　电压互感器全型号的表示和含义

（4）使用电压互感器的注意事项。

①电压互感器工作时二次侧不得短路。由于电压互感器一、二次绕组都是在并联状态下工作的，如果发生短路，将产生很大的短路电流，有可能烧毁电压互感器，甚至危及一次电路的安全运行。因此，电压互感器的一、二次侧都必须装设熔断器进行短路保护。

②电压互感器的二次侧必须有一端接地。这与电流互感器二次侧接地的目的相同，也是为了防止一、二次绕组绝缘击穿时，一次侧的高电压串入二次侧，危及人身和设备的安全。

③电压互感器在连接时也必须注意其极性。按照 GB/T 1207—2006《电磁式电压互感器》

的规定，单相电压互感器的一、二次绕组端子分别标 A、N 和 a、n，其中，A 与 a、N 与 n 分别为对应的同名端，即同极性端。而三相电压互感器，按相序，一次绕组端子仍标 A、B、C，二次绕组端子仍标 a、b、c，一、二次的中性点则分别标 N、n，其中，A 与 a、B 与 b、C 与 c、N 与 n 分别为对应的同端，即同性端。

2.4　供配电系统高压侧设备的选择与校验

高、低压电器的选择必须满足其在一次电路正常条件下和短路故障情况下工作的要求。高、低压电器按正常条件下的工作要求选择，就是要考虑电器的环境条件和电气要求。环境条件是指电器的使用场所（户内或户外）环境温度、海拔及有无防尘、防腐、防火、防爆等要求。电气要求是指电器在电压、电流、频率等方面的要求，对一些开断电流的电器，如熔断器、断路器和负荷开关等，还有断流能力的要求。高、低压电器按短路故障条件下工作要求选择，就是要校验其短路时能否满足动稳定度和热稳定度的要求。

1. 按电压和电流选择

高压隔离开关、负荷开关和断路器的额定电压不得低于装设地点电路的额定电压或最高电压；它们的额定电流则不得小于通过它们的计算电流。

2. 断流能力的校验

高压隔离开关不允许带负荷操作，只做隔离电源用，因此，不校验断流能力。

高压负荷开关能带负荷操作，但不能切断短路电流，因此，其断流能力应按切断最大可能的过负荷电流来校验，满足的条件为

$$I_{oc} \geqslant I_{oL.max} \tag{2-8}$$

式中，I_{oc} 为负荷开关的最大分断电流；$I_{oL.max}$ 为负荷开关所在电路的最大可能的过负荷电流，可取为（1.5 ~ 3）I_{30}，这里 I_{30} 为电路计算电流。

高压断路器可分断短路电流，其断流能力应满足的条件为

$$I_{oc} \geqslant I_k^{(3)} \tag{2-9}$$

或

$$S_{oc} \geqslant S_k^{(3)} \tag{2-10}$$

式中，I_{oc}、S_{oc} 分别为断路器的最大开断电流和断流容量；$I_k^{(3)}$、$S_k^{(3)}$ 分别为断路器安装地点的三相短路电流周期分量有效值和三相短路容量。

3. 短路稳定度的校验

高压隔离开关、负荷开关和断路器均需进行短路动稳定度和热稳定度的校验。

校验动稳定度的公式为

$$i_{max} \geqslant i_{sh}^{(3)} \tag{2-11}$$

或

$$I_{max} \geqslant I_{sh}^{(3)} \tag{2-12}$$

式中，i_{max} 和 I_{max} 分别为电器的极限通过电流（动稳定电流）峰值和有效值，可从有关手册或产品样本查得（具体参看附录 A）。

校验热稳定度的公式为

$$I_t^2 t \geqslant I_\infty^2 t_{ima} \tag{2-13}$$

式中，I_t 为电器的热稳定试验电流有效值；t 为电器的热稳定试验时间。

［例 2-2］ 试选择某 10kV 高压配电所进线侧的 ZN12—12 型高压户内真空断路器的型号规格。已知该配电所 10kV 母线短路时的 $I_k^{(3)}$=4.5kA，线路的计算电流为 750A，继电保护的动作时间为 1.1s，断路器的断路时间取 0.1s。

解：根据线路计算电流 I_{30}=750A，试选 ZN12—12/1250 型真空断路器来进行校验，如表 2-2 所示。由校验结果可以看出所选 ZN12—12/1250 型真空断路器是合格的。

表 2-2 例 2-2 所述高压断路器的选择校验表

序号	装设地点的电气条件		ZN12—12/ 1250 型真空断路器		
	项目	数据	项目	数据	结论
1	U_N/N_{max}	10kV/115kV	U_N	12kV	合格
2	I_{30}	750A	I_N	1250A	合格
3	$I_k^{(3)}$	4.5kA	I_{oc}	25kA	合格
4	$i_{sh}^{(3)}$	2.55×4.5kA=11.5kA	i_{max}	64kA	合格
5	$I_\infty^{(3)2}t_{ima}$	4.5^2×（1.1+0.1）=24.3	$I_t^2 t$	25^2×4=2500	合格

技能实训

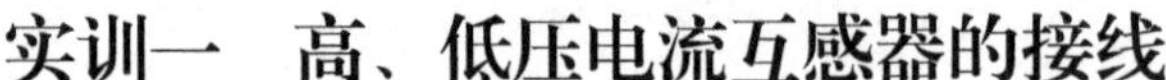

实训一 高、低压电流互感器的接线

核定变压器的绕组极性和接线组别

一、实训目的

• 掌握高、低压电流互感器的构造原理。
• 掌握高、低压电流互感器的接线方法。

二、实训设备

实训设备如表 2-3 所示。

表 2-3 实训设备

序号	设备名称	使用仪器名称	数量
1	XGN2—12	高压开关柜	1 台
2	THSPCG—2D	低压电气接线及运行控制实训柜	1 台
3	THSPCG—2E	继保及电气二次接线实训柜	1 台

三、实训原理

1. 高压电流互感器的认知

LZZBJ9—10 干式电流互感器为环氧树脂绝缘、户内型、全封闭、支柱式结构的电流互感器，适用于中置式开关柜或其他形式开关柜中，在额定电压为 10kV、额定频率为 50Hz 的交流电力系统中做电流、电能测量及继电保护用。

• 技术参数：产品性能符合 IEC 标准和 GB/T 1208—2006《电流互感器》。
• 额定绝缘水平：12kV/42kV/75kV。
• 负荷功率因数：cosφ=0.8（滞后 Lag）。
• 额定频率：50Hz。
• 额定二次电流：5A。
• 局部放电水平：符合 JB/T 8166—1995 标准，其局部放电不大于 20PC。

电流互感器的基本结构原理如图 2-40 所示。它的结构特点是：其一次绕组匝数很少，某些形式的电流互感器还没有一次绕组，而是利用穿过其铁芯的一次电路作为一次绕组，且一次绕组的导体相当粗，而二次绕组的匝数很多，导体很细。工作时，一次绕组串联在一次电路中，二次绕组则与仪表、继电器等电流线圈相串联，形成一个闭合回路。由于这些电流线圈的阻抗很小，因此，电流互感器工作时二次回路接近于短路状态，并且由于电流互感器二次绕组的匝数远比一次绕组的匝数多，因此，可在二次侧感应出危险的高电压，危及人身和设备的安全。因此，电流互感器工作时二次侧不允许开路；安装时，二次绕组要求牢靠。其接线方式如图 2-41 所示。

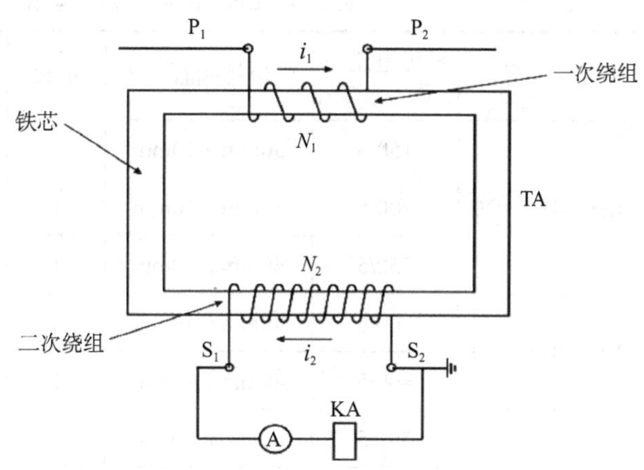

图 2-40 电流互感器的基本结构原理

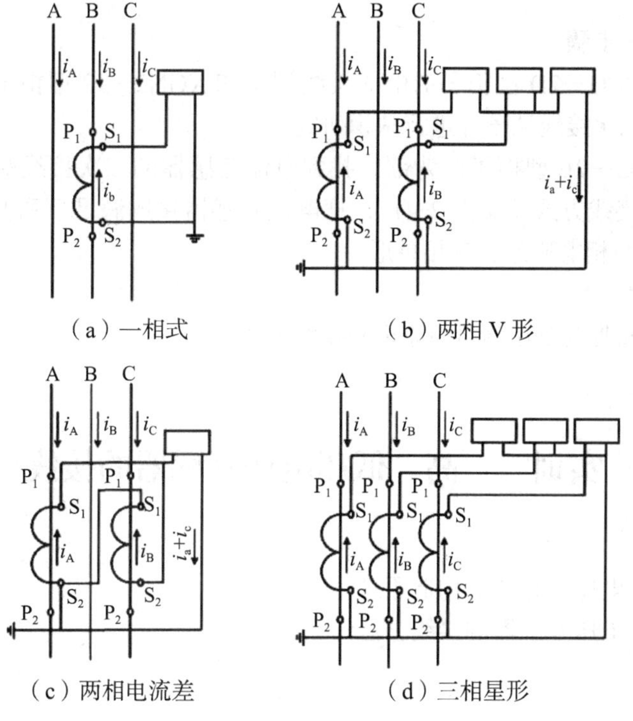

图 2-41 电流互感器的接线方式

2. BH—0.66 系列Ⅰ型低压电流互感器的认知

BH—0.66 系列Ⅰ型低压电流互感器为方圆孔形，主要适用于单根、多根电缆穿越或单根母排穿越，作为电流测量和电能计量使用。该产品系列全、规格多、适用面广。30×30 Ⅰ为加大容量型，100A 及以下额定容量可达 5 ～ 10V · A（穿芯匝数仅为 2 ～ 3 匝）。型号及其含义为：B——封闭式；H——电流互感器；0.66——电压等级。

BH—0.66 系列Ⅰ型低压电流互感器的技术参数如表 2-4 所示。

表 2-4 BH—0.66 系列Ⅰ型低压电流互感器的技术参数

型　　号	额定电流一次 / 二次	汇流排截面尺寸	根数	额定负载	精度等级	最高工作电压	穿芯匝数
BH—0.66—30	150/5	30mm × 10mm	1	2.5	0.5	660V	1
	200/5	30mm × 10mm	1	5	0.5	660V	1
	250/5	40mm × 10mm	1	5	0.5	660V	1
BH—0.66—40	300/5	40mm × 10mm	1	5	0.5	660V	1
	400/5	40mm × 10mm	1	5	0.5	660V	1
BH—0.66—60	500/5	60mm × 10mm	1~2	10	0.5	660V	1
	600/5	60mm × 10mm	1~2	10	0.5	660V	1
	750/5	60mm × 10mm	1~2	10	0.5	660V	1
	800/5	60mm × 10mm	1~2	10	0.5	660V	1

四、实训内容与步骤

（1）找到 THSPCG—2D 型柜子的电流接线端子和 XGN2—12 型柜子的高压电流互感器的一次接线端子和二次接线端子并进行认识研究。

（2）在 THSPCG—2E 型柜子的背部，找到电流互感器的二次接线端子，对照实训原理部分电流互感器的接线方式（见图 2-41），把电流互感器接成满足下列要求的接线形式：一相式、两相 V 形、两相电流差、三相星形。

五、实训报告

通过实训，试说明电流互感器的原理和接线方式。

实训二　高、低压电压互感器的接线

一、实训目的

• 掌握高、低压电压互感器的构造原理。

• 掌握高、低压电压互感器的接线方法。

二、实训设备

实训设备见表 2-5。

表 2-5 实训设备

序 号	设 备 名 称	使用仪器名称	数 量
1	XGN2—12	高压开关柜	1 台
2	THSPCG—2D 型	低压电气接线及运行控制实训柜	1 台
3	THSPCG—2E 型	继保及电气二次接线实训柜	1 台

三、实训原理

电压互感器的基本结构和接线如图 2-42 所示。它的结构特点是：其一次绕组的匝数很多，而二次绕组较少，相当于降压变压器。工作时，一次绕组并联在一次电路中，而二次绕组并联仪表、继电器的电压线圈。由于这些电压线圈的阻抗很大，所以电压互感器工作时二次绕组接近于空载状态，并且由于电压互感器一、二次绕组都是在并联状态下工作的，如发生短路，将产生很大的短路电流，有可能烧坏电压互感器，甚至危及一次系统的安全运行，所以电压互感器在工作时二次侧不得短路，同时，电压互感器的一、二次侧都必须装设熔断器，以进行短路保护。其接线方式如图 2-43 所示。

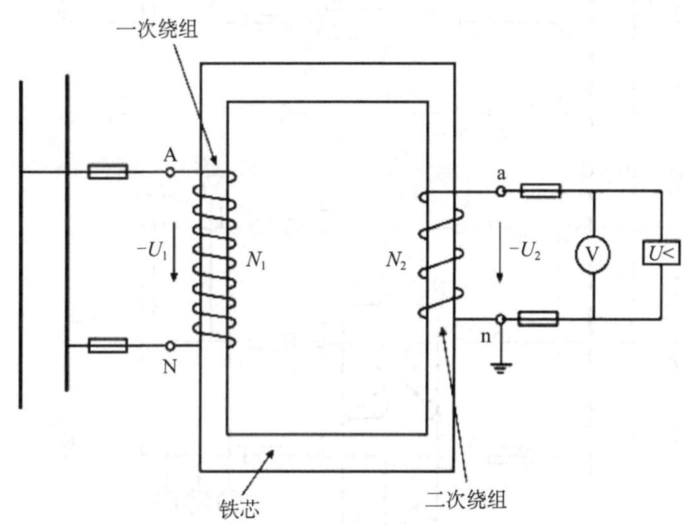

图 2-42 电压互感器的基本结构和接线

四、实训内容及步骤

注：本实训时，所有设备均不需要通电，请务必注意。

1. 在 THSPCG—2D 型柜体的正面，打开柜子下门，在断路器 DW15 的上方，可以看到水平安装的电压互感器（共两只），观察采用哪种接线方式，请仔细查看电压互感器的铭牌，明白铭牌上所标的各个参数所代表的意义。

2. 打开 XGN2—12 型高压开关柜的柜门，找到高压电压互感器进行认识研究，观察采用哪种接线方式，请仔细查看高压电压互感器的铭牌，明白铭牌上所标的各个参数所代表的意义。

3. THSPCG—2E 型继保柜的背面，实训接线面板，有电压互感器接线区 TV。在本区中已经将 A、B、C 三相电压互感器的原边按星形接好，各相的副边则引至端子上，请按图 2-43 对电压互感器的副边进行接线，把互感器接成满足要求的形式。在本节实训过程中装置不用上电。

完成下列实训内容：

对照实训原理部分电压互感器的接线方式（见图 2-43（a）、（b）、（c）），把电压互感器接成满足下列要求的形式：一相式、两相 V 形、三相星形。这部分的接线是在继保柜的实训接线面板上进行的。

五、实训报告

通过实训，试说明电压互感器的原理和接线方式。

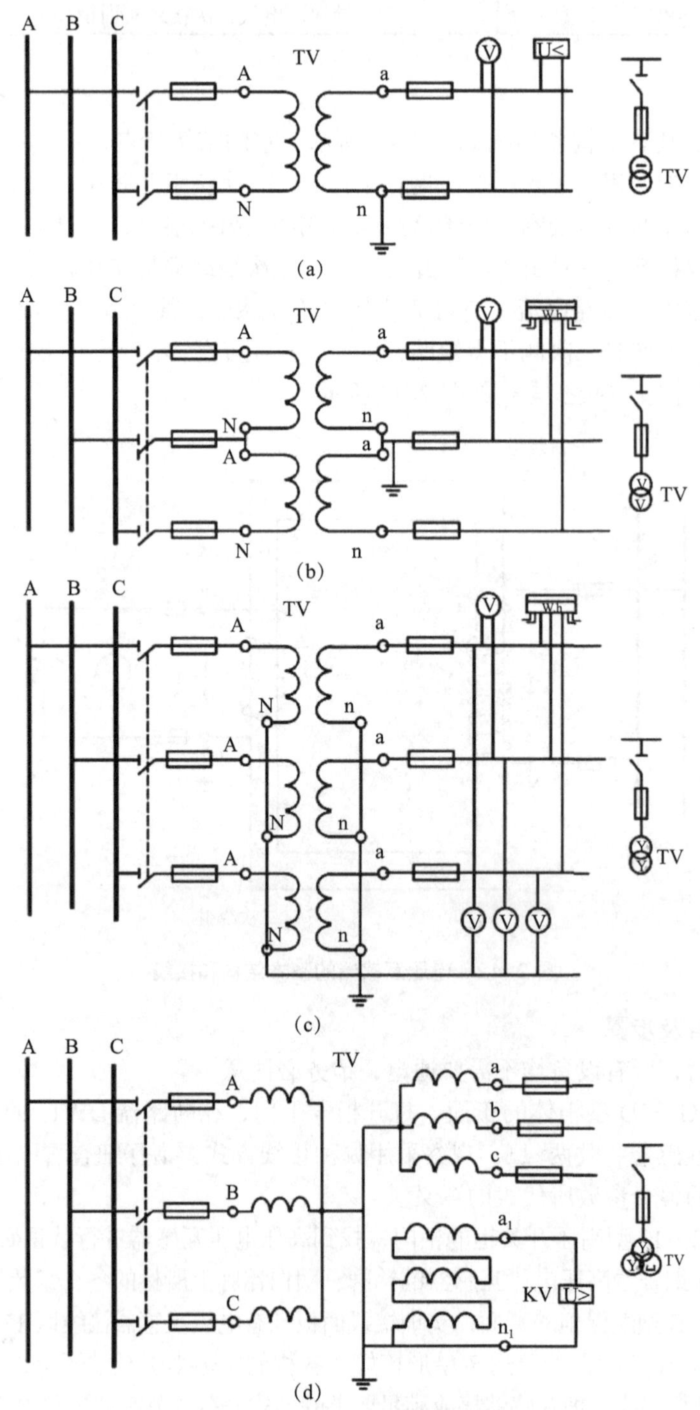

图 2-43 电压互感器的接线方式

实训三 避雷器的安装接线

一、实训目的

• 了解避雷器的原理及其构造。

• 掌握避雷器的接线操作。

二、实训设备

实训设备见表 2-6。

表 2-6 实训设备

序 号	设 备 名 称	使用仪器名称	数 量
1	XGN2—12	高压开关柜	1 台

三、实训原理

避雷器是变电站保护设备免遭雷电冲击波袭击的设备。当沿线路传入变电站的雷电冲击波超过避雷器的保护水平时，避雷器首先放电，并将雷电流经过良导体安全地引入大地，利用接地装置使雷电压幅值限制在被保护设备雷电冲击水平以下，使电气设备受到保护。

（1）氧化锌避雷器的通流能力大。这主要体现在避雷器具有吸收各种雷电过电压、工频暂态过电压、操作过电压的能力上。川泰公司生产的氧化锌避雷器的通流能力完全符合甚至高于国家标准的要求。线路放电等级、能量吸收能力、4/10ns 大电流冲击耐受、2ms 方波通流能力等指标均达到国内领先水平。

（2）氧化锌避雷器的保护特性优异。氧化锌避雷器是用来保护电力系统中各种电气设备免受过电压损坏的电器产品，具有良好的保护性能。因为氧化锌阀片的非线性伏安特性十分优良，使得在正常工作电压下仅有几百微安的电流通过，便于设计成无间隙结构，使其具备保护性能好、质量轻、尺寸小的特征。当过电压侵入时，流过阀片的电流迅速增大，同时限制了过电压的幅值，释放了过电压的能量，此后氧化锌阀片又恢复高阻状态，使电力系统正常工作。

（3）氧化锌避雷器的密封性能良好。避雷器元件采用老化性能好、气密性好的优质复合外套，采用控制密封圈压缩量和增涂密封胶等措施，陶瓷外套作为密封材料，确保密封可靠，使避雷器的性能稳定。

（4）氧化锌避雷器的机械性能。主要考虑以下三方面因素：承受的地震力；作用于避雷器上的最大风压力；避雷器的顶端承受导线的最大允许拉力。

（5）氧化锌避雷器具有良好的耐污秽性能。无间隙氧化锌避雷器具有较高的耐污秽性能。

（6）氧化锌避雷器具有高运行可靠性。长期运行的可靠性取决于产品的质量及对产品的选型是否合理。影响其产品质量的因素主要有以下三方面：避雷器整体结构的合理性；氧化锌阀片的伏安特性及耐老化特性；避雷器的密封性能。

（7）工频耐受能力。由于电力系统中如单相接地、长线电容效应及甩负荷等各种原因，会引起工频电压的升高或产生幅值较高的暂态过电压，避雷器具有在一定时间内承受一定工频电压的升高能力。

四、实训内容与步骤

（1）高压避雷器接线方式的研究。

①打开 XGN2—12 型高压开关柜的柜门，找出高压避雷器，进行认识研究。

②根据高压避雷器的实际接线，画出接线图。

③观察并理解高压避雷器铭牌上各个参数的含义。

④根据高压避雷器接线，说说避雷器是如何工作的，即如何保护设备免受雷电的冲击。

（2）根据避雷器的进线接线，说说避雷器的工作原理。

五、实训报告

1. 避雷器一般用于哪些场所？有何实际意义？

2. 氧化锌避雷器与普通避雷器相比，有哪些优点？

实训四　智能电度表的安装接线

一、实训目的

- 了解智能电度表的原理及其构造。
- 掌握智能电度表的安装与接线方法。

二、实训设备

实训设备见表 2-7。

表 2-7　实训设备

序　　号	设 备 名 称	使用仪器名称	数　量
1	THSPCG—2B 型	工厂供电电测计量综合柜	1 台

三、实训原理

电能的基本表达式如下

$$W(t)=\int p(t)\mathrm{d}t=\int u(t)i(t)\cos\varphi_{(t)}\mathrm{d}t$$

式中，$u(t)$、$i(t)$、$p(t)$ 分别是瞬时电压、瞬时电流、瞬时功率值，所以测量电能的基本方法是将电压、电流相乘，然后在时间上再累加（即积分）。电子式电能表中实现积分的方法是将功率转换为脉冲频率输出，该脉冲称为电能计量标准脉冲 f_H（或 f_L），其频率正比于负荷功率。如图 2-44 所示为常用三相四线电子式有功无功组合电能表，按此接线方式进行三相四线制电路有功无功电能的测量。

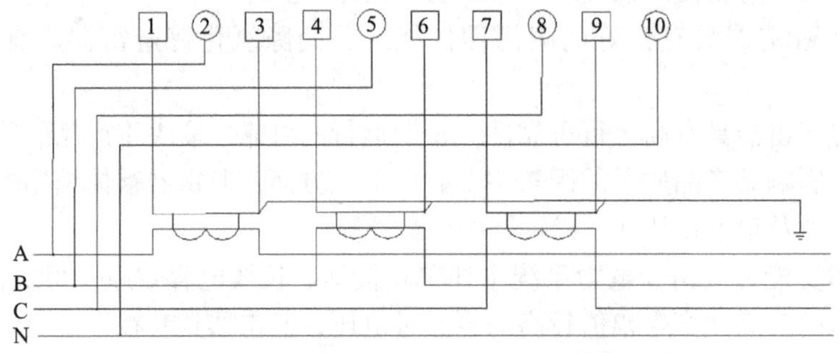

图 2-44　三相四线电子式有功无功组合电能表

四、实训内容与步骤

找到 THSPCG—2B 型工厂供电电测计量综合柜，再找到三相四线电子式有功无功组合电能表进行认识研究。理解各个接线端子的含义，观察其安装与接线方式。

五、实训报告

智能电度表与感应式电度表有何区别，以及各自的优缺点有哪些?

复习思考练习题

某 800kV · A 的户外电力变压器，在夏季，平均日最大负荷为 400kV · A，日负荷率为 0.8，日最大负荷持续时间为 6h，当地年平均气温为 15℃。试求该变压器的实际容量及其在冬季时的允许过负荷能力。

课题3　供配电系统的成套配电装置、低压侧设备及其选择校验

［**内容概述**］ 本课题首先介绍供配电系统的成套配电装置，接着介绍低压侧设备的功能、结构特点、基本原理及注意事项，最后介绍低压侧设备的选择校验情况。

［**课题目标**］

1. 了解高压开关柜的“五防”及“三位置开关”。
2. 了解低压侧设备的文字符号、图形符号、功能及型号说明。
3. 能够进行低压侧设备的选择和校验。

3.1　供配电系统的成套配电装置

成套配电装置

成套配电装置是按一定的线路方案将有关一、二次设备组装为成套设备的产品，供供配电系统做控制、监测和保护用，其中装有开关电器、监测仪表、保护和自动装置及母线、绝缘子等。成套配电装置分高压配电装置（即高压开关柜）和低压配电装置（含低压配电屏、配电柜和配电箱）两大类。下面介绍高压开关柜、动力和照明配电箱。

1. 高压开关柜

高压开关柜按其结构分为固定式和手车式（移开式）两大类型。在一般中小用户变配电所中，大多采用较经济的固定式高压开关柜。我国现在广泛应用的固定式高压开关柜主要有 GG—1A（F）型。这种防误型开关柜装设了防止误操作和保护人身安全的闭锁装置，实现了“五防”。

• 防止误跳、误合断路器。

• 防止带负荷误拉、误合隔离开关；对于手车式高压开关柜而言，则为防止带负荷将断路器手车拉出或推入。

• 防止带电挂接地线或带电合接地刀闸。

• 防止带接地线或接地刀闸在合闸位置时误合隔离开关或断路器。

• 防止人员误入带电间隔。

图 3-1 是 GG—1A（F）—07S 型固定式高压开关柜的结构图。

手车式高压开关柜的高压断路器、电压互感器、避雷器及所用变压器等电气设备装设在可以拉出和推入的手车上。断路器等设备需要检修时，可随时将其手车拉出，然后推入同类备用手车，即可恢复供电。因此，采用手车式开关柜，较采用固定式开关柜，具有检修安全、供电可靠性高等优点，但价格较贵。图 3-2 是 GC □—10（F）型手车式高压开关柜的外形结构图。

从 20 世纪 80 年代以来，我国设计生产了一些符合 ICE 标准的新型高压开关柜，例如，KGN 型铠装式固定柜、XGN 型箱式固定柜、JYN 型间隔式手车柜、KYV 铠装式手车柜及

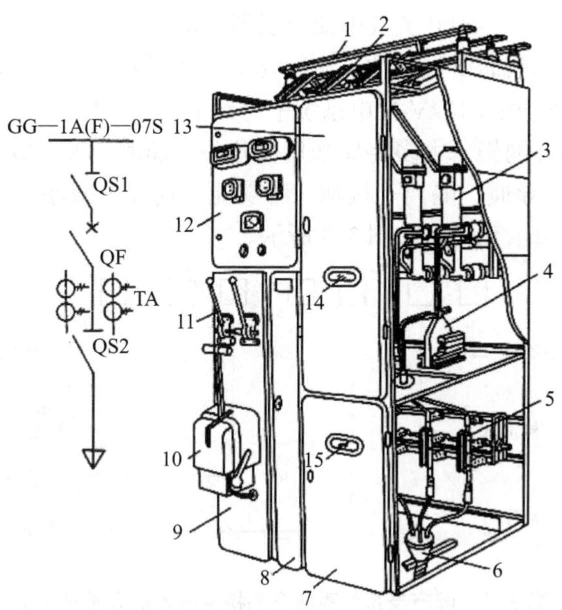

1—母线；2—母线隔离开关（QS1，GN8—10 型）；3—少油断路器（QF，SN10—10 型）；4—电流互感器（TA，LQJ—10 型）；5—线路侧隔离开关（QS2，GN6—10 型）；6—电缆头；7—下检修门；8—端子箱门；9—操作板；10—断路器的手动操作机构（CS2 型）；11—隔离开关的操作手柄；12—仪表继电器屏；13—上检修门；14、15—观察窗口

图 3-1　GG—1A（F）—07S 型固定式高压开关柜（断路器柜）的结构图

HXCN 型环网柜等，另外有一些引进国外技术生产的产品。其中，环网柜适用于 10kV 环网供电、双电源供电和终端配电系统中作为电能控制和保护装置，也可用于箱式变电所。

环网柜中的主开关一般为高压负荷开关，现在多采用真空的或 SF6 的。环网柜一般由三个间隔组成，即两个电缆进、出线间隔和一个变压器回路间隔，其中主要电气元件包括负荷

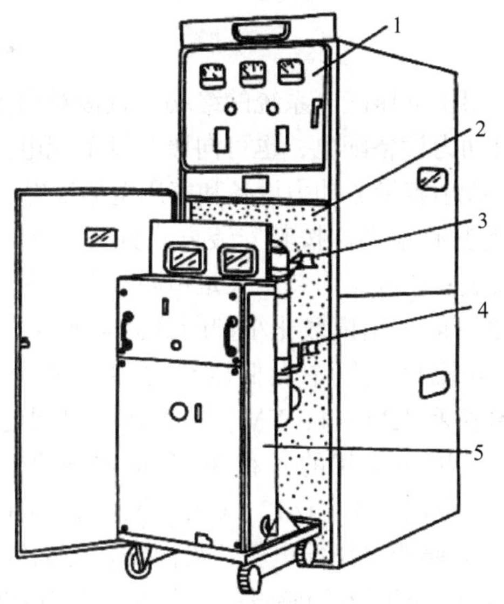

1—仪表屏；2—手车室；3—上触头；4—下触头；5—断路器手车

图 3-2　GC □—10（F）型手车式高压开关柜的外形结构图

开关、熔断器、隔离开关、接地开关及电流互感器、电压互感器、避雷器等。环网柜具有可靠的防误操作设施，达到前面所说的“五防”要求。环网柜在我国城市环形电网和一些工矿企业、住宅小区、高层建筑的10kV配电系统中得到了广泛应用。

现在新设计生产的环网柜，大多将原来负荷开关、隔离开关、接地开关功能，合并为一个“三位置开关”，兼有导通、隔离、接地三种功能，这样可减小环网柜的空间。国产老系列高压开关柜全型号的表示和含义如图3-3所示。

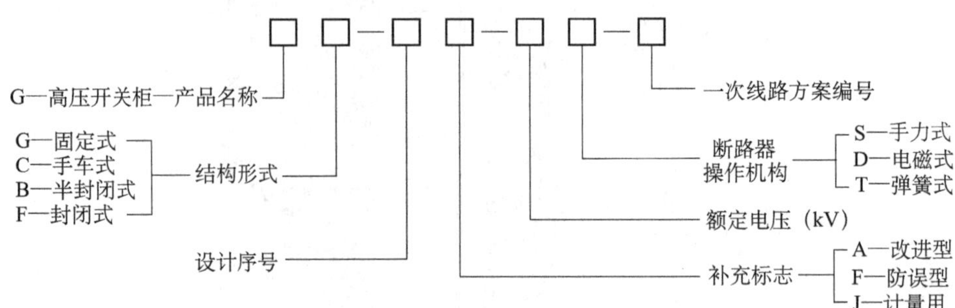

图3-3　国产老系列高压开关柜全型号的表示和含义

国产新系列高压开关柜全型号的表示和含义如图3-4所示。

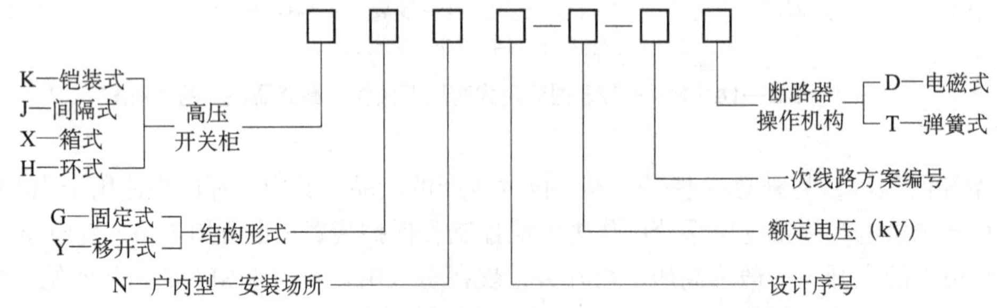

图3-4　国产新系列高压开关柜全型号的表示和含义

2. 动力和照明配电箱

动力和照明配电箱主要用于低压配电系统的终端，直接对用电设备进行配电、控制和保护。动力配电箱主要用于对动力设备配电，也可向照明设备配电。照明配电箱主要用于对照明设备配电，也可用于对一些小容量的动力设备和家用电器配电。

动力和照明配电箱的类型有很多。按其安装方式分为靠墙式、挂墙（明装）式和嵌入式。靠墙式是指靠墙落地安装；挂墙（明装）式是指明装在墙面上；嵌入式是指嵌入墙内安装。现在应用的新型配电箱一般采用模数化小型断路器等元件进行组合。例如，DYX（R）型多用途配电箱可在工业和民用建筑中做低压动力和照明配电用，具有XL—3、XL—10、XL—20等型动力配电箱和XM—4、XM—7等型照明配电箱的功能，有Ⅰ、Ⅱ、Ⅲ型。Ⅰ型为插座箱，装有三相和单相的各种86型暗式插座，其箱面布置如图3-5（a）所示。Ⅱ型为照明配电箱，箱内装有DZ12、C45等模数化小型断路器，其箱面布置如图3-5（b）所示。Ⅲ型为动力照明多用配电箱，箱内安装的电气元件更多，应用范围更广，其箱面布置如图3-5（c）所示。该配电箱装设的电源开关采用DZ20型断路器或带漏电保护的DZ15L型漏电断路器。动力和照明配电箱全型号的一般表示和含义如图3-6所示。

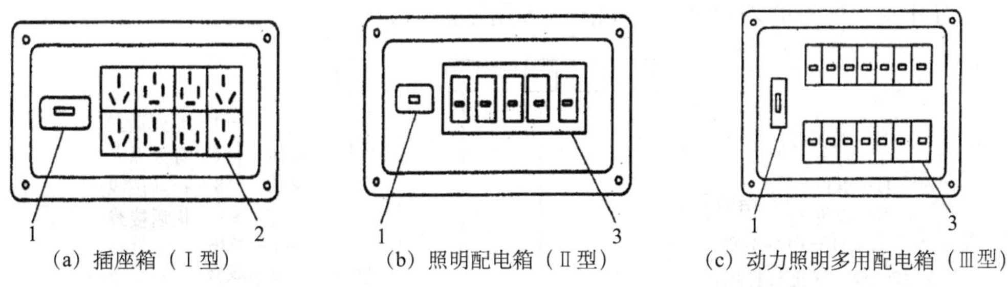

（a）插座箱（Ⅰ型）　（b）照明配电箱（Ⅱ型）　（c）动力照明多用配电箱（Ⅲ型）

1—电源开关（小型断路器或漏电断路器）；2—插座；3—小型开关（模数化小型断路器）

图 3–5　DYX（R）型多用途配电箱箱面布置示意图

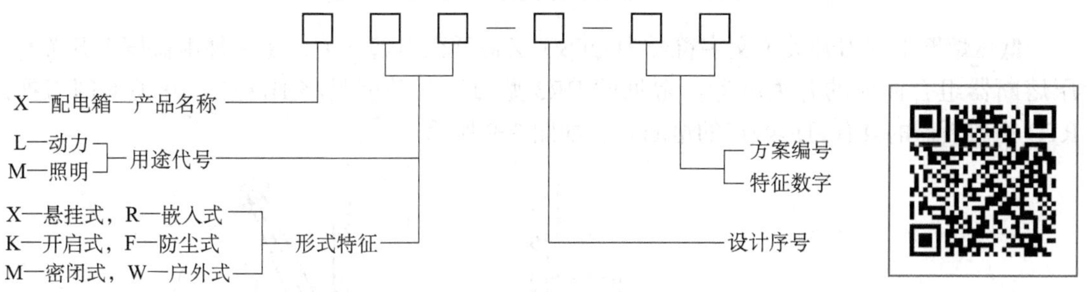

图 3–6　动力和照明配电箱全型号的一般表示和含义

配电柜的安装

上述 DYX（R）型中的“DY”指“多用途”，“X”指“配电箱”，“R”指“嵌入式”，如未标“R”，则为“明装式”。

3.2　供配电系统低压侧设备

1. 低压刀开关和低压负荷开关

（1）低压刀开关。低压刀开关（文字符号为 QK）按操作方式分为单投和双投两种。按极数分为单极、双极和三极三种。按灭弧结构分为不带灭弧罩和带灭弧罩两种。不带灭弧罩的刀开关一般只能在无负荷下操作。由于刀开关断开后有明显可见的断开间隙，可作为隔离开关使用，因此，这种刀开关也称为低压隔离开关。带灭弧罩的刀开关（见图 3—7）能通断一定的负荷电流及有效地熄灭负荷电流产生的电弧。

图 3–7　HD13 型隔离开关

低压刀开关全型号的表示和含义如图 3-8 所示。

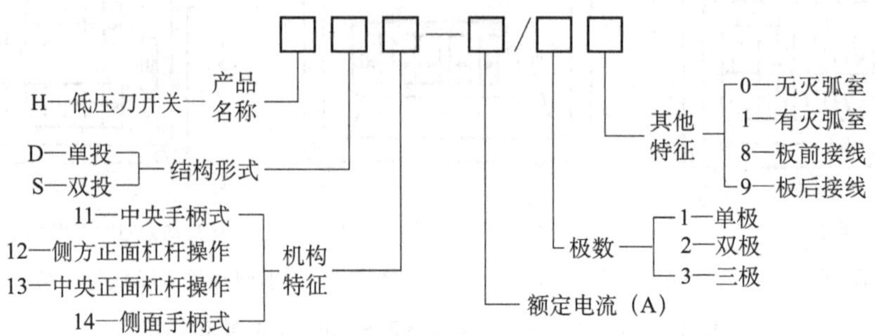

图 3-8　低压刀开关全型号的表示和含义

低压熔断器式刀开关（文字符号为 QFS）又称低压刀熔开关，是一种由低压刀开关与低压熔断器组合而成的开关电器。常见的 HR3 型刀熔开关就是将 HD 型刀开关的闸刀换成 RTO 型熔断器的具有刀形触点的熔断管，如图 3-9 所示。

开关箱的安装

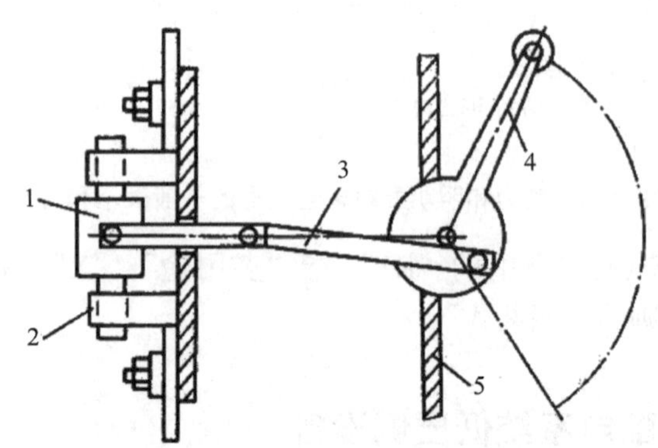

1—RTO 型熔断器的熔断体；2—弹性触座；
3—传动连杆；4—操作手柄；5—配电屏面板

图 3-9　HR3 型刀熔开关的结构示意图

低压刀熔开关全型号的表示和含义如图 3-10 所示。

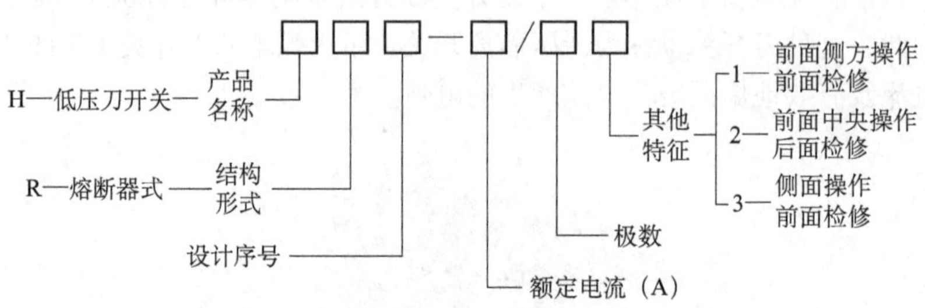

图 3-10　低压刀熔开关全型号的表示和含义

（2）低压负荷开关。低压负荷开关（文字符号为 QSF）由低压刀开关与低压熔断器组合而成，外装封闭式铁壳或开启式胶盖。装铁壳的俗称铁壳开关；装胶盖的俗称胶壳开关。低压负荷开关具有带灭弧罩的刀开关和熔断器双重功能，既可带负荷操作，又能进行短路保护，但是当熔断器熔断后，须更换熔体后方可恢复供电。

低压负荷开关全型号的表示和含义如图 3-11 所示。

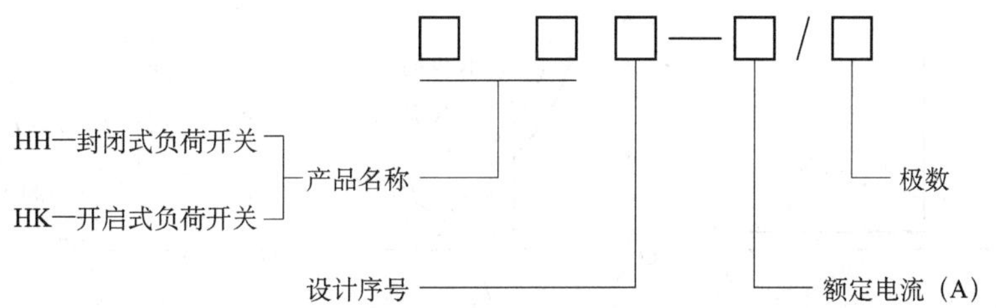

图 3-11　低压负荷开关全型号的表示和含义

2. 低压断路器

低压断路器（文字符号为 QF）又称低压自动开关。它既能带负荷通断电路，又能在短路、过负荷和欠电压情况下自动跳闸，切断电路。

低压断路器的原理结构和接线如图 3-12 所示。当电路上出现短路故障时，其过电流脱扣器 10 动作，使断路器跳闸。如果出现过负荷，串联在一次线路上的加热电阻丝 8 加热，使断路器中的双金属片 9 上弯，从而使断路器跳闸。当线路电压严重下降或失压时，失压脱扣器 5 动作，同样使断路器跳闸。如果按下脱扣按钮 6 或 7，则会使分励脱扣器 4 通电或使失压脱扣器 5 失电，从而可使断路器远距离跳闸。

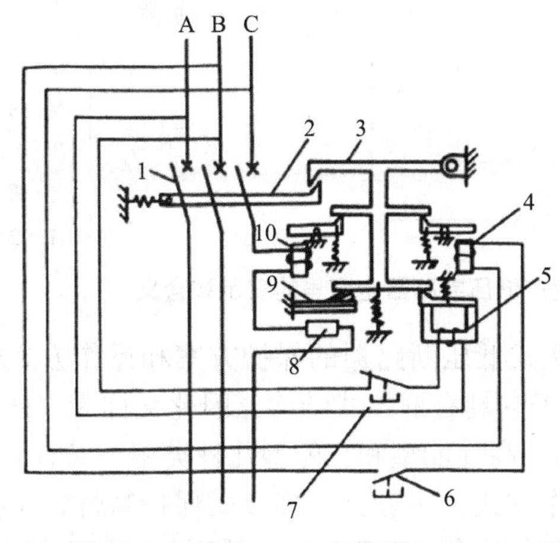

1—主触点；2—跳钩；3—锁扣；4—分励脱扣器；5—失压脱扣器；
6、7—脱扣按钮；8—加热电阻丝；9—双金属片；10—过电流脱扣器

图 3-12　低压断路器的原理结构和接线

低压开关和低压断路器

低压断路器按其灭弧介质分为空气断路器和真空断路器等；按其用途分为配电用断路器、电动机保护用断路器、照明用断路器和漏电保护断路器等；按其保护性能分为非选择型断路器、选择型断路器和智能型断路器等；按其结构分为万能式（框架式）断路器和塑料外壳式（装置式）断路器两大类。在塑料外壳式断路器中，有一种在现代各类建筑的低压配电线路终端广泛应用的模数化小型断路器，也有的将它另列一类。

非选择型断路器一般为瞬时动作，只做短路保护用；有的为长延时动作，只做过负荷保护用。选择型断路器具有两段保护或三段保护。两段保护中的两段为瞬时（或短延时）和长延时特性。三段保护中的三段为瞬时、短延时和长延时特性，其中，瞬时和短延时特性适用于短路保护，而长延时特性适用于过负荷保护。图 3-13 所示为低压断路器的三种保护动作特性曲线。

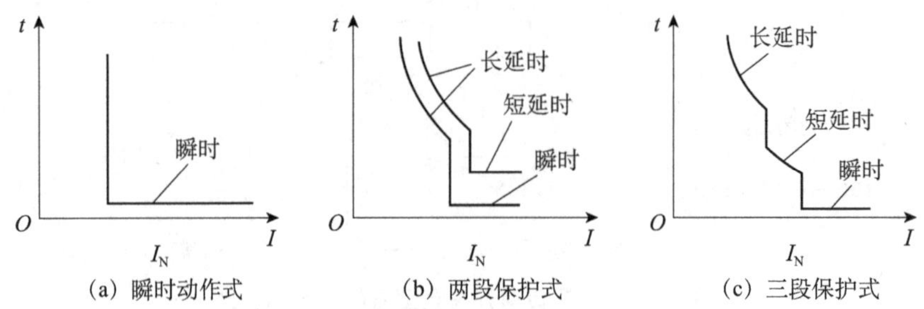

图 3-13　低压断路器的三种保护动作特性曲线

智能型断路器是其脱扣器采用了以微处理器或单片机为核心的智能控制，其保护功能更多更全，并且能对各种保护的动作参数进行在线监测、调节和调试，因此有“智能型”之称。国产低压断路器全型号的表示和含义如图 3-14 所示。

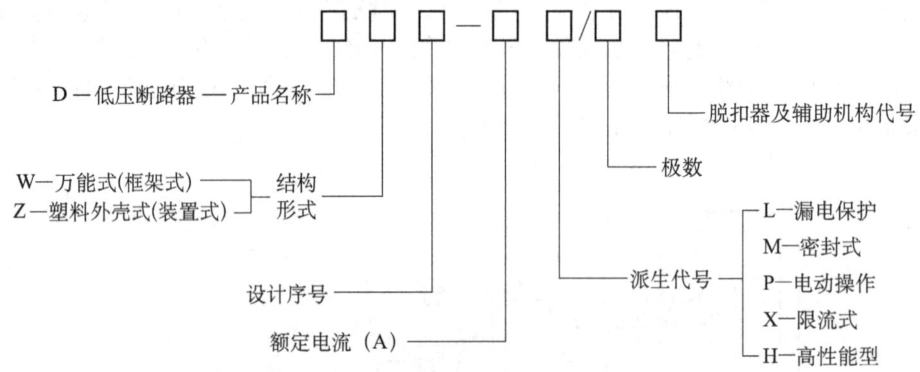

图 3-14　国产低压断路器全型号的表示和含义

（1）万能式低压断路器。因万能式低压断路器的保护方案和操作方式较多，装设地点也较灵活，故称其为“万能式”。由于它具有框架式结构，因此又称为“框架式断路器”或“框架式自动开关”。万能式有一般型、高性能型和智能型几种类型，又有固定式、抽屉式两种安装方式，有手动和电动两种操作方式，一般具有多段式保护特性，主要用于低压配电系统中用作总开关和保护电器。比较典型的一般型万能式低压断路器有 DW16 型，由底座、触点系统（含灭弧罩）、操作机构（含自由脱扣机构）、短路保护用的瞬时过电流脱扣器、过负荷保护用的长延时（反时限）过电流脱扣器、单相接地保护脱扣器及辅助触点等部分组成。

DW16 型断路器可采用手柄直接操作或通过杠杆手动操作，也可通过电磁铁或电动机进行电动操作。DW16 型是我国过去普遍应用的 DW10 型的更新换代产品。为便于更换，DW16 型的底座安装尺寸、相间距离及触点系统等均与 DW10 型相同。DW16 型与 DW10 型相比增加了单相接地保护脱扣器。它利用其本体上的过负荷保护脱扣器的电流互感器作为检测元件，接地保护用小型电流继电器和分励脱扣器作为执行元件，以驱动断路器的脱扣机构，实现其单相接地短路保护功能。

DW16 型过负荷保护用的长延时（反时限）过电流脱扣器，由电流互感器和双金属片式热继电器组成，也通过上述单相接地保护脱扣器动作于断路器的脱扣机构。DW16 型短路保护用的瞬时过电流脱扣器，利用弓形母线穿过铁芯，当其衔铁吸合时，通过连杆传动机构动作于断路器的脱扣机构。DW16 型断路器可用于不要求有保护选择性的低压配电系统中做控制保护电器。高性能型的万能式断路器有 DW15（H）、DW17（即 ME）等，其保护功能更多，性能更好。智能型的万能式断路器有 DW45、DW48（即 CB11）和 DW914（即 AH）等，由于它们采用以微处理器或单片机为核心的智能控制，功能更多，性能更优异。

附录中表 A-5 列出了部分常用低压断路器的主要技术数据，供参考。

（2）塑料外壳式低压断路器。塑料外壳式低压断路器，因其全部机构和导电部分均装设在一个塑料外壳内，仅在壳盖中央露出操作手柄，故有“塑料外壳式”或“塑壳式”之称。又由于它通常装设在低压配电装置内，因此又称为“装置式低压断路器”或“装置式自动开关”。塑料外壳式断路器的操作方式多为手柄扳动式，其保护多为非选择型，用于低压分支电路中。塑料外壳式断路器的类型繁多，国产的典型型号有 DZ20 型。在塑料外壳式低压断路器中，有一类是 63A 及以下的小型断路器。由于其具有模数化的结构和小型尺寸，因此通常称为“模数化小型断路器”，现已广泛应用于低压配电系统终端，作为各种工业和民用建筑特别是住宅中的照明线路及小型动力设备、家用电器等的通断控制及过负荷、短路和漏电保护等之用。模数化小型断路器具有下列优点：体积小，分断能力强，机电寿命长，具有模数化的结构尺寸和通用型卡轨式安装结构，组装灵活方便，安全性能好。由于模数化小型断路器应用在“家用及类似场所”，所以其产品执行的标准为 GB/T 10963—1999《家用及类似场所用过电流保护断路器》，该标准是等效采用的 TC898 国际电工标准。其结构适用于未受过专门训练的人员使用，安全性能好，且不能进行维修，即损坏后必须换新。

模数化小型断路器由操作机构、热脱扣器、电磁脱扣器、触点系统和灭弧室等部件组成，所有部件装在一大塑料外壳内，如图 3-15 所示。有的小型断路器还备有分励脱扣器、失压脱扣器、漏电脱扣器和报警触点等附件，供需要时选用，以拓展断路器的功能。

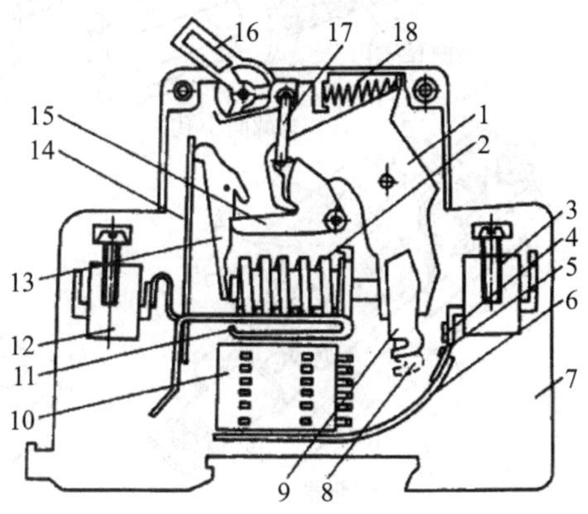

1—动触点杆；2—瞬动电磁铁（电磁脱扣器）；3—接线端子；4—主静触点；5—中线静触点；6—弧角；7—塑料外壳；8—中线动触点；9—主动触点；10—灭弧栅片（灭弧室）；11—弧角；12—接线端子；13—锁扣；14—双金属片（热脱扣器）；15—脱扣钩；16—操作手柄；17—连接杆；18—断路弹簧

图 3-15　模数化小型断路器的原理结构

3. 低压熔断器（文字符号为 FU）

低压熔断路主要串接在低压配电系统中用于进行短路保护，有的也能同时实现过负压保护。低压熔断器的类型繁多，如插入式、螺旋式、无填料密封管式、有填料密封管式及引进国外技术生产的有填料管式 gF、aM 系列，高分断能力的 NT 型等。

国产低压熔断器全型号的表示和含义如图 3-16 所示。

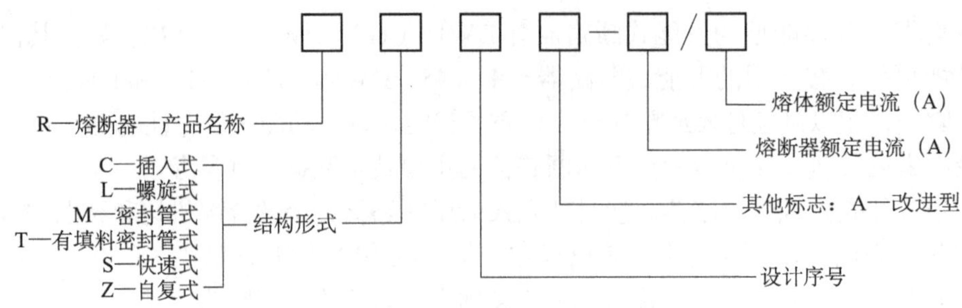

图 3-16　国产低压熔断器全型号的表示和含义

（1）RTO 型低压有填料密封管式熔断器，简称 RTO 型低压熔断器。RTO 型低压熔断器主要由瓷熔管、栅状铜熔体和触点底座等部分组成，如图 3-17 所示。其栅状铜熔体具有引燃栅。由于引燃栅的等电位作用，可使熔体在短路电流通过时形成多根并行电弧，同时熔体又具有变截面小孔，可使熔体在短路电流通过时将每根长弧分为多段短弧，加之所有电弧都在石英砂中燃烧，可使电弧中正、负离子强烈复合，因此，这种有石英砂填料的熔断器灭弧能力特强，具有"限流"作用。此外，其栅状铜熔体的中段弯曲处有焊锡（也称"锡桥"），可利用其"冶金效应"来实现其对较小短路电流和过负荷电流的保护。熔体熔断后，有红色的熔断指示器从一端弹出，便于运行人员检视。

附录中表 A-6 和图 A-1 列出了 RTO 型低压熔断器的主要技术数据和保护特性曲线，供参考。

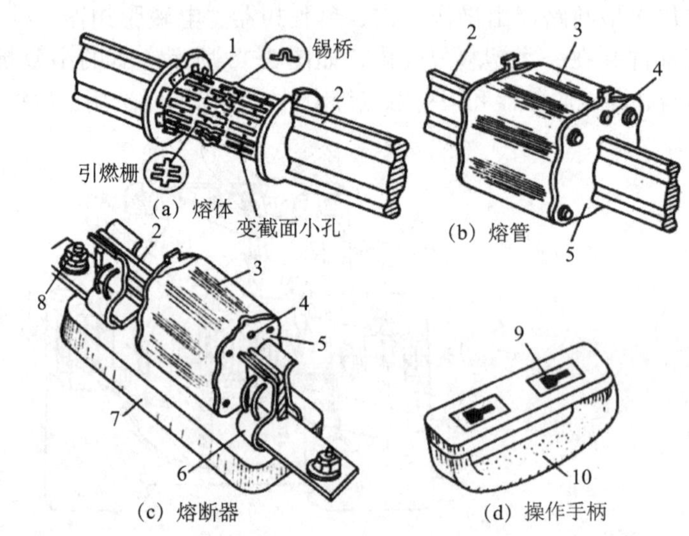

熔断器

1—栅状铜熔体；2—刀形触刀；3—瓷熔管；4—熔断指示器；5—盖板；6—弹性触座；7—触头底座；8—接线端子；9—扣眼；10—绝缘拉手手柄

图 3-17　RTO 型低压熔断器

（2）RZ1 型低压自复式熔断器。上述 RTO 型及其他一般熔断器都有一个共同缺点，即熔体熔断后，必须更换熔体后方能恢复供电，使中断供电的时间延长，从而给供电系统和用电负荷造成一定的停电损失。这里介绍的自复式熔断器弥补了这一缺点，它既能切断短路电流，又能在短路故障消除后自动恢复供电，无须更换熔体。

我国设计生产的 RZ1 型低压自复式熔断器的结构示意图如图 3-18 所示。它采用金属钠做熔体。在常温下，钠的电阻率很小，可以顺畅地通过正常负荷电流，但在短路时，钠受热迅速气化，其电阻率变得很大，从而可限制短路电流。在金属钠气化限流的过程中，装在熔断器一端的活塞将压缩氩气而迅速后退，降低了由于钠气化而产生的压力，避免熔管因承受不了过大的气压而爆破。在短路限流动作完成后，钠蒸气冷却又恢复为固态钠。此时活塞在被压缩的氩气作用下，将金属钠推回原位，使之恢复正常工作状态。这就是自复式熔断器既能自动限流又能自动恢复正常工作的基本原理。

自复式熔断器通常与低压断路器配合使用，或者组合为一种带自复式熔断体的低压断路器。例如，我国生产的DZ10—100R型低压断路器，就是DZ10—100型低压断路器与RZ1—100型自复式熔断器的组合，利用自复式熔断器来切断短路电流，而利用低压断路器来通断电路和实现过负荷保护。它既能有效地切断短路电流，又能减轻低压断路器的工作，提高供电的可靠性。

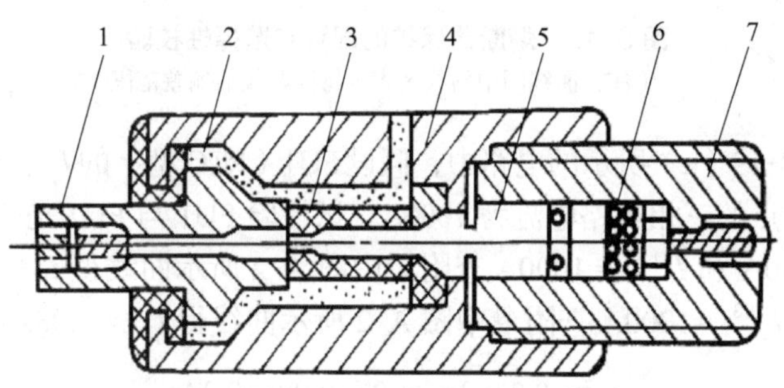

1—接线端子；2—云母玻璃；3—氧化铍瓷管；
4—不锈钢外壳；5—钠熔体；6—氩气；7—接线端子

图 3-18　RZ1 型低压自复式熔断器

3.3　供配电系统低压侧设备的选择与校验

1. 前、后低压熔断器之间的选择性配合

前、后低压熔断器之间的选择性配合，就是指在线路发生短路故障时，靠近故障点的熔断器最先熔断，切除短路故障，从而使系统的其他部分迅速恢复正常运行。

前、后熔断器的选择性配合，应按其保护特性曲线（又称安秒特性曲线）来进行检验。在如图3-19（a）所示的线路中，假设支线WL2的首端k点发生三相短路，则其三相短路电流I_k要通过FU2和FU1。根据保护选择性的要求，FU2的熔体应该首先熔断，切除故障线路WL2，而FU1不再熔断，干线WL1恢复正常运行。然而熔体实际熔断时间与其产品的标准保护特性曲线所查得的熔断时间可能有±30%～±50%的偏差。从最不利的情况考虑，假设k点短路时，FU1的实际熔断时间t_1'比标准保护特性曲线查得的熔断时间t_1小50%（为负偏差），即$t_1'=0.5t_1$，而FU2的实际熔断时间t_2'又比标准保护特性曲线查得的熔断时间t_2大50%（为正偏差），即$t_2'=1.5t_2$。这时由图3-19（b）可以看出，要保证前、后两熔断器FU1和FU2的保护选择性，必须满足的条件是$t_1'>t_2'$或$0.5t_1>1.5t_2$，也就是说保证前、后熔断器保护选择性的条件为

$$t_1>3t_2 \tag{3-1}$$

即前一熔断器（FU1）根据其保护特性曲线所查得的熔断时间，至少应为后一熔断器（FU2）根据其保护特性曲线所查得熔断时间的3倍，才能确保前、后熔断器动作的选择性。如果不能满足这一要求时，则应将前一熔断器的熔体电流提高1～2级再进行校验。如果不用熔断器的保护特性曲线来检验选择性，则一般只有在前一熔断器的熔体电流大于后一熔断器的熔体电流2～3倍以上时，才有可能保证其动作的选择性。

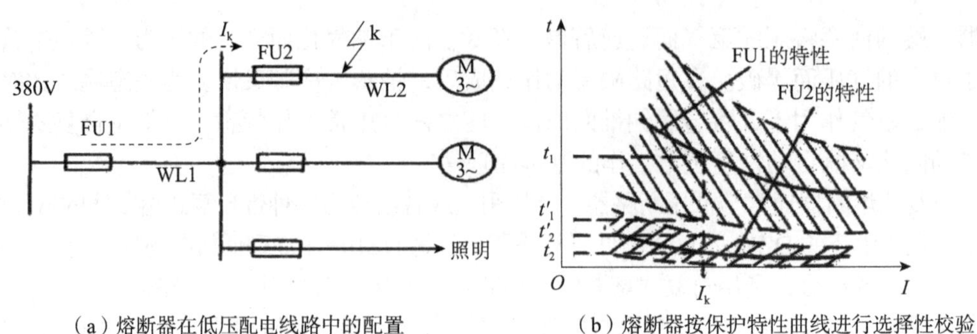

（a）熔断器在低压配电线路中的配置　　（b）熔断器按保护特性曲线进行选择性校验

图 3–19　熔断器保护的配置和选择性校验

（注：曲线图中斜线区表示特性曲线的偏差范围）

［例3-1］ 如图3-19（a）所示的电路中，假设FU1（RTO型）的$I_{N.FE1}$=100A，FU2（RMIO型）的$I_{N.FE2}$=60A。k点的三相短路电流为1000A。试检验FU1与FU2是否能选择性配合。

解：用$I_{N.FE1}$= 100A和$I_k^{(3)}$= 1000A查附录中图A–2所示曲线得$t_1 \approx 0.3s$。

用$I_{N.FE2}$=60A和$I_k^{(3)}$=1000A查附录中图A–2所示曲线得$t_2 \approx 0.08s$。

$$t_1 \approx 0.3s>3t_2 \approx 3 \times 0.08s=0.24s$$

由此可见，FU1与FU2能保证选择性动作。

2. 低压断路器的选择与校验

（1）低压断路器过电流脱扣器的选择。过电流脱扣器的额定电流$I_{N.OR}$应不小于线路的计算电流I_{30}，即

$$I_{N.OR} \geqslant I_{30} \tag{3-2}$$

（2）低压断路器过电流脱扣器的整定。

①瞬时过电流脱扣器动作电流的整定。瞬时过电流脱扣器的动作电流$I_{op(o)}$应大于线路的尖峰电流I_{pk}，即

$$I_{op(o)} \geqslant K_{rel}I_{pk} \tag{3-3}$$

式中，K_{rel}为可靠系数，对动作时间在0.02s以上的万能式断路器，可取1.35；对动作时间在0.02s及以下的塑壳式断路器，则应取2～2.5。

②短延时过电流脱扣器动作电流和动作时间的整定。短延时过电流脱扣器的动作电流$I_{op(s)}$应大于线路的尖峰电流I_{pk}，即

$$I_{op(s)} \geqslant K_{rel}I_{pk} \tag{3-4}$$

式中，K_{rel}为可靠系数，一般取1.2。

短延时过电流脱扣器的动作时间有0.2s、0.4s和0.6s等级，应按前、后保护装置保护选择性要求来确定。前一级保护的动作时间应比后一级保护的动作时间长一个时间级差0.2s。

③长延时过电流脱扣器动作电流和动作时间的整定。长延时过电流脱扣器主要用来做过负荷保护，因此，其动作电流$I_{op(1)}$应按大于线路的最大负荷电流，即计算电流I_{30}来整定：

$$I_{op(1)} \geqslant K_{rel}I_{30} \tag{3-5}$$

式中，K_{rel}为可靠系数，一般取1.1。

长延时过电流脱扣器的动作时间，应大于允许过负荷持续时间。其动作特性通常为反时限，即过负荷越大，动作时间越短，一般动作时间可达 1 ～ 2h。

④过电流脱扣器与被保护线路的配合要求。为了不致发生因过负荷或短路引起导线或电缆过热起燃而断路器的过电流脱扣器不动作的事故，低压断路器过电流脱扣器的动作电流 I_{op} 还必须满足下列条件：

$$I_{op} \leqslant K_{oL} I_{al} \tag{3-6}$$

式中，I_{al} 为绝缘导线和电缆的允许电流（参看附表 A-8 ～附表 A-15）；K_{oL} 为绝缘导线和电缆的允许短时过负荷系数，对瞬时和短延时过电流脱扣器，可取 K_{oL}=4.5，对长延时过电流脱扣器，可取 K_{oL}= 1，对有爆炸气体保护区域内线路的过电流脱扣器，应取 K_{oL}=0.8。

如果不满足以上配合要求，则应改选脱扣器的动作电流，或者适当加大绝缘导线和电缆的芯线截面积。

（3）低压断路器热脱扣器的选择与整定。

①热脱扣器的选择。热脱扣器的额定电流 $I_{N.HR}$ 应不小于线路的计算电流 I_{30}，即

$$I_{N.HR} \geqslant I_{30} \tag{3-7}$$

②热脱扣器的整定。热脱扣器的动作电流 $I_{op.HR}$ 应不小于线路的计算电流 I_{30}，以实现其对过负荷的保护，即

$$I_{op.HR} \geqslant K_{rel} I_{30} \tag{3-8}$$

式中，K_{rel} 为可靠系数，可取 1.1，但一般应通过实际运行试验来进行检验和调整。

（4）低压断路器规格的选择与校验。低压断路器规格的选择与校验应满足下列条件：

①低压断路器的额定电压 $U_{N.QF}$ 应不小于所在线路的额定电压 U_N，即

$$U_{N.QF} \geqslant U_N \tag{3-9}$$

②低压断路器的额定电流 $I_{N.QF}$ 应不小于它所安装的脱扣器的额定电流 $I_{N.OR}$ 或 $I_{N.HR}$，即

$$I_{N.QF} \geqslant I_{N.OR} \tag{3-10}$$

$$I_{N.QF} \geqslant I_{N.HR} \tag{3-11}$$

③低压断路器断流能力的校验。

对动作时间在 0.02s 以上的万能式断路器，其极限分断电流 I_{oc} 应不小于通过它的最大三相短路电流周期分量有效值 $I_k^{(3)}$，即

$$I_{oc} \geqslant I_k^{(3)} \tag{3-12}$$

对动作时间在 0.02s 及以下的塑壳式断路器，其极限分断电流 I_{oc} 或 i_{oc} 应不小于通过它的最大三相短路冲击电流 $I_{sh}^{(3)}$ 或 $i_{sh}^{(3)}$，即

$$I_{oc} \geqslant I_{sh}^{(3)} \tag{3-13}$$

$$i_{oc} \geqslant i_{sh}^{(3)} \tag{3-14}$$

（5）低压断路器过电流保护灵敏度的检验。为了保证低压断路器的瞬时或短延时过电流

脱扣器在系统最小运行方式下在其保护区发生最轻微的短路故障时能可靠动作，低压断路器的保护灵敏度必须满足条件：

$$S_p=\frac{I_{k.min}}{I_{op}}\geqslant K \tag{3-15}$$

式中，I_{op} 为低压断路器瞬时或短延时过电流脱扣器的动作电流；$I_{k.min}$ 为低压断路器保护的线路末端在系统最小运行方式下的单相短路电流（TN 和 TT 系统）或两相短路电流（IT 系统）；K 为最小比值，可取 1.3。

［例 3-2］ 有一条 380V 动力线路，I_{30}= 120A，I_{pk}=400A。此线路首端的 $I_k^{(3)}$=5kA，末端的 $I_k^{(1)}$=1.2kA。当地环境温度为 +30℃。该线路拟采用 BLV—1000—1×70 导线穿硬塑管（PC）敷设。试选择此线路上装设的 DW16 型低压断路器及其过电流脱扣器。

解：（1）选择低压断路器及其过电流脱扣器。由附表 A-5 知，DW16—630 型低压断路器的过电流脱扣器的额定电流 $I_{N.OR}$= 160A>I_{30}= 120A，故初步选 DW16—630 型低压断路器，其 $I_{N.OR}$=160A。

先将瞬时脱扣电流整定为 3 倍，即 I_{op}=3$I_{N.OR}$=3×160A=480A，而 $K_{rel}I_{pk}$= 1.35×400A=540A，不满足 $I_{op(0)}\geqslant K_{rel}I_{pk}$ 的要求，因此，需增大 $I_{op(0)}$。现将瞬时脱扣电流整定为 4 倍，$I_{op(0)}$=4$I_{N.OR}$ = 4×160A=640A>$K_{rel}I_{pk}$= 1.35×400A=540A，满足大于线路尖峰电流的要求。

（2）检验低压断路器的断流能力。由附表 A-5 知，所选 DW16—630 型断路器的 I_{oc}= 30kA>$I_k^{(3)}$=5kA，满足分断要求。

（3）检验低压断路器保护的灵敏度。

$$S_p=\frac{I_{k.min}}{I_{op.OR}}=\frac{1200\text{A}}{4\times160\text{A}}\approx1.88>K=1.3$$

满足保护灵敏度的要求。

（4）检验低压断路器保护与导线的配合。由附表 A-12 知，BLV—1000—1×70 导线的 I_{al}= 121A（3 根穿 PC 管），而 $I_{op(0)}$= 640A，不满足 $I_{op(0)}\leqslant 4.5I_{al}$=4.5×121A=544.5A 的配合要求，因此，所用导线应增大截面积，改用 BLV—1000—1×95，其 I_{al}= 147A，4.5I_{al}=4.5×147A=661.5A>$I_{op(0)}$= 640A，满足了两者的配合要求。

（5）前、后低压断路器之间及低压断路器与熔断器之间的选择性配合。

①前、后低压断路器之间的选择性配合。前、后低压断路器之间是否符合选择性配合，应按其保护特性曲线进行检验，并按产品样本给出的保护特性曲线考虑其偏差范围可为 ±20% ～ ±30%。如果后一级断路器出口发生三相短路，那么在前一级断路器的保护动作时间计入负偏差（即提前动作）而后一级断路器的保护动作时间计入正偏差（即延后动作）的情况下，前一级断路器的动作时间仍大于后一级断路器的动作时间，则说明能实现选择性配合的要求。对于非重要负荷，前、后保护装置可允许无选择性动作。一般来说，要保证前、后低压断路器之间能选择性动作，前一级低压断路器应采用带短延时的过电流脱扣器，后一级低压断路器则采用瞬时脱扣器，而且动作电流也是前一级大于后一级的，前一级的动作电流不小于后一级动作电流的 1.2 倍。

②低压断路器与熔断器之间的选择性配合。要检验低压断路器与熔断器之间是否符合选择性配合，只有通过各自的保护特性曲线来确定。前一级低压断路器可按产品样本给出的保护特性曲线考虑−30% ～−20% 的负偏差，而后一级熔断器可按产品样本给出的保护特性曲线

考虑 +30% ~ +50% 的正偏差。在这种情况下，如果两条曲线既不重叠也不交叉，且前一级的曲线总在后一级的曲线之上，则前、后两级保护可实现选择性动作，并且两条曲线之间留有的裕量越大，其动作的选择性越有保证。

技能实训

实训一　HD13 型低压刀开关的认知与操作

一、实训目的

• 熟悉 HD13、NH40 型低压刀开关的组成和应用环境。
• 熟悉 HD13、NH40 型低压刀开关的安装和使用方法。

二、实训设备

实训设备如表 3-1 所示。

表 3–1　实训设备

设备名称	使用仪器名称	数量
THSPCG—2D 型	低压电气接线及运行控制实训柜	1 台

三、实训原理

HD11、HD12、HD13、HD14、HS11、HS13 等系列刀形隔离器及刀形转换隔离器（以下简称刀开关）用于交流 50Hz，额定工作电压 400V，直流额定工作电压 230V，额定工作电流 1500A，在工业企业配电设备中刀开关作为不频繁手动接通和切断或隔离电路用。

HD13 型低压刀开关的技术参数及性能如表 3–2 所示。

表 3–2　HD13 型低压刀开关的技术参数及性能

额定工作电压 /V	额定工作电流 /A	额定短时耐受电流 /kA		时间 /s
		HD	HS	
		杠杆操作	手动操作	
400	200	12	10	1
	400	20	15	
	600	25	20	
	1000	30	25	
	1500	35	30*	

注：* 表示用户与制造厂协议供货。

续表

额定短时耐受电流	功率因数 cosφ	峰值系数（n）
$8 \leqslant I_{cw} \leqslant 10$	0.5	1.7
$12 \leqslant I_{cw} \leqslant 20$	0.3	2
$25 \leqslant I_{cw} \leqslant 50$	0.25	2.1

工作条件及安装要求如下：

（1）周围空气温度的上限不超过 +40℃，下限不低于 5℃，24h 的平均值不超过 +35℃，超出此范围请与制造厂协商。

（2）安装地点的海拔不超过 2000m。

（3）最高温度为 40℃时空气的相对湿度不超过 50%，在较低温度下可以允许有较高的相对湿度，如 20℃时达 90%。对由于温度变化偶尔产生的凝露，应采取特殊措施。

（4）污染等级为 3。

（5）开关应垂直安装在没有显著振动与冲击的场所。

NH40 系列隔离开关适用于交流 50Hz、额定工作电压 660V 及以下，直流额定工作电压 440V 及以下，额定电流为 3150A。在工业企业配电设备中，可供不频繁手动接通和分断电路及隔离电源用。1000A 及以上仅用作隔离电源，不能带负载分断电路。

NH40 系列隔离开关的技术参数及性能如表 3-3 所示。

表 3-3　NH40 系列隔离开关的技术参数及性能

NH40—125 至 NH40—630

约定发热电流 /A			125	160	200	250	315	400	630
GG 熔断体额定电流 /A			125	160	200	250	315	400	630
额定绝缘电压 /V			800						
额定电流 /A	380V	AC21	125	160	200	250	315	400	630
	660V	AC21	125	160	160	200	315	400	500
	220V	DC21	125	160	200	250	315	400	630
	440V	DC21	125	160	160	200	315	400	500
操作力 /N			40 ～ 60		65 ～ 100		75 ～ 120		

NH40—1000 至 NH40—3150

约定发热电流 /A			1000	1250	1600	200	2500	3150
GG 熔断体额定电流 /A			1000	1250	2×800	2×1000	2×1250	3150
额定绝缘电压 /V			800					
额定电流 /A	380V	AC20	1000	1250	1600	2000	2500	3150
	660V	AC20	1000	1250	1600	2000	2500	3150
	220V	DC20	1000	1250	1600	2000	2500	3150
	440V	DC20	1000	1250	1600	2000	2500	3150
操作力 /N			200 ～ 300					

四、实训内容与步骤

1. 送电

将附件手柄卡入机械槽内，再顺时针旋转到底，可以听见明显卡紧的声音，并且“缺口”对着合闸位置，即为合闸成功。

2. 断电

将附件手柄卡入机械槽，再逆时针旋转到底，并且“缺口”对着分闸位置，即为分闸成功。

五、实训报告

试总结低压刀开关的工作原理和具体操作步骤。

实训二　DW15 型低压万能断路器的认知与操作

一、实训目的

• 熟悉 DW15 型低压万能断路器的组成和应用环境。

• 熟悉 DW15 型低压万能断路器的安装方法。

二、实训设备

实训设备如表 3-4 所示。

表 3-4　实训设备

设备名称	使用仪器名称	数量
THSPCG—2D 型	低压电气接线及运行控制实训柜	1 台

三、实训原理

DW15—100、200、400、630 低压万能断路器壳架等级额定电流为 100 ～ 630A，额定工作电压交流（50Hz）为 380 ～ 1140V，主要在配电网络中用来分配电能、保护线路及电源设备的过载、欠电压和短路，也能在交流 50Hz、380V 网络中用来保护电动机的过载、欠电压和短路。在正常条件下，可作为线路的不频繁转换及电动机的不频繁启动用。DW15—1000 ～ 1600 万能断路器适用于交流 50Hz、380V 的配电网络中，作为分配电能和线路及电源设备的过载、欠电压和短路保护用，在正常条件下也可作为线路不频繁转换用。

断路器立体布置分为三大部分：触点系统、操作机构和脱扣器。静触点安装在绝缘底板的上部，动触点通过触点支撑和调节架与主轴连动。触点系统上部装有灭弧系统。操作机构可装在正前方或右侧面，有“O”“I”指示牌、手动断开按钮、铭牌及标牌。操作机构左上方装有分励脱扣器、背部装有欠电压脱扣器与脱扣半轴相连。电流互感器或电流电压变换器套穿过下母线，欠电压阻容延时装置、热继电器或电子式脱扣器装在断路器底部。DW15 型低压断路器控制回路端子接线图如图 3-20 所示。其标准为符合 GB 14048.2 · IEC947—2 。正常工作条件为符合 GB/T 14048.1 · IEC947—1。

四、实训内容与步骤

1. 合闸

找到低压进线柜，合闸前，分闸指示灯（绿灯）指示为分闸状态，按下“合闸”按钮，断路器动作，合闸指示灯（红灯）亮，绿灯熄灭，合闸成功。

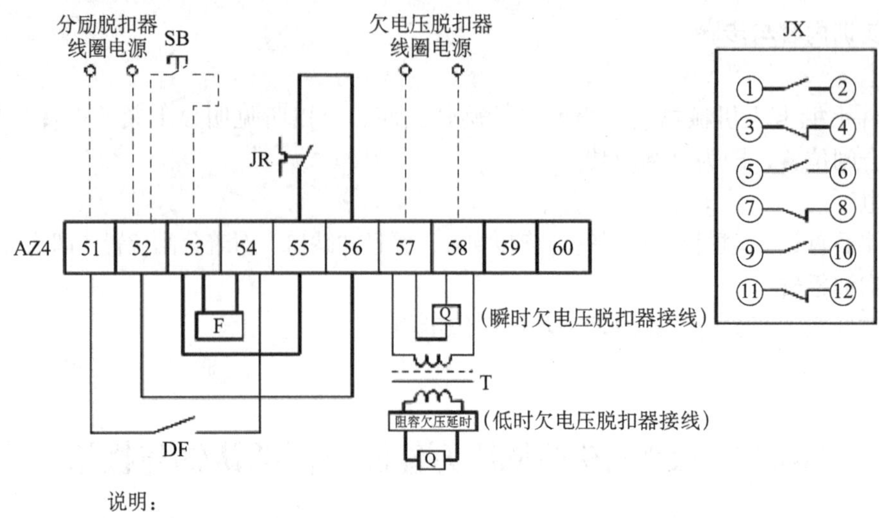

说明：

DF—断路器辅助触头(常开)
AZ4—接线端子
F—分励脱扣器线圈
Q—欠电压脱扣器线圈
T—电源变压器
JR—热继电器
SB—按钮(用户自备)
JX—断路器辅助触头接线端子

图 3–20　DW15 型低压断路器控制回路端子接线图

2. 分闸

分闸前，合闸指示灯（红灯）指示为合闸状态，按下“分闸”按钮，断路器动作，分闸指示灯（绿灯）亮，红灯熄灭，分闸成功。

五、实训报告

1. 说说低压万能断路器的功能及在电力系统中所起的作用。
2. 说说如何手动控制低压万能断路器。
3. 分析刀开关和低压万能断路器控制、保护方式的不同特点。

实训三　0.4kV 低压开关柜的认知与操作

一、实训目的

• 掌握对 0.4kV 低压开关柜的操作。
• 掌握低压开关柜的结构组成和内部接线方法。

二、实训设备

实训设备如表 3–5 所示。

表 3–5　实训设备

设备名称	使用仪器名称	数量
THSPCG—2D 型	低压电气接线及运行控制实训柜	1 台

三、实训原理

THSPCG—2D型低压电气接线及运行控制实训柜主要由一次回路单元、面板仪表单元、照明回路单元实训模块和电动机控制线路实训模块组成。

1. 一次回路单元

一次回路单元主要由低压刀开关，低压万能断路器、低压电流互感器、低压电压互感器组成。低压刀开关采用操作手柄进行合、分闸。低压万能断路器通过面板上的“合闸”按钮、“分闸”按钮进行操作。低压电流互感器主要用来采集主回路中的电流。低压电压互感器主要用来采集主回路中的电压。

2. 面板仪表单元

面板仪表单元主要由一只电压表、三只电流表、一只功率因数表、一只电度表和分 / 合闸按钮和合 / 分闸指示灯组成。

电压表主要用来显示系统的三相电压，可以通过电压显示切换来看三相线电压。

电流表主要用来显示系统的三相电流。功率因数表用来显示系统的功率因数。

按下“合闸”按钮，低压万能断路器就会合闸，如果合闸指示灯亮，则表示合闸成功。

按下“分闸”按钮，低压万能断路器就会分闸，如果分闸指示灯亮，则表示分闸成功。

3. 照明回路单元实训模块

照明回路单元实训模块主要由电源控制部分、控制开关、日光灯、镇流器、启辉器组成。通过接线完成两地控制一盏灯的实训。

4. 电动机控制线路实训模块

电动机控制线路实训模块主要由低压断路器、熔断器、合 / 分闸指示灯、接触器、时间继电器、三相异步电动机组成。通过接线完成低压电动机的启 / 停控制回路、低压电动机的降压启动控制回路等实训。

四、实训内容与步骤

（1）找到低压开关柜，再找到低压刀开关、低压万能断路器、低压电流互感器、低压电压互感器、塑壳断路器，并进行认识研究。

（2）送电操作。将附件手柄卡入机械槽内，并将之顺时针旋转到底，可以听见明显卡紧的声音且“缺口”对着合闸位置，即为合闸成功。

然后找到低压进线柜面板，合闸前，观察分闸指示灯（绿灯）指示为分闸状态，按下“合闸”按钮，断路器动作，合闸指示灯（红灯）亮，绿灯熄灭，合闸成功。

（3）停电操作。分闸前，观察合闸指示灯（红灯）指示为合闸状态，按下“分闸”按钮，断路器动作，分闸指示灯（绿灯）亮，红灯熄灭，分闸成功。将附件手柄卡入机械槽内，并将之逆时针旋转到底且“缺口”对着分闸位置，即为分闸成功。

五、实训报告

根据低压进线柜的实物，试绘制出一次主接线图。

实训四　低压照明电路（两地控制一盏灯）

一、实训目的

• 通过训练，了解日光灯的结构和工作原理。

• 通过训练，掌握日光灯线路的安装和布线。

• 通过训练，掌握用万用表检测、分析和排除故障。

二、实训设备

实训设备如表 3-6 所示。

表 3-6　实训设备

设备名称	使用仪器名称	数量
THSPCG—2D 型	低压电气接线及运行控制实训柜	1 台

三、实训原理

日光灯电路由日光灯管、启辉器、镇流器、灯座等组成，如图 3-21 所示。

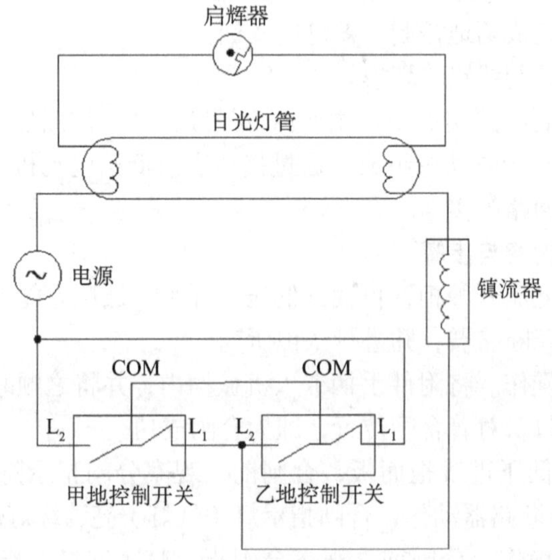

日光灯原理

图 3-21　日光灯电路原理图

1. 日光灯管

日光灯管由玻璃管、灯丝、灯脚、荧光粉等组成。玻璃管抽成真空后充入少量汞和氩等惰性气体，管壁涂荧光粉，在灯丝上涂电子粉，如图 3-22 所示。

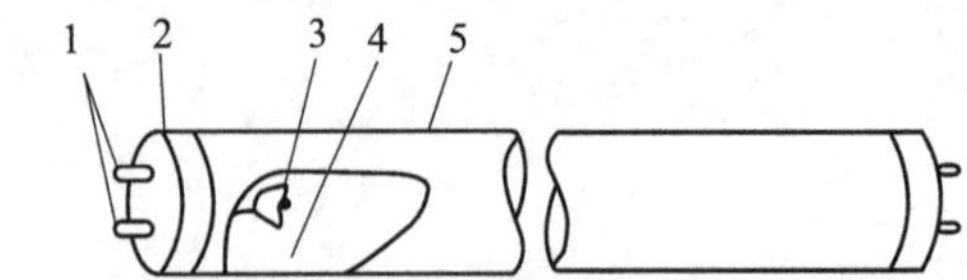

1—灯脚；2—灯头；3—灯丝；4—荧光粉；5—玻璃管

图 3-22　日光灯管

2. 启辉器

启辉器由氖泡（玻璃泡，内充氖气）、纸介质电容、插头和外壳等组成，如图3-23所示。氖泡内有静触片和U形动触片。

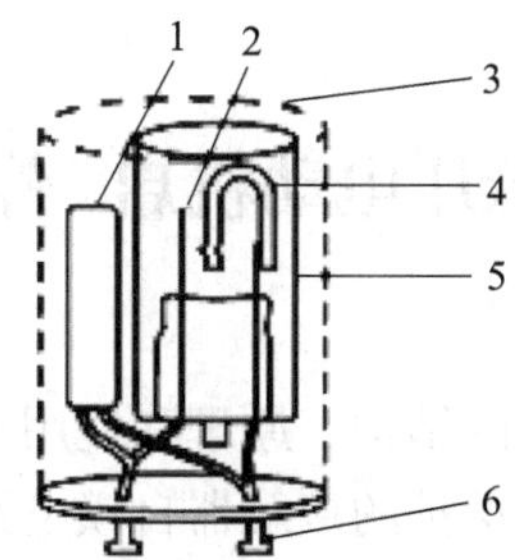

1—纸介质电容；2—静触片；3—外壳；4—动触片；5—玻璃泡；6—插头

图 3-23　启辉器

3. 镇流器

镇流器主要由铁芯和线圈组成。镇流器的功率和灯管的功率必须相符。

4. 灯架

灯架有木制和铁制两种，规格应配合灯管长度。

5. 灯座

灯座有开启式和弹簧式两种，其规格有大型和小型两种，大型的适用于15W以上灯管，小型的适用于6W、8W、12W灯管。当日光灯接通电源后，电源电压经镇流器、灯丝加在启辉器的U形动触片和静触片之间，启辉器放电。放电时的热量使双金属片膨胀并向外弯曲，动触片与静触片接触，接通电路，使灯丝预热并发射电子，与此同时，由于U形动触片与静触片相接触，使两片间电压为零而停止启辉器放电，使U形动触片冷却并恢复原形，脱离静触片，在动触片断开瞬间，在镇流器两端产生一个比电源电压高得多的感应电动势，这个感应电动势加在灯管两端，使灯管内惰性气体被电离引起电弧光放电，随着灯管内温度的升高，液态汞气化游离，引起汞蒸气弧光放电而发出肉眼看不见的紫外线，紫外线激发灯管内壁的荧光粉后，发出近似月光的灯光。

镇流器还有另外两个作用：一是用在灯丝预热时，限制灯丝所需要的预热电流值，防止预热过高而烧断，并保证灯丝电子的发射能力；二是用在灯管启辉后，维持灯管的工作电压和限制灯管的工作电流在额定值内，以保证灯管能稳定工作。

并联在氖泡上的电容有两个作用：一是与镇流器圈形成LC振荡电路，可以延长灯丝的预热时间和维持感应电动势；二是能吸收干扰收音机和电视机的交流杂声，如电容被击穿，则将电容剪去后仍可使用，若完全损坏，可暂时借用开关或导线代替，同样可起到触发作用。如灯管一端的灯丝断裂，则将该端的两只引出脚并联后仍可使用一段时间。

四、实训内容与步骤

（1）THSPCG—2D型实训柜中构成电路所需要的元器件都已固定在挂板上，在接线过程中，线槽方便走线，保证接线完成后工艺美观，准备好相应长度的导线按照接线原理图进行接线（需先进行培训），避免出现裸露的导线，防止有触电的危险。

（2）主回路三相线用黄、绿、红导线。控制回路用红、黑导线连接即可。

（3）接线完毕后，不要立刻合上QS给电。先用便携式万用表检查一下三相之间是否有明显的短路现象，检查现象正确时方可通电操作。

五、实训报告

说明日光灯各个部分的名称和功能，并绘制两地控制一盏灯的原理图。

实训五　低压电动机启 / 停控制线路

一、实训目的

- 通过实践训练，了解热继电器的结构、原理和使用方法。
- 通过实践训练，掌握具有过载保护的接触器自锁电路安装、接线与检测。
- 进一步熟悉使用万用表检测电路的方法。

二、实训设备

实训设备如表 3–7 所示。

表 3–7　实训设备

设 备 名 称	使用仪器名称	数　量
THSPCG—2D 型	低压电气接线及运行控制实训柜	1 台

三、实训原理

在点动控制电路中，要使电动机转动，就必须按住按钮不放，而在实际生产中，有些电动机需要长时间连续运行，使用点动控制是不现实的，这就需要增加接触器自锁的控制电路。

相对于点动控制的自锁触点必须是常开的，与启动按钮并联。因电动机是连续工作的，必须加装热继电器以实现过载保护。具有过载保护的自锁控制电路的电气原理如图 3–24 所示，它与点动控制电路的不同之处在于控制电路中增加了一个“停止”按钮 SB1，在“启动”按钮的两端并联了一对接触器的常开触点，增加了过载保护装置（热继电器 FR）。

电路的工作过程是这样的：当按下“启动”按钮 SB2 时，接触器 KM1 线圈通电，主触点闭合，电动机 M 启动，当松开按钮时，电动机不会停转，因为这时，接触器 KM1 线圈可以通过辅助触点继续维持通电，保证主触点 KM1 仍处在接通状态，电动机 M 就不会失电停转。这种松开按钮仍然自行保持线圈通电的控制电路叫作具有自锁（或自保）的接触器控制电路，简称自锁控制电路。与 SB2 并联的接触器常开触点称为自锁触点。

四、实训内容与步骤

（1）THSPCG—2D 型实训柜中构成电路所需要的元器件都已固定在挂板上，线槽方便接线时走线，保证接线完成后工艺美观，准备好相应长度的导线，按照接线原理图（见图 3–24）进行接线（需先进行培训），避免出现裸露的导线，防止有触电的危险。

（2）主回路三相线用黄、绿、红导线连接。控制回路用红、黑导线连接。

（3）接线完毕后，不要立刻合上 QS 给电。先用便携式万用表检查一下三相之间是否有明显的短路现象，检查现象正确时方可通电操作。

五、实训报告

试绘制电动机启 / 停控制的原理图，并说明其动作过程。

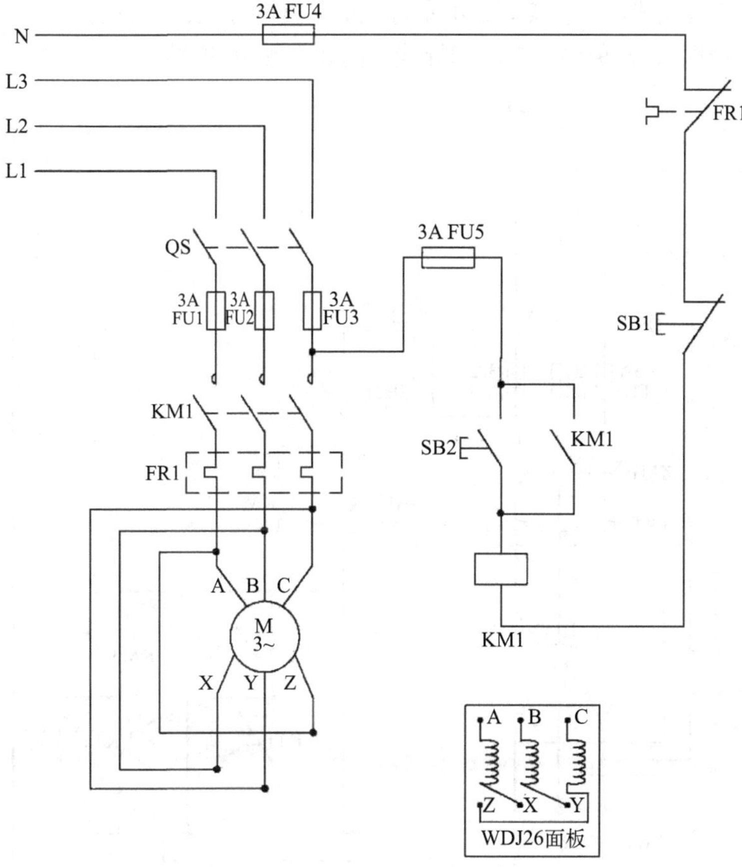

图 3-24　具有过载保护的自锁控制电路的电气原理图

实训六　低压电动机降压启动控制线路

一、实训目的

• 掌握低压电动机降压启动控制线路的电气结构及接线方法。

• 了解低压电动机降压启动的优点。

二、实训设备

实训设备如表 3-8 所示。

表 3-8　实训设备

设 备 名 称	使用仪器名称	数　量
THSPCG—2D 型	低压电气接线及运行控制实训柜	1 台

三、实训原理

Y-△启动是指为减小电动机启动时的电流，正常工作接法为△接法，在启动时改为 Y 接法。此时启动电流降为原来的 1/3，启动转矩也降为原来的 1/3。

四、实训内容与步骤

（1）THSPCG—2D 型实训柜中构成电路所需要的元器件都已固定在挂板上，线槽方便接线时走线，保证接线完成后工艺美观，准备好相应长度的导线，按照接线原理图（见图 3–25）进行接线（需先培训），避免出现裸露的导线，防止有触电的危险。

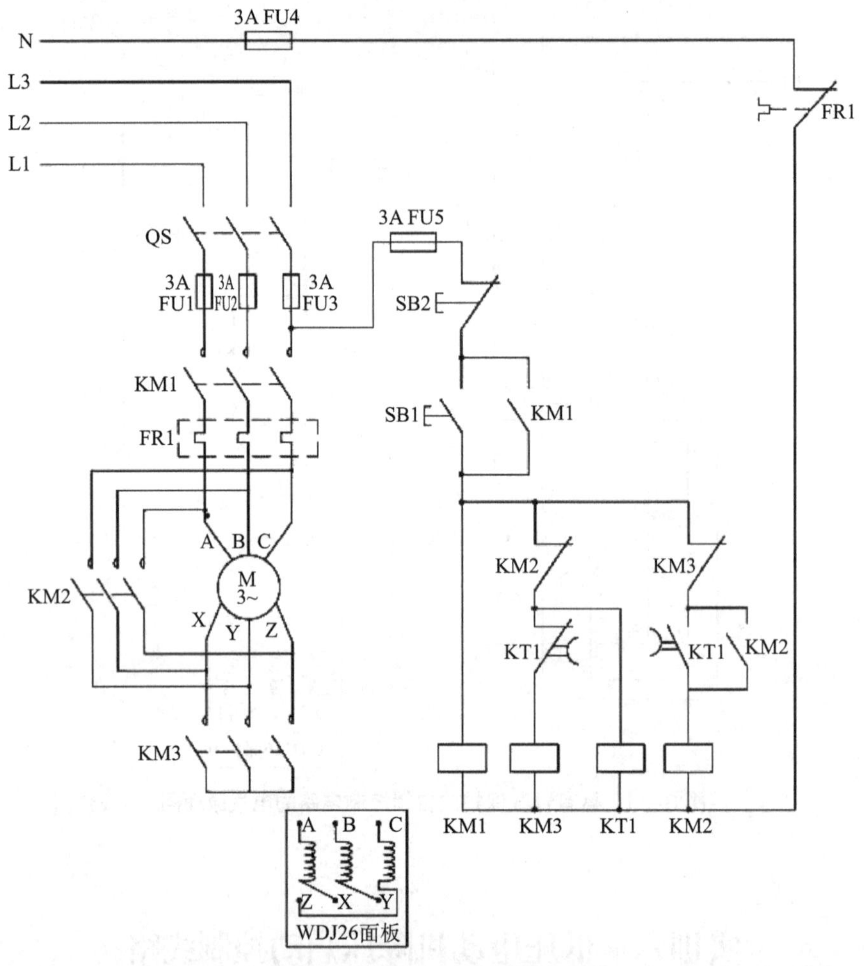

图 3–25　Y–△降压启动原理图

（2）主回路三相线用黄、绿、红导线连接。控制回路用红、黑导线连接。

（3）接线完毕后，不要立刻合上 QS 给电。先用便携式万用表检查一下三相之间是否有明显的短路现象，检查现象正确时方可通电操作。

五、实训报告

试绘制电动机 Y–△降压启动的原理图，并说明其动作过程。

复习思考练习题

3–1　某用户变电所 10kV 高压进线采用三相铝芯聚氯乙烯绝缘电缆，芯线截面积为 50mm^2。已知该电缆首端装有高压少油断路器，其继电保护动作时间为 1.2s，电缆首端的三相短路电流 $I_k^{(3)} = 2.1$ kA。试检验此电缆的短路热稳定度。

3–2　某 220/380V 线路的计算电流为 56A，尖峰电流为 230A。该线路首端的三相短路

电流 $I_k^{(3)} = 13\,kA$。试选择该线路所装 RTO 型低压熔断器及其熔体的规格。

3-3　某 220/380V 线路的前一熔断器为 RTO 型，其熔体电流为 200A；后一熔断器为 RM10 型，其熔体电流为 160A。在后一熔断器出口发生三相短路的 $I_k^{(3)} = 800\,A$。试检验这两组熔断器能否实现保护选择性的要求。

3-4　习题 3-2 所述线路如改装 DW16 型低压断路器。试选择该断路器及其瞬时过电流脱扣器的电流规格，并整定脱扣器的动作电流。

3-5　某用户拥有有功负荷 $P_{30} = 300kW$，$\cos\varphi = 0.92$，该用户拟在 6kV 进线上装设一台 SN10—10 型高压断路器，其主保护动作时间为 0.9s，断路器断路时间为 0.2s，6kV 母线上的 $I_k^{(3)} = 20kA$。试选择此高压断路器的规格。

课题4　供配电线路的运行与维护

［**内容概述**］ 本课题首先讲述供配电线路中架空线及电力电缆的基本结构和敷设要求，然后讲述变配电所主接线的基本要求及典型主接线方案，最后介绍供配电线路导线和电缆截面的选择计算方法。

［**课题目标**］

1. 了解供配电线路的分类、结构、特点及敷设方法。
2. 掌握供配电导线和电缆的选择方法。
3. 掌握供配电线路的接线方式。
4. 掌握架空线路的运行与维护。

4.1　供配电线路的认识与敷设

供配电线路也就是通常所说的电力线路，它的任务是输送电能，并联络各发电厂、变电站（所）使之并列运行，实现电力系统联网，从而能实现电力系统间功率传递和分配电能的重要任务，是电力系统的重要组成部分。目前，供配电线路按电压高低可分为低压（1kV 及以下）、高压（1～220kV）、超高压（220kV 及以上）等，目前我国输电线路的电压等级主要有 35kV、66kV、110kV、220kV、330kV、500kV、750kV、800kV、1000kV。供配电线路按敷设方法分为架空线路和电力电缆两种形式。架空线路与电缆线路相比，有成本低，投资少，安装容易，维护和检修方便，易于发现和排除故障等优点，在企业中被广泛应用，这也是我国大部分配电线路、绝大部分高压输电线路和全部超高压及特高压输电线路所采用的主要方式，但是由于架空线路直接受大气影响，易受雷击和污秽空气的危害，要占用一定的地面空间，且有碍交通和观瞻，因此，在城市和现代化工厂有逐渐减少架空线路、改用电缆线路的趋向，特别是在有腐蚀气体的易燃、易爆场所，不宜架设架空线路而应敷设电缆。与架空线路相比，电缆造价高，敷设、检修困难，不易发现和排除故障，但是电缆运行可靠、不易受外界影响。

1. 架空线路的认识与敷设

架空线路由导线、电杆、绝缘子等主要元件组成，如图 4-1 所示。为了防雷，有的架空线路上还在电杆顶端架设避雷线（又称架空地线）。为了加强电杆的稳固性，有的电杆还安装拉线或扳桩。

（1）架空线路的导线。导线是线路的主体，承担着输送电能（电力）的功能。导线架设在电杆上面，要经受自重和各种外力的作用，并要承受大气中各种有害物质的侵蚀。因此，导线必须具有良好的导电性，同时要具有一定的机械强度和耐腐蚀性，并且要尽可能质轻价廉。

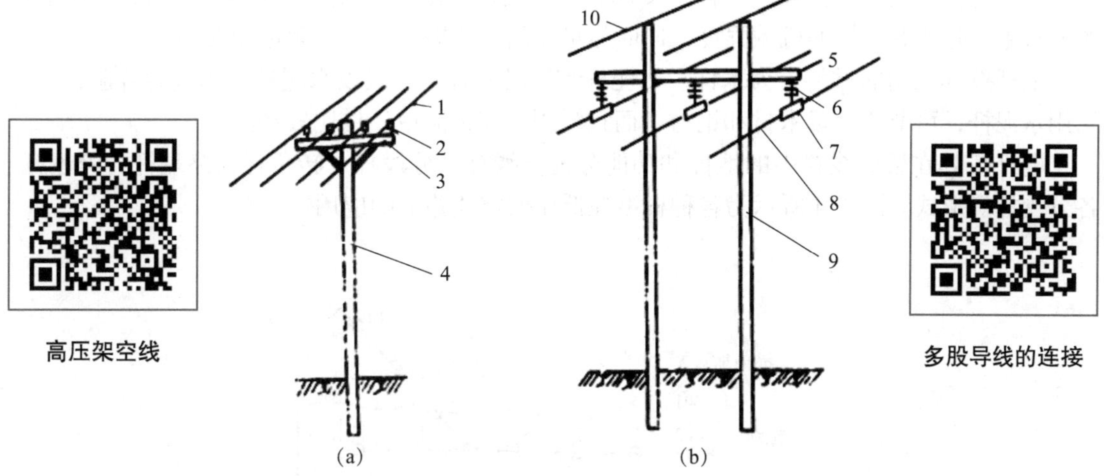

1—低压导线；2—低压针式绝缘子；3—低压横担；4—低压电杆；5—高压横担；
6—高压悬式绝缘子串；7—线夹；8—高压导线；9—高压电杆；10—避雷线

图 4–1　架空线路的结构

导线材质有铜、铝和钢，铜线的导电性能最好（导电率为 53MS/m），机械强度也相当高（抗拉强度约为 380MPa），且不易氧化和腐蚀，然而铜是贵重的有色金属，应尽量节约。铝线的导电性能也较好（导电率为 32MS/m），稍次于铜，且具有质轻价廉的优点，虽然其机械强度较差（抗拉强度约为 160MPa），且防腐蚀性能也不太好，但根据我国资源情况，在环境正常的架空线路上，应优先选用铝线。不过在有腐蚀性物质及防火防爆要求较高的环境中，不宜采用铝线。钢绞线的机械强度很高（钢绞线的抗拉强度达 1200MPa），而且价廉，但其导电性能差（导电率为 7.52MS/m），功率损耗大，对交流电有铁磁损耗，且容易锈蚀，因此，钢绞线除作为避雷线（架空地线），架空电力线路上一般不用。

架空线路的导线一般采用多股绞线，按材质分为铜绞线（TJ）、铝绞线（LJ）和铜芯铝绞线（LGJ），通常采用铝绞线。在机械强度要求较高和 35kV 及以上的架空线路上，多采用钢芯铝绞线，其横截面结构如图 4–2 所示。钢芯铝绞线的线芯为钢线，用于增强导线的机械强度，弥补铝线机械强度较差的缺点，而其外围用铝线，取其导电性较好的优点。由于交流电通过导线时具有集肤效应，所以交流电实际上只从铝线通过，从而弥补了钢线导电性能不好且会产生铁磁损耗的缺点。

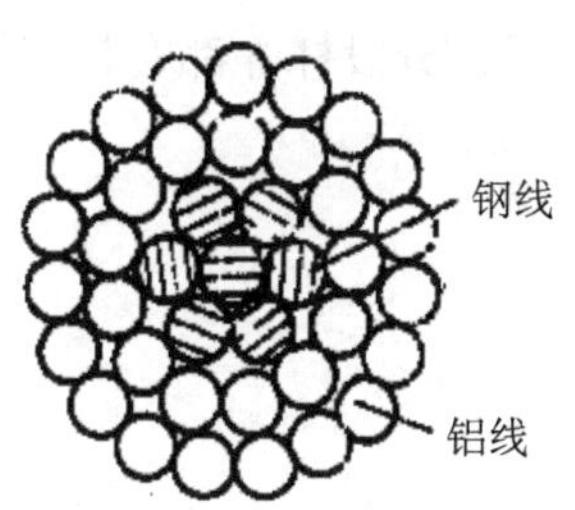

图 4–2　钢芯铝绞线截面

铜（铝）绞线和钢芯铝绞线的型号表示和含义如图 4–3 所示。

(1)铜（铝）绞线　T（L）　J — □
铜（铝）　绞线　额定截面积(mm^2)

(2)钢芯铝绞线　L　G　J — □
铝　钢芯　绞线　铝线部分额定截面积(mm^2)

图 4–3　铜（铝）绞线和钢芯铝绞线的型号表示和含义

（2）电杆、横担和拉线。电杆是支撑导线的支柱，是架空线路的重要组成部分。对电杆的要求主要是要有足够的机械强度，同时尽可能耐用、廉价，便于搬运和安装。

电杆按其采用的材料分为木杆、水泥杆和铁塔三种，一般以水泥杆应用最为普遍，因为采用水泥杆，可节约大量木材和钢材，而且耐用，维护简单，也比较经济。

电杆按其在架空线路中的地位和功能分为直线杆、分段杆、转角杆、终端杆、跨越杆、各分支杆等形式。图 4-4 所示为各种杆型在低压架空线路上的应用。

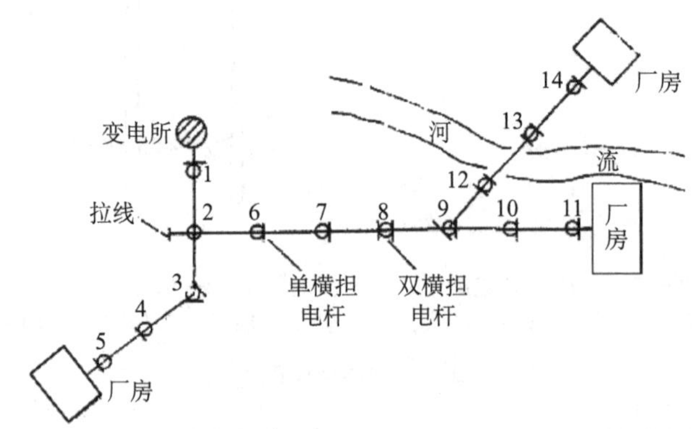

1、5、11、14—终端杆；2、9—分支杆；3—转角杆；4、6、7、10—直线杆（中间杆）；8—分段杆（耐张杆）；12、13—跨越杆

图 4-4　各种杆型在低压架空线路上的应用

横担装在电杆的上部，用来安装绝缘子以架设导线。常用的横担有木担、铁横担和瓷横担。现在普遍采用铁横担和瓷横担。瓷横担用于高压架设线路，兼有绝缘子和横担的双重功能，能节约大量木材和钢材，减小线路造价。它结构简单，安装方便，但比较脆，安装和使用中必须注意。图 4-5 是 6～10kV 高压电杆上安装的瓷横担示意图。

拉线的作用是平衡电杆各方面的力，并抵抗风压以防电杆倾倒，例如，终端杆、转角杆、分段杆等都安装有拉线。拉线的结构如图 4-6 所示。

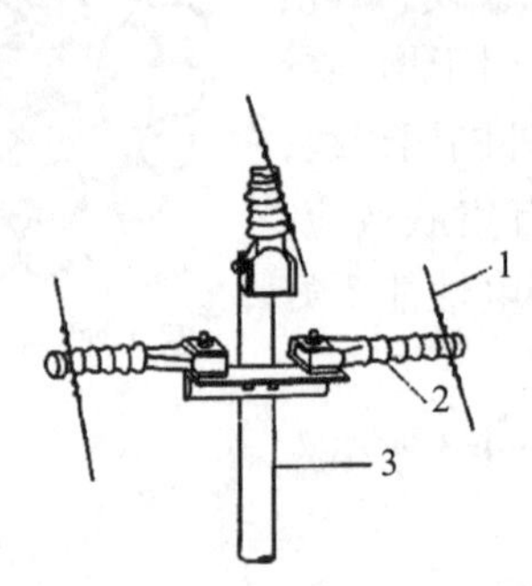

1—高压导线；2—瓷横担；3—电杆

图 4-5　6～10kV 高压电杆上安装的瓷横担

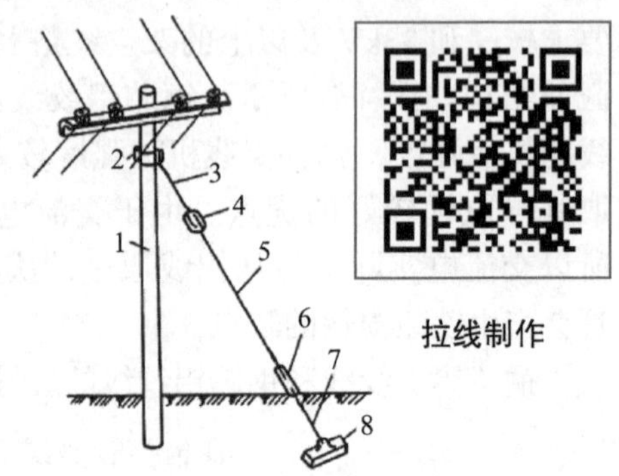

1—电杆；2—固定拉线的抱箍；3—上把；4—拉线绝缘子；5—腰把；6—花篮螺钉；7—底把；8—拉线底盘

图 4-6　拉线的结构

拉线制作

（3）线路绝缘子和线路金具。绝缘子又称瓷瓶。线路绝缘子用来将导线固定在电杆上，并使导线与电杆绝缘。因此，对绝缘子既要求具有一定的电气绝缘强度，又要求具有足够的

机械强度。线路绝缘子按电压等级分为低压绝缘子和高压绝缘子两大类。图4-7所示为高压线路绝缘子的外形结构。

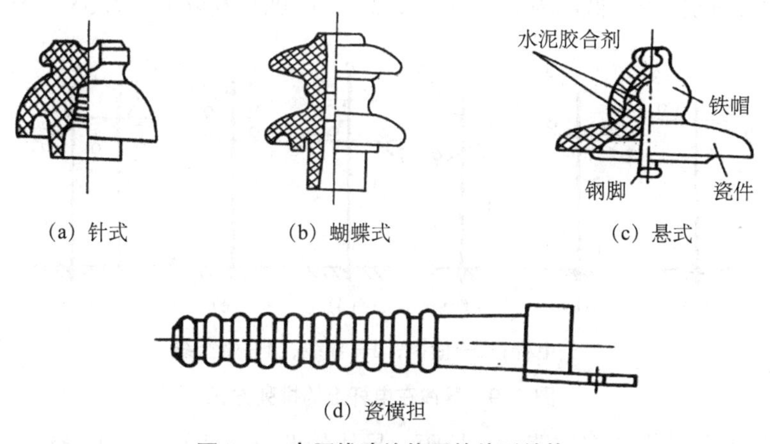

（a）针式　（b）蝴蝶式　（c）悬式

（d）瓷横担

图4-7　高压线路绝缘子的外形结构

更换6KV线路耐张杆悬式绝缘子

线路金具是用来连接导线、安装横担和绝缘子、固定和紧固拉线等的金属附件，包括安装针式绝缘子的直脚（见图4-8（a））和弯脚（见图4-8（b）），安装蝴蝶式绝缘子的穿芯螺钉（见图4-8（c）），将横担或拉线固定在电杆上的U形抱箍（见图4-8（d）），调节拉线松紧的花篮螺钉（见图4-8（e））及高压悬式绝缘子串的挂环、挂板、线夹等（见图4-8（f））。

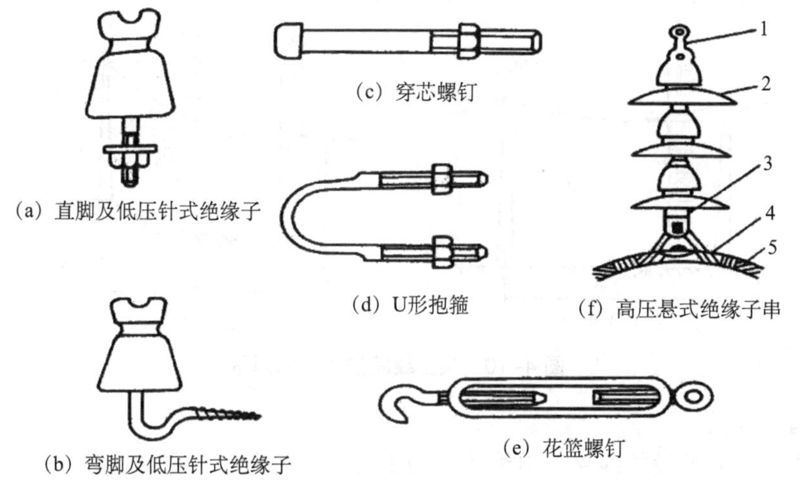

（a）直脚及低压针式绝缘子　（b）弯脚及低压针式绝缘子　（c）穿芯螺钉　（d）U形抱箍　（e）花篮螺钉　（f）高压悬式绝缘子串

1—球头挂环；2—悬式绝缘子；3—碗头挂板；4—悬垂线夹；5—架空导线

图4-8　架空线路用的金具

电连接处理方法

（4）架空线路的敷设。敷设架空线路时，要严格执行有关技术规程的规定。施工中要重视安全教育，采取有效的安全措施，特别在立杆、组装和架线时，更要注意人身安全，防止发生事故。竣工以后，要按照规定的程序和要求进行检查和验收，确保工程质量。选择架空线路的路径时，应考虑下列原则：路径要短，转角要小；交通运输方便，便于施工架设和维护；尽量避开河洼和雨水冲刷地带及易撞、易燃、易爆等危险场所；不应引起人行、交通及机耕等困难；应与建筑物保持一定的安全距离；应与城镇和企业的建设规划协调配合，并适当考虑今后的发展。

导线在电杆上的排列方式如图4-9所示。三相四线制低压架空线路的导线一般采用水平排列，中性线一般架设在靠近电杆的位置。电压不同的线路同杆架设时，电压高的线路应架设在上面。架空线路的挡距（又称跨距）是指同一条线路两相邻电杆之间的水平距离，如图 4-10 所示。厂区架空线路的挡距，低压为 25 ～ 40m，高压（10kV 及以下）为 35 ～ 50m。

软横跨处理方法

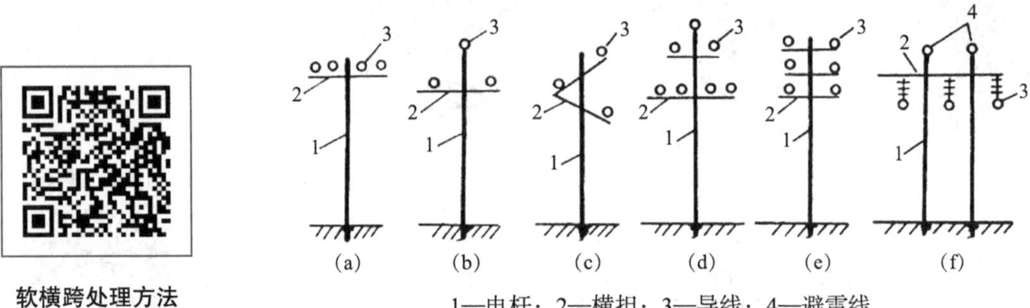

1—电杆；2—横担；3—导线；4—避雷线

图 4-9　导线在电杆上的排列方式

导线的弧垂（又称弧垂）是指架空线路一个挡距内导线最低点与两端电杆上导线固定点间的垂直距离，如图 4-10 所示。弧垂是由于导线自重及其他荷重（如导线外围的结冰）所形成的。弧垂不宜过大，也不宜过小。过大，在导线摆动时容易引起相间短路，而且会造成导线对地或对其他物体的安全距离不够；过小，则使导线的内应力增大，在天冷时可能收缩绷断。架空线路的线间距离、导线对地面和对水面的最小距离、架空线路与各种设施接近和交叉的最小距离等，在有关技术规程中均有规定，设计和安装时必须遵循。

定位装置处理方法

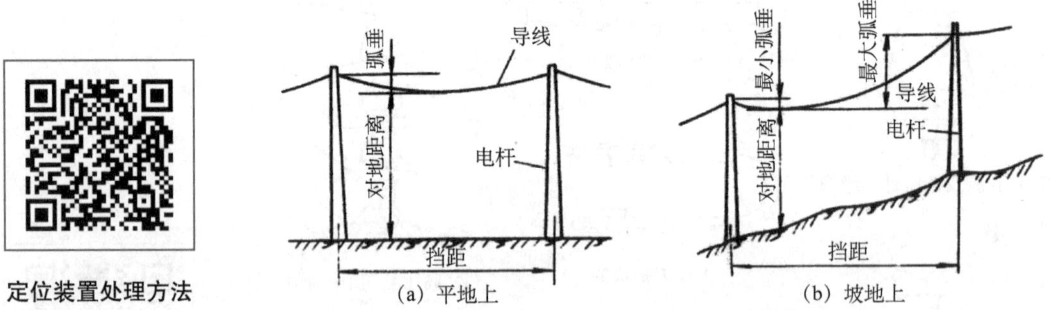

图 4-10　架空线路的挡距和弧垂

2. 电缆线路的结构和敷设

电缆线路是指由电力电缆敷设的线路。电缆线路的主要元件是电力电缆和电缆头。

（1）电力电缆的结构。电缆是一种特殊导线，在其几根或单根绞绕的绝缘导电芯线外面，绕包有绝缘层和保护层。保护层分为内保护层和外保护层。内保护层用来直接保护绝缘层，而外保护层用来防止内保护层免受机械损伤和腐蚀。外保护层通常为钢丝或钢带构成的钢铠，外覆麻被、沥青或塑料护套。

电缆的类型有很多种。电力电缆按其缆芯材质分为铜芯和铝芯两大类，但其采用的绝缘介质分为油浸纸绝缘和塑料绝缘两大类。塑料绝缘电缆又有聚氯乙烯绝缘及护套电缆和交联聚乙烯绝缘聚氯乙烯护套电缆两种。油浸纸绝缘电缆具有耐压强度高、耐热性能好和使用寿命较长等优点，但工作时其中的浸渍油会流动，不适用于两端安装高度差大的场所。塑料绝缘电缆具有结构较简单、制造成本较低、敷设方便、不受高度差限制及耐酸碱腐蚀等优点，特别是交联聚乙烯绝缘电缆，其电气性能更优异，因此，应用越来越广。图 4-11（a）和图

4-11（b）分别是油浸纸绝缘电力电缆和交联聚乙烯绝缘电力电缆的结构图。

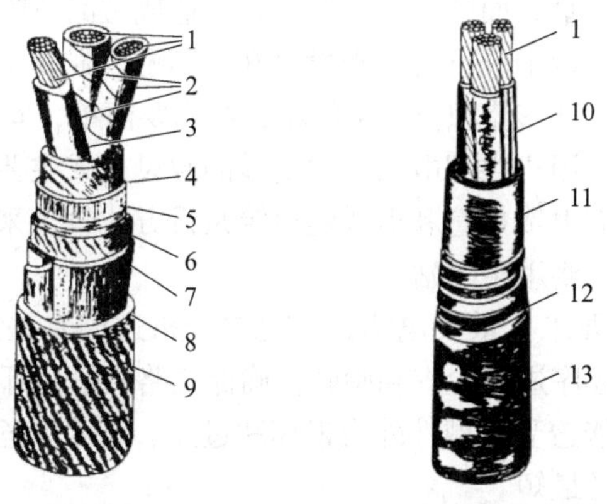

（a）油浸纸绝缘电力电缆　　（b）交联聚乙烯绝缘电力电缆

1—缆芯（铜芯或铝芯）；2—油浸纸绝缘层；3—麻筋（填料）；4—油浸纸绕包绝缘；5—铅包；6—涂沥青的纸带（内护层）；7—浸沥青的麻被（内护层）；8—钢铠（外护层）；9—麻被（外护层）；10—交联聚乙烯绝缘层；11—聚氯乙烯护套（内护层）；12—钢铠或铝铠（外护层）；13—聚氯乙烯外套（外护层）

图 4-11　电力电缆的结构

电力电缆全型号的表示和含义，如图 4-12 所示。

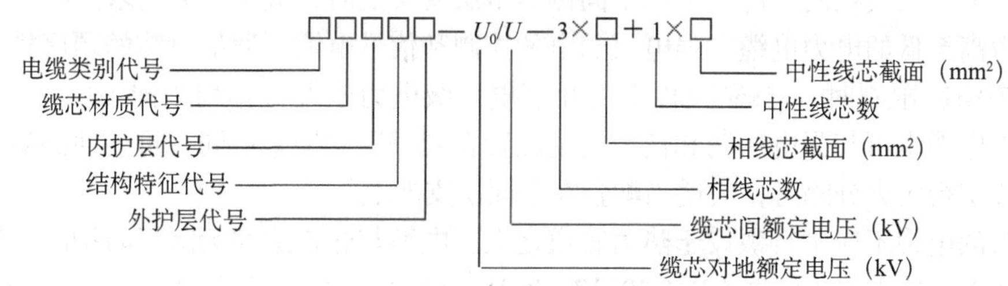

图 4-12　电力电缆全型号的表示和含义

①电缆类别代号的含义：Z——油浸纸绝缘电力电缆；V——聚氯乙烯绝缘电力电缆；YJ——交联聚乙烯绝缘电力电缆；X——橡皮绝缘电力电缆；JK——架空电力电缆（加在上列代号之前）；ZR 或 Z——阻燃型电力电缆（加在上列代号之前）。

②缆芯材质代号的含义：L——铝芯；LH——铝合金芯；T——铜芯（一般不标）；TR——软铜芯。

③内护层代号的含义：Q——铅包；L——铝包；V——聚氯乙烯护套。

④结构特征代号的含义：P——滴干式；D——不滴流式；F——分相铅包式。

⑤外护层代号的含义：02——聚氯乙烯套；03——聚乙烯套；20——裸钢带铠装；22——钢带铠装聚氯乙烯套；23——钢带铠装聚乙烯套；30——裸细钢丝铠装；32——细钢丝铠装聚氯乙烯套；33——细钢丝铠装聚乙烯套；40——裸粗钢丝铠装；41——粗钢丝铠装纤维外被；42——粗钢丝铠装聚氯乙烯套；43——粗钢丝铠装聚乙烯套；441——双粗钢丝铠装纤维外被；241——钢带—粗钢丝铠装纤维外被。

（2）电缆头的结构。电缆头包括电缆中间接头和电缆终端头。电缆头按使用的绝缘材料或填充材料分，有充填电缆胶的、环氧树脂浇注的、缠包式的和热缩材料的等。由于填充材料为热缩材料的电缆头具有施工简便、价廉和性能良好等优点而近年来在电缆工程中得到了推广应用。电缆头是电缆线路中的薄弱环节，电缆线路的多数故障发生在电缆接头处。由于电缆头本身的缺陷或安装质量方面的问题，往往容易造成短路故障，引起电缆头被击穿或爆炸。因此，电缆头的安装质量十分重要，密封要好，其耐压强度不应低于电缆本身的耐压强度，要有足够的机械强度，且其体积要尽可能小，结构要简单，安装要方便。

（3）电缆的敷设方式。用户供配电系统中电缆的敷设方式主要有直接埋地敷设、利用电缆沟和电缆桥架等几种，而电缆排管和电缆隧道等敷设方式较少采用。电缆排管主要在城市电网中使用，而电缆隧道主要用于电站。

（4）电缆敷设的一般要求。敷设电缆，一定要严格遵循有关技术规程的规定和设计要求。竣工以后，要按规定程序进行检查和验收，确保线路质量。部分重要技术要求如下。

①电缆路径应避开可能遭受机械性外力损坏和过热、腐蚀等危害的场所；在满足安全要求的前提下尽量使电缆路径最短。

②电缆长度应根据实际线路长度留有 5% ～ 10% 的裕量，以作为安装和检修时备用；直埋电缆应做波浪形埋设。

③下列场合的非铠装电缆应采取穿管保护：电缆引入和引出建筑物；电缆穿过楼板及主要墙壁处；从电缆沟道引出至电杆，或沿墙敷设的电缆距地面 2m 高以下及埋入地下 0.3m 深的一段；电缆与道路、铁路交叉的一段。所有保护管的内径不得小于电缆外径或多根电缆包络外径的 1.5 倍。

④多根电缆敷设在同一沟道中位于同侧的多层支架上时，应按下列要求进行配置：应按电压等级由高至低的电力电缆、强电至弱电的控制和信号电缆、通信电缆的顺序排列；支架层数受沟道空间限制时，35kV 及以下的相邻电压级电力电缆可排列于同一层支架上，1kV 及以下电力电缆也可与强电控制和信号电缆配置在同一层支架上；同一重要回路的工作电缆与备用电缆实行耐火分隔时，应适当配置在不同层支架上。

⑤明敷的电缆不应平行敷设于热力管道之上。电缆与管道之间无隔板防护时，相互间距应符合表 4-1 中的规定（依据 GB/T 50217—2018《电力工程电缆设计规范》）。

表 4-1　明敷电缆与管道之间的允许间距（mm）

电缆与管道之间的走向		电力电缆	控制和信号电缆
热力管道	平行	1000	500
	交叉	500	250
其他管道	平行	150	100

4.2　供配电线路的接线与结构

变配电所的主接线方式

1. 变配电所的主接线方案

变配电所的接线图（电路图），按其功能可分为两种：一种是表示变配电所电能输送和分配路线的接线图，称为主接线图（主结线图），也称主电路图或一次电路图；另一种是表示用来控制、指示、测量和保护主接线（主电路）及其设备运行的接线图，称为二次接线图（二次结线图）或二次回路图（二次电路图）。

对变配电所的主接线方案有下列基本要求：

（1）安全。应符合国家标准和有关技术规范的要求，能充分保证人身和设备的安全。例如，在高压断路器的电源侧及可能反馈电能的负荷侧，必须装设隔离开关；对低压断路器来说也一样，在其电源侧及可能反馈电能的负荷侧，也必须装设隔离开关（刀开关）。

（2）可靠。应满足各级电力负荷对供电可靠性的要求，也就是变配电所的主接线方案，应与其电力负荷的级别相适应。例如，对一、二级重要负荷，其主接线方案应考虑两台主变压器，一般应为双电源供电；对特别重要的一次负荷，应考虑增设应急电源。

（3）灵活。应能适应供电系统所需的各种运行方式，便于操作维护，并能适应负荷的发展，有扩充改建的可能性。

（4）经济。在满足上述要求的前提下，应尽量使主接线简单，投资少，运行费用低，并节约电能和有色金属消耗量，应尽可能选用技术先进又经济适用的节能产品。

2. 高压配电所的主接线图

图 4-13 是课题 1 中图 1-3 所示企业供配电系统中高压配电所及其附设 2 号车间变电所的主接线图。

（1）电源进线。这个高压配电所有两路电源进线：一路来自公共 10kV 电网，作为正常电源；另一路来自邻近单位的高压联络线，作为备用电源。这种双电源供电方式在我国一些工业企业中比较常见，具有一定的代表性。按规定，在电源进线上装设专用的电能计量柜，如图 4-13 中的 No.101 柜和 No.112 柜所示，用于计量该企业所耗用的电能量，柜中的电流互感器和电压互感器只用来连接计费电能表。

装设进线断路器的高压开关柜 No.102 和 No.111，由于需与计量柜连接，因此，采用 GG—1A（F）—11 型。由于进线采用了高压断路器控制，所以切换十分灵活，而且配以继电保护和自动装置，使供电可靠性大大提高。考虑到进线断路器在检修时有可能两端带电，因此，为了保证检修时的人身安全，断路器两侧均装有高压隔离开关。

（2）母线。高压配电所的母线，通常采用单母线制。如果是两路电源进线，则采用以高压隔离开关或高压断路器（两侧装高压隔离开关）分段的单母线制。母线采用隔离开关分段时，分段隔离开关通常安装在墙上或桥架上，也可采用专门的分段柜（也称联络柜）。由于图 4-13 所示高压配电所通常是一路电源工作、另一路电源备用，因此，母线分段开关通常是闭合的，高压并联电容器组对整个配电所进行无功补偿。如果工作电源进线发生故障或进行检修时，切除该进线，投入备用电源即可对整个配电所恢复供电。如果采用备用电源投入装置（APD），则当工作电源失电时，备用电源可自动投入，从而大大提高供电的可靠性，但采用 APD 时，进线断路器的操作机构必须为电磁式或弹簧式。

为了测量、监视、保护和控制主电路设备的需要，每段母线上接有电压互感器，进线和出线上都串接电流互感器。图 4-13 中的电流互感器有两个铁芯、两个二次绕组，其中一个绕组的准确度等级为 0.5 级，接测量仪表，另一个绕组的准确度等级为 3 级，接继电保护装置。为了防止雷电过电压侵入配电所击毁其中的电气设备，每段母线上都装有避雷器。避雷器与电压互感器同装在一个高压开关柜内，并且共用一组高压隔离开关。

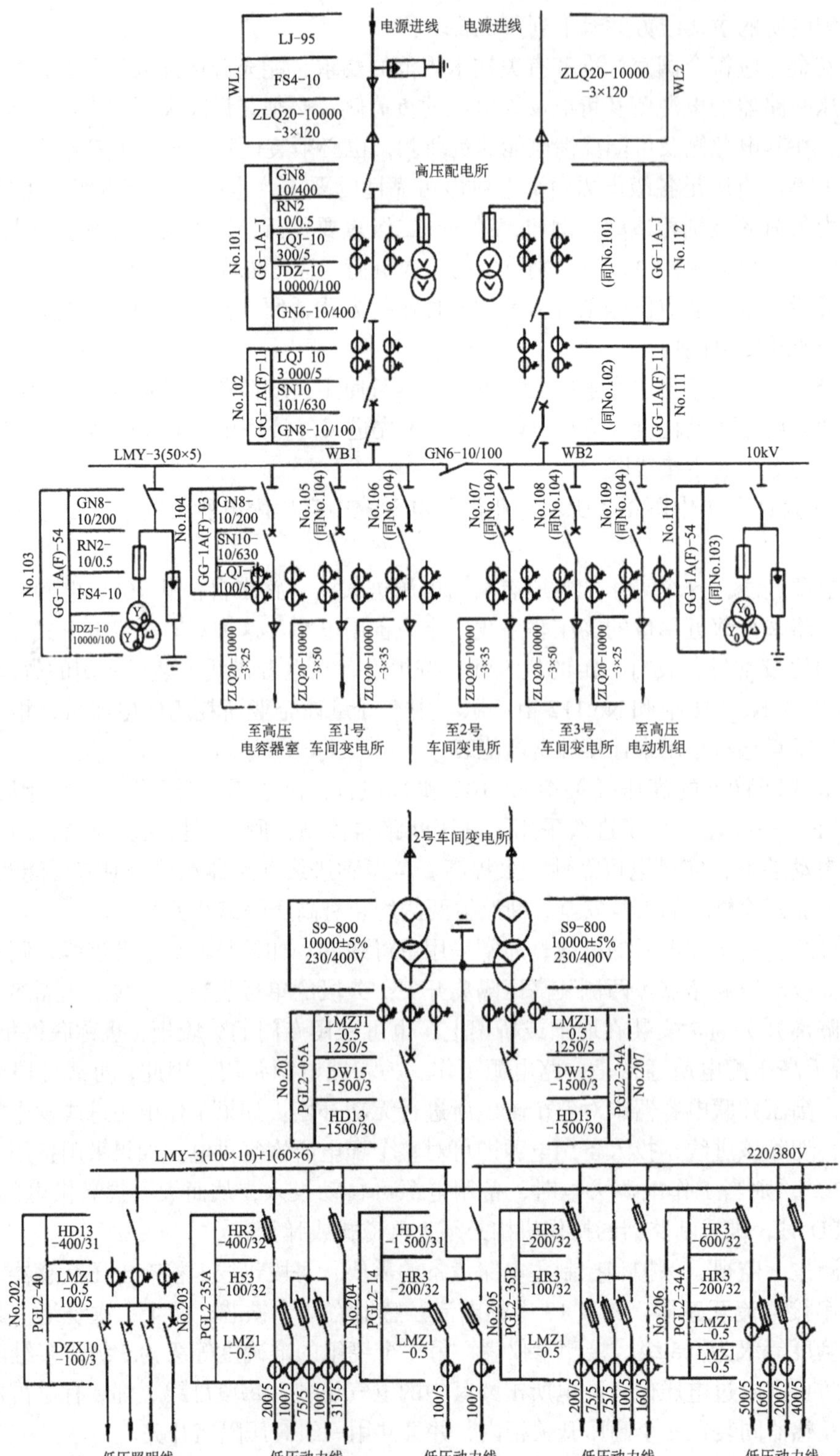

图 4-13　图 1-3 所示企业高压配电所及其附设 2 号车间变电所的主接线图

（3）高压配电出线。这个高压配电所有 6 路高压出线。其中，两路分别从两段母线经隔离开关 - 断路器配电给 2 号车间变电所的两台主变压器，一路供给 1 号车间变电所，一路供给 3 号车间变电所，一路供给无功补偿的高压并联电容器组，最后一路供给高压电动机组。由于这些高压配电线路都是与高压母线连接的，因此，其出线断路器只需在母线侧加装高压隔离开关，以保证断路器的安全检修。

图 4-13 所示的变配电所主接线图按照电能输送的顺序来安排各种电气设备的相互连接关系，而不反映其中各成套配电装置之间的相互排列位置，这种绘制方式的主接线图可称为"系统式"主接线图。这种主接线图全面、系统，多在运行中使用。变配电所运行值班用的模拟电路盘中绘制的一般为这种接线图。

在供电工程设计中往往采用另一种绘制方式的主接线图，按高压或低压配电装置之间相互连接和排列位置而绘制的装置式主接线图，如图 4-14 所示。在装置式主接线图中，各成套配电装置的内部设备和接线及各装置之间的相互连接、排列位置一目了然，与实际完全对应，因此，这种图非常适于安装施工使用。

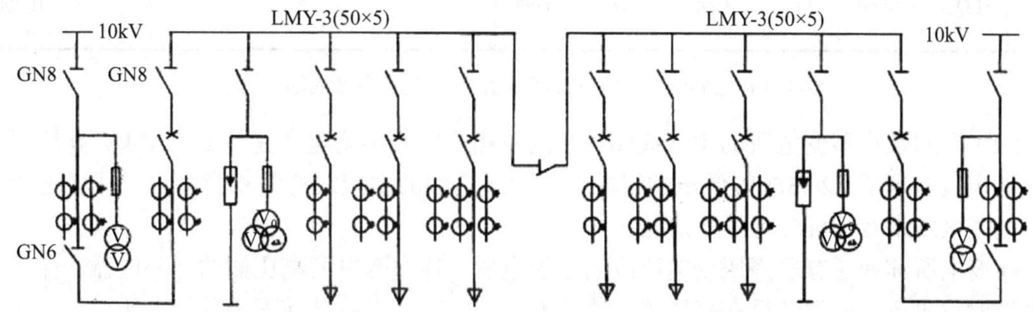

No.101	No.102	No.103	No.104	No.105	No.106	CN6-10/400	No.107	No.108	No.109	No.110	No.111	No.112
电能计量柜	1号进线开关柜	避雷器及电压互感器	出线柜	出线柜	出线柜		出线柜	出线柜	出线柜	避雷器及电压互感器	2号进线开关柜	电能计量柜
GG—1A—J	GG—1A(F)—11	GG—1A(F)—54	GG—1A(F)—03	GG—1A(F)—03	GG—1A(F)—03		GG—1A(F)—03	GG—1A(F)—03	GG—1A(F)—03	GG—1A(F)—54	GG—1A(F)—11	GG—1A—J

柜号	No.101	No.102	No.103	No.104	No.105	No.106
用途	电能计量柜	1 号进线开关柜	避雷器及电压互感器	出线柜	出线柜	出线柜
方案编号	GG—1A—J	GG—1A（F）—11	GG—1A（F）—54	GG—1A（F）—03	GG—1A（F）—03	GG—1A（F）—03
隔离开关	GN—10/400	GN8—10/400	GN8—10/200	GN8—10/230	GN8—10/200	GN8—10/200
断路器		SN10—101/630		SN10—101/630	SN10—101/630	SN10—101/630
熔断器	RN2—10/0.5		RN2—10/0.5			
电压互感器	JDZ—10, 1000/100		JDZ—10, 1000/100			
电流互感器	LQJ—10, 300/5	LQJ—10, 300/5		LQJ—10, 100/5	LQJ—10, 100/5	LQJ—10, 100/5
避雷针			FS4—10			
电缆	ZLQ20 ~ 10000—3 × 120			ZLQ20 ~ 10000—3 × 25	ZLQ20 ~ 10000—3 × 50	ZLQ20 ~ 10000—3 × 35

图 4-14　图 4-13 所示高压配电所的装置式主接线图

柜号	No.107	No.108	No.109	No.110	No.111	No.112
母线隔离开关GN6—10/400	出线柜	出线柜	出线柜	避雷器及电压互感器	2 号进线开关器	电能计量柜
	GG—1A（F）—03	GG—1A（F）—03	GG—1A（F）—03	GG—1A（F）—54	GG—1A（F）—11	GG—1A（F）—J
	GN8—10/200	GN8—10/200	GN8—10/200	GN8—10/200	GN8—10/400	GN—10/400
	SN10—101/630	SN10—101/630			SN10—101/630	
				RN2—10/0.5		RN2—10/0.5
				JDZ—10, 1000/100		JDZ—10, 1000/100
	LQJ—10, 100/5	LQJ—10, 100/5	LQJ—10, 100/5		LQJ—10, 300/5	LQJ—10, 300/5
				FS4—10		
	ZLQ20 ~ 10000—3 × 35	ZLQ20 ~ 10000—3 × 50	ZLQ20 ~ 10000—3 × 35			ZLQ20 ~ 10000—3 × 120

图 4–14　图 4–13 所示高压配电所的装置式主接线图（续）

（4）车间及小型变电所的主接线图。车间及用户的小型变电所是将 6 ～ 10kV 高压降为一般用电设备所需 220/380V 低压的终端变电所。它们的主接线通常相当简单。从变电所高压侧的主接线来看，可分为两种情况：

①变电所前面还有总降压变电所或高压配电所。这类变电所高压侧的开关电器、保护装置和监测仪表等，通常装设在高压配电线路的首端，即装设在其前面的总变电所、配电所的高压配电室内，而本变电所一般只设变压器室（或室外变压器台）和低压配电室，其高压侧大多不装开关或只装简单的隔离开关、熔断器（室外为跌开式熔断器）、避雷器等，如图 4-15 所示。图 4-13 中的 3 个车间变电所也是这样的。由图 4-15 可以看出，凡是高压架空进线，无论变压器装在室内还是室外，都要装设避雷器来防止雷电过电压波沿架空线侵入变电所击毁电力变压器及其他电气设备的绝缘。而高压电缆进线时，避雷器装在电缆首端（图上未示出），而且避雷器的接地端需连同电缆的金属外皮一起接地。这时变压器高压侧可不再装设避雷器，但是，如果变压器高压侧为架空线加一段引入电缆的进线方式，如图 4-13 中的进线 WL1，则变压器的高压侧仍应装设避雷器。

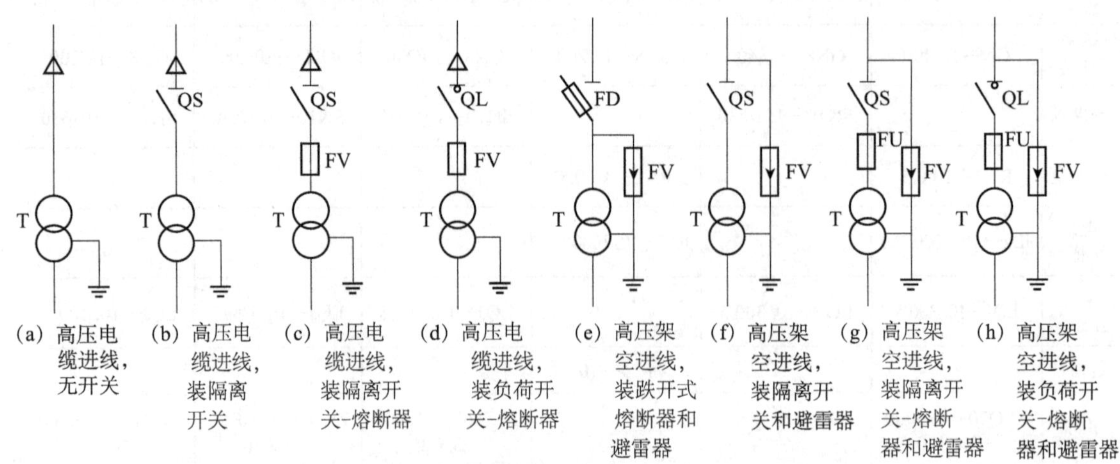

(a) 高压电缆进线，无开关　(b) 高压电缆进线，装隔离开关　(c) 高压电缆进线，装隔离开关-熔断器　(d) 高压电缆进线，装负荷开关-熔断器　(e) 高压架空进线，装跌开式熔断器和避雷器　(f) 高压架空进线，装隔离开关和避雷器　(g) 高压架空进线，装隔离开关-熔断器和避雷器　(h) 高压架空进线，装负荷开关-熔断器和避雷器

图 4–15　车间变电所高压侧主接线方案（示例）

②变电所前面无总变电所、配电所，是直接从公共电网受电的。这类变电所高压侧的开关电保护装置和监测仪表等都必须配备齐全，所以一般要设置高压配电室。在变压器容量较小、供电可靠性要求较低的情况下，也可不设高压配电室，其高压熔断器、隔离开关、负荷开关或跌开式熔断器等，就装设在变压器室（室外为变压器台）的墙上或室外杆上，而在低压侧计量电能，或者在高压开关柜不多于 6 台时，高、低压开关柜就装设在同一配电室内，在高压侧计量电能。

3. 高压配电线路的接线方式

高压配电线路有放射式、树干式和环形等基本接线方式。

（1）放射式接线。图 4–16 是高压放射式线路的电路图。放射式线路之间互不影响，因此，供电可靠性较高，便于装设自动装置，但是高压开关设备用得较多，且每台高压断路器或负荷开关须装设一个高压开关柜，从而使投资增加。这种放射式线路发生故障或检修时，该线路所供负荷均中断供电。为了提高其供电可靠性，可在各车间变电所的高压或低压之间敷设联络线。要进一步提高其供电可靠性，还可采用来自两个电源的两路高压进线，然后经分段母线，由两段母线用双回路对重要负荷交叉供电，如图 1–7 中的 2 号车间变电所的供电方式。

（2）树干式接线。图 4–17 是高压树干式线路的电路图。树干式接线的特点正好与上述放射式接线相反。一般情况下，树干式接线采用的开关设备较少，有色金属消耗量也较少；但在干线发生故障或检修时，停电范围大，因此，供电可靠性较低。要提高其供电可靠性，可采用双干线供电或两端供电的接线方式，如图 4–18 所示。

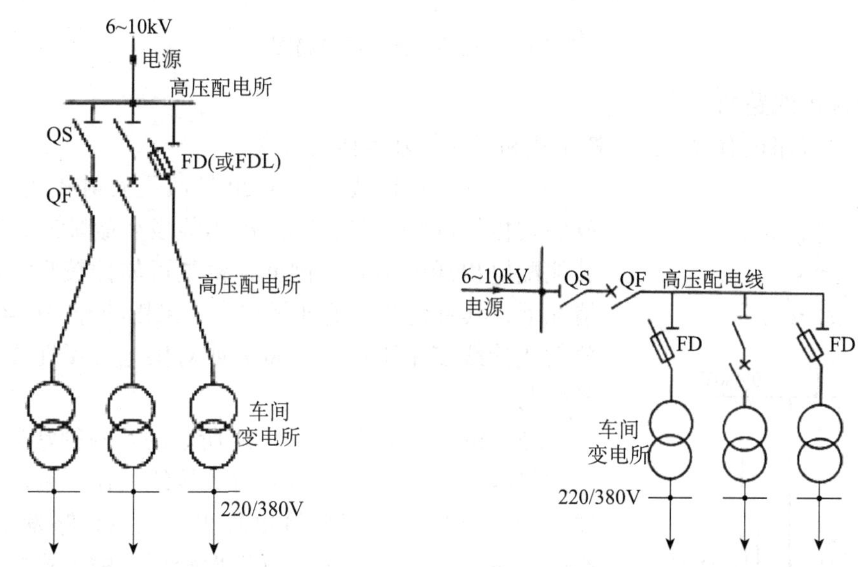

图 4–16　高压放射式线路的电路图　　图 4–17　高压树干式线路的电路图

（3）环形接线。图 4–19 是高压环形接线的电路图。环形接线，实质上是两端供电的树干式接线。为了避免环形线路上发生故障时影响整个电网的正常运行及实现线路保护的选择性，绝大多数环形线路采取“开口”运行方式，即环形线路中有一处的开关正常时是断开的。这种环形接线在现代城市电网中应用很广。通常采用以负荷开关取代隔离开关为联络主开关的环形接线。现在生产的高压环网柜就专用在这种环形电网中，既简单经济，操作灵活，又能保证较高的供电可靠性。

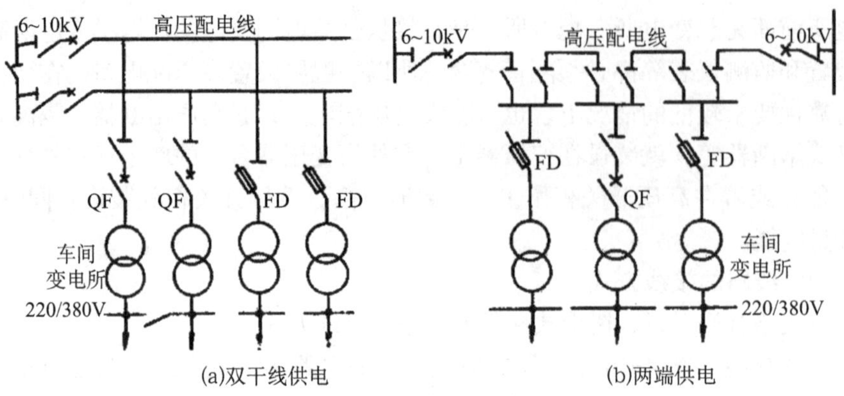

图 4-18　双干线供电及两端供电的线路

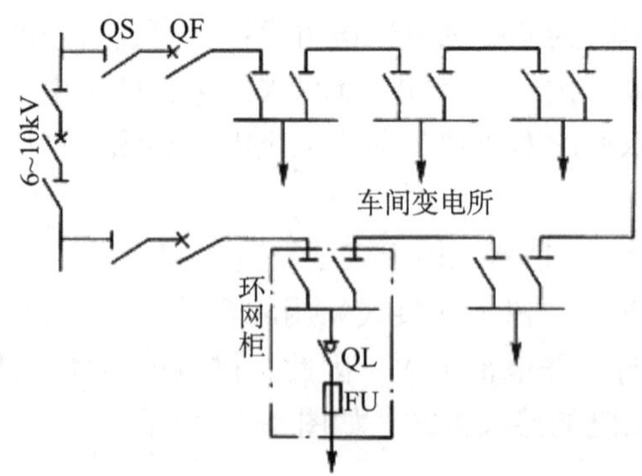

图 4-19　高压环形接线的电路图

4. 低压配电线路的接线方式

低压配电线路也有放射式、树干式和环形等基本接线方式。

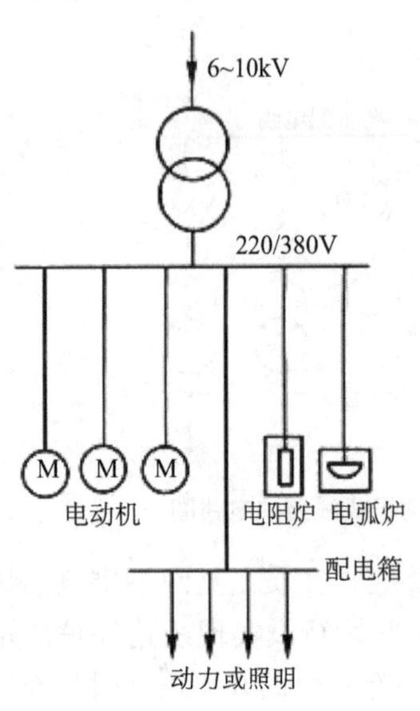

图 4-20　低压放射式接线示意图

（1）放射式接线。图 4-20 是低压放射式接线示意图。放射式接线的特点是：其配电出线发生故障时，不致影响其他配电出线的运行，因此，供电可靠性较高。但是一般情况下，其有色金属消耗量较大，采用的开关电器也较多。放射式接线多用于设备容量大或对供电可靠性要求高的设备配电。

（2）树干式接线。图 4-21 所示的是两种常见的低压树干式接线。树干式接线与放射式接线相比，采用的开关电器较少，有色金属消耗量也较小，但在线路发生故障时，影响范围较大，故其供电可靠性较低。树干式接线在机械加工车间、工具车间和机修车间中应用比较普遍，且多采用封闭式母线，灵活方便，也较安全，适于对容量小而分布较均匀的用电设备配电。图 4-21（b）所示的“变压器—干线组”接线，省去了变压器低压侧整套低压配电装置，从而使变电所接线大为简化，投资大大降低。

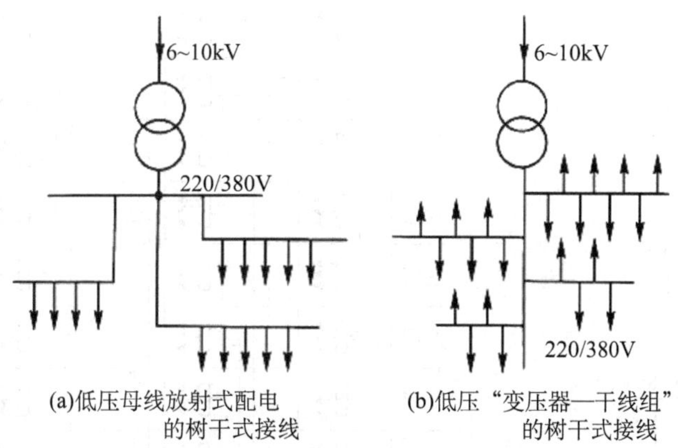

(a)低压母线放射式配电的树干式接线　(b)低压“变压器—干线组”的树干式接线

图 4–21　低压树干式接线

图 4–22 所示的是变形的树干式接线，称为链式接线。链式接线的特点与树干式接线基本相同，适于用电设备彼此相距很近而容量都较小的次要用电设备。链式相连的配电箱（见图 4–22（a））不宜超过 3 台，链式相连的电动机等用电设备（见图 4–22（b））不宜超过 5 台，设备容量也不宜超过 10kW。

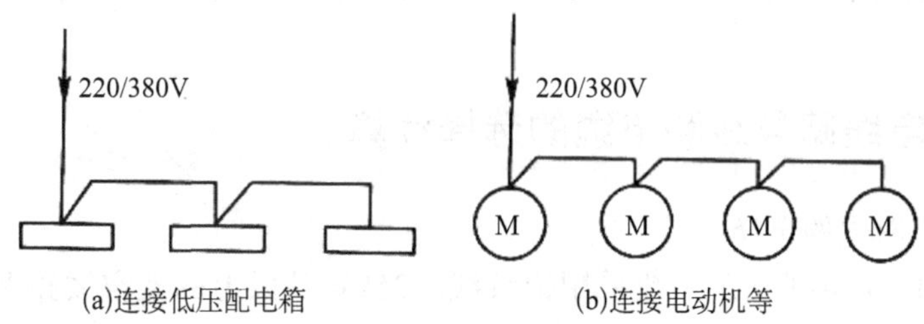

(a)连接低压配电箱　(b)连接电动机等

图 4–22　低压链式接线

（3）环形接线。图 4–23 所示的是由一台变压器供电的低压环形接线。一个企业内的一些车间变电所低压侧也可以通过低压联络线相互连接为环形接线。环形接线的供电可靠性较高。任意一段线路发生故障或检修时，都不致造成供电中断，可能只短暂停电，一旦切换电源的操作完成，即可恢复供电。环形接线可使电能损耗和电压损耗减小，但是其保护装置及其整定配合比较复杂。如果配合不当，容易发生误操作，反而扩大停电范围。

低压环形接线通常也采用“开口”运行方式。实际的低压配电系统往往是几种接线方式的综合应用。图 4–24 所示的是高层建筑中低压配电的几种典型接线方案。其中，图 4–24（a）所示的是分区树干式（链式）接线，每回干线配电给几层楼。图 4–24（b）在图 4–24（a）的基础上增加了一回备用干线，以提高供电可靠性。图 4–24（c）在图 4–24（a）的每回干线末端各增设一配电箱。图 4–24（d）则采用电气竖井内的母线配电，各层配电箱均装在竖井内，适用于楼层多、负荷大的大型商务楼。总的来说，用户的供配电线路接线应力求简单。如果接线过于复杂，层次过多，不仅浪费投资，维护不便，而且由于电路中连接的元件过多，因操作错误或元件故障而发生事故的概率随之增大，处理事故和恢复供电的操作也比较麻烦，从而延长了停电时间。同时由于配电级数多，继电保护的级数也相应增多，运作时间也相应延长，对供电系统的故障保护十分不利。因此，GB/T 50052—2009《供配电系统设计规范》规定：“供配电系统应简单可靠，同一电压供电系统配电级数高压不应多于两级，低压不应多于三级。”

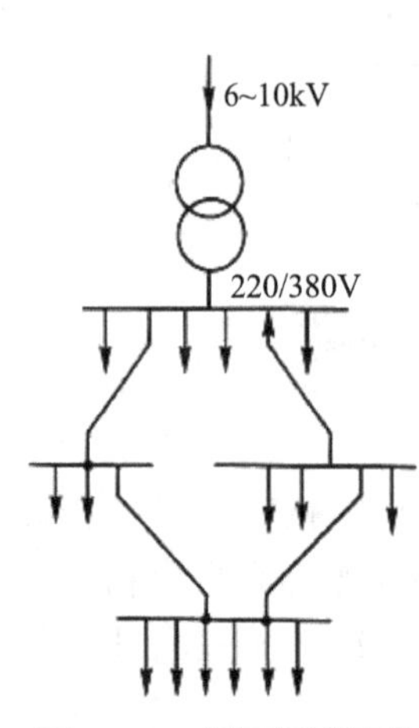

图 4-23　低压环形接线

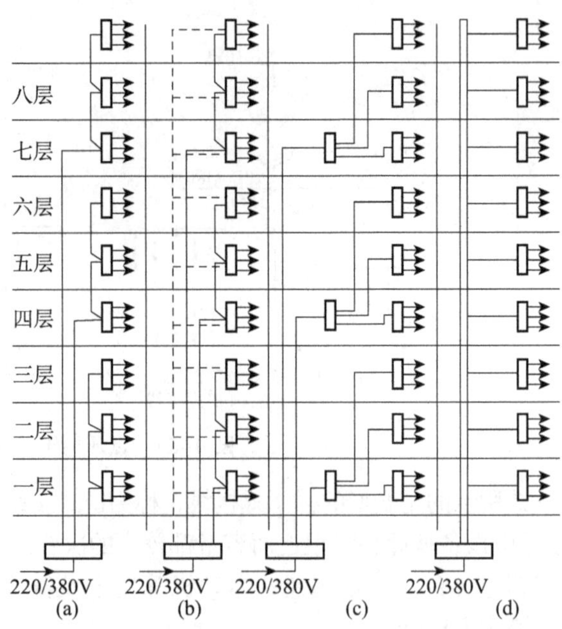

图 4-24　高层建筑中低压配电的几种典型接线方案

4.3　供配电线路导线和电缆的选择计算

1. 导线和电缆形式的选择

10kV 及以下的架空线路，一般采用铝绞线。35kV 及以上的架空线路及 35kV 以下的线路在挡距较大、电杆较高时，则应采用钢芯铝绞线。沿海地区及有腐蚀性的场所，宜采用铜绞线或绝缘导线。对于敷设在城市繁华街区、高层建筑群区及旅游区和绿化区的 10kV 及以下架空线路，以及架空线路与建筑物间的距离不能满足安全要求的地段及建筑施工现场，宜采用绝缘导线。

在一般环境和场所，电缆线路可采用铝芯电缆。在重要场所及有剧烈振动、强烈腐蚀和有爆炸危险场所，宜采用铜芯电缆。在低压 TN 系统中，应采用三相四芯或五芯电缆。埋地敷设的电缆，应采用有外保护层的铠装电缆。在可能发生位移的土壤中埋地敷设的电缆，应采用钢丝铠装电缆。敷设在电缆沟、桥架和水泥排管中的电缆，一般采用裸铠装电缆或塑料护套电缆，宜优先选用交联电缆。凡两端有较大高度差的电缆线路，不能采用油浸纸绝缘电缆。住宅内的绝缘线路，只允许采用铜芯绝缘线，一般采用铜芯塑料线。

2. 导线和电缆截面选择的条件

为了保证供配电线路安全、可靠、优质地运行，其导线和电缆截面的选择必须满足下列条件：

（1）发热条件。导线和电缆在通过正常最大负荷电流，即线路计算电流时产生的发热温度，不应超过其正常运行时的最高允许温度（参看附录中表 A-16）。

（2）电压损耗条件。导线和电缆在通过正常最大负荷电流，即线路计算电流时产生的电压损耗，不应超过正常运行时允许的电压损耗。对于中小企业和用户的高压线路，因为线路一般比较短，可不进行电压损耗校验。

（3）经济电流密度。35kV 及以上线路，以及 35kV 以下但电流很大的线路，其导线和电缆截面积宜按经济电流密度选择，以使线路的年费用支出最少。按经济电流密度选择的截面积，称为经济截面积。用户的 10kV 及以下线路通常不按经济电流密度选择。

（4）机械强度。导线（包括裸导线和绝缘导线）的截面积不得小于其最小允许截面积。架空裸导线的最小允许截面积见附表 A-17，绝缘导线芯线的最小允许截面积见附录中表 A-18。对于电缆，由于其有内、外护套，机械强度一般满足要求，不需校验，但需校验其短路热稳定度。对于绝缘导线和电缆，还应满足工作电压的要求，不得低于线路额定电压。

根据设计经验，一般 10kV 及以下的高压线路和低压动力线路，通常先按发热条件选择导线（含母线）和电缆截面积，再校验电压损耗和机械强度（电缆不校验机械强度）。对于低压照明线路，由于照明对电压水平要求较高，因此，通常先按允许电压损耗进行选择，再校验发热条件和机械强度。对于 35kV 及以上的高压线路及 35kV 以下长距离大电流线路，可先按经济密度确定经济截面积，再校验其他条件。按以上程序分别选择和校验，比较容易满足要求，返工较少。

下面分别介绍按发热条件、经济电流密度计算导线和电缆截面积的问题。关于机械强度，对于工业和民用建筑用户的供配电线路，只需按其最小允许截面积（见附表 A-17 和 A-18）进行校验就行了，因此不再赘述。

1）按发热条件选择导线和电缆的截面积

电流通过导线（含电缆，下同）时，要产生电能损耗，使导线发热。裸导线温度过高时，会使接头处氧化加剧，增大接触电阻，使之进一步加热和氧化，如此恶性循环，最后可能发展到断线。而绝缘导线和电缆，如发热温度过高，可使绝缘加速老化，甚至热击穿或烧毁，进而引发火灾。因此，导线的正常发热温度不得超过附表 A-16 所列的允许温度。

（1）三相系统中相线截面积的选择。按发热条件选择三相系统中的相线截面积时，应使其允许载流量 I_{al} 不小于通过相线的计算电流 I_{30}，即

$$I_{al} \geqslant I_{30} \tag{4-1}$$

所谓导线的允许载流量，就是指在规定的环境温度条件下，导线能够连续承受而不使其稳定温度超过允许值的最大持续电流。

如果导线敷设点的环境温度与导线允许载流量所采用的环境温度不同，则导线的允许载流量应乘以温度校正系数：

$$K_{\theta} = \sqrt{\frac{\theta_{al} - \theta_0'}{\theta_{al} - \theta_0}} \tag{4-2}$$

式中，θ_{al} 为导线额定负荷时的最高允许温度；θ_0 为导线允许载流量所采用的环境温度；θ_0' 为导线敷设点实际的环境温度。

这里所说的“环境温度”，是指按发热条件选择导线所采用的特定温度。在室外，环境温度一般取当地最热月的每日最高温度的月平均值（即最热月平均最高气温）。在市内（包括电缆沟、隧道和高楼竖井内），可取当地最热月平均最高气温加 5℃。对土中直埋的电缆，则取当地最热月地下 0.8 ～ 1m 的土壤平均温度，或近似地取当地最热月平均气温。

附表 A-19 列出了 LJ 型铝绞线、LGJ 型钢芯铝绞线和 LMY 型矩形硬铝母线的允许载流量。附表 A-8 ～附表 A-13 列出了绝缘导线明敷、穿钢管（SC）和穿硬塑料管（PC）时的

允许载流量。附表 A-13 和附表 A-14 列出了 10kV 常用三芯电缆的允许载流量及其校正系数。其他导线和电缆的允许载流量可查有关手册。当只给出铜线或铝线的允许载流量时，可按相同截面积和长度的铜、铝导线在通过不同电流时产生相同的发热量或功率损耗来进行等效换算，即 $I_{Cu}^2R_{Cu}=I_{Al}^2R_{Al}$ 或 $I_{Cu}^2 l/(\gamma_{Cu}A)=I_{Al}^2 l/(\gamma_{Al}A)$。

因此

$$I_{Cu}/I_{Al}=\sqrt{\gamma_{Cu}}/\sqrt{\gamma_{Al}}=\sqrt{53/32}\approx 1.29$$

即

$$I_{Cu}\approx 1.29I_{Al} \tag{4-3}$$

或

$$I_{Al}\approx 0.78I_{Cu} \tag{4-4}$$

这说明，如果已知铝线（包括铝芯电缆，下同）的允许载流量 I_{Al}，则同截面铜线（包括铜芯电缆，下同）的允许载流量 I_{Cu} 为 I_{Al} 乘以 1.29；反之，如果已知铜线的允许载流量 I_{Cu}，则同截面铝线的允许载流量 I_{Al} 为 I_{Cu} 乘以 0.78。按发热条件式（4-1）选择导线和电缆截面所用的计算电流 I_{30}，对电力变压器一次侧导线的电缆来说，应取变压器额定一次电流 $I_{N.C}$ 的 1.35 倍。

（2）三相系统中性线、保护线和保护中性线截面积的选择。

①中性线（N 线）截面积的选择。三相四线制中的 N 线，要通过不平衡电流或零序电流，因此，N 线的允许载流量不应小于三相系统中的最大不平衡电流，同时应考虑谐波电流的影响。

• 一般三相四线制的中性线截面积 A_0，应不小于相线截面积 A_φ 的 50%，即

$$A_0\geqslant 0.5A_\varphi \tag{4-5}$$

• 三相四线制线路分支的两相三线制线路和单相线路，由于其中性线电流与相线电流相等，因此，其中性线截面积 A_0 应与相线截面积 A_φ 相同，即

$$A_0=A_\varphi \tag{4-6}$$

• 三次谐波电流相当突出的三相四线制线路（例如，气体放电灯配电线路等），由于各相的三次谐波电流都要通过中性线，即使中性线电流可能接近甚至超过相电流，因此，中性线截面积 A_φ 为

$$A_0\geqslant A_\varphi \tag{4-7}$$

②保护线（PE 线）截面积的选择。PE 线要考虑三相线路发生单相短路故障时的单相短路热稳定度。根据短路热稳定度的要求，如 PE 线与相线同材质时，GB/T 50054—2011《低压配电设计规范》规定：

• 当 $A_\varphi\leqslant 16\text{mm}^2$ 时

$$A_{PE}\geqslant A_\varphi \tag{4-8}$$

• 当 $16\text{mm}^2\leqslant A_\varphi\leqslant 35\text{mm}^2$ 时

$$A_{PE} \geqslant 16mm^2 \tag{4-9}$$

• 当 $A_\varphi > 35mm^2$ 时

$$A_{PE} \geqslant 0.5A_\varphi \tag{4-10}$$

GB/T 50054—2011 同时规定：当 PE 线采用单芯绝缘导线时，按机械强度要求，有机械保护时，铜导体不应小于 2.5mm²，铝导体不应小于 16mm²；无机械保护时，铜导体不应小于 4mm²，铝导体不应小于 16mm²。

③保护中性线（PEN 线）截面积的选择。PEN 线兼有 N 线和 PE 线的功能，因此，其截面积选择应同时满足上述 N 线和 PE 线选择的条件，取其中的最大值。

［例4-1］ 有一条采用BV—500型铜芯塑料线穿硬塑料管（PC）暗敷的220/380V TN—S 线路，其计算电流为 140A，当地最热月平均气温为 +25℃。试按发热条件选择此线路的导线截面积。

解：①相线截面积的选择。

查附录中表 A-12 得，25℃时 5 根 BV—500 型铜芯塑料线穿 PC 管，导致截面积为 70mm² 时的 $I_{st}=148A > I_{30}=140A$。因此，按发热条件，相线截面积选 70mm²，穿线的 PC 管内径选 75mm²。

② N 线截面积的选择。

按 $A_0 \geqslant 0.5A_\varphi$ 选择，N 线截面积选 35mm²。

③ PE 线截面积的选择。

按 $A_{PE} \geqslant 0.5A_\varphi$ 选择，PE 线截面积也选 35mm²。

选择结果可表示为：

BV—500—（3×70+1×35+PE35）—PC75。

2）按经济电流密度选择导线和电缆的截面积

导线（含电缆，下同）的截面积越大，电能损耗越小，但线路投资、维修费用和有色金属消耗量要增加。因此，从经济方面考虑，导线应选择一个比较经济、合理的截面积。既能降低电能损耗，又不致过分增加线路投资、维修管理费用和有色金属消耗量。

图 4-25 所示的是线路年运行费用 C 与导线截面积 A 的关系曲线。其中，曲线 1 表示线路的年折旧费（即线路投资除以折旧年限的值）和线路的年维修管理费之和与导线截面积的关系曲线；曲线 2 表示线路的年电能损耗费与导线截面积的关系曲线；曲线 3 为曲线 1 与曲线 2 的叠加，表示线路的年运行费用（含线路的折旧费、维修费、管理费和电能损耗费）与导线截面积的关系曲线。

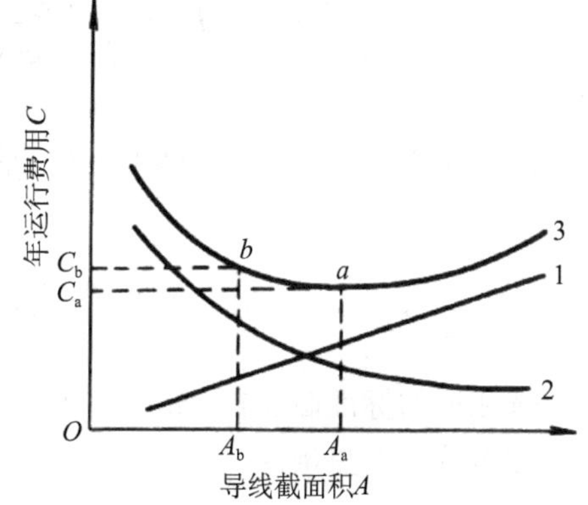

图 4-25　线路年运行费用 C 与导线截面积 A 的关系曲线

由图 4-25 的曲线 3 可以看出，与年运行费用最低值 C_a（a 点）相对应的导线截面积 A_a

不一定是很经济合理的导线截面积，因为 a 点附近，曲线 3 比较平坦。如果将导线截面积再选小一些，例如，选为 A_b（b 点），年运行费用 C_b 增加不多，而导线截面积即有色金属消耗量却显著减小。因此，从全面的经济效益来考虑，导线截面积选为 A_b 看来比选 A_a 更经济合理。这种从全面经济效益考虑，即使线路的年运行费用接近最低而又适当考虑有色金属节约的导线截面积，称为“经济截面积”，用符号 A_{ec} 表示。我国现行的经济电流密度规定如表 4–2 所示。

表 4–2　导线和电缆的经济电流密度

线路类别	导线材质	年最大负荷利用小时数		
		3000h	3000 ～ 5000h	5000h 以上
架空线路	铜	3.00	2.55	1.75
	铝	1.65	1.15	0.90
电缆线路	铜	2.50	2.25	2.00
	铝	1.92	1.73	1.54

用经济电流密度 j_{ec} 计算经济截面积 A_{ec} 的公式为

$$A_{ec} = \frac{I_{30}}{j_{ec}} \tag{4–11}$$

式中，I_{30} 为线路的计算电流。

计算出 A_{ec} 后，选择最接近的标准截面积（可取较小截面积），然后校验其他条件。

［例 4–2］ 有一条用 LGJ 型钢芯铝绞线架设的 35kV 架空线路，计算负荷为 4500kW，$\cos\varphi = 0.8$，$T_{max} = 5600\text{h}$。试选择经济截面积，并校验发热条件和机械强度（当地最热月平均最高气温为 35℃）。

解：（1）按经济电流密度选择：

$$I_{30} = \frac{P_{30}}{\sqrt{3}U_N\cos Æ} = \frac{4500\text{kW}}{\sqrt{3}\times 35\text{kV}\times 0.8} \approx 92.8\text{A}$$

由表 4–2 查得 $j_{ec} = 0.90\text{A}/\text{mm}^2$，即 LGJ—95 钢芯铝绞线。

$$A_{ec} = \frac{92.8\text{A}}{0.90\text{A}/\text{mm}^2} \approx 103\text{mm}^2$$

选相近的标准截面积 95mm^2，即 LGJ—95 的钢芯铝绞线。

（2）校验发热条件。

查附录中的表 A–19，得 LGJ—95 的 $I_{al} = 295\text{A}$（35℃时）$> I_{30}$=92.8A，故满足发热条件。

（3）校验机械强度。

查附录中的表 A–17，得 35kV 架空 LGJ 线路的 A_{min} = 35mm^2。由于 A=95mm^2> A_{min}，故 LGJ—95 也满足机械强度要求。

4.4 供配电线路的运行与维护

1. 架空线路的运行和维护

线路的电杆、电线和绝缘子等不仅承受正常机械荷重和电子负荷，而且经常受到各种自然条件的影响，如风、雨、冰雹、雷电等。这些因素会使线路元件逐渐损坏。例如，季节性气温变化，会使导线张力发生变化，从而使导线弧垂发生变化。夏季由于气温升高，导致导线弧垂过大，遇到大风，容易发生短路事故。冬季由于气温过低，导致导线弧垂过小，又容易发生断线事故。此外，空气中的灰尘，特别是空气中的煤烟、水气、可溶盐类和有害气体，将线路绝缘子的绝缘强度大大降低，这样就会增加表面泄漏电流，尤其是在恶劣的气候条件下（如雾、雪、雨），污秽层吸收水分，使导电性能增加，从而造成绝缘子闪络事故。另外，架空线路也往往受到外力破坏，容易造成线路事故。因此，加强架空线路的运行维护对保证安全可靠供电极其重要。

1）线路标志

在一个大型工厂企业中，为了便于管理，保证安全，对各条线路加以命名，对每个基电杆加以编号。一般而言，由工厂总降压变电所起至主要车间的线路部分，称为干线。为了便于工作，一般电杆应按车间名称来命名。

对每条配电线路的电杆基数编号的一般方法是单独编干线、支线，由电源端起为1号。若由两个以上电源供电的线路，可定一个电源点为基准再进行编号。将线路名称、电杆号码直接写在电杆上或印制在特制的牌子上，再固定于电杆上，称为杆号牌，设在距地面2m高处。

工厂企业配电线路常用环形供电方式，所以相序是很关键的问题。为了不致接错线，要求在变电所的出口终端杆、转角、分支、耐张杆上做出相序的标志。常用的制作相序牌的方法是在横担上涂对应导线的相序，涂以黄、绿、红颜色，分别表示U（A）、V（B）、W（C）相，也可在特制的牌子上写U（A）、V（B）、W（C），然后对应导线的相序固定在横担上。为了防止误登电杆，造成事故，可以在变压器台、学校附近或必要的电杆上挂“高压危险，切勿攀登”的告示牌。

工厂企业中的配电线路常常为了不间断供电，使各条线路互相联络，将两个电源送到同一电杆的两侧，此时，为了保证线路工作人员的安全，设备界限分明，应在此类电杆上设电源分界标志。

2）线路的巡视

对架空线路的运行监视工作，主要采取巡视和检查方法。通过巡视和检查，来掌握线路运行状况及周围环境的变化，以便及时消除缺陷，预防事故的发生，并确定线路检修的内容和时间。按照工作性质和任务及规定的时间不同，架空线路的巡视可分正常巡视、夜间巡视、故障巡视和特殊巡视。

正常巡视也称定期巡视，主要检查线路各元件的运行状况，有无异常损坏现象；夜间巡视的目的是检查导线接头及各部接点有无发热现象，绝缘子有无因污秽及裂纹而放电；故障巡视的主要任务是查明故障地点和原因，便于及时处理；特殊巡视主要是在气候骤变，如导线覆冰、大雾、狂风暴雨时进行巡视，以查明有无异常现象。正常巡视的周期应根据架空线路的运行状况、工厂环境及重要性综合确定，一般情况是低压线路每季度巡视一次，高压线路每两个月巡视一次。

巡视内容如下：

①木电杆的根部有无腐烂、混凝土有无脱落现象，电杆是否倾斜，横担有无倾斜、腐蚀、生锈，构件有无变形、缺少等。

②拉线有无松弛、破股、锈蚀等现象；拉线金具是否齐全，是否缺螺钉；地锚有无变形；地锚及电杆附近有无挖坑取土及基坑土质沉陷危及安全运行的现象。

③工作人员应掌握各条线路的负荷大小，特别注意不使线路过负荷运行，要注意导线有无金钩、断股、弧光放电的痕迹。雷雨季节应特别注意绝缘子闪络放电的情况。有无杂物悬挂在导线上。导线接头有无过热变色、变形等现象，特别是铜铝接头氧化等。弧垂大小有无明显变化、三相是否平衡、是否符合设计要求。导线对其他工程设施的交叉间隙是否合乎规程规定。春、秋两季风比较大，应特别注意导线弧垂过大或不平衡，防止混线。

④绝缘子有无裂纹、掉渣、脏污、弧光放电的痕迹。巡视过程中应检查螺钉是否松脱、歪斜；耐张串悬式绝缘子的销针有无变形、缺少和未劈开现象；绑线及耐张线夹是否紧固等，雷雨季节应特别注意绝缘子闪络放电的情况，北方3月和4月的雪容易使线路发生污闪，沿海地区的雾季应特别注意。

⑤线路上安装的各种开关是否牢固、有无变形的指示，标志是否明显正确。瓷件有无裂纹、掉渣及放电的痕迹，各部引线之间对地的距离是否合乎规定。

⑥沿线路附近的其他工程，有无妨碍或危及线路的安全运行。线路附近的树木、树枝对导线的距离是否符合规定。

⑦防雷及接线装置是否完整无损，避雷器的瓷套有无裂纹、掉渣、放电痕迹。接地引线是否破损折断，接地装置有无被水冲刷，或取土外露，连引线是否齐全，特殊防雷间隙有无变形，间距是否合乎要求。

3）线路的维护

由于架空线路长期露天运行，经常受到周围环境和大自然变化的影响，在运行中会发生各种各样的故障。据运行情况统计，在各种故障中多属于季节性故障。为了防止线路在不同季节发生故障，应加强线路的维护工作，采取相应的措施，从而保证线路的安全运行。

（1）污秽和防污。架空线路的绝缘子，特别是化工企业和沿海工厂企业架空线路的绝缘子，表面黏附着污秽物质，一般有一定的导电性和吸湿性。在湿度较大的条件下，污秽物质会大大降低绝缘子的绝缘水平，从而增加绝缘子表面泄漏电流，以致在工作电压下也可能发生绝缘子闪络事故。这种由于污秽物质引起的闪络事故，称为污秽事故。

污秽事故与气候条件有十分密切的关系。一般来讲，在空气湿度大的季节里容易发生，如毛毛雨、小雪、大雾和雨雪交加的天气。在这些天气里，空气湿度比较均匀，由于各种污秽物质的吸湿性不一样，导电性不一样，从而形成泄漏电流集中，进而引起污秽事故。

防污的主要技术措施有以下几项：

①做好绝缘子的定期清扫。绝缘子的清扫周期一般是每年一次，但应根据绝缘子的污秽情况来确定清扫次数。清扫在设备停电后进行，一般用抹布擦拭，如遇到用干布擦不掉的污垢，也可用蘸水湿抹布擦拭，或用蘸汽油的布擦，也可用肥皂水擦，但必须用清水冲洗，最后用干净的布再擦一次。

②定期检查和及时更换不良绝缘子。若在巡视中发现不良，甚至有闪络的绝缘子，应在检修时及时更换。

③提高线路绝缘子的绝缘水平。在污秽严重的工厂企业中，可提高线路绝缘水平以增加泄漏距离，具体办法是将绝缘子的电压等级提高 1 ～ 2 级。

④采用防污绝缘子。采用特制的防污绝缘子或在绝缘子表面涂一层涂料或半导体釉。防污绝缘子和普通绝缘子的不同之处在于前者具有较大的爬电路径。涂料大致有两种，一种是有机硅类，如有机硅油、有机硅蜡等；另一种是蜡类（由地蜡、凡士林、黄油、石蜡、松香等按一定比例配制而成）。涂料本身是一种绝缘体，同时又有良好的斥水性。空气中的水分在涂料表面只能形成一个孤立的微粒，而不能形成导电通路。

（2）线路覆冰及其消除的措施。架空线路的覆冰一般发生在初冬和初春时节，气温在-5℃左右，或者在隆雪、雨雪交加的天气里。导线覆冰增加了导线的荷重，可能引起导线断线。在直线杆某一侧导线断线后，另一侧覆冰的导线就会形成较大的张力，可能出现倒杆事故。导线出现扇形覆冰后，使导线发生扭转，对金具和绝缘子威胁最大。绝缘子覆冰后，降低了绝缘子的绝缘水平，会引起闪络接地事故，甚至烧坏绝缘子。

当线路出现覆冰时，应及时清除。清除应在停电时进行，通常采用从地面向导线抛扔短木棒的方法使冰脱落，也可用细竹竿来敲打或用木制的套圈套在导线上，并用绳子顺导线拉动以清除覆冰。

在冬季结冰时，位于低洼地的电杆，由于冰膨胀的原因，地基体积增大，电杆被推向土坡的上部，即发生冻鼓现象。冻鼓轻可使电杆在次年解冻后模斜，重则（埋深不够）次年解冻后电杆可能倾倒，所以对这类电杆应加强监视，监视其埋深的变化，一般方法是在电杆距地面 1m 以内的某一处，画一标记，便于辨认埋深的变化。处理办法是，给电杆培土或将地基的土壤换成石头。若在施工之前就能确定地下水位较高易产生冻鼓，可将电杆的埋深增加，使电杆的下端在冰层以下一段距离，也可防止冻鼓现象的发生。

（3）防风和其他维护工作。春、秋两季风大，当风力超过电杆的机械强度时，电杆会发生倾斜或歪倒；由于风力过大，使导线发生非同期摆动，引起导线之间互相碰撞，造成相间短路事故。此外，因大风把树枝等杂物刮到导线上，可能引起停电事故。因此，应对导线的弧垂加以调整，对电杆进行补强，对线路两侧的树木进行修整或砍伐，以使树木与线路之间能保持一定的安全距离。

工厂道路边的电杆很容易被车辆碰撞而发生断裂、混凝土脱落甚至倾斜。在条件许可的情况下可对这些电杆进行移位。不能移位的应设置车挡，即埋设一个桩子作为车挡，车挡在地面以上高度不宜低于 1.5m，埋深 1m。运行中的电杆，由于外力作用和地基沉陷等原因，往往会发生倾斜，特别是终端、转角、分支杆。因此，必须对倾斜的电杆进行扶正，扶正后对基坑的土质进行夯实。

线路上的金具和金属构件由于常年风吹日晒而生锈，强度降低，有条件的可逐年有计划地更换，也可在运行中涂漆防锈。

（4）线路事故的处理。配电线路发生事故概率最高的是单相接地，其次是相间短路。当短路发生后，变电所立即将故障线路跳开，若装有自动重合闸，则再重合一次。若重合成功，即为瞬时故障，不再跳开，正常供电。若重合不成功，变电所的值班人员应通知检修人员进行事故巡视，直至找到故障点并予以排除才能恢复送电。

对于中性点不接地系统，其架空线路发生单相接地故障后，一般可以连续运行 2h。但必须找出导线接地点，以免事故扩大。首先在接地线路的分支线上试切分支开关，以便找到接地分支线，再沿线路巡视找出接地点。

4）线路的检修

配电线路检修是根据巡视线路报告及检查与测量结果，进行正规的预防性修理工作，其目的是消除在巡视与检查中所发现的各种缺陷，以预防事故的发生，保证安全供电。配电线路检修工作一般可分为：

①维修。为了维持配电线路及附属设备的安全运行，以及必需的供电可靠性而进行的工作，称为维修。

②大修。为了提高设备的运行情况，恢复线路及附属设备至原设计的电气性能或力学性能而进行的检修，称为大修。

③抢修。事故抢修是指由于自然灾害及外力破坏等，所造成的配电线路倒杆、电杆倾斜、断线、金具或绝缘子脱落或混线等停电事故，需要迅速进行的工作。

线路检修主要包括以下几项内容：更换或补强电杆及其部件；更换或补修导线并调整弧垂；更换绝缘子或为加强线路绝缘水平而增装绝缘子；改善接地装置；加固电杆基础；处理不合理的交叉跨越。

（1）检修工作的组织措施。

①制订计划。一般每年第三季度编制下一年度的检修计划。编制计划除了依据上级有关指示及按大修周期确定，主要依靠运行人员提供的资料。根据检修工作量的大小、检修力量、资金条件、运输力量、检修材料及工具等因素，进行综合考虑。将全年的检修工作列为维修、大修，并按检修项目编写材料工具表及工时进度表，以分别安排到各个季度，报工厂领导批准。

②检修设计。线路检修工作应进行线路检修设计，即使是事故抢修，在时间允许的条件下，也应进行检修设计。只有现场情况不明的事故抢修，以及时间紧迫需马上到现场处理的检修工作，才由有经验的检修人员到现场决定抢修方案，但抢修完成后，也应补齐有关图样资料，转交运行人员。每年的检修工作，经领导批准后，设计人员即按检修项目进行线路检修设计，设计的依据是缺陷记录资料、运行测试结果、反事故技术措施、采用行之有效的新技术内容及上级颁发的有关技术指示。

检修设计的主要内容包括下列各项：电杆结构变动情况图、电杆及导线线距的计算数据、电杆及导线受力负荷、检修施工的多种方案比较、需要加工的器材及工具的加工图样、检修施工达到的预期目的及效果。

③准备材料及工具。施工开始前，应根据检修工作计划中的“检修项目和材料工具计划表”准备必需的材料。需预先加工或进行电气强度试验和机械强度试验的要及时进行，并做好记录，还要检查必需的工具、专用机械、运输工具和起重机械等。此外，要准备好检修工作的场地。准备的材料及工具需预先运往现场。

④组织施工。

a. 根据施工现场情况及工作需要将施工人员分为若干班、组，并指定班、组的负责人及负责安全工作的安全员（工作监护人），安全员应由技术较高的工作人员担任，还要指定材料、工具的保管人员及现场检修工作的记录人员。

b. 组织施工人员了解检修项目、检修工作的设计内容、设计图样和质量标准等，使施工人员做到心中有数。需要施工测量的应及时进行。

c. 制定检修工作的技术组织措施，尽量采用成熟的先进经验和最新的研究成果，以便施工中既保证质量，又提高施工效率、节约原材料并缩短工期或工时。

d. 制定安全措施，应明确现场施工中各项工作的安全注意事项，以保证施工安全。

e. 施工中的每项工作在条件允许时，可组织各班、组互相检查，且应由专人进行深入重点的现场检查，确保各项检修工作的安全。

⑤竣工验收。在线路检修施工过程中，根据验收制度由运行人员进行现场验收。对不符合施工质量要求的项目要及时返修。线路检修工作竣工后，要进行总的质量检查和验收，然后将有关竣工后的图样资料转交给运行人员。

（2）检修工作的安全措施。

①断开电源和验电。对于停电检修的线路，首先必须断开电源。在配电系统中，还要防止环形供电中低压侧用户设备备用电源的反送电，并防止高压线路对低压线路的感应电压。为此，对检修的线路，必须用合格的验电器在停电线路上进行验电。

电压为 110kV 及以下线路用的验电器，是一根带有特殊发光指示器的绝缘杆，验电时需将此绝缘杆的尖端渐渐地接近线路的带电部分，听其有无“吱吱”的放电声音，并注意指示器有无指示，如有亮光，即表示线路有电压。经过验电证明线路上无电压时，即可在工作地段的两端，各使用具有足够截面面积的专用接地线将三相导线短路接地。若工作地段有分支线，则应将有可能来电的分支线也进行接地。若有感应电压反映在停电线路上，则应加挂接地线，以确保检修人员的安全。挂好接地线，才可进行线路的检修工作。

②装设接地线。

a. 对接地线的要求。接地线应使用多股软铜线编织制成，截面面积不得小于 $25mm^2$，并且是三相连接在一起的；接地线的接地端应使用金属棒做临时接地，金属棒的直径应不小于 10mm，金属棒打入地下的深度不小于 0.6m。接地线连接部分应接触良好。

b. 装设接地线和拆除接地线的步骤。挂接地线时，先接好接地端，然后再接导线端；接地线的连接要可靠，不准缠绕。必须注意：在同一电杆的低压线和高压线均需接地时，应先接低压线，后接高压线；若同一电杆的两层高压线均需接地，应先接下层，后接上层。拆接地线的顺序与装设接地线相反。装设、拆除接地线时，应有专人监护，且工作人员应使用绝缘棒或绝缘手套，人体不得触碰接地线。

③登杆检修的注意事项。

a. 检修双回线路或检修结构相似的并行线路时，在登杆检修之前必须明确停电线路的位置、名称和杆号，此外应在监护人的监护下登杆，以免发生危险。

b. 检修人员登上木杆前，应先检查杆根是否牢固。对新立的电杆，在杆基尚未完全牢固以前严禁攀登。遇有冲刷、起土、上拔的电杆，应先加固或支好架杆，或者打好临时拉线后，再进行登杆。

c. 如果需要松动导线、拉线时，在登杆前也应先检查杆根，并打好临时拉线后再登杆。

进行上述工作时，必须使用绝缘无极绳索及绝缘安全带。所谓无极绳索，就是绳索的两端要连接成一圆圈，以免使用时另一端搭带电的导线。此外，应在风力不大于 5 级并有专人监护下进行工作。当停电检修的线路与另一带电回路接近或交叉，以致工作过程中可能和另一回路接触或接近至危险距离以内（10kV 及以下为 1m）时，另一回路也应停电并予以接地。但接地线可以只在工作地点附近挂接一处。

④恢复送电之前的工作。

在恢复送电之前应严禁约时停 / 送电。用电话或报话机联系送电时，双方必须复通无误，检修工作结束后，必须查明所有工作人员及材料工具等确已全部从电杆、导线及绝缘子上撤下，然后才能拆除接地线（拆除接地线后即认为线路已可能送电，检修人员不能再登上杆塔进行任何工作）。在清点接地线组数无误并按有关规定交接后，即可恢复送电。

（3）线路检修的工作内容。

①停电登杆检查清扫。停电登杆检查可将地面巡视难以发现的缺陷进行检修及清除，从而达到安全运行的目的。停电登杆检查应与清扫绝缘子同时进行。一般线路每两年至少进行一次；重要线路每年至少进行一次；污秽线路段按其污秽程度及性质可适当增加停电登杆清扫的次数。停电登杆检查的项目有：检查导线悬挂点，各部螺钉是否松扣或脱落；检查绝缘子串开口销子、弹簧销子是否完好；检查绝缘子有无闪络、裂纹和硬伤等痕迹；检查针式绝缘子的芯棒有无弯曲；检查绝缘子串的连接金具有无锈蚀，是否完好；检查瓷横担的针式绝缘子及用绑线固定的导线是否完好可靠。

②电杆和横担的检修。组装电杆所用的铁附件及电杆上所有外露的铁件都必须采取防锈措施。如因运输、组装及起吊损坏防锈层，应补刷防锈漆。所使用的铁横担必须热镀锌或涂防锈漆，对已锈蚀的横担，应除锈后涂漆。电杆各构件的组装应紧密、牢固。有些交叉的构件在交叉处有空隙，应装设与空隙相同厚度的垫圈或垫板，以免松动。

③拉线的检修。拉线棒应按设计要求进行防腐处理，拉线棒与拉线盘的连接必须牢固，采用楔形线夹连接拉线的两端，在安装时应符合下列规定：楔形线夹的内壁应光滑，其舌板与拉线的接触应紧密，在正常受力情况下无滑动现象，安装时不得伤及拉线；拉线断头端应用铁线绑扎；拉线弯曲部分不应有松股或各股受力不均的现象。拉线在木杆固定时，需要加垫铁；在水泥杆上固定时需要抱箍。

④导线的检修。导线在同一截面处的损伤不超过下列容许值时，可免予处理：单股损伤深度不大于直径的 1/2；损伤部分的面积不超过导电部分总截面面积的 5%。导线损伤若出现下列情况之一必须锯断重接：钢芯铝线的钢芯断一股；多股钢芯铝线在同一处磨损或断股的面积超过铝股总面积的 25%，单金属线在同一处磨损或断股的面积超过总面积的 17%（同一处指补修管的容许补修长度）；金钩（小绕）、破股已形成无法修复的永久变形；由于连续磨损，或虽然在允许补修范围内断股，但其损伤长度已超出一个修补管所能修补的长度。

⑤导线接头的检查与测试。导线接头（又称压接管）的检查十分重要，因为接头是导线上比较薄弱的环节，往往由于机械强度减弱而发生事故；有时可能由于接触不良，而在通过大电流，即高峰负荷时，使接头发热而引发事故。为了防止接头发生事故，除了巡视中（包括白天巡视和晚上巡视）应注意接头的情况（如发热、发红或冰雪容易融化等现象），主要依靠对接头电阻的测量来判断其好坏。接头电阻与同长度导线电阻之比不应大于 2，当电阻比大于 2 时应立即更换。

2. 电缆线路的运行和维护

1）电缆线路的巡视检查

对电缆线路，一般要求每季度进行一次巡视检查。室外电缆起初每三个月巡查一次，每年应有不少于一次的夜间巡视检查，并应选择细雨或初雪的日子里进行。室内电缆头可与高压配电装置的巡查周期相同。暴雨后，对有可能被雨水冲刷的地段，应进行特殊巡查，并应经常监视其负荷大小和发热情况。在巡视检查中发现的异常情况，应记在专用记录簿内，重要情况应及时汇报上级请示处理。

（1）电力电缆的巡视检查。

①直埋电缆的巡视检查项目和要求：电缆路径附近地面不应有挖掘事件；电缆标桩应完好无损；电缆沿线不应堆放重物和腐蚀性物品，不应存在临时建筑；室外露出地面的电缆的

保护钢管或角钢不应锈蚀、位移或脱落；引入室内的电缆穿管应封堵严密。

②沟道内电缆的巡视检查项目和要求：沟道盖板应完整无缺；沟道内电缆支架应牢固，无锈蚀；沟道内不应存积水，井盖应完整，墙壁不应渗漏水；电缆铠装应完整、无锈蚀；电缆标示牌应完整、无脱落。

③电缆头的巡视检查项目和要求：终端头的绝缘套管应清洁、完整、无放电痕迹、无鸟巢；绝缘胶不应漏出；终端头不应漏油，铅包及封铅处不应有龟裂现象；电缆芯线或引线的相间及对地距离的变化不应超过规定值；相位颜色是否保持明显；接地线应牢固，无断股、脱落现象；电缆中间接头应无变形，温度应正常；大雾天气，注意监视终端头绝缘套管有无放电现象；负荷较重时，应注意检查引线连接处有无过热、熔化等现象，并监视电缆中间接头的温度变化情况。

（2）电力电缆运行时的禁忌。

①不要忽视对电缆负荷电流的检测。电力电缆线路本应在规定的长期允许载流量下运行。如果长时间过负荷运行，芯线过热，电缆整体温度升高，内部油压增大，容易引发金属外包电缆漏油，电缆终端头和中间接头盒胀裂，使电缆绝缘吸潮劣化，以致造成热击穿。因此，不要忽视对电缆负荷电流及外皮温度的监测。对并联使用的电缆，注意防止因负荷分配不均而使某根电缆过热。

②电缆配电线路不应使用重合闸装置。能够使电缆配电线路断路器跳闸的电缆故障，如终端头内部短路、中间头内部短路等多为永久性故障，在这种情况下若重合闸动作或跳闸后试送，必然会扩大事故，威胁系统的稳定运行。因此，电缆配电线路不应使用重合闸装置。

③电缆配电线路断路器跳闸后，不要忽视对电缆的检查。电缆配电线路断路器跳闸后先要查清该线路所带设备方面有无故障，如设备各种形式的短路等，同时要检查电缆外观的变化，例如，电缆户外终端头是否浸水引起爆炸，室内终端头内部是否短路；中间接头盒是否由于接点过热、漏油，使绝缘热击穿胀裂；电缆路径地面有无挖掘损伤等。必要时应通过试验进一步检查判断。

④直埋电缆在进行运行检查时要特别注意：电缆路径附近地面不能随便挖掘；电缆路径附近地面不准堆放重物及腐蚀性物质或搭有临时建筑；电缆路径标桩和保护设施不准随便移动、拆除；电缆进入建筑物处不得渗漏水；电缆停用一段时间不做试验不能轻易投入使用，这主要是考虑到电缆停用一段时间后吸收潮气，绝缘受影响。一般停电超过一星期但不满一个月的电缆，重新投入运行前，应检测其绝缘电阻值，并与上次试验记录比较（换算到同一温度下）不得降低 30%，否则需做直流耐压试验。停电超过一个月但不满一年的，需做直流耐压试验，试验电压可为预防性试验电压的一半。停电时间超过试验周期的，必须按标准做预防性试验。

2）电缆线路的故障探测

（1）电缆故障的分类及特点。常见的电缆故障有短路（接地）型、断线型、闪络型、复合型。

①短路（接地）型：电缆一相或数相导体对地或导体之间绝缘发生贯穿性故障。根据短路（接地）电阻的大小又有高电阻、低电阻和金属性短路（接地）故障之分。短路（接地）型故障所指的高电阻和低电阻之间，其短路（接地）电阻的分界并非固定不变，主要取决于测试设备的条件，如测试电源电压的高低、检流计的灵敏度等。使用 QF1—A 型电缆探伤仪

的测试电压为直流 600V，当电缆故障点的绝缘电阻大于 100kΩ 时，由于受检流计灵敏度的限制，测量误差比较大，必须采取其他措施才能提高测试结果的正确性，因此，把 100kΩ 作为短路（接地）电阻高低的分界线。低电阻和金属性短路（接地）故障的特点是电缆线路一相导体对地、数相导体对地或数相导体之间的绝缘电阻小于 100kΩ，而导体的连续性良好。高电阻接地或短路故障的特点是与低电阻接地或短路故障相似，但区别在于接地或短路的电阻大于 100kΩ。

②断线型：电缆一相或数相导体不连续的故障。其特点是电缆各相导体的绝缘电阻符合规定，但导体的连续性试验证明有一相或数相导体不连续。

③闪络型：电缆绝缘在某一电压下发生瞬时击穿，但击穿通道随即封闭，绝缘又迅速恢复的故障。其特点是低电压时电缆绝缘良好，当电压升高到一定值或在某一较高电压持续一段时间后，绝缘发生瞬时击穿现象。

④复合型：电缆故障具有两种以上的故障特点。

（2）常用电缆故障测试和特点。电缆线路的故障测试一般包括故障测距和精确定点。故障点的初测即故障测距，根据测试仪器和设备的原理，大致分为电桥法和脉冲法两大类，其测试特点如下：

①电桥法。电桥法是一种传统的测试方法，如惠斯顿直流单臂电桥、直流双臂电桥和根据单臂电桥原理制作的 QF1—A 型电缆探伤仪等，均可以用来进行电缆故障测试。电桥法是利用电桥平衡时，对应桥臂电阻的乘积相等，而电缆的长度和电阻成正比的原理进行测试的。它的优点是操作简单、精度较高，主要不足是测试局限性较大。对于短路（接地）电阻在 100kΩ 以下的单相接地、相间短路、二相或三相短路接地等故障的测试误差一般为 0.3%～0.5%，但是当短路（接地）电阻超过 100kΩ 时，由于通过检流计的不平衡电流太小，误差会很大。在测试前要对电缆加以交流或直流电压，将故障点的电阻烧低后再进行测量。对于用烧穿法无效的高阻短路（接地）故障，不能用电桥法进行测试。

电缆断线故障和三相短路（接地）故障虽然可以用 QF1—A 型电缆探伤仪进行测试，但是与其他测试设备相比，因其使用复杂、误差较大，一般很少被采用，电桥法也不适用于闪络型电缆故障的测试。

②脉冲法。脉冲法是应用脉冲信号进行电缆故障测距的测试方法，分为低压脉冲法、脉冲电压法和脉冲电流法三种。

a. 低压脉冲法是向故障电缆的导体输入一个脉冲信号，通过观察故障点发射脉冲与反射脉冲的时间差进行测距。低压脉冲法具有操作简单、波形直观、对电缆线路技术资料的依赖性小等优点。其缺点是对于电阻大于 QF1—A 的短路（接地）故障，因反射波的衰减较大而难以观察。由于受脉冲宽度的局限，低压脉冲法存在测试盲区，如果故障点离测试端太近也观察不到反射波形，不适用于闪络型电缆故障。

b. 脉冲电压法是对故障电缆加上直流高压或冲击高电压，使电缆故障在高压下发生击穿放电，然后通过仪器观察放电电压脉冲在测试端到放电点之间往返一次的时间进行测距。脉冲电压法基本上融入了微电子技术，能直接从显示屏上读出故障点的距离。DGC 型、DEE 型电缆故障遥测仪均属于这一类仪器。

脉冲电压法的优点在于电缆故障点只要在高电压下存在充分放电现象，就可以测出故障点的距离，几乎适用于所有类型的电缆故障。脉冲电压法的缺点是测试信号来自高压回路，仪器与高压回路有电耦合，很容易发生高压信号窜入导致仪器损坏的情况。另外，故障放电时，特别是进行冲闪测试时，分压器耦合的电压波形变化不尖锐、不明显，分辨较困难。

c. 脉冲电流法的原理与脉冲电压法相似，其区别在于脉冲电流法通过线性电流耦合器测量电缆击穿时的电流脉冲信号，使测试接线更简单、电流耦合器输出的脉冲电流波形更容易分辨，由于信号来自低压回路，避免了高压信号窜入对仪器的影响。它是目前应用较为广泛的测试方法之一，如 T—003 型电缆故障测距仪。

3）电缆线路的检修

（1）电缆检修周期。

①大修 3 年 1 次。

②小修 1 年 1 ～ 2 次。

（2）电缆大修。

①清扫电缆头及引线表面。

②用 0.05mm 的塞尺检查电缆鼻子的接触面应塞不进去。有过热现象时，重新打磨处理，必要时重新做电缆头。

③检查接地线，固定卡子等应紧固。

④对试验不合格的电缆，应找出原因，并进行处理。

（3）电缆小修。

①清扫电缆头及引线表面。

②测量电缆绝缘，不合格时应找出原因，并进行处理。

（4）电缆绝缘不良的处理。

①电缆头外部受潮时，可用红外线灯泡、电吹热风等方法进行干燥。

②若电缆内部受潮，必须锯掉一段电缆，使绝缘经试验合格后，再重新做电缆头。

③电缆有比较明显的接地、短路现象时，可用外部检查或加高电压击穿的方法，找出故障地点后进行处理。

4）电力电缆的异常运行及事故处理

（1）电缆过热。电缆运行中长时间过热，会使其绝缘物加速老化；会使铅包及铠装缝隙胀裂；会使电缆终端头、中间接头因绝缘胶膨胀而胀裂；对垂直部分较长的电缆，还会加速绝缘油的流失。造成电缆过热的基本原因有两个：一是通过电缆的负荷电流过大且持续时间较长；二是电缆周围通风散热不良。

发现电缆过热应查明原因，并予以处理。若有必要，可再敷设一条电缆并用，或更新全部电缆，换成大截面面积的，以避免过负荷。

（2）电缆渗漏油。油浸电缆线因铅包加工质量不好，如含砂粒、压铅有缝隙及运行温度过高等，容易造成渗漏油。电缆终端头、中间接头因密封不严，加之引线及连接点过热，往往也会引起漏油、漏胶，甚至内部短路时温度骤升，引起爆破。发现电缆渗漏油后，应查明原因予以处理。对负荷电流过大的电缆，应设法减负荷。对电缆铅包有砂眼渗油的可实行封补。终端头、中间接头漏油较严重的，可重新做终端头或中间接头。

（3）电缆头套管闪络破损。运行中的电缆头发生电晕放电，电缆头引线严重过热及因漏油、漏胶、潮气侵入等原因将会导致套管闪络破损。若发生这种情况，应立即停止运行，以防故障扩大造成事故。

（4）机械损伤电缆线路。电缆遭受外力机械损伤的机会很多，因受机械损伤造成停电事故的也很多。例如，地下管线工程作业前，未经查明地下情况，盲目挖土、打桩，误伤敷设电缆时，由于牵引力过大或弯曲过度造成损伤；重载车辆通过地面，土地沉降，造成损伤等。发现电缆遭受外力机械损伤时，根据现场状况，不管是选择带缺陷运行还是立即停电退出运行，均应通报专业人员共同鉴定。

技能实训

实训一　供电电气主接线模拟图的认知

一、实训目的

• 熟悉本实训装置电气主接线模拟图。
• 理解本实训装置电气主接线模拟图的设计理念。

二、实训设备

实训设备见表 4-3。

表 4-3　实训设备

序号	设备名称	使用仪器名称	数量
1	THSPCG—2A 型	工厂供电综合自动化实训系统屏	1 台
2	THSPCG—2C 型	工厂供电自动装置综合柜	1 台

三、实训装置电气主接线模拟图的结构简介

整个系统模拟图可分为以下两个部分（按电压等级）。

1. 35kV 总降压变电所主接线模拟部分

两路 35kV 进线，可采用单母线接线方式。其中，一路正常供电，另一路作为备用，两者互为明备用，通过备自投自动切换。在这两路进线的电源侧分别设置了“WL1 模拟失电”和“WL2 模拟失电”按钮，用于模拟外部电网失电现象。

35kV 进线通过两台变压器进行降压，T1 变压器有有载调压功能，能够进行升降压操作。

2. 10kV 高压配电所主接线模拟部分

10kV 高压配电所中的进线有两路，这两路进线互为暗备用。总降压变压器是按有载调压器设计的，通过有载调压分接头控制单元实现有载调压。在 10kV 母线上还接有无功自动补偿装置，母线上并联 4 组采用三角形接法的电容器组，对高压母线的无功功率进行集中补偿。当低压负荷的变化导致 10kV 母线的功率因数低于设定值时，通过无功功率补偿控制单元，实现电容器组的手动、自动补偿功能。除此之外，在 10kV 高压配电所的 1# 和 2# 母线上还有 5 路出线，其中，3 路分别去一号车间变电所、二号车间变电所、三号车间变电所，还有一条线路直接给模拟高压电动机使用，最后一条线路去其他分厂。

通过操作面板上的按钮和选择开关可以接通和断开线路进行系统模拟倒闸操作。本装置用一对方形按钮来模拟断路器：当按下操作面板上的红色按钮时，红色指示灯亮，表示断路器合闸；当按下操作面板上的绿色按钮时，绿色指示灯亮，表示断路器分闸。用长柄带灯开关模拟隔离开关：当把开关拨至竖直方向时，红色指示灯亮，表示隔离开关处于合闸状态；当把开关逆时针旋转 30 度时，指示灯灭，表示隔离开关处于分闸状态。

四、实训内容及步骤

外围接线说明：THSPCG—2A 型的 1#、2#、3#、4# 航空插座分别通过航空电缆线与 THSPCG—2C 型 1#、2#、3# 航空插座接通，其他均不接。

（1）把控制屏右侧按钮开关打至“模式 2”位置。按下控制屏左侧故障设置箱的“开放闭锁”按钮。

（2）按照正确顺序启动实训装置：实训控制屏上的“控制电源Ⅱ”“进线电源”开关。

（3）依次合上实训装置控制屏上的 QS111 、QS112、QF11、QS113、QF13、QS211、QF21、QS213、QF23、QS214、QF24 给 10kV Ⅰ段母线上的用户供电，接下来依次合上实训装置控制屏上的 QF20、QS222、QF25、QS223、QF26 给 10kV Ⅱ段母线上的用户供电，至此，完成了本厂区的送电。接下来给其他分厂送电：依次合上 QS224、QF27、QF28，这时模拟分厂指示灯亮，表明分厂送电完成。

（4）通过以上操作各种断路器和隔离开关，试说明电气主接线模拟图的含义。

五、实训报告

试说明电气主接线模拟图的含义。

实训二　电气主接线图的认知

一、实训目的

- 了解电气器件的代表符号。
- 了解电气接线图的规则。

二、实训设备

实训设备见表 4-4。

表 4-4　实训设备

序号	设备名称	使用仪器名称	数量
1	THSPCG—2A 型	工厂供电综合自动化实训系统屏	1 台

三、实训原理

1. 一般规定

（1）概略图应该表示系统、分系统、成套装置、设备、软件的概貌，并表示出各主要功能件之间的主要关系及连接相对简单的简图，图形绘制时通常用单线表示。

（2）概略图用作进一步设计工作的依据，以便编制更详细的功能图和电路图，也可作为教学、训练、操作和维修的基础条件。

2. 布局

（1）概略图应按功能布局法绘制，图中可补充位置信息。

（2）概略图的绘制应布局清晰，便于理解。

（3）概略图可以在功能和结构的不同层次上绘制，较高的层次描述总系统，而较低的层次描述系统中的分系统。某一层次的概略图应包含检索描述较低层次文件的标记。

（4）概略图用于表示项目的包括方框符号在内的图形符号的布局，应该做到使信息、控制、能源和材料的流程清晰，易于区分辨别，必要时每个图形符号应标注参照代号。

（5）主要信息流方向应从左至右或从上至下。

电气主接线图的主要图形符号如表 4-5 所示。

表 4-5　电气主接线图的主要图形符号

序　号	设备名称	图形符号	文字符号	序　号	设备名称	图形符号	文字符号
1	交流发电机	 G	G 或 GS	10	输电线路		WL
2	双绕组变压器		G 或 GD	11	母线		WB
3	三绕组变压器		T 或 TV	12	电缆终端头		W
4	电抗器		T 或 TM	13	隔离开头		Q 或 QS
5	避雷器		L	14	断路器		Q 或 QF
6	火花间隙		F	15	接触器		K 或 FM
7	电流互感器		TA	16	熔断器		FU
8	双绕组电压互感器		TV	17	跌落式熔断器		FU
9	三绕组电压互感器		TT	18	接地		PE

四、实训内容与步骤

该实训装置的电气主接线图如图 4-26 所示。对照控制屏上的模拟图，熟悉各个电气器件，并找到每个电气器件在模拟屏上的位置。

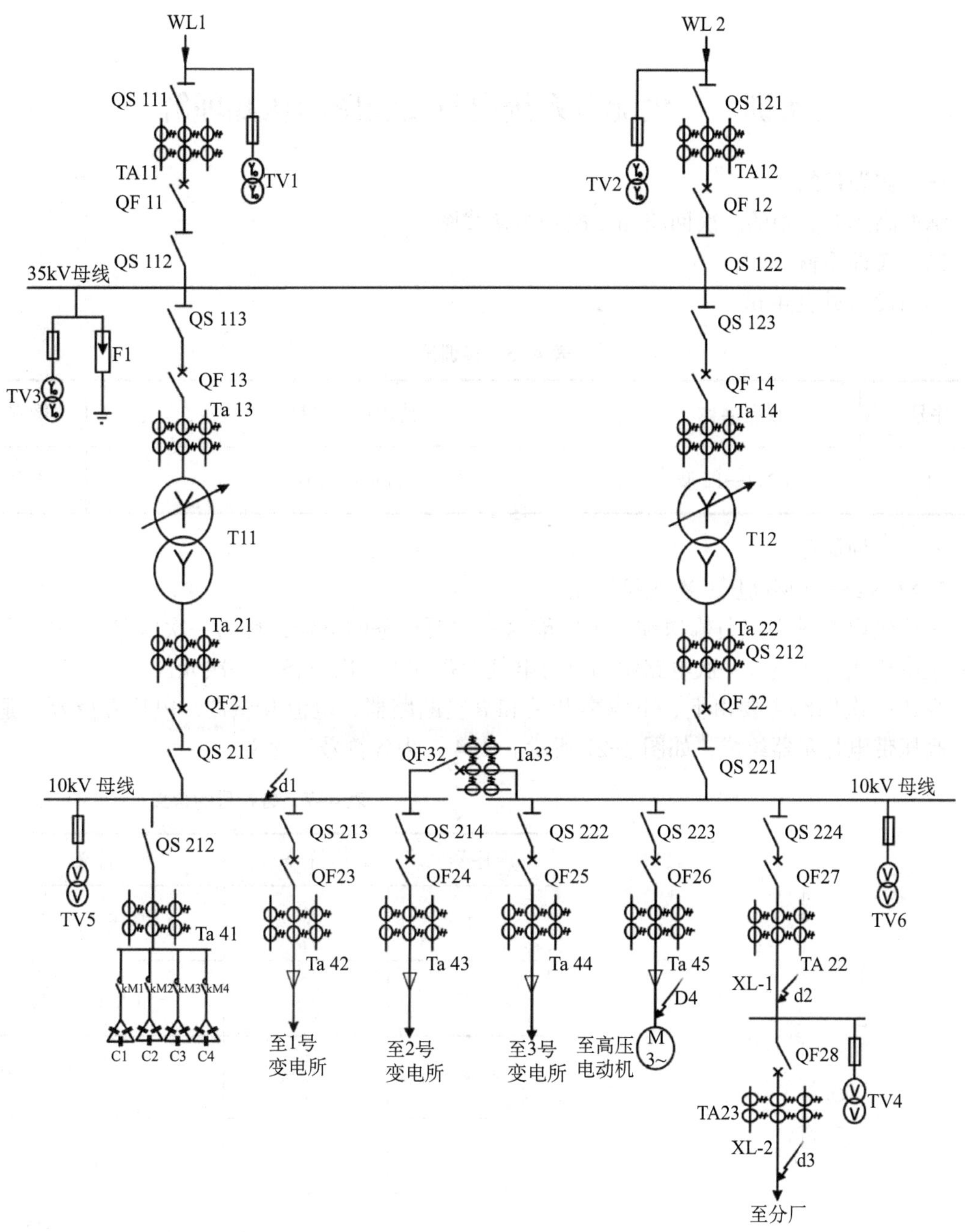

图 4-26 电气主接线图

五、实训报告

分析写出电气主接线图的供电流程。

实训三　供配电系统电气安装图的认知理解

一、实训目的

掌握高压开关柜的一次回路和二次安装接线图。

二、实训设备

实训设备见表 4-6。

表 4-6　实训设备

序号	设备名称	使用仪器名称	数量
1	XGN2—12 型	高压开关柜	1 台

三、实训原理

1. XGN2—12 型高压一次主接线图

工厂供电系统中担负输送和分配电能这一主要任务的电路，称为一次电路或一次回路，也称主电路或主接线。一次电路中的所有电气设备称为一次设备或一次元件。

高压一次回路主要由上、下隔离开关和真空断路器，电流互感器，电压互感器，避雷器，高压带电显示器组成，如图 4-27 所示。表 4-7 为各符号的含义。

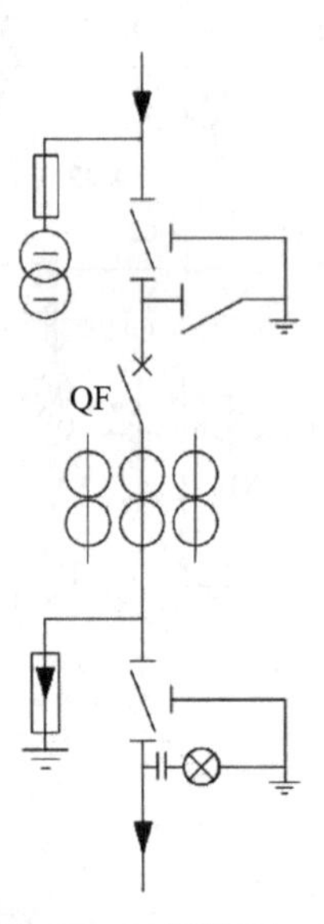

图 4-27　XGN2—12 型高压一次主接线图

表 4-7　各符号的含义

序号	符号	含义
1		高压熔断器
2		一个电压互感器
3		电流互感器
4		高压避雷器
5		高压隔离开关（带接地刀）
6		高压隔离开关
7		高压真空断路器

2. XGN2—12 型高压二次原理图

高压二次原理图主要由电流采集回路、电压采集回路、高压真空断路器的控制回路、高压真空断路器电动储能回路、温 / 湿度控制回路、带电显示器组成，如图 4-28 所示。

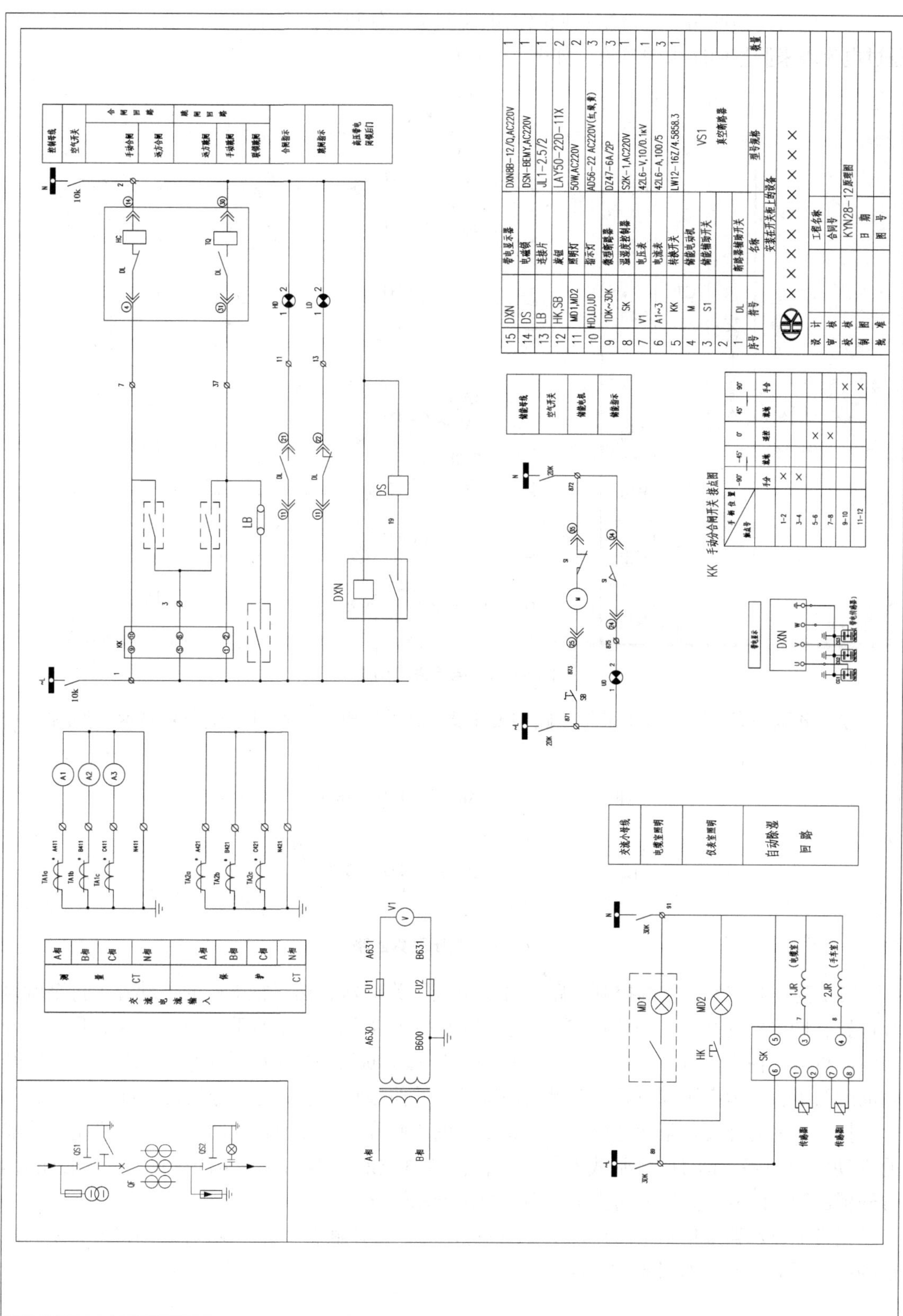

图 4-28　XGN2—12 型高压二次原理图

（1）电流采集回路。电流采集回路由电流测量部分和保护电流部分组成，测量部分主要通过电流表来测量回路中的电流，如图 4–29 所示。

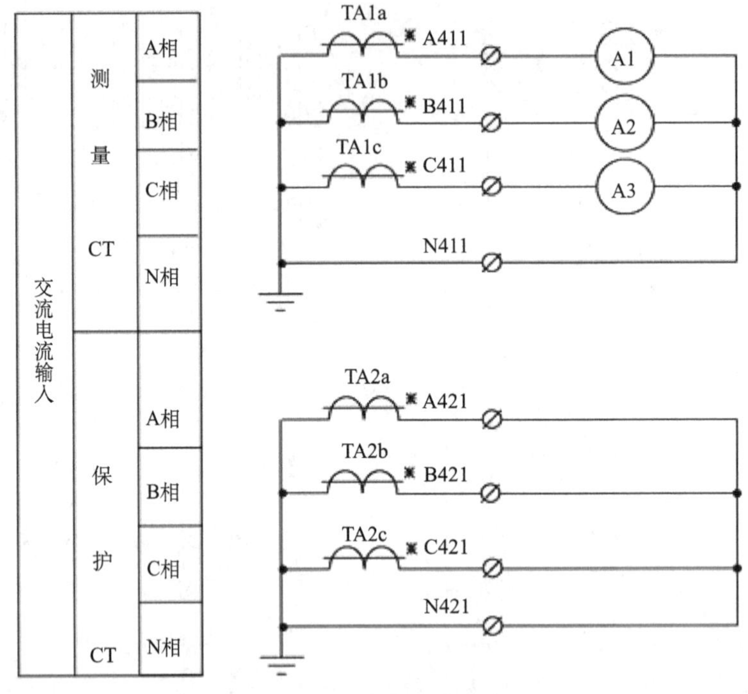

图 4–29　电流采集回路

（2）电压采集回路。电压采集回路主要采集 AB 的线电压，通过电压表来显示，如图 4–30 所示。

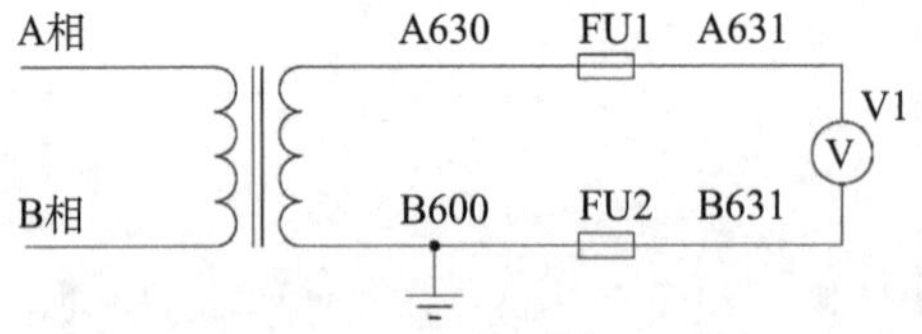

图 4–30　电压采集回路

（3）高压真空断路器的控制回路。合上空气开关 1DK，然后把 KK 的手动开关打至就地合位置，即 KK 的 9 脚和 10 脚接通，这时接通高压真空断路器的手动合闸回路，即 HC 合闸线圈得电，使高压真空断路器合闸。同时高压真空断路器的常闭辅助触头 DL 断开。常开辅助触头闭合，为高压真空断路器跳闸做准备，并使合闸指示灯亮，分闸指示灯灭。

把 KK 手动开关打至就地分位置，即 KK 的 1 脚和 2 脚接通，这时接通高压真空断路器的手动跳闸回路，即 TQ 跳闸线圈得电，使高压真空断路器跳闸。常闭辅助触头 DL 闭合。常开辅助触头断开，并使分闸指示灯亮，合闸指示灯灭。

当带电显示器采集到主回路带 10kV 的电压时，常开触点闭合，DS 电磁锁得电，使高压柜的后门不能打开，如图 4–31 所示。

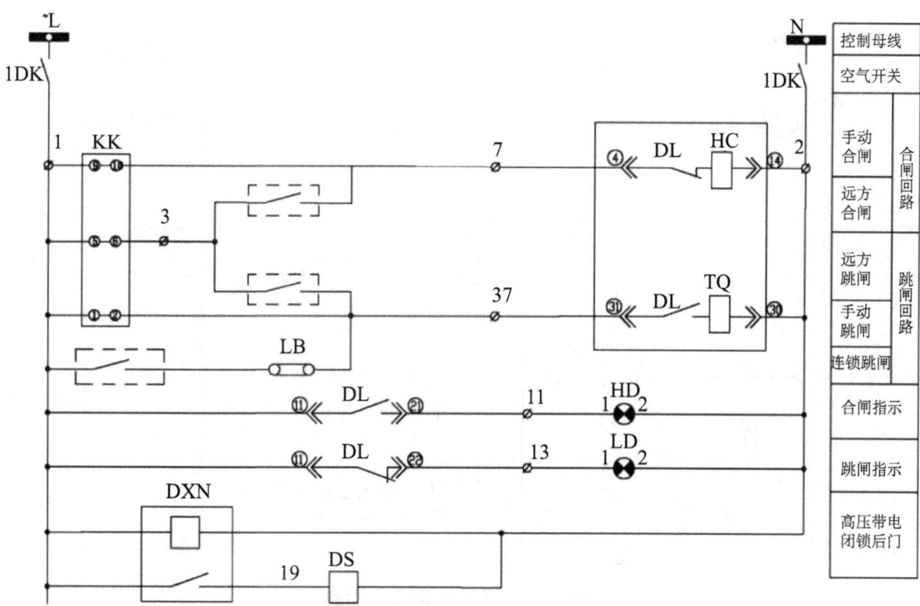

图 4-31　高压真空断路器的控制回路

（4）高压真空断路器电动储能回路。合上空气开关 2DK，按下储能电动机启动按钮，这时储能电动机运转，直到电动机完成储能后，储能电动机的常开触点 SI 闭合，储能指示灯亮，表明储能完成，如图 4-32 所示。

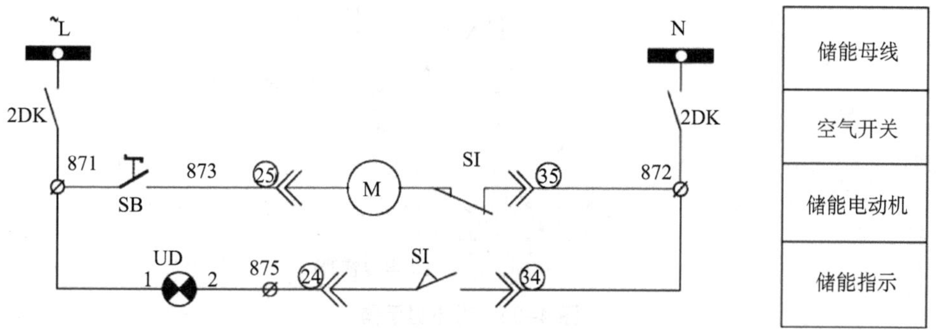

图 4-32　高压真空断路器电动储能回路

（5）温 / 湿度控制回路。合上 3DK 空气开关，按下 HK 按钮，仪表室的照明灯亮。按下开关，电缆室的照明灯 MD1 亮。当温 / 湿度控制器上电运行时，通过两个传感器采集湿度，温 / 湿度控制器自动启动加热器，如图 4-33 所示。

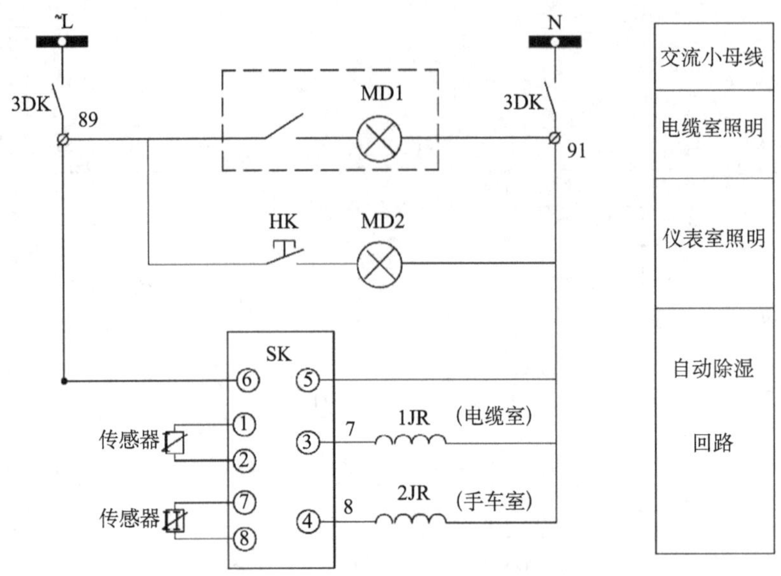

图 4–33　温 / 湿度控制回路

（6）带电显示器。带电显示器通过传感器采集微电量信号。如果有电，带电显示器亮；如果没有电，带电显示器不亮，如图 4–34 所示。

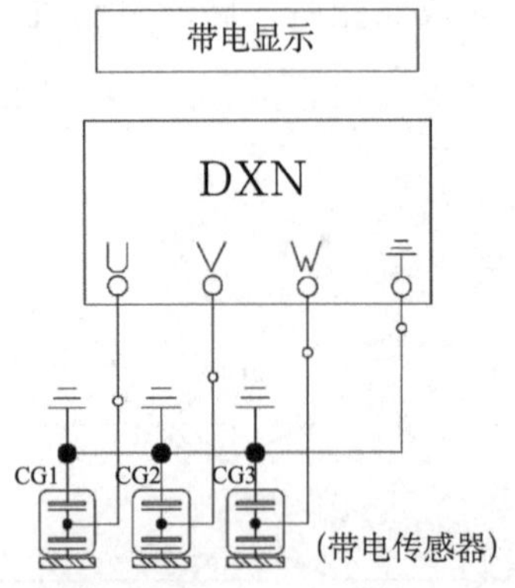

图 4–34　带电显示器

3. XGN2—12 型高压二次接线图

图 4–35 所示的是 XGN2—12 型高压开关柜的二次安装接线图。

四、实训内容与步骤

1. 学习 XGN2—12 型高压开关柜的一次主接线图。

2. 学习 XGN2—12 型高压开关柜的二次原理图和二次接线图。

五、实训报告

根据实训内容和实训步骤，掌握 XGN2—12 型高压开关柜的一次主接线图、二次原理图和二次接线图。

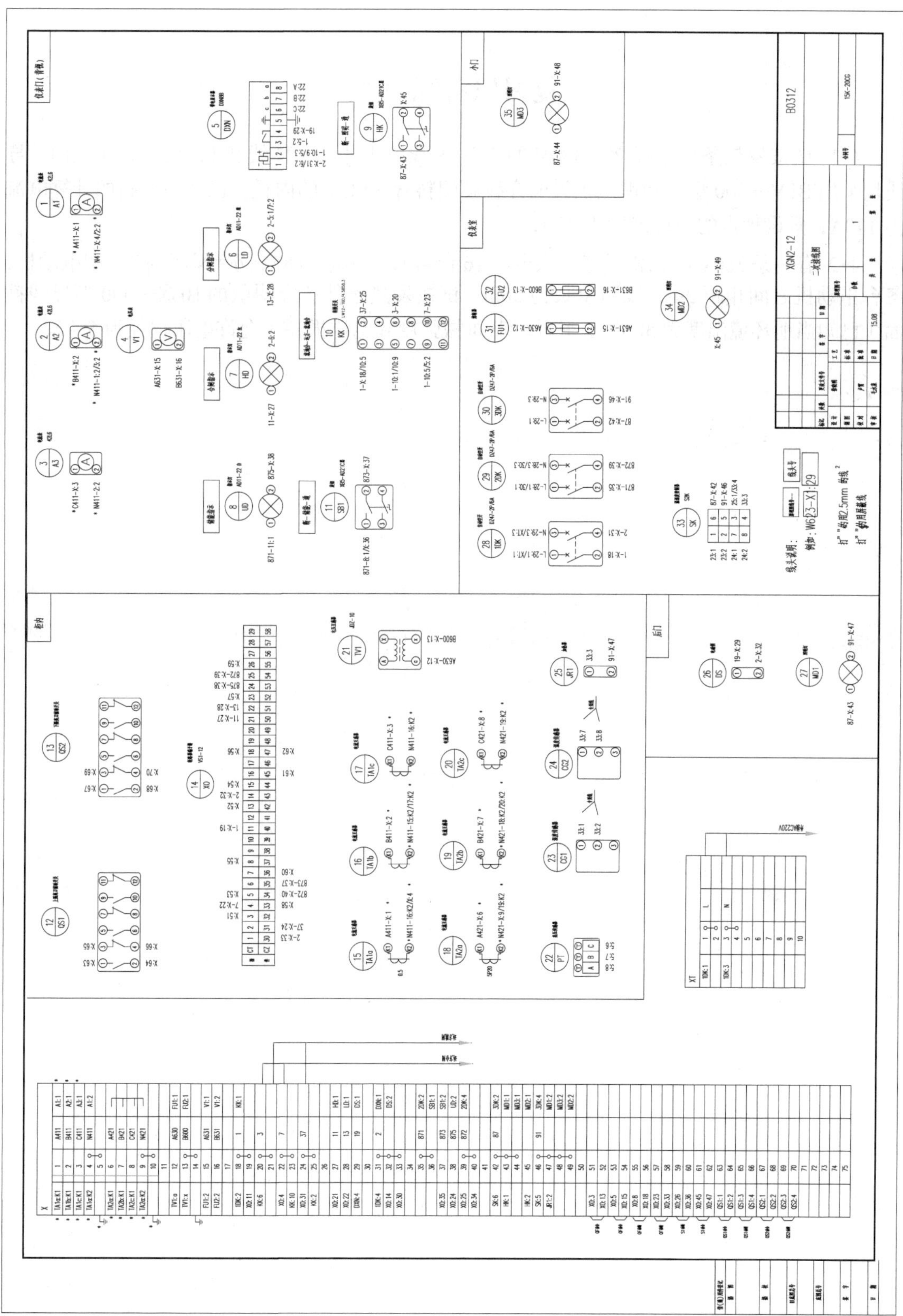

图 4-35　XGN2—12 型高压开关柜的二次安装接线图

复习思考练习题

4-1 试按发热条件选择220/380V的TN—S线路中相线、N线和PE线的导线截面（导线均采用BLV—500型）和埋地敷设的穿线硬塑料管（PC）的内径。已知该线路的计算电流为140A，敷设地点的环境温度为30℃。

4-2 有一条380V的三相线路，供电给16台4kW、$\cos\varphi$=0.87、$\eta=85.5\%$的Y型电动机，各台电动机之间相距2m，线路全长为50m。试按发热条件选择明敷的BLX—500型导线截面（已知当地环境温度为30℃），并校验其机械强度和电压损耗（允许电压损耗为5%）。

课题5　供配电系统的电力负荷计算及短路计算

［内容概述］ 本课题首先介绍电力负荷分级及类别的相关概念，然后讲述用电设备组计算负荷及尖峰负荷，最后讲述短路的原因、后果、形式及短路电流的计算，进而阐述短路电流的效应。

［课题目标］

1. 掌握电力负荷的常用计算方法。
2. 掌握尖峰电流的计算方法。
3. 掌握短路电流的常用计算方法。
4. 了解短路的原因、后果及其形式。

5.1　工厂的电力负荷概念

1. 电力负荷的分级及其对供电电源的要求

电力负荷，既可指用电设备或用电单位（用户），也可指用电设备或用电单位所用的电功率或电流。这里的电力负荷指用电单位（用户）或用电设备。

（1）电力负荷的分级。电力负荷根据其对供电可靠性的要求及中断供电在对人身安全、经济损失上所造成的影响程度，按 GB/T 50052—2009《供配电系统设计规范》规定，分为以下三级：

①一级负荷。符合下列情况之一时，应视为一级负荷：中断供电将造成人身伤害者；中断供电将在经济上造成重大损失者，例如，重大设备损坏、大量产品报废、用重要原料生产的产品大量报废、国民经济中重点企业的连续生产过程被打乱需要长时间才能恢复等；中断供电将影响重要用电单位的正常工作，例如，重要交通枢纽、重要通信枢纽、重要宾馆、大型体育场馆、经常用于国际活动的大量人员集中的公共场所等用电单位中的重要电力负荷。在一级负荷中，中断供电将造成人员伤亡、重大设备损坏或发生中毒、爆炸和火灾等情况的负荷，以及特别重要场所的不允许中断供电的负荷，应视为一级负荷中特别重要的负荷。

②二级负荷。符合下列情况之一时，应视为二级负荷：中断供电将在经济上造成较大损失者，例如，主要设备损坏、大量产品报废、连续生产过程被打乱需较长时间才能恢复、重点企业大量减产等；中断供电将影响较重要用电单位的正常工作，例如，交通枢纽、通信枢纽等用电单位中的重要电力负荷，以及中断供电将造成大型影剧院、大型商场等较多人员集中的重要公共场所秩序混乱者。

③三级负荷。所有不属于一级和二级负荷者，应为三级负荷。

（2）各级电力负荷对供电电源的要求。

①一级负荷对供电电源的要求。一级负荷属重要负荷，应由“双重电源”供电；当一个电源发生故障时，另一个电源不同时受到损坏。一级负荷中特别重要的负荷，除了由双重电

源供电，还应增设应急电源，并严禁将其他负荷接入应急供电系统，并且设备供电电源的切换时间应满足设备允许中断供电的要求。可作为应急电源的有：独立于正常电源的发电机组；供电网络中独立于正常电源的专用馈电线路；蓄电池；干电池。

②二级负荷对供电电源的要求。二级负荷也属重要负荷，但其重要程度次于一级负荷。二级负荷应由两回线路供电。在负荷较小或地区供电条件困难时，二级负荷可由一回 6kV 及以上专用的架空线路供电。

③三级负荷对供电电源的要求。三级负荷属不重要负荷，对供电电源无特殊要求。

2. 电力负荷的类别

电力负荷按用途分为照明负荷和动力负荷。照明负荷为单相负荷，在三相系统中很难做到三相平衡；动力负荷一般可视为三相平衡负荷。电力负荷按行业分为工业负荷、非工业负荷和居民生活负荷等。

电力负荷（设备）按工作制可分为以下三类：

（1）长期连续工作制。这类设备长期连续运行，负荷比较稳定，例如，通风机、空气压缩机、电动发电机组、电炉和照明灯等。机床电动机的负荷虽然一般变动较大，但大多是长期连续工作的。

（2）短时工作制。这类设备的工作时间较短，而停歇时间相对较长，例如，机床上的某些辅助电动机，如进给电动机、升降电动机等。

（3）断续周期工作制。这类设备周期性地工作、停歇，再工作，如此反复运行，而工作周期一般不超过 10min，例如，电焊机和起重机。

3. 用电设备的额定容量

用电设备的额定容量，是指用电设备在额定电压下，在规定的使用寿命内能连续输出或耗用的最大功率。对于电动机，其额定容量是指电动机轴上正常输出的最大功率。因此，其耗用的功率即从电网吸取的功率，应为其额定容量除以本身的效率。对于电灯和电炉等，其额定容量是指在额定电压下耗用的功率，而不是指输出的功率。

5.2 三相用电设备计算负荷的确定

1. 基本概念

计算负荷是指通过统计计算求出的、用来按发热条件选择供配电系统中各元件的负荷值。按照计算负荷选择的电气设备和导线电缆，如以计算表负荷持续运行，其发热温度不致超出允许值，因而不会影响其使用寿命。由于导体通过电流达到稳定温升的时间需要（3～4）τ，其中，τ 为发热时间常数。而截面积在 16mm² 以上的导体的 τ 均在 10min 以上，也就是说载流导体大约经 30min 后可达到稳定的温升值。因此，通常取半小时平均最大负荷 P_{30}（即年最大负荷 P_{max}）作为“计算负荷”。

计算负荷是供配电设计计算的基本依据。如果计算负荷确实过大，将使设备和导线、电缆选择偏大，造成投资和有色金属的浪费；如果计算负荷确实过小，又将使设备和导线、电缆选择偏小，造成设备和导线、电缆运作时过热，增加电能损耗和电压损耗，甚至使导线、电缆烧毁，造成事故。因此，正确确定计算负荷具有重要的意义。但是也要指出，由于负荷情况复杂，影响计算负荷的因素很多，虽然各类负荷的变化有一定的规律可循，但准确确定计算负荷十分困难。实际上，负荷也不可能是一成不变的，它与设备的性能、生产的组织及能源供应状况等诸多因素有关，因此，计算负荷也只能力求接近实际。

我国目前普遍采用的确定用电设备组计算负荷的方法有需要系数法和二项式法。需要系数法是世界各国普遍采用的确定计算负荷的基本方法，简单方便；二项式法应用的局限性较大，但在确定设备台数较少而设备容量差别较大的分支干线的计算负荷时，采用二项式法较采用需要系数法更合理，且计算比较简便。

2. 按需要系数法确定三相用电设备组的计算负荷

（1）需要系数的概念。用电设备组的计算负荷，是指用电设备组从供电系统中取用的半小时平均最大负荷 P_{30}，如图 5-1 所示。用电设备组的设备容量 P_e，是指用电设备组所有设备（不包括备用设备）的额定容量 P_N 之和，即 $P_e=\Sigma P_N$，而设备的额定容量，是指设备在额定条件下的最大输出功率。但实际上，用电设备组的设备不一定都同时运行，运行的设备也不太可能都满负荷运转，同时设备和线路在运行中都有功率损耗，因此，用电设备组进线上的有功计算负荷应为：

$$P_{30}=\frac{K_\Sigma K_L}{\eta_e \eta_{WL}}P_e \tag{5-1}$$

式中，K_Σ 为设备组的同时系数，即设备组在最大负荷时运行的设备容量与全部（不含备用）设备容量之比；K_L 为设备组的负荷系数，即设备组在最大负荷时的输出功率与运行的设备容量之比；η_e 为设备组的平均效率，即设备组在最大负荷时的输出功率与其取用功率之比；η_{WL} 为配电线路的平均效率，即配电线路在最大负荷时的末端功率（设备组的取用功率）与其首端功率（计算负荷 P_{30}）之比。

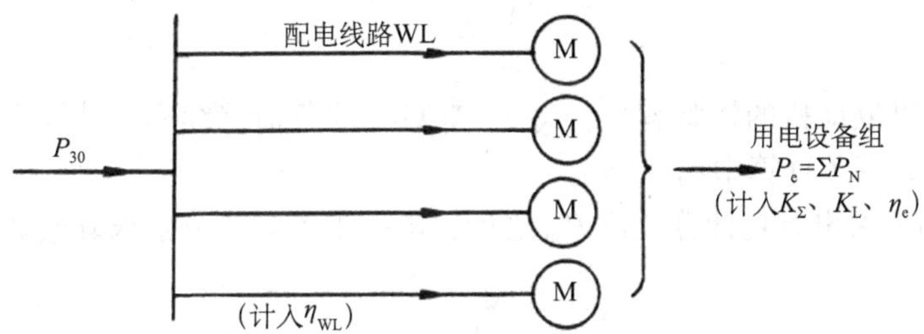

图 5-1　用电设备组的计算负荷说明

令式（5-1）中的 $K_\Sigma K_L/\eta_e\eta_{WL}=K_d$，这里的 K_d 为“需要系数”。由此可得需要系数的定义式为：

$$K_d \overset{\text{def}}{=\!=} \frac{P_{30}}{P_e} \tag{5-2}$$

即得用电设备组的需要系数 K_d，是用电设备组在最大负荷时需要的有功功率与其设备容量的比值。实际上，用电设备组的需要系数 K_d 不仅与其工作性质、设备台数、设备效率及线路损耗等因素有关，而且与其操作人员的技能水平和生产组织等多种因素有关，因此，需要系数值应尽可能实测分析确定，使之尽量接近实际。附表 A-21 列出了用电设备组的需要系数值，供参考。

（2）需要系数法的基本计算公式及应用。由式（5-2）可得按需要系数法确定三相用电设备组有功计算负荷 P_{30} 的基本公式为：

$$P_{30}=K_dP_e \tag{5-3}$$

式中，P_e 为用电设备组所有设备（不含备用设备）的额定容量之和。

这里必须指出，对断续周期工作制的用电设备组，其设备容量应为各设备在不同负荷持续率下的铭牌容量换算到一个统一的负荷持续率下的容量之和。常用的断续周期工作制的用电设备有电焊机和起重机电动机，它们的容量换算要求如下：

①电焊机组的容量换算。要求统一换算到 ε=100%，根据下述公式计算出设备容量为（注：公式推导过程这里省略）：

$$P_e=P_N\sqrt{\frac{\varepsilon_N}{\varepsilon_{100}}}=S_N\cos\varphi\sqrt{\frac{\varepsilon_N}{\varepsilon_{100}}}$$

$$P_e=P_N\sqrt{\varepsilon_N}=S_N\cos\varphi\sqrt{\varepsilon_N} \tag{5-4}$$

式中，P_N、S_N 为电焊机的铭牌容量（P_N 为有功容量，S_N 为视在容量）；ε_N 为 P_N、S_N 对应的负荷持续率（计算中用小数）；ε_{100} 为其 100% 的负荷持续率（计算中用 1）；$\cos\varphi$ 为铭牌规定的功率因素。

②起重机电动机组的容量换算。要求统一换算到 ε=25%，根据下述公式计算出设备容量为（注：公式推导过程这里省略）：

$$P_e=P_N\sqrt{\frac{\varepsilon_N}{\varepsilon_{25}}}=2R_N\sqrt{\varepsilon_N} \tag{5-5}$$

式中，P_N 为起重机电动机的铭牌容量；ε_N 为 P_N 对应的负荷持续率（计算中用小数）；ε_{25} 为其 25% 的负荷持续率（计算中用 0.25）。

在按式（5-3）求出有功计算负荷 P_{30} 之后，可按下列各式分别求其余的计算负荷：

$$Q_{30}=P_{30}\tan\varphi \tag{5-6}$$

视在计算负荷：

$$S_{30}=\frac{P_{30}}{\cos\varphi} \tag{5-7}$$

计算电流：

$$I_{30}=\frac{S_{30}}{\sqrt{3}U_N} \tag{5-8}$$

式中，$\cos\varphi$ 为用电设备组的平均功率因数；$\tan\varphi$ 为对应 $\cos\varphi$ 的正切值；U_N 为用电设备组的额定电压。

必须注意：附表 A-21 所示的需要系数值是按车间范围设备台数较多的情况来确定的，所以需要系数值一般比较低。例如，冷加工机场组的需要系数值平均只有 0.2 左右，因此，需要系数法比较适用于确定车间的计算负荷。如果采用需要系数法来计算分支干线上用电设备组的计算负荷，附表 A-21 所示的需要系数值往往偏小，应适当取大。只有 1 ～ 2 台设备时，应取 K_d=1，即 P_{30} 等于 P_e。在 K_d 适当取大的同时，$\cos\varphi$ 也应适当取大。只有一台电动机时，其 $P_{30}=P_N/\eta$，式中，P_N 为电动机额定容量，η 为电动机效率。一台电动机的计算电流 $I_{30}=I_N=P_N/(3U_N\cos\varphi\eta)$。

负荷计算中常用的单位：有功功率为“千瓦”（kW）；无功功率为“千乏”（kvar）；视在功率为“千伏安”（kV·A）；电流为“安”（A）；电压为“千伏”（kV）。例如，机修车间的金属切削机床电动机，应属小批生产的冷加工机床电动机，因为金属切削采用的是冷加工，而机修车间不可能进行大批生产。又如压缩机、拉丝机和锻锤等，应属热加工机床。

［例 5-1］ 已知某机修车间的金属切割机床组，拥有电压为 380V 的三相电动机 11kW 1 台，7.5kW 3 台，4kW 12 台，1.5kW 8 台，0.75kW 10 台。试求其计算负荷。

解：此机床组电动机的总容量为：

$$P_e = 11\text{kW}\times1 + 7.5\text{kW}\times3 + 4\text{kW}\times12 + 1.5\text{kW}\times8 + 0.75\text{kW}\times10 = 101\text{kW}$$

查附表 A-21 中“小批生产的金属冷加工机床电动机”项，得 K_d=0.16 ～ 0.2（取 0.2），$\cos\varphi$=0.5，$\tan\varphi$=1.73，因此，可求得：

有功计算负荷　$$P_{30} = 0.2\times101\text{kW} = 20.2\text{kW}$$

无功计算负荷　$$Q_{30} = 20.2\text{kW}\times1.73 \approx 34.95\text{kvar}$$

视在计算负荷　$$S_{30} = \frac{20.2\text{kW}}{0.5} = 40.4\text{kV}\cdot\text{A}$$

计算电流　$$I_{30} = \frac{40.4\text{kV}\cdot\text{A}}{\sqrt{3}\times0.38\text{kV}} \approx 61.4\text{A}$$

［例 5-2］ 某装配车间 380V 线路，供电给 3 台起重机电动机，其中 1 台为 7.5kW（ε=60%），另外 2 台为 3kW（ε=15%）。试求该线路的计算负荷。

解：按规定，起重机电动机容量要统一换算到 ε=25%，因此，题示 3 台起重机电动机的总容量为：

$$P_e = 7.5\text{kW}\times2\sqrt{0.6} + 3\text{kW}\times2\times2\sqrt{0.15} \approx 16.3\text{kW}$$

查附表 A-21，得 K_d=0.1 ～ 0.15（取 0.15），$\cos\varphi$=0.5，$\tan\varphi$=1.73，因此，可求得：

有功计算负荷：　$$P_{30} = 0.15\times16.3\text{kW} \approx 2.45\text{kW}$$

无功计算负荷：　$$Q_{30} = 2.45\text{kW}\times1.73 \approx 4.24\text{kvar}$$

视在计算负荷：　$$S_{30} = \frac{2.45\text{kW}}{0.5} = 4.9\text{kV}\cdot\text{A}$$

计算电流：　$$I_{30} = \frac{4.9\text{kV}\cdot\text{A}}{\sqrt{3}\times0.38\text{kV}} \approx 7.44\text{A}$$

（3）多组用电设备计算负荷的确定。确定拥有多组用电设备的干线上或车间变电所低压母线上的计算负荷时，应考虑各组用电设备的最大负荷不同时出现的因素。因此，在确定多组用电设备的计算负荷时，应结合具体情况对其有功负荷和无功负荷分别计入一个综合系数（又称同时系数或参差系数）$K_{\Sigma p}$ 和 $K_{\Sigma q}$。

对车间干线可取 $K_{\Sigma p}$ 为 0.85 ～ 0.95，$K_{\Sigma q}$ 为 0.90 ～ 0.97。

对低压母线，由用电设备组计算负荷直接相加来计算时，可取 $K_{\Sigma p}$ 为 0.80 ～ 0.90，$K_{\Sigma q}$ 为 0.85 ～ 0.95。如果由车间干线计算负荷直接相加来计算时，可取 $K_{\Sigma p}$ 为 0.90 ～ 0.95，$K_{\Sigma q}$ 为 0.93 ～ 0.97。

总的有功计算负荷：

$$P_{30} = K_{\Sigma p} \sum P_{30.i} \qquad (5\text{-}9)$$

总的无功计算负荷：

$$Q_{30} = K_{\Sigma q} \sum Q_{30.i} \qquad (5\text{-}10)$$

以上两式中，$\sum P_{30.i}$ 和 $\sum Q_{30.i}$ 分别为各组设备有功计算负荷和无功计算负荷之和。

总的视在计算负荷为：

$$S_{30} = \sqrt{P_{30}^{\ 2} + Q_{30}^{\ 2}} \qquad (5\text{-}11)$$

总的计算电流为：

$$I_{30} = \frac{S_{30}}{\sqrt{3} U_N} \qquad (5\text{-}12)$$

［例 5-3］ 某机工车间 380V 线路上，接有流水作业的金属切割机床电动机 30 台，共 85kW，其中，较大容量电动机有 11kW 1 台，7.5kW 3 台，4kW 6 台，其他为更小容量的电动机。另有通风机 3 台，共 5kW；电葫芦 1 个，3kW（ε=40%）。试确定各组总的计算负荷。

解：先求各组的计算负荷。

①机床组。查附表 A-21，得 K_d=0.18 ～ 0.25（取 0.25），$\cos\varphi$=0.5，$\tan\varphi$=1.73。

$$P_{30(1)} = 0.25 \times 85\text{kW} \approx 21.3\text{kW}$$

$$Q_{30(1)} = 21.3\text{kW} \times 1.73 \approx 36.8\text{kvar}$$

$$S_{30(1)} = 21.3\text{kW} / 0.5 = 42.6\text{kV}\cdot\text{A}$$

$$I_{30(1)} = \frac{42.6\text{kV}\cdot\text{A}}{\sqrt{3} \times 0.38\text{kV}} \approx 64.7\text{A}$$

②通风机组。查附表 A-21，得 K_d=0.7 ～ 0.8（取 0.8），$\cos\varphi$=0.8，$\tan\varphi$=0.75。

$$P_{30(2)}=0.8\times 5\text{kW}=4\text{kW}$$
$$Q_{30(2)}=4\text{kW}\times 0.75=3\text{kvar}$$
$$S_{30(2)}=4\text{kW}/0.8=5\text{kV}\cdot\text{A}$$
$$I_{30(2)}=\frac{5\text{kV}\cdot\text{A}}{\sqrt{3}\times 0.38\text{kV}}\approx 7.6\text{A}$$

③电葫芦。查附表 A–21，得 K_d=0.1 ～ 0.15（取 0.15），cosφ=0.5，tanφ=1.73 ε=25%，故其设备容量为：

$$P_e=3\text{kW}\times 2\sqrt{0.4}\approx 3.79\text{kW}$$
$$P_{30(3)}=0.15\times 3.79\text{kW}\approx 0.569\text{kW}$$
$$Q_{30(3)}=0.569\text{kW}\times 1.73\approx 0.984\text{kvar}$$
$$S_{30(3)}=0.569\text{kW}/0.5=1.138\text{kV}\cdot\text{A}$$
$$I_{30(3)}=\frac{1.138\text{kV}\cdot\text{A}}{\sqrt{3}\times 0.38\text{kV}}\approx 1.73\text{A}$$

以上三组设备总的计算负荷（取 $K_{\Sigma p}=0.95$，$K_{\Sigma q}=0.97$）为：

$$P_{30}=0.95\times(21.3+4+0.569)\text{kW}\approx 24.6\text{kW}$$
$$Q_{30}=0.97\times(36.8+3+0.984)\text{kvar}\approx 39.6\text{kvar}$$
$$S_{30}=\sqrt{24.6^2+39.6^2}\text{kV}\cdot\text{A}\approx 46.6\text{kV}\cdot\text{A}$$
$$I_{30}=\frac{46.6\text{kV}\cdot\text{A}}{\sqrt{3}\times 0.38\text{kV}}\approx 70.8\text{A}$$

为了使人一目了然，便于审核，实际工程设计中常采用计算表格形式，如表 5–1 所示。

表 5–1　例 5–3 的电力负荷计算表（按需要系数法）

序号	用电设备组名称	台数	设备容量 P_e / kW	需要系数 K_d	cosφ	tanφ	计算负荷			
							P_{30} / kW	Q_{30} / kvar	S_{30} / kV·A	I_{30} / A
1	机床组	30	85	0.25	0.5	1.73	21.3	36.8	42.6	64.7
2	通风机组	3	5	0.8	0.8	0.75	4	3	5	7.6
3	电葫芦	1	3(ε = 40%) 3.79(ε = 25%)	0.15	0.5	1.73	0.569	0.984	1.138	1.73
负荷总计		34	—	—	—	—	25.9	40.8	—	—
		取 $K_{\Sigma p}$=0.95 $K_{\Sigma q}$=0.97			0.53	—	24.6	39.6	46.6	70.8

3. 按二项式法确定三相用电设备组的计算负荷

（1）二项式法的基本计算公式及应用。二项式法确定有功计算负荷的基本公式为：

$$P_{30}=bP_e+cP_x \tag{5-13}$$

式中，bP_e 为用电设备组的平均负荷，其中 P_e 为用电设备组的设备总容量，其计算方法与需要系数法相同；cP_x 为用电设备组中 x 台容量最大的设备投入运行时增加的附加负荷，其中，P_x 是 x 台容量最大设备的附加负荷；b、c 为二项式系数。

其余计算负荷 Q_{30}、S_{30} 和 I_{30} 的计算公式与前述需要系数法相同。

式中，系数 b、c 及最大容量的设备台数 x 和 $\cos\varphi$、$\tan\varphi$ 等值，可查附表 A-21。

必须注意：按二项式法确定计算负荷时，如果设备总台数 $n<2x$，则 x 应相应取小一些，建议取 $x=n/2$，且按“四舍五入”的规则取为整数。例如，某机床电动机组电动机只有 7 台，按附表 A-21 规则得 $x=5$，但这里的 $n=7<2x=10$，因此，建议取 $x=7/2\approx4$ 来计算，即取其中 4 台最大容量电动机的容量来计算 P_x。

如果用电设备组只有 1～2 台设备，就可认为 $P_{30}=P_e$，即 $b=1$，$c=0$。对于单台电动机，则有 $P_{30}=P_N/\eta$，这里 η 为电动机效率。当设备台数较少时，$\cos\varphi$ 也应适当取大。由于按二项式法确定的计算负荷，不仅考虑了用电设备组的平均最大负荷，而且考虑了少数大容量设备投入运行时对总计算负荷的附加影响。因此，二项式法较之需要系数法更适用于确定设备台数较少而容量差别较大的低压分支干线的计算负荷。

［例 5-4］ 试用二项式法确定例 5-1 所述机修车间金属切割机床组的计算负荷。

解：由附表 A-21 查得 $b=0.14$，$c=0.4$，$x=5$，$\cos\varphi=0.5$，$\tan\varphi=1.73$，而设备总容量为：

$$P_e=101\text{kW}\ （见例 5\text{-}1）$$

x 台最大容量设备的容量为：

$$P_x=P_5=11\text{kW}\times1+7.5\text{kW}\times3+4\text{kW}\times1=37.5\text{kW}$$

因此按式（5-13）可求得其有功计算负荷为：

$$P_{30}=0.14\times101\text{kW}+0.4\times37.5\text{kW}=29.14\text{kW}$$

按式（5-6）可求得其无功计算负荷为：

$$Q_{30}=29.14\text{kW}\times1.73\approx50.4\text{kvar}$$

按式（5-7）可求得其视在计算负荷为：

$$S_{30}=29.14\text{kW}/0.5\approx58.3\text{kV}\cdot\text{A}$$

按式（5-8）可求得其计算电流为：

$$I_{30}=\frac{58.3\text{kV}\cdot\text{A}}{\sqrt{3}\times0.38\text{kV}}\approx88.6\text{A}$$

比较例 5-1 和例 5-4 的计算结果可以看出，按二项式法计算的结果比按需要系数法计算的结果稍大，特别是在设备台数较少的情况下。供电设计的实验说明，选择低压分支干线或支线时，特别是用电设备台数少而各台设备容量相差悬殊时，应采用二项式法计算。

（2）多组用电设备计算负荷的确定。采用二项式法确定多组用电设备总的计算负荷时，也应考虑各组设备的最大负荷不同时出现的因素。但不是计入一个小于 1 的综合系数 K_{Σ}，而是在各组设备中取其中一组最大的附加负荷 $(cP_x)_{max}$，再加上各组的平均负荷 bP_e。由此可得总的有功计算负荷为：

$$P_{30}=\sum(bP_e)_i+(cP_x)_{max} \tag{5-14}$$

总的无功计算负荷为：

$$Q_{30}=\sum(bP_e\tan\varphi)_i+(cP_x)_{max}\tan\varphi_{max} \tag{5-15}$$

式中，$\tan\varphi_{max}$ 为最大附加负荷 $(cP_x)_{max}$ 的设备组的平均功率因数角的正切值。

总的视在计算负荷 S_{30} 仍按式（5-11）计算。

总的计算电流 I_{30} 仍按式（5-12）计算。

为了简化和统一，按二项式法计算多组设备总的计算负荷时，与前述按需要系数法计算一样，也不论各组设备台数为多少，各组的计算系数 b、c、x 和 $\cos\varphi$、$\tan\varphi$ 等均按附表 A-21 所列数值选取。

［例 5-5］ 试用二项式法确定例 5-3 所述机工车间 380V 线路上各组设备的总的计算负荷。

解：先求各组的平均负荷、附加负荷和计算负荷。

①机床组。查附表 A-21，得 b=0.14，c=0.5，x=5，$\cos\varphi$=0.5，$\tan\varphi$=1.73，因此有

$$\begin{aligned}
bP_{e(1)}&=0.14\times85\text{kW}=11.9\text{kW}\\
cP_{x(1)}&=0.5\times(11\text{kW}\times1+7.5\text{kW}\times3+4\text{kW}\times1)\approx18.8\text{kW}\\
P_{30(1)}&=11.9\text{kW}+18.8\text{kW}=30.7\text{kW}\\
Q_{30(1)}&=30.7\text{kW}\times1.73\approx53.1\text{kvar}\\
S_{30(1)}&=30.7\text{kW}/0.5=61.4\text{kV·A}\\
I_{30(1)}&=\frac{61.4\text{kV·A}}{\sqrt{3}\times0.38\text{kV}}\approx93.3\text{A}
\end{aligned}$$

②通风机组。查附表 A-21，得 b=0.65，c=0.25，x=5，$\cos\varphi$=0.8，$\tan\varphi$=0.75，因此有

$$\begin{aligned}
bP_{e(2)}&=0.65\times5\text{kW}=3.25\text{kW}\\
cP_{x(2)}&=0.25\times5\text{kW}=1.25\text{kW}\\
P_{30(2)}&=3.25\text{kW}+1.25\text{kW}=4.5\text{kW}\\
Q_{30(2)}&=4.5\text{kW}\times0.75\approx3.38\text{kvar}\\
S_{30(2)}&=4.5\text{kW}/0.8\approx5.63\text{kV·A}\\
I_{30(2)}&=\frac{5.63\text{kV·A}}{\sqrt{3}\times0.38\text{kV}}\approx8.55\text{A}
\end{aligned}$$

③电葫芦。查附表 A-21，得 b=0.06，c=0.2，x=3，$\cos\varphi$=0.5，$\tan\varphi$=1.73。电葫芦在 ε=40% 时 $P_N=35\text{kV}$，换算到 ε=25% 时，$P_e=3.79\text{kW}$（见例 5-3），因此有

$$bP_{e(3)} = 0.06 \times 3.79\text{kW} \approx 0.227\text{kW}$$
$$cP_{x(3)} = 0.2 \times 3.79\text{kW} = 0.758\text{kW}$$
$$P_{30(3)} = 0.227\text{kW} + 0.758\text{kW} = 0.985\text{kW}$$
$$Q_{30(3)} = 0.985\text{kW} \times 1.73 \approx 1.70\text{kvar}$$
$$S_{30(3)} = 0.985\text{kW} / 0.5 = 1.97\text{kV} \cdot \text{A}$$
$$I_{30(3)} = \frac{1.97\text{kV} \cdot \text{A}}{\sqrt{3} \times 0.38\text{kV}} \approx 2.99\text{A}$$

比较以上各组的附加负荷 cP_x 可知，机床组的 $cP_{x(1)}$=18.8kW，最大。因此，总的计算负荷为：

有功计算负荷： $P_{30} = (11.9 + 3.25 + 0.227)\text{kW} + 18.8\text{kW} \approx 34.2\text{kW}$

无功计算负荷：$Q_{30} = (11.9 \times 1.73 + 3.25 \times 0.75 + 0.227 \times 1.73)\text{kvar} + 18.8\text{kvar} \times 1.73 \approx 55.9\text{kvar}$

视在计算负荷：

$$S_{30} = \sqrt{34.2^2 + 55.9^2}\text{kV} \cdot \text{A} \approx 65.5\text{kV} \cdot \text{A}$$

计算电流：

$$I_{30} = \frac{65.5\text{kV} \cdot \text{A}}{\sqrt{3} \times 0.38\text{kA}} \approx 99.5\text{A}$$

以上计算也可列成负荷计算表格，如表 5-2 所示。

表 5-2 例 5-5 的电力负荷计算表（按二项式系数法）

序号	用电设备组名称	台数 n 或 n/x	容量		系数	$\cos\varphi$	$\tan\varphi$	计算负荷			
			P_e / kW	P_x / kW	b/c			P_{30} / kW	Q_{30} / kvar	S_{30} / kV·A	I_{30} / A
1	机床组	30/5	85	37.5	0.14/0.5	0.5	1.73	11.9+18.8=30.7	53.1	61.4	93.3
2	通风机组	3	5		0.65/0.25	0.8	0.75	3.25+1.25=4.5	3.38	5.63	8.55
3	电葫芦	1	$3(\varepsilon = 40\%)$ $3.79(\varepsilon = 25\%)$		$0.06 / 0.2$ $(\varepsilon = 25\%)$	0.5	1.73	0.227+0.758=0.985	1.70	1.97	2.99
负荷总计		34	—	—	—	0.52	—	（11.9+3.25+0.227）+18.8=34.2	55.9	65.5	99.5

注：总的 $\cos\varphi = P_{30} / S_{30} = 34.2 / 65.5 \approx 0.52$。

5.3 短路计算

5.3.1 短路的原因、形式及后果

1. 短路的原因

短路是指不同电位的导体之间的电气短接，这是电力系统中最常见也是最严重的一种故障。

电力系统出现短路故障，究其原因，主要有以下三个方面：

（1）电气绝缘损坏。这可能是由于电气设备长期运行，其绝缘材料自然老化而损坏；也可能是由于设备本身质量不好，绝缘强度不够而被正常电压击穿；也可能是由于设备绝缘层受到外力损伤而导致短路。

（2）误操作。例如，带负荷误拉高压隔离开关，很可能导致三相弧光短路。又如，误将较低电压的设备投入较高电压的电路中而造成设备的击穿短路。

（3）鸟兽害。例如，鸟类及蛇鼠等小动物跨越在裸露的不同电位的导体之间，或者被鼠类咬坏设备或导体的绝缘层，都会引起短路故障。

2. 短路的后果

电路短路后，其阻抗值比正常负荷时电路的阻抗值小得多，因此，短路电流往往比正常负荷下的电流大许多倍。在大容量电力系统中，短路电流可高达几万安培或几十万安培。如此大的短路电流对电力系统可产生极大的危害：

（1）短路电流的电动效应和热效应。短路电流将产生很大的电动力和很高的温度，可能造成电路及其设备的损坏，甚至引起火灾事故。

（2）电压骤降。短路将造成系统电压骤降。越靠近短路点，电压越低，这将严重影响电气设备的正常运行。

（3）造成停电事故。短路时，电力系统的保护装置动作，使开关跳闸或熔断器熔断，从而造成停电事故。越靠近电源短路，引起停电的范围越大，给国民经济造成的损失也越大。

（4）影响系统稳定。严重的短路可使并列运行的发电机组不能同步，造成电力系统解列，破坏电力系统的稳定运行。

（5）产生电磁干扰。单相接地短路电流，可对附近的通信线路、信号系统及电子设备等产生电磁干扰，使之无法正常运行，甚至引起误动作。

由此可见，短路的后果是非常严重的，因此，供配电系统在设计、安装和运行中，都应尽力设法消除可能引起短路故障的一切因素。

3. 短路的形式

在三相系统中，可有下列短路形式：

（1）三相短路。如图 5-2（a）所示，三相短路用 $k^{(3)}$ 表示，三相短路电流写作 $I_k^{(3)}$。

（2）两相短路。如图 5-2（b）所示，两相短路用 $k^{(2)}$ 表示，两相短路电流写作 $I_k^{(2)}$。

（3）单相短路。如图 5-2（c）、图 5-2（d）所示，单相短路用 $k^{(1)}$ 表示，单相短路电流写作 $I_k^{(1)}$。

（4）两相接地短路。图 5-2（e）所示为中性点不接地的电力系统中两不同相的单相接地所形成的两相短路，也只存在如图 5-2（f）所示的两相短路又接地的情况。两相接地短路用 $k^{(1.1)}$ 表示，其短路电流则写作 $I_k^{(1.1)}$。两相接地短路实质上与两相短路相同。

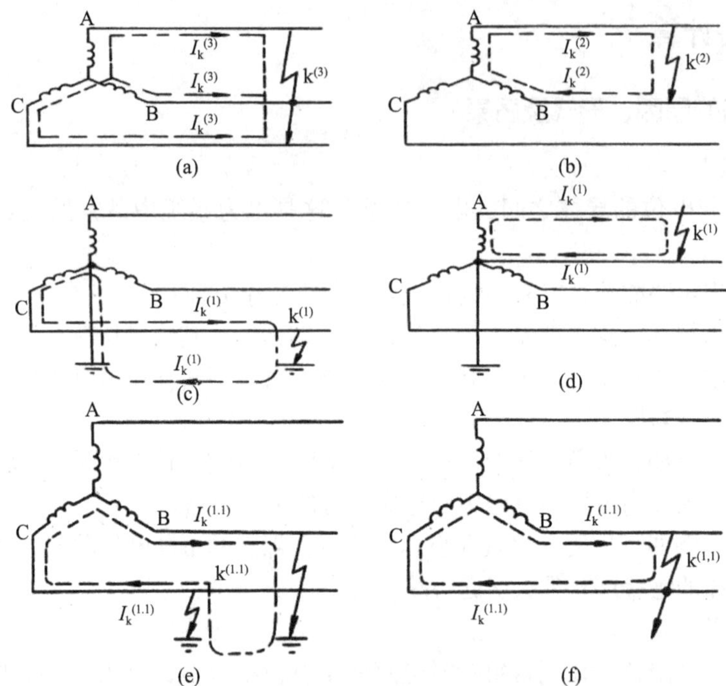

图 5-2　短路的形式（虚线表示短路电流路径）

上述的三相短路属于“对称性短路”。其他形式的短路均属于“非对称性短路”。电力系统中，发生单相短路的可能性最大，而发生三相短路的可能性最小。但一般三相短路的电流最大，造成的危害也最严重。为了使电力系统中的电气设备在严重的短路状态下也能可靠地工作，在选择校验电气设备的短路计算中，以三相短路计算为主。实际上，非对称性短路也可按对称分量法分解为对称的正序、负序和零序分量来研究，所以对称性的三相短路分析也是分析非对称性短路的基础。

5.3.2　无限大容量电力系统的短路电流计算

1. 无限大容量电力系统及其三相短路的物理量

无限大容量电力系统，就是其容量相对于用户内部供配电系统容量大得多的电力系统，以致用户的负荷不论如何变动甚至发生短路，电力系统变电所馈电母线的电压仍能基本维持不变。在实际的用户供电设计中，当电力系统总阻抗不超过短路回路总阻抗的 5% ~ 10%，或者电力系统容量超过用户供配电系统容量的 50 倍时，可将电力系统视为“无限大容量电力系统”。不满足上述条件的电力系统，则称为“有限容量电力系统”。

对一般用户（含工矿企业）供配电系统来说，由于其容量远比电力系统的总容量小，而其阻抗又远比电力系统大，因此，用户供配电系统内发生短路时，电力系统变电所馈电母线上的电压几乎维持不变，也就是说，可将电力系统看作无限大容量的电源。图 5-3（a）是一个电源为无限大容量的供电系统中发生三相短路的电路图。由于三相对称，因此，这个三相电路图可用图 5-3（b）所示等效单相电路图来研究。

正常运行时，电路中的电流取决于电源电压和电路中所有元件包括负荷（用电设备）在内的总阻抗。当发生三相短路时，由于负荷阻抗和部分线路阻抗被短路，所以根据欧姆定律，电路中的电流（短路电流）会突然增大。但是，由于短路电路中存在电感，根据楞次定律，电流又不能突变，因而引起一个过渡过程，即短路暂态过程，最后短路电流达到一个新的稳定状态。

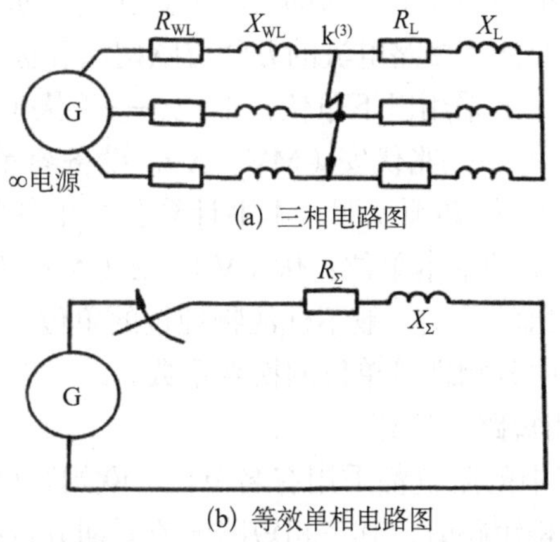

(a) 三相电路图

(b) 等效单相电路图

图 5-3 无限大容量系统中发生三相短路

在高压线路发生三相短路时，有如下公式：

$$i_{sh}=2.55I'' \tag{5-16}$$

$$I_{sh}=1.09I'' \tag{5-17}$$

式中，i_{sh} 为短路冲击电流；I_{sh} 为短路后第一个周期的短路全电流有效值；I'' 为短路次暂态电流有效值，是短路后第一个周期的短路电流周期分量的有效值。

在低压电路和 1000kV · A 及以下变压器二次侧发生三相短路时，有如下公式：

$$i_{sh}=1.84I'' \tag{5-18}$$

$$I_{sh}=1.09I'' \tag{5-19}$$

短路稳态电流是短路电流非周期分量衰减完毕以后的短路全电流，其有效值用 I_∞ 表示。在无限大容量系统中，$I''=I_\infty=I_k$，其中，I_k 为短路电流周期分量有效值。

2. 无限大容量电力系统中的短路电流计算

1）短路电流计算概述

供配电系统要求对用户安全可靠地供电，但是由于各种原因，也难免出现故障，其中最常见的故障就是短路，而短路的后果十分严重，直接影响供配电系统及电气设备的安全运行。为了能够正确地选择电气设备，使设备具有足够的动稳定性和热稳定性，以保证在通过可能的最大的短路电流时也不致损耗，必须进行短路电流计算。同时为了选择切断短路故障的开关电器、整定短路保护的继电保护及选择限制短路电流的元件（如电抗器等），也必须计算短路电流。

进行短路电流计算时，首先要绘出计算电路图。在计算电路图上，将短路计算所需考虑的各元件的主要参考数据都表示出来，并将各元件依次编号，然后确定短路计算点。短路计算点要选择得使需要进行短路校验的电气元件有最大可能的短路电流通过。接着，按所选择的短路计算点绘出等效电路图，并计算电路中各主要元件的阻抗。在等效电路图上，只需将所计算的短路电流流经的一些主要元件表示出来，并标明其序号和阻抗值，一般分子标序号，分母标阻抗值（既有电阻又有电抗时，用复数形式 R+jX 表示），然后将等效电路化简。对于一般用户供配电系统来说，由于将电力系统当作无限大容量电源，且短路电路也比较简单，因此，通常只需采用阻抗串并联的方法即可将电路化简，求出其等效总阻抗。最后计算短路电流和短路容量。常用的计算短路电流的方法有欧姆法和标幺制法。

短路计算中有关物理量一般采用以下单位：电压——千伏（kV），电流——千安（kA），短路容量和断流容量（功率）——兆伏安（MV·A），设备容量——千瓦（kW）或千伏安（kV·A），阻抗——欧（Ω）。但必须说明，本书计算公式中各物理量的单位除特别标明外一般采用国际单位制（SI 制）的基本单位：伏（V）、安（A）、瓦（W）、伏安（V·A）、欧姆（Ω）等。因此，后面导出的公式一般不标注物理量的单位。如果采用工程中常用的单位计算，则必须注意所用公式中各物理量单位的换算系数。

2）采用欧姆法进行三相短路的计算

欧姆法是因其短路计算中的阻抗都采用有名单位“欧姆”而得名，也称有名单位制法。在无限大容量系统中发生三相短路时，其三相短路电流周期分量有效值可用下式计算：

$$I_{\mathrm{k}}^{(3)}=\frac{U_{\mathrm{c}}}{\sqrt{3}\left|Z_{\Sigma}\right|}=\frac{U_{\mathrm{c}}}{\sqrt{3}\sqrt{R_{\Sigma}^{2}+X_{\Sigma}^{2}}} \tag{5-20}$$

式中，U_{c} 为短路计算点的短路计算电压，由于线路首端短路时其短路最严重，因此，按线路首端电压考虑，即短路计算电压取为比线路额定电压 U_{N} 高 5%，按我国电压标准，U_{c} 有 0.4kV、0.69kV、3.15kV、6.3kV、10.5kV、37kV 等；$\left|Z_{\Sigma}\right|$、R_{Σ}、X_{Σ} 分别为短路的总阻抗[模]、总电阻和总阻抗。

在高压电路的短路计算中，通常 $R_{\Sigma} \leqslant X_{\Sigma}$，因此，可只计 X_{Σ}，不计 R_{Σ}。在低压电路的短路计算中，也只有当 $R_{\Sigma} > X_{\Sigma}/3$ 时才需要计入电阻。

如果不计算电阻，则三相短路电流周期分量有效值为：

$$I_{\mathrm{k}}^{(3)}=\frac{U_{\mathrm{c}}}{\sqrt{3}X_{\Sigma}} \tag{5-21}$$

三相短路内容按下式计算：

$$S_{\mathrm{k}}^{(3)}=\sqrt{3}U_{\mathrm{c}}I_{\mathrm{k}}^{(3)} \tag{5-22}$$

关于短路电路的阻抗，一般可只计电力系统（电源）的阻抗、电力变压器阻抗和电力线路阻抗。而供配电系统中的母线、电流互感器的一次绕组、低压断路器的过电流脱扣线圈及开关触头等的阻抗，相对来说很小，在短路计算中可略去不计。在略去上述阻抗之后，计算所得的短路电流自然稍有偏大，但用稍偏大的短路电流来校验电气设备，反而可以使所选电气设备的运行安全性更有保证。

（1）电力系统（电源）的阻抗计算。电力系统（电源）的电阻相对于它的电抗很小，一般不予考虑。电力系统的电抗可由电力系统变电所高压馈电线出口断路器的断流容量 S_{oc} 来计算，S_{oc} 可看作电力系统的极限短路容量。因此，电力系统的电抗为：

$$X_s = \frac{U_c^{\ 2}}{S_{oc}} \tag{5-23}$$

式中，U_c 为高压馈电线的短路计算电压，为了便于短路电路总阻抗的计算，免去阻抗换算的麻烦，此式中的 U_c 可直接采用短路计算点的短路计算电压；S_{oc} 为电力系统出口断路器的断流容量，可查有关手册或断路器产品样本（参看附表 A–1）。如果只有开断电流 I_{oc} 数据，则其断流容量可按下式求得：

$$S_{oc} = \sqrt{3} U_N I_{oc} \tag{5-24}$$

式中，U_N 为断路器的额定电压。

（2）电力变压器的阻抗计算。

①电力变压器的电阻 R_T。可由变压器的短路损耗 ΔP_k（即负载损耗 ΔP_L）近似计算：

因
$$\Delta P_k \approx 3 I_N^2 R_T = 3 \times \left(\frac{S_N}{\sqrt{3} U_N I_{oc}} \right)^2 R_T$$

故
$$R_T \approx \Delta P_k \left(\frac{U_c}{S_N} \right)^2 \tag{5-25}$$

式中，U_c 可取短路计算点的短路计算电压；S_N 为变压器的额定容量；ΔP_k 为变压器的短路损耗，可查有关手册或产品样本（参看附表 A–2）。

②电力变压器的电抗 X_T。可由变压器的阻抗电压 $U_Z\%$（即短路电压 $U_k\%$）近似计算：

因
$$U_Z\% \approx \frac{\sqrt{3} I_N X_T}{U_c} \times 100 \approx \frac{S_N X_T}{U_c^{\ 2}} \times 100$$

故
$$X_T \approx \frac{U_Z\% U_c^{\ 2}}{100 S_N} \tag{5-26}$$

式中，$U_Z\%$ 为变压器的阻抗电压百分值，可查有关手册或产品样本获得（参看附表 A–2）。

③电力线路的阻抗计算。电力线路的电阻 R_{WL} 可由导线电缆的单位长度电阻 R_0 值求得，即

$$R_{WL} = R_0 l \tag{5-27}$$

式中，R_0 为导线电缆单位长度的电阻，可查有关手册或产品样本获得（参看附表 A–22 和附表 A–23）；l 为线路长度。

电力线路的电抗 X_{WL} 可由导线电缆的单位长度电抗 X_0 的值求得，即

$$X_{WL} = X_0 l \tag{5-28}$$

式中，X_0 为导线电缆单位长度的电抗，可查有关手册或产品样本（参看附表 A-22 和附表 A-23），如果线路的结构数据不详，无法查找，可按表 5-3 取其电抗平均值，同一电压同类线路电抗值变动的幅度一般不大，这从附表 A-22 和附表 A-23 也可看出；l 为线路长度。

表 5-3　电力线路每相的单位长度电抗平均值

线路结构	单位长度电抗平均值 / （Ω/km）		
	220/380V	6 ～ 10kV	35kV 及以上
架空线路	0.32	0.35	0.4
电缆线路	0.066	0.08	0.12

求出短路电路中各主要元件的阻抗后，化简电路，求出其等效总阻抗，然后按式（5-20）或式（5-21）计算其三相短路周期分量 $I_k^{(3)}$，再按有关公式计算其他短路电流 $I''^{(3)}$、$I_\infty^{(3)}$、$i_{sh}^{(3)}$ 和 $I_{sh}^{(3)}$ 等，并按式（5-22）计算三相短路容量 $S_k^{(3)}$。由 $\Delta P=U^2/R$ 和 $\Delta Q=U^2/X$ 可知，元件的阻抗值与电压平方成正比，因此，阻抗换算的公式为：

$$R' = R\left(\frac{U_c'}{U_c}\right)^2 \tag{5-29}$$

$$X' = X\left(\frac{U_c'}{U_c}\right) \tag{5-30}$$

式中，R、X 和 U_c 分别为换算前元件的电阻、电抗和元件所在处的短路计算电压；R' 、X' 和 U_c' 为换算后元件的电阻、电抗和短路计算点的短路计算电压。就短路计算中考虑的机构主要元件的阻抗来说，只有电力线路的阻抗有时需要换算。例如，计算低压侧的短路电流时，高压侧线路的阻抗就需要换算到低压侧去。而电力系统和电力变压器的阻抗，由于其阻抗计算公式均含有 U_c^2，因此，在计算其阻抗时，公式中的 U_c 直接代以短路计算点的短路计算电压，相当于阻抗已经换算到短路计算点一侧了。

［例 5-6］ 某供配电系统如图 5-4 所示。已知电力系统出口断路器为 SN10—10 Ⅱ型。试求该用户变电所高压 10kV 母线上 k-1 点短路和低压 380V 母线上 k-2 点短路的三相短路电流和短路容量。

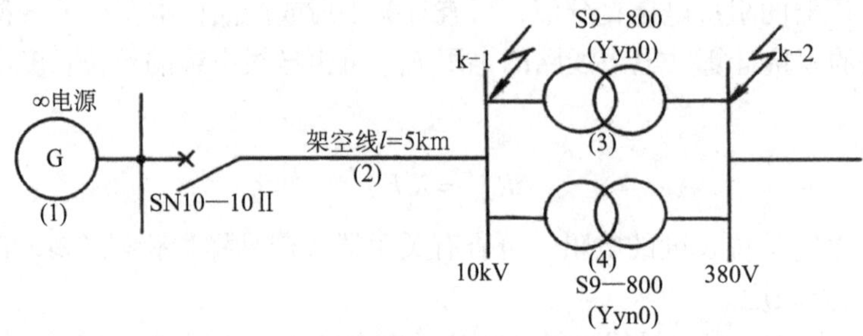

图 5-4　例 5-6 的短路计算电路图

解：I. 求 k−1 点的三相短路电流和短路容量（U_{c1}=10.5kV）

（1）计算短路电路中各元件的电抗和总电抗。

①电力系统的电抗：由附表 A−1 可查得 SN10—10 Ⅱ型断路器的断流容量 S_{oc}=500MV・A，因此有

$$X_1 = \frac{U_{c1}^2}{S_{oc}} = \frac{(10.5\text{kV})^2}{500\text{MV}\cdot\text{A}} \approx 0.22\Omega$$

②架空线路的电抗：由表 5−3，查得 X_0=0.35Ω/km，因此有

$$X_2 = X_0 l = 0.35(\Omega/\text{km}) \times 5\text{km} = 1.75\Omega$$

③绘制 k−1 点短路的等效电路，如图 5−5（a）所示，并计算其总电抗为：

$$X_{\Sigma(k-1)} = X_1 + X_2 = 0.22\Omega + 1.75\Omega = 1.97\Omega$$

（2）计算三相短路电流和短路容量。

①三相短路电流周期分量有效值：

$$I_{k-1}^{(3)} = \frac{U_{c1}}{\sqrt{3}X_{\Sigma(k-1)}} = \frac{10.5\text{kV}}{\sqrt{3}\times 1.97\Omega} \approx 3.08\text{kA}$$

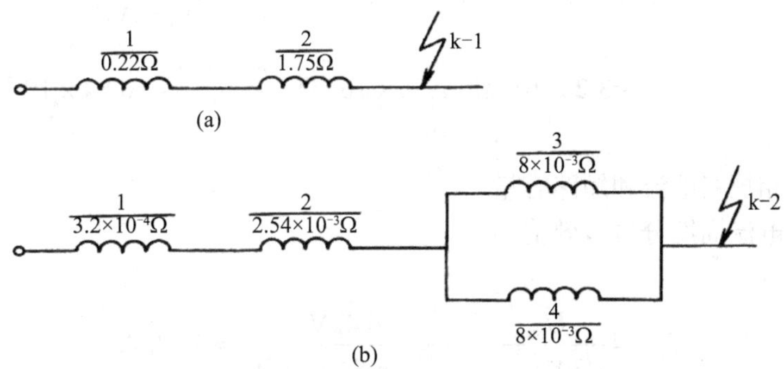

图 5−5　例 5−6 的短路等效电路图（欧姆法）

②三相短路次暂态电流和稳态电流有效值：

$$I''^{(3)} = I_{\infty}^{(3)} = I_{k-1}^{(3)} = 3.08\text{kA}$$

③三相短路冲击电流及第一个周期短路全电流有效值：

$$I_{sh}^{(3)} = 2.55I''^{(3)} = 2.55\times 3.08\text{kA} \approx 7.85\text{kA}$$

$$I_{sh}^{(3)} = 1.51I''^{(3)} = 1.51\times 3.08\text{kA} \approx 4.65\text{kA}$$

④三相短路容量：

$$S_{k-1}^{(3)} = \sqrt{3}U_{c1}I_{k-1}^{(3)} = \sqrt{3}\times 10.5\text{kV}\times 3.08\text{kA} \approx 56.0\text{MV}\cdot\text{A}$$

Ⅱ. 求 k−2 点的三相短路电流和短路容量（U_{c2}=0.4kV）

（1）计算短路电路中各元件的电抗及总电抗。

①电力系统的电抗：

$$X_1' = \frac{U_{c2}^2}{S_{oc}} = \frac{(0.4\text{kV})^2}{500\text{MV}\cdot\text{A}} = 3.2\times10^{-4}\Omega$$

②架空线路的电抗：

$$X_2' = X_0 l(\frac{U_{c2}}{U_{c1}})^2 = 0.35(\Omega/\text{km})\times5\text{km}\times(\frac{0.4\text{kV}}{10.5\text{kV}})^2$$

$$\approx 2.54\times10^{-3}\Omega$$

③电力变压器的电抗：由附表 A−2 得 U_Z%=5，因此有

$$X_3 = X_4 \approx \frac{U_Z\%U_{c2}^2}{100S_N} = \frac{5}{100}\times\frac{(0.4\text{kV})^2}{1000\text{kV}\cdot\text{A}} = 8\times10^{-6}\text{k}\Omega = 8\times10^{-3}\Omega$$

④绘 k−2 点短路的等效电路如图 5−5（b）所示，并计算其总电抗如下：

$$X_{\Sigma(k-2)} = X_1' + X_2' + X_3 // X_4 = X_1' + X_2' + \frac{X_3X_4}{X_3+X_4}$$

$$=3.2\times10^{-4}\Omega+2.54\times10^{-3}\Omega+\frac{8\times10^{-3}\Omega}{2}=6.84\times10^{-3}\Omega$$

（2）计算三相短路电流和短路容量。

①三相短路电流周期分量有效值：

$$I_{k-2}^{(3)} = \frac{U_{c2}}{\sqrt{3}X_{\Sigma(k-2)}} = \frac{0.4\text{kV}}{\sqrt{3}\times6.84\times10^{-3}\Omega} \approx 33.7\text{kA}$$

②三相短路次暂态电流和稳态电流有效值：

$$I''^{(3)} = I_{\infty}^{(3)} = I_{k-2}^{(3)} = 33.7\text{kA}$$

③三相短路冲击电流及第一个周期短路全电流有效值：

$$i_{sh}^{(3)} = 1.84I''^{(3)} = 1.84\times33.7\text{kA} \approx 62.0\text{kA}$$
$$I_{sh}^{(3)} = 1.09I''^{(3)} = 1.09\times33.7\text{kA} \approx 36.7\text{kA}$$

④三相短路容量：

$$S_{k-2}^{(3)} = \sqrt{3}\times0.4\text{kV}\times33.7\text{kA} \approx 23.3\text{MV}\cdot\text{A}$$

在工业设计中，往往只列短路计算表格，如表 5−4 所示。

表 5–4　例 5–6 的短路计算表

短路计算点	三相短路电流 /kA					三相短路容量 /MV · A
	$I_k^{(3)}$	$I''^{(3)}$	$I_\infty^{(3)}$	$i_{sh}^{(3)}$	$I_{sh}^{(3)}$	$S_k^{(3)}$
k–1	3.08	3.08	3.08	7.85	4.65	56.0
k–2	33.7	33.7	33.7	62.0	36.7	23.3

3）采用标幺制法进行三相短路的计算

标幺制法因其短路计算中的有关物理量是采用标幺值（相对值）而得名，又称相对单位值法。某一物理量的标幺值 A_d^* 为该物理量的实际值 A 与选定的基准值 A_d 的比值，即

$$A_d^* \overset{\text{def}}{=\!=} \frac{A}{A_d} \tag{5-31}$$

按标幺制法进行短路计算时，须先选定基准容量 S_d 和基准电压 U_d。

工程设计中通常取基准容量 S_d=100MV · A。

基准电压，通常取元件所在处的短路计算电压，即取 $U_d=U_c$。

选定了基准容量 S_d 和基准电压 U_d 以后，可按下式计算基准电流：

$$I_d = \frac{S_d}{\sqrt{3}U_d} = \frac{S_d}{\sqrt{3}U_c} \tag{5-32}$$

按下式计算基准电抗：

$$X_d = \frac{U_d}{\sqrt{3}I_d} = \frac{U_c^2}{S_d}$$

下面分别介绍供配电系统中各主要元件电抗标幺值的计算（取 S_d=100MV · A，$U_d=U_c$）。

（1）电力系统的电抗标幺值：

$$X_S^* = \frac{X_S}{X_d} == \frac{U_c^2}{S_{oc}}$$

（2）电力变压器的电抗标幺值：

$$X_T^* = \frac{X_T}{X_d} = \frac{U_Z\%U_c^2}{100S_N} \Big/ \frac{U_c^2}{S_d} = \frac{U_Z\%S_d}{100S_N}$$

（3）电力线路的电抗标幺值：

$$X_{WL}^* = \frac{X_{WL}}{X_d} = \frac{X_0 l}{U_c^2/S_d} = X_0 l \frac{S_d}{U_c^2}$$

求出短路电路中各主要元件的电抗标幺值后，即可利用其等效电路图（参看图 5–6）进

行电路化简，计算其总阻抗标幺值 X_{Σ}^{*}。由于各元件电抗都采用标幺值（相对值），与短路计算点电压无关，因此，无须进行电压换算，这也是标幺制法较欧姆法优越之处。

无限大容量系统三相短路电流周期分量有效值的标幺值按下式计算：

$$I_{k}^{(3)*}=\frac{I_{k}^{(3)}}{I_{d}}=\frac{U_{c}}{\sqrt{3}X_{\Sigma}}\bigg/\frac{S_{d}}{\sqrt{3}U_{c}}=\frac{U_{c}^{2}}{S_{d}X_{\Sigma}}=\frac{1}{X_{\Sigma}^{*}} \tag{5-33}$$

由此可求得三相短路电流周期分量有效值：

$$I_{k}^{(3)}=I_{k}^{(3)*}I_{d}=\frac{I_{d}}{X_{\Sigma}^{*}} \tag{5-34}$$

求出 $I_{k}^{(3)}$ 后，即可利用前面的有关公式计算 $I^{(3)}$、$I_{\infty}^{(3)}$、$i_{sh}^{(3)}$ 和 $I_{sh}^{(3)}$ 等。

三相短路容量的计算公式为：

$$S_{k}^{(3)}=\sqrt{3}U_{c}I_{k}^{(3)}=\sqrt{3}U_{c}\frac{I_{d}}{X_{\Sigma}^{*}}=\frac{S_{d}}{X_{\Sigma}^{*}} \tag{5-35}$$

［例 5-7］ 试用标幺制法计算例 5-6 所示供配电系统中 k-1 点和 k-2 点的三相短路电流和短路容量。

解：（1）确定基准值。

取 S_{d}=100MV · A，$U_{d1}=U_{c1}$=10.5kV，$U_{d2}=U_{c2}$=0.4kV

而

$$I_{d1}=\frac{S_{d}}{\sqrt{3}\times 10.5\text{kV}}\approx 5.50\text{kA}$$

$$I_{d2}=\frac{S_{d}}{\sqrt{3}U_{c2}}=\frac{100\text{MV·A}}{\sqrt{3}\times 0.4\text{kV}}\approx 144\text{kA}$$

（2）计算短路电路中各主要元件的电抗标幺值。

① 电力系统的电抗标幺值：由附表 A-1 查得 SN10—10 Ⅱ型断路器的 S_{oc}=500MV · A，因此

$$X_{1}^{*}=\frac{S_{d}}{S_{oc}}=\frac{100\text{MV·A}}{500\text{MV·A}}=0.2$$

② 架空线路的电抗标幺值：由表 5-3 查得 X_{0}=0.35Ω/km，因此有

$$X_{2}^{*}=X_{0}l\frac{S_{d}}{S_{c1}}=0.35\Omega/\text{km}\times 5\text{km}\times\frac{100\text{MV·A}}{(10.5\text{kV})^{2}}\approx 1.59$$

③ 电力变压器的电抗标幺值：由附表 A-2 查得 $U_{Z}\%$=5，因此有

$$X_{3}^{*}=X_{4}^{*}=\frac{U_{Z}\%S_{d}}{100S_{N}}=\frac{5\times 100\times 10^{3}\text{kV·A}}{100\times 1000\text{kV·A}}=5.0$$

绘制短路等效电路，如图 5-6 所示。图上标出各元件的序号（分子）和电抗标幺值（分母），并标出短路计算点 k-1 和 k-2。

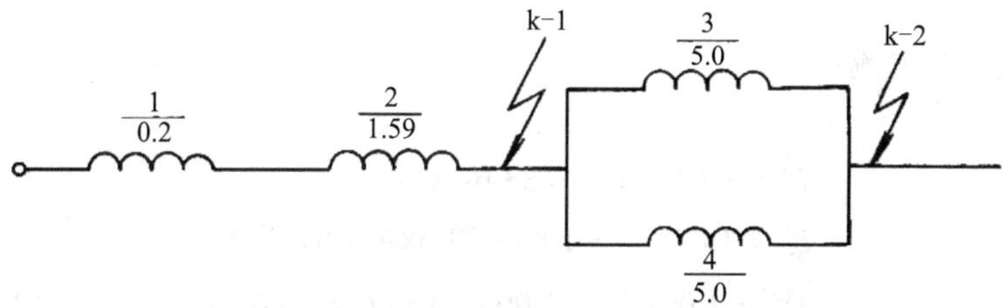

图 5-6　例 5-7 的短路等效电路图（标幺制法）

（3）求 k-1 点的短路电路总电抗标幺值及三相短路电流和短路容量。

①总电抗标幺值：

$$X_{\Sigma(k-1)}^{*}=X_{1}^{*}+X_{2}^{*}=0.2+1.59=1.79$$

②三相短路电流周期分量有效值：

$$I_{k-1}^{(3)}=\frac{I_{d1}}{X_{\Sigma(k-1)}^{*}}=\frac{5.50\text{kA}}{1.79}\approx 3.07\text{kA}$$

③其他三相短路电流：

$$I''^{(3)}=I_{\infty}^{(3)}=I_{k-1}^{(3)}=3.07\text{kA}$$
$$i_{sh}^{(3)}=2.55I''^{(3)}=2.55\times 3.07\text{kA}\approx 7.83\text{kA}$$
$$I_{sh}^{(3)}=1.51I''^{(3)}=1.51\times 3.07\text{kA}\approx 4.64\text{kA}$$

④三相短路容量：

$$S_{k-1}^{(3)}=\frac{S_d}{X_{\Sigma(k-1)}^{*}}=\frac{100\text{MV·A}}{1.79}\approx 55.9\text{MV·A}$$

（4）求 k-2 点的短路电路总电抗标幺值及三相短路电路和短路容量。

①总电抗标幺值：

$$X_{\Sigma(k-2)}^{*}=X_{1}^{*}+X_{2}^{*}+X_{3}^{*}//X_{4}^{*}=0.2+1.59+\frac{5.0}{2}=4.29$$

②三相短路电流周期分量有效值：

$$I_{k-2}^{(3)}=\frac{I_{d2}}{X_{\Sigma(k-2)}^{*}}=\frac{144\text{kA}}{4.29}\approx 33.6\text{kA}$$

③其他三相短路电流：

$$I''^{(3)}=I_{\infty}^{(3)}=I_{k-2}^{(3)}=33.6\text{kA}$$
$$i_{sh}^{(3)}=1.84I''^{(3)}=1.84\times 33.6\text{kA}\approx 61.8\text{kA}$$
$$I_{sh}^{(3)}=1.09I''^{(3)}=1.09\times 33.6\text{kA}\approx 36.6\text{kA}$$

④三相短路容量：

$$S_{k-2}^{(3)}=\frac{S_d}{X_{\Sigma(k-2)}^{*}}=\frac{100\text{MV·A}}{4.29}\approx 23.3\text{MV·A}$$

此例计算结果与例 5-6 基本相同（短路计算表略）。

4）两相短路电流的计算

在无限大容量系统中发生两相短路时（参看图 5-7），其两相短路电流周期分量有效值（简称两相短路电流）为：

$$I_k^{(2)}=\frac{U_c}{2|Z_\Sigma|} \tag{5-36}$$

式中，U_c 为短路计算点的短路计算电压（线电压）。

如果只计电抗，则两相短路电流为：

$$I_k^{(2)}=\frac{U_c}{2X_\Sigma} \tag{5-37}$$

其他两相短路电流 $I''^{(2)}$、$I_{\infty}^{(2)}$、$i_{sh}^{(2)}$ 和 $I_{sh}^{(2)}$ 等，都可按前面三相短路的对应短路电流公式计算。

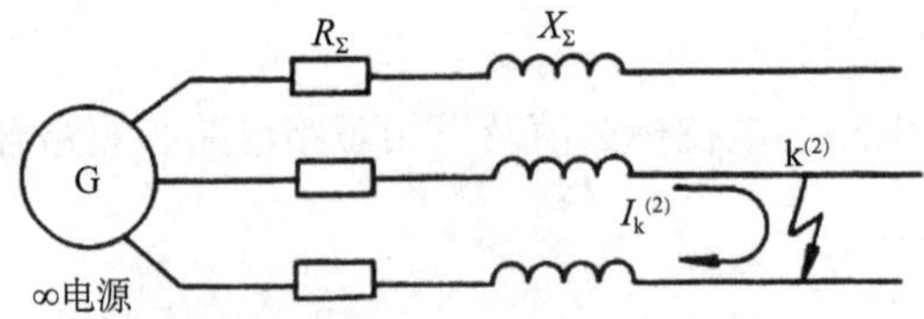

图 5-7　无限大容量电力系统中发生两相短路

关于两相短路电流与三相短路电流的关系，可由 $I_k^{(2)}=U_c/(2X_\Sigma)$ 及 $I_k^{(3)}=U_c/\left(\sqrt{3}X_\Sigma\right)$ 求得。

因　　$I_k^{(2)}/I_k^{(3)}=\sqrt{3}/2=0.866$

故
$$I_k^{(2)} = \frac{\sqrt{3}}{2} I_k^{(3)} = 0.866 I_k^{(3)} \tag{5-38}$$

上式说明，在无限大容量系统中，同一地点的两相短路电流为三相短路电流的 0.866 倍。因此无限大容量系统中的两相短路电流，可在求出三相短路电流后利用式（5–38）求得。

5.3.3　短路电流的效应与选择

1. 短路电流的电动效应与动稳定度校验

（1）短路电流的电动效应。由《电工基础》可知，处于空气中的两平行直导体分别通以电流 i_1、i_2（单位为 A），而导体轴线间距离为 a，导体的两支撑点距离（挡距）为 l，则导体间所产生的电磁互作用力（电动力）F（单位为 N）为：

$$F = \mu_0 i_1 i_2 \frac{l}{2\pi a} \tag{5-39}$$

式中，μ_0 为真空磁导率，$\mu_0=4\pi\times10^{-7}\text{N/A}^2$（$1\text{N/A}^2=1\text{H/m}$）。

如果三相线路中发生两相短路，则两相短路冲击电流 $i_{sh}^{(2)}$（单位为 A）通过两相导线产生的电动力（单位为 N）最大，其电动力为：

$$F^{(2)} = \mu_0 i_{sh}^{(2)2} \frac{l}{2\pi a} \tag{5-40}$$

如果三相线路中发生三相短路，则三相短路冲击电流 $i_{sh}^{(3)}$（单位为 A）在中间相所产生的电动力（单位为 N）最大，其电动力为：

$$F^{(3)} = \frac{\sqrt{3}}{2} \mu_0 i_{sh}^{(3)2} \frac{l}{2\pi a} \tag{5-41}$$

代入 $\mu_0=4\pi\times10^{-7}\text{N/A}^2$，可得

$$F^{(3)} = \sqrt{3} i_{sh}^{(3)2} \frac{l}{a} \times 10^{-7} \tag{5-42}$$

由于 $i_{sh}^{(2)} = \frac{\sqrt{3}}{2} i_{sh}^{(3)}$，代入式（5–40）得

$$F^{(2)} = \left(\frac{\sqrt{3}}{2}\right)^2 \mu_0 i_{sh}^{(3)2} \frac{l}{2\pi a} \tag{5-43}$$

将式（5–43）的 $F^{(2)}$ 与式（5–41）的 $F^{(3)}$ 相比，即可看出两者的关系：

$$\frac{F^{(2)}}{F^{(3)}}=\frac{\sqrt{3}}{2} \tag{5-44}$$

由上式可知，三相线路发生三相短路时中间相导体所受的电动力比两相短路时导体所受的电动力大。因此，校验电器和导体的短路动稳定度时，一般应采用三相短路冲击电流 $i_{sh}^{(3)}$ 或 $I_{sh}^{(3)}$。

（2）短路动稳定度的校验。电器和导体的动稳定度校验，依校验的对象不同而采用不同的具体条件。

①一般电器的动稳定度校验条件为：

$$i_{max} \geqslant i_{sh}^{(3)} \tag{5-45}$$

或

$$I_{max} \geqslant I_{sh}^{(3)} \tag{5-46}$$

式中，i_{max} 和 I_{max} 分别为电器的极限通过电流（动稳定电流）峰值和有效值，可由有关手册或产品样本查得（参看附表 A-1）。

②绝缘子的动稳定度校验条件为：

$$F_{al} \geqslant F_{c}^{(3)} \tag{5-47}$$

式中，F_{al} 为绝缘子的最大允许载荷，可由有关手册或产品样本查得；如果手册或产品样本给出的绝缘子的抗弯破坏载荷值，则应将抗弯破坏载荷值乘以 0.6 作为其 F_{al}。式中，$F_{c}^{(3)}$ 为三相短路时作用于绝缘子上的计算力，通过 $i_{sh}^{(3)}$ 来计算；如果母线在绝缘子上平放（见图 5-8（a）），则 $F_{c}^{(3)}$ 按式（5-42）计算，即 $F_{c}^{(3)}=F^{(3)}$；如果母线在绝缘子上竖放（见图 5-8（b）），则 $F_{c}^{(3)}=1.4F^{(3)}$。

③母线的动稳定度校验条件为：

$$\sigma_{al} \geqslant \sigma_{c} \tag{5-48}$$

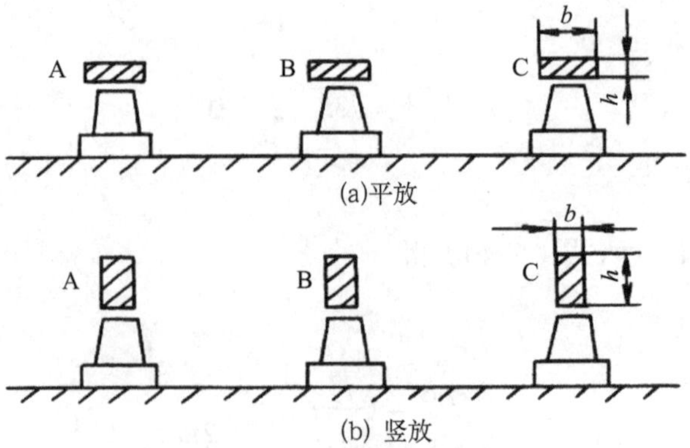

图 5-8　水平排列的母线

式中，σ_{al} 为母线的最大允许应力，按母线材质而定，硬铜母线（TMY 型）的σ_{al} =140MPa，硬铝母线（LMY 型）的σ_{al} =70MPa；σ_c 为母线通过 $i_{sh}^{(3)}$ 时所受到的最大计算应力。母线的最大计算应力 σ_c 按下式计算：

$$\sigma_c = \frac{M}{W} \tag{5-49}$$

式中，M 为母线通过 $i_{sh}^{(3)}$ 时所受到的弯曲力矩，当母线的挡距数为 1 ～ 2 时，$M=F^{(3)}l/8$，当其挡距数多于 2 时，$M=F^{(3)}l/10$，这里的 $F^{(3)}$ 按式（5-42）计算，l 为母线挡距；W 为母线的截面系数，当母线水平放置时（见图 5-8），$W=b^2h/6$，这里的 b 为母线截面的水平宽度，h 为母线截面的垂直厚度。

（3）对短路点附近交流电动机反馈冲击电流影响的考虑。当短路点附近交流电动机的额定电流之和超过供配电系统短路电流的 1%，或者短路点附近所接交流电动机总容量为 100kW 时，应计入电动机反馈冲击电流的影响。由于短路时电动机的端电压骤降，致使电动机因定子电动势反高于外施电压而向短路点反馈电流，如图 5-9 所示，从而使短路计算点的短路冲击电流增大。

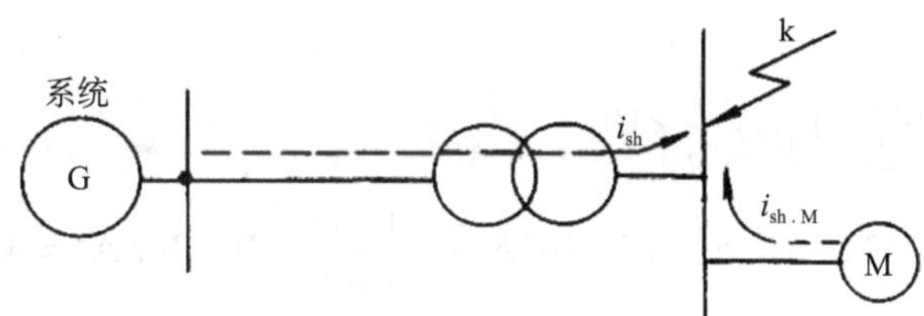

图 5-9　大容量电动机对短路点反馈冲击电流

当交流电动机进入进线端发生三相短路时，它反馈的最大短路电流瞬间值（即电动机反馈冲击电流）可按下式计算：

$$i_{sh.M} = \sqrt{2}\frac{E''^*_M}{X''^*_M}K_{sh.M}I_{N.M} = CK_{sh.M}I_{N.M} \tag{5-50}$$

式中，E''^*_M 为电动机次暂态电动势标幺值；X''^*_M 为电动机次暂态电抗标幺值；C 为电动机反馈冲击倍数，以上参数均见表 5-5；$K_{sh.M}$ 为电动机短路电流冲击系数，对 3 ～ 10kV 电动机可取 1.4 ～ 1.7，对 380V 电动机可取 1；$I_{N.M}$ 为电动机额定电流。由于交流电动机在外电路断路后很快受到制动，所以它产生的反馈电流衰减很快。因此，只有在考虑短路冲击电流的影响时才需计入电动机的反馈电流。

表 5-5　电动机的 E''^*_M 、X''^*_M 和 C 值

电动机类型	E''^*_M	X''^*_M	C	电动机类型	E''^*_M	X''^*_M	C
感应电动机	0.9	0.2	6.5	同步补偿机	1.2	0.16	10.6
同步电动机	1.1	0.2	7.8	综合性负荷	0.8	0.35	3.2

［例 5-8］ 设例 5-6 所示用户变电所 380V 侧母线上接有 380V 感应电动机组 250kW，其平均 $\cos\varphi$ =0.7，效率 η=0.75，该母线采用 LMY—100×10 的硬铝母线，水平平放，挡距为 900mm，挡数大于 2，相邻间距为 160mm。试求该母线三相短路时所受的最大电动力，并校验其动稳定度。

解：（1）计算母线三相短路时所受的最大电动力。

由例 5-6 知，380V 母线的短路电流 $I_k^{(3)}$=33.7kA，$i_{sh}^{(3)}$=62.0kA；而接于 380V 母线的感应电动机组的额定电流为：

$$I_{\rm N.M} = \frac{250\text{kW}}{\sqrt{3}\times 380\times 0.7\times 0.75} \approx 0.724\text{kA}$$

由于 $I_{\rm N.M} > 0.01$，$I_k^{(3)}$=0.314kA（或者由于 $P_{\rm N.M} > 100\text{kW}$），故在计算 380V 母线短路冲击电流时需计入此电动机组反馈冲击电流值：

$$i_{\rm sh.M} = 6.5\times 1\times 0.724\text{kA} \approx 4.7\text{kA}$$

因此，380V 母线在三相短路时所受的最大电动力为：

$$\begin{aligned} F^{(3)} &= \sqrt{3}\times (i_{\rm sh}^{(3)} + i_{\rm sh.M})^2 \frac{l}{a}\times 10^{-7} \\ &= \sqrt{3}\times \ 62.0\times 10^3\,\text{A} + 4.7\times 10^3\,\text{A} \ ^2\times \frac{0.9\text{m}}{0.16\text{m}}\times 10^{-7}\,\text{N}/\text{A}^2 \approx 4334\text{N} \end{aligned}$$

（2）校验母线短路时的动稳定度。

380V 母线在 $F^{(3)}$ 作用时的弯曲力矩为：

$$M = \frac{F^{(3)}l}{10} = \frac{4334\text{N}\times 0.9\text{m}}{10} \approx 390\text{N}\cdot\text{m}$$

该母线的截面系数为：

$$W = \frac{b^2h}{6} = \frac{(0.1\text{m})^2\times 0.01\text{m}}{6} \approx 1.667\times 10^{-5}\,\text{m}^3$$

因此，该母线在三相短路时所受到的计算应力为：

$$\sigma_{\rm c} = \frac{M}{W} = \frac{390\text{N}\cdot\text{m}}{1.667\times 10^{-5}\,\text{m}^3} \approx 23.4\times 10^6\,\text{Pa} = 23.4\text{MPa}$$

而 LMY 型母线的允许应力为：

$$\sigma_{\rm al} = 70\text{MPa} > \sigma_{\rm c} = 23.4\text{MPa}$$

由此可见，该母线满足短路动稳定度的要求。

2. 短路电流的热效应与热稳定度校验

（1）短路电流的热效应。导体通过正常负荷电流时，由于其具有电阻，所以要产生电能损耗转化为热能，一方面使导体温度升高，另一方面向周围介质散热。当导体内产生的热量与导体向周围介质散发的热量相等时，导体就维持在一定的温度值。

当线路发生短路时，短路电流将使导体温度迅速上升，但短路后线路的保护装置会很快动作，切除短路故障，因此，短路电流通过导体的时间很短，通常不会超过 2 ～ 3s，所以在短路过程中，可不考虑导体向周围介质的散热，也就是可近似地认为在短路时间内导体与周围介质是绝热的，短路电流在导体内产生的热量完全用来使导体温度升高。

图 5-10 表示短路前、后导体的温度变化情况。导体在短路前正常负荷时的温度为 Q_L，假设在 t_1 时发生短路，导体温度按指数函数规律迅速升高；而到达 t_2 时，线路保护装置动作，切除短路故障，这时导体温度已升至最高温度 θ_k。短路故障切除后，导体不再产生热量，只向周围介质按指数函数规律散热，直至导体温度等于周围介质温度 θ_0 为止。导体短路时的最高温度 θ_k 不得超过附表 A-16 所规定的允许值。由于短路电流是一个变动的电流，而且含有非周期分量，因此，要计算其短路期间在导体内产生的热量 Q_k 及导体达到的最高温度 θ_k 是相当困难的。为此引出一个“短路发热假想时间” t_{ima}，假设在此时间内以恒定的短路稳态电流 I_∞ 通过导体产生的热量，恰好与实际短路电流 i_k 或 $I_{k(t)}$ 在实际短路时间 t_k 内通过导体所产生的热量相等，如图 5-11 所示。t_{ima} 也称“短路热效时间”。

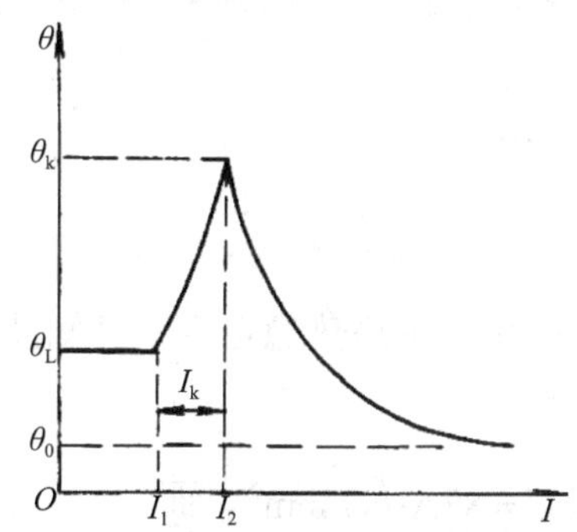

图 5-10 短路前、后导体的温度变化曲线

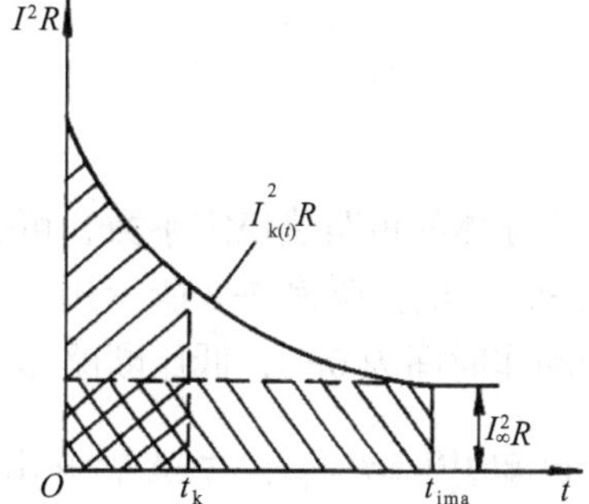

图 5-11 短路发热假想时间

短路发热假想时间可用下式近似计算：

$$t_{ima} = t_k + 0.05\left(\frac{I''}{I_\infty}\right)^2 \tag{5-51}$$

在无限大容量系统中发生短路，由于 $I''=I_\infty$，因此有

$$t_{ima} = t_k + 0.05 \tag{5-52}$$

以上两式中的时间单位均为 s。

当 $t_k > 1s$ 时，可认为：

$$t_{ima} = t_k \tag{5-53}$$

短路时间 t_k 为短路保护装置最长的动作时间 t_{op} 与断路器的断路时间 t_{oc} 之和，即

$$t_k=t_{op}+t_{oc} \tag{5-54}$$

断路器的断路时间 t_{oc} 包括断路器的固有分闸时间和灭弧时间部分。对一般高压断路器，如油断路器，可取 t_{oc}=0.1 ～ 0.15s。

因此，实际短路电流 $I_{k(t)}$ 通过导体在短路时间 t_k 内产生的热量为：

$$Q_k=\int_0^{t_k} I_{k(t)}^2 R\mathrm{d}t=I_\infty^2 R t_{ima} \tag{5-55}$$

（2）短路热稳定度的校验。电器和导体的热稳定度校验也依校验的对象不同而采用不同的条件。

①一般电器的热稳定度校验条件为：

$$I_t^2 t \geqslant I_\infty^2 t_{ima} \tag{5-56}$$

式中，I_t 为电器的热稳定度试验电流有效值；t 为电器的热稳定度试验时间。

②母线、电缆和绝缘导线的热稳定度校验条件可按 $\theta_{k.max} \geqslant \theta_k$ 校验，但 θ_k 的确定比较麻烦，因此，通常采用满足热稳定条件的最小截面积 A_{min} 来校验，其校验条件为：

$$A \geqslant A_{min}=\frac{I_\infty^3}{C}\sqrt{t_{ima}} \tag{5-57}$$

式中，C 为导体的短路热稳定系数，可查附表 A-16。

［例 5-9］ 试校验例 5-8 所示用户变电所 380V 侧母线的短路热稳定度。已知此母线的短路保护动作时间为 0.6s，低压断路器的断路时间为 0.1s。

解：已知 $I_\infty^{(3)}=I_k^{(3)}=33.7\text{kA}$，并由附表 A-16 查得 $C=87\text{A}\sqrt{\text{s}}/\text{mm}^2$，而 $t_{ima}=0.6\text{s}+0.1\text{s}+0.05\text{s}=0.75\text{s}$，因此最小热稳定截面积为：

$$A_{min}=\frac{33.7\times10^3\,\text{A}}{87\text{A}\sqrt{\text{s}}/\text{mm}^2}\times\sqrt{0.75\text{s}}\approx335\text{mm}^2$$

由于此母线的实际截面积 A=100mm×10mm = 1000mm^2>A_{min}=335mm^2，因此，该母线满足短路热稳定度的要求。

5.4 尖峰电流及其计算

1. 尖峰电流的有关概念

尖峰电流是指持续时间 1 ～ 2s 的短时最大负荷电流，如电动机的启动电流等。尖峰电流主要用来选择熔断器和低压断路器、整定继电保护和检验电动机自启动条件等。

2. 单台用电设备尖峰电流的计算

单台用电设备的尖峰电流就是启动电流，因此，尖峰电流为：

$$I_{pk}=I_{st}=K_{st}I_{N} \tag{5-58}$$

式中，I_N 为用电设备的额定电流；I_{st} 为用电设备的启动电流；K_{st} 为用电设备的启动电流倍数，笼型电动机的 K_{st} 为 5 ～ 7，绕线转子电动机的 K_{st} 为 2 ～ 3，直流电动机的 K_{st} 约为 1.7，电焊变压器的 K_{st} 约为 3 或稍大。

3. 多台用电设备尖峰电流的计算

引至多台用电设备线路上的尖峰电流按下式计算：

$$I_{pk}=I_{st}=K_{\Sigma}\sum_{i=1}^{n-1}I_{N.i}+I_{st.max} \tag{5-59}$$

或

$$I_{pk}=I_{30}+(I_{st}-I_{N})_{max} \tag{5-60}$$

式中，$I_{st.max}$ 和 $(I_{st}-I_N)_{max}$ 分别为用电设备中启动电流与额定电流之差为最大的那台设备的启动电流和它的启动电流与额定电流之差；$\sum_{i=1}^{n-1}I_{N\cdot i}$是 $I_{st}-I_N$ 为最大值的那台设备除外的其他 $n-1$ 台设备的额定电流之和；K_{Σ} 为上述 $n-1$ 台设备的综合系数（又称同时系数），按台数多少选取，一般为 0.7 ～ 1；I_{30} 为全部设备投入运行时线路的计算电流。

［例 5–10］ 有一条 380V 三相线路，供电给表 5–6 所示的 5 台电动机。该线路的计算电流为 50A。试求该线路的尖峰电流。

解：由表 5–6 可知，M4 的 $I_{st}-I_N$=58A - 10A=48A，在所有电动机中为最大值，因此，按式（5–60）可得线路的尖峰电流为：

$$I_{pk}=50\text{A}+(58-10)\text{A}=98\text{A}$$

表 5–6　例 5–10 的负荷资料

参数	电动机				
	M1	M2	M3	M4	M5
额定电流 I_N/A	8	18	25	10	15
启动电流 I_{st}/A	40	65	46	58	36

技能实训

实训一　微机线路保护装置的参数整定操作

一、实训目的

掌握 THL—531 微机线路保护装置的操作方法和参数整定方法。

二、实训设备

实训设备见表 5-7。

表 5-7　实训设备

序号	设备名称	使用仪器名称	数量
1	THSPCG—2A 型	工厂供电综合自动化实训系统屏	1 台
2	THSPCG—2C 型	工厂供电自动装置综合柜	1 台

三、实训原理

THL—531 型微机线路保护装置主要由 4 块插件（CPU 插件、电源及互感器插件、继电器插件）、显示屏和简易键盘组成，包括数据采集系统、主机系统和开关量输入 / 输出系统三部分。其框图如图 5-12 所示。

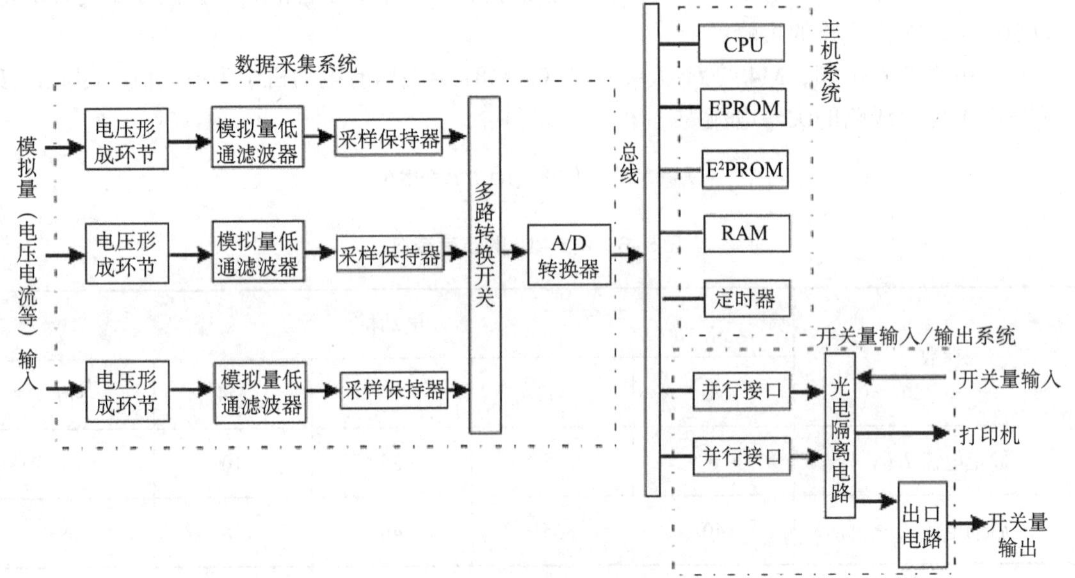

图 5-12　微机保护硬件系统框图

微机保护装置的软件系统一般包括设定程序、运行程序和中断微机保护功能程序 3 部分。程序原理框图如图 5-13 所示。

在以下实训过程中将用到该装置的电流速断、限时速断、过流保护、重合闸 、过流反时限 、加速保护等保护功能。

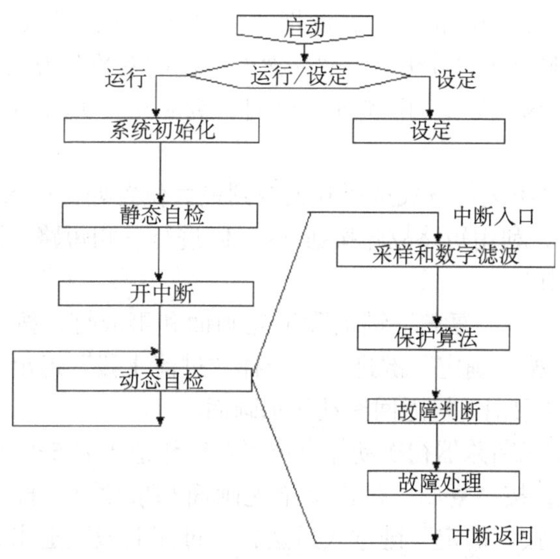

图 5-13　微机保护装置的程序原理框图

四、实训内容及步骤

THSPCG—2A 型的 1#、2#、3#、4# 航空插座分别通过航空电缆线与 THSPCG—2C 型的 1#、2#、3#、4# 航空插座接通，其他均不接。给 THSPCG—2A 型和 THSPCG—2C 型电源分别送电。把不用的电流互感器二次端子短接起来。

（1）按照正确顺序启动实训装置：依次合上实训控制柜上的“总电源”“控制电源Ⅰ”和实训控制屏上的“控制电源Ⅱ”“进线电源”开关，依次合上控制屏上的“QS121”“QS122”“QF12”“QS123”“QF14”“QS221”“QF22”“QS224”“QF27”“QF28”给输电线路供电。

“THL—531 微机线路保护测控装置”的操作方法：在微机线路保护装置面板上按下“确认”键，进入主菜单。通过按“▲”“▼”键可上、下移动光标选择菜单，将光标移至“参数设置”并按“确认”键后，进入输入口令设置功能。通过“◄”“►”和“+”“−”键配合使用，将口令设为“19”，并按“确认”键，此时光标位于“保护定值”的页面设置，按“确认”键进入“定值设置”页面。再按“确认”键进入“定值组选择”页面，用“+”“−”键来改变设置数值，按“确认”键进入“投退定值”页面，按“确认”键进入设置，通过按“▲”“▼”键可选择其他投退项目。当光标位于某一项目时，通过“+”“−”键来改变设置。当需要投入的全部投退项目设置完成后，可按“确认”键来保存这些设置。按“取消”键返回上一菜单。

（2）设置“THL—531 微机线路保护测控装置”：按下“确认”键，进入主菜单。选择参数设置菜单，再次按下“确认”键，进入输入口令设置功能。通过“◄”“►”和“+”“−”键配合使用，将口令设为“19”，并按“确认”键，此时光标位于“保护定值”的页面设置，按“确认”键进入“定值设置”页面。按“确认”键进入“定值组选择”页面，通过“+”“−”键来改变设置数值，按“确认”键，进入“投退定值”页面，再按“确认”键进入设置，通过按“▲”“▼”键可选择其他数值设置项目，进入后通过按“▲”“▼”键选择“过流Ⅰ段”，通过“+”“−”键来改变设置，在此我们选择“投入”。通过按“▲”“▼”键可选择其他投退项目，保证其他保护项目都处于退出状态。最后按“确认”键保存这些设置。按微机保护装置面板上的“取消”键返回上一菜单栏，选择“数值定值”，按“确定”键进入后通过按“▼”键选择“一次电压系数”定值，按“◄”“►”键可选择要改变的位，按

“+”“-”键可改变定值各位数字的值，在此把“一次电压比例系数”设为 10，编辑完成后按“确认”键，然后按照同样的方法设置“一次电流比例系数”为 3.5，“电流Ⅰ段定值”为 2.2A，“电流Ⅱ段定值”为 1.3A，“电流Ⅱ段延时”为 0.5s，“电流Ⅲ段定值”为 0.5A，“电流Ⅲ段延时”为 1s。

（3）在控制柜上把系统运行方式选择开关拨到最大位置处，从 XL—2 段线路末端开始，直至 XL—1 段线路首端，利用短路故障按钮 d3、d4 进行三相短路，记录断路器初次动作点位置及动作值于表 5-8 中。

（4）断路器动作后，按“复归”键消除抢先画面和事故灯，按“取消”键返回主菜单栏，选择“保护投退”，按“确定”键进入后选择“过流Ⅰ段”退出并保存，再选择“过流Ⅱ段”投入并保存，按“取消”键返回滚动显示画面。

（5）重复步骤 4，记录断路器初次动作点位置及动作值于表 5-8 中。

（6）断路器动作后，按“复归”键消除抢先画面和事故灯，按“取消”键返回主菜单栏，选择“保护投退”，按“确定”键进入后选择“过流Ⅱ段”退出并保存，再选择“过流Ⅲ段”投入并保存，按“取消”键返回滚动显示画面。

（7）重复步骤 4，记录断路器初次动作点位置及动作值于表 5-8 中。

表 5-8　断路器初次动作点位置及动作值

保护类型	动作位置	动作值 /A
速断		
限时速断		
过电流		

五、实训报告

针对保护装置的操作方法和参数整定方法，按实训报告编写格式写出实训报告和体会。

实训二　模拟系统正常、最大、最小运行方式

一、实训目的

掌握系统运行的几种方式及特点。

二、实训设备

实训设备见表 5-9。

表 5-9　实训设备

序号	设备名称	使用仪器名称	数量
1	THSPCG—2A 型	工厂供电综合自动化实训系统屏	1 台
2	THSPCG—2C 型	工厂供电自动装置综合柜	1 台

三、实训原理

输电线路长短、电压级数、网络结构等都会影响网络等值参数。而实际上，由于不同时刻投入系统的发电机变压器数有可能发生改变、高压线路检修等情况，网络参数也在发生变化。在继电保护课程中规定，通过保护安装处的短路电流最大时的运行方式称为系统最大

运行方式，此时系统的阻抗最小。反之，流过保护安装处的短路电流最小时的运行方式称为系统最小运行方式，此时系统的阻抗最大。由此可见，可将电力系统等效成一个电压源，最大、最小运行方式是它在两个极端阻抗参数下的工况。

四、实训内容及步骤

THSPCG—2A 型的 1#、2#、3#、4# 航空插座分别通过航空电缆线与 THSPCG—2C 型 1#、2#、3#、4# 航空插座接通，其他均不接。给 THSPCG—2A 型和 THSPCG—2C 型电源分别送电，把不用的电流互感器二次端子短接起来。

（1）按照正确顺序启动实训装置：依次合上实训控制柜上的“总电源”“控制电源Ⅰ”和实训控制屏上的“控制电源Ⅱ”“进线电源”开关。

（2）设置微机线路保护装置：在“THL—531 微机线路保护测控装置”主菜单栏中选择“保护定值”菜单，设定“一次电压比例系数”为 10、“一次电流比例系数”为 3.5，把装置中的所有保护退出，按“取消”键回到自动循环显示页面。

（3）把“XL-2 故障点位置”凸轮开关置于“末端”，然后合上 QS121、QS122、QF12、QS123、QF14、QS221、QF22、QS224、QF27、QF28 给输电线路供电，按下 d4 来模拟三相短路，改变运行方式，读取微机装置在不同运行方式下的电流电压值（取 A、B 相电压及 A 相电流），并记录于表 5-10 中。

（4）实训数据记录完后，复位短路按钮 d4，按照倒闸操作顺序进行断电。

表 5-10　模拟系统正常、最大、最小运行方式的实验数据

项目	最大运行方式	正常运行方式	最小运行方式
U_{AB}/kV			
I_a/A			

五、实训报告

针对系统几种运行方式及其特点，按实训报告编写的格式写出实训报告和体会。

实训三　变频器参数整定

一、实训目的

了解变频器的参数整定操作。

二、实训设备

实训设备见表 5-11。

表 5-11　实训设备

序号	设备名称	使用仪器名称	数量
1	THSPCG—2A 型	工厂供电综合自动化实训系统屏	1 台
2	THSPCG—2C 型	工厂供电自动装置综合柜	1 台

三、变频器面板操作说明

1. 面板说明

变频器面板如图 5-14 所示。

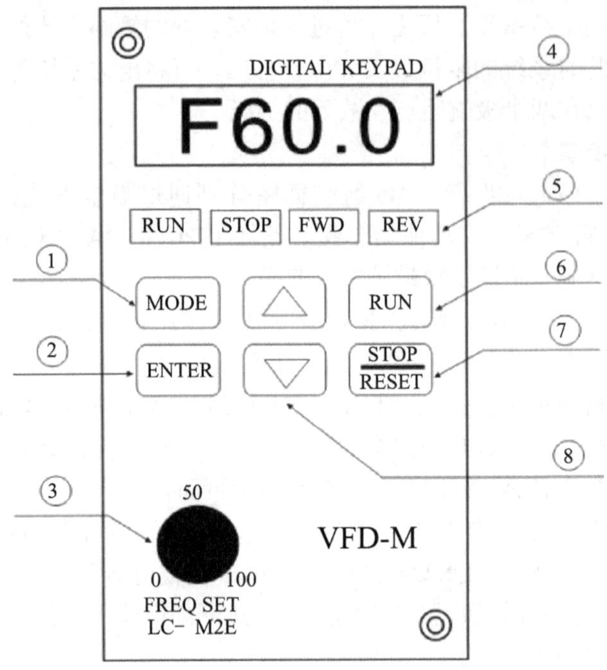

图 5-14　变频器面板

对图中序号说明如下：

①表示编程 / 功能切换键：用于切换变频器状态、参数设定、设定频率、输出电流、正 / 反转、物理量等。

②表示资料确认键：修改参数后按此键可将设定资料输入。

③表示频率设定按钮：可设定此按钮作为主频率输入。

④表示显示区：用于显示输出频率、电流、各参数设定值及异常内容。

⑤表示 LED 指示区：用于显示变频器运行的状态。

⑥表示运转指令键：启动运行。

⑦表示停止 / 重置键：停止运行或异常中断后可复归。

⑧表示上 / 下键：用于选择参数、修改资料等。

2. 指示灯状态说明

指示灯状态说明如图 5-15 所示。

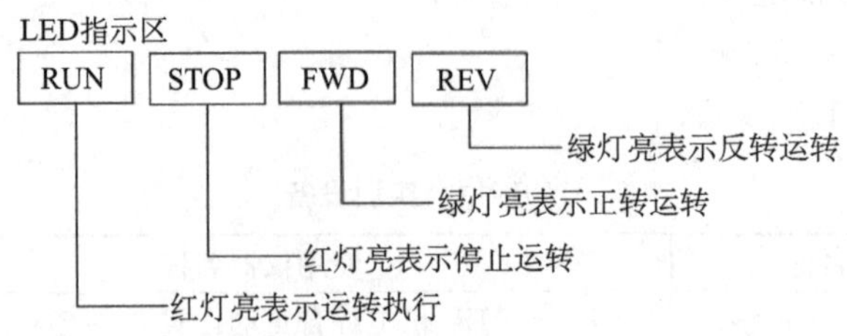

图 5-15　指示灯状态说明

3. 操作器的操作说明

（1）显示信息的操作。

显示信息的操作如图 5-16 所示。

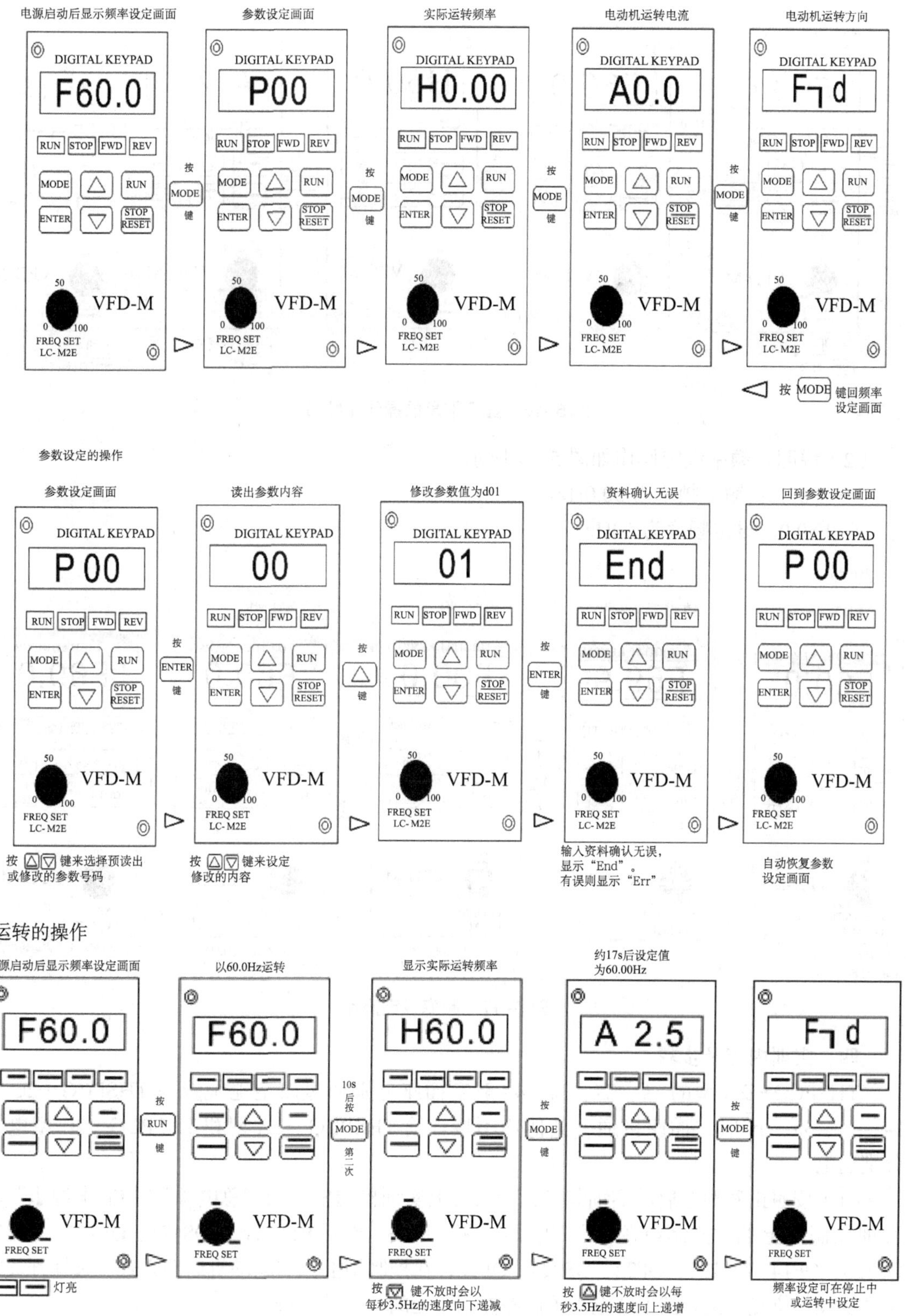

图 5-16　显示信息的操作

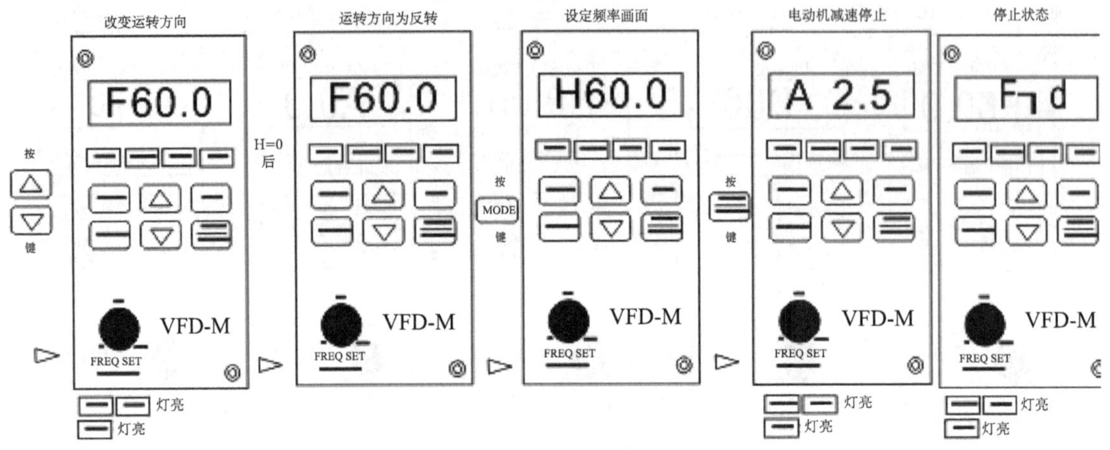

图 5-16　显示信息的操作（续）

（2）说明。频率设定操作如图 5-17 所示。

1—Γ 50.0：输出频率为 50.0Hz。

2—F50.0：设定频率为 50Hz。

频率设定的操作

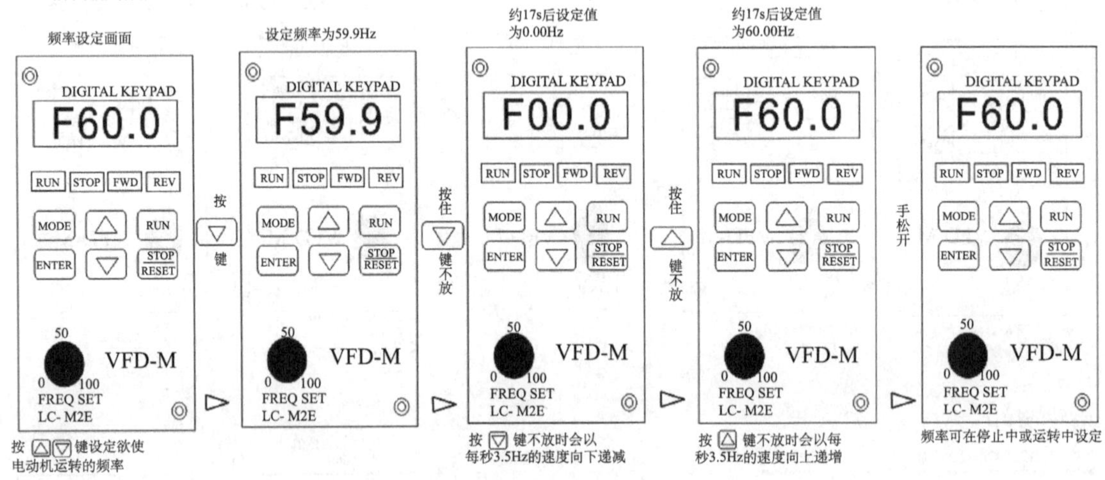

图 5-17　频率设定操作

四、实训内容及步骤

THSPCG—2A 型的 1#、2#、3#、4# 航空插座分别通过航空电缆线与 THSPCG—2C 型 1#、2#、3#、4# 航空插座接通，其他均不接。给 THSPCG—2A 型和 THSPCG—2C 型电源分别送电。

（1）按照正确顺序启动实训装置：依次合上实训控制柜上的“总电源”“控制电源Ⅰ”和实训控制屏上的“控制电源Ⅱ”“进线电源”开关。然后依次合上 QS121、QS122、QF12、QS123、QF14、QS221、QF22、QS223、QF26，在控制柜上把“电动机启动方式”选择开关拨至“变频”位置，接着按下“电动机启停控制”处的“启动”按钮。

（2）此时变频器得电，按下“MODE”键使显示界面切换到“P00”界面，然后再按“ENTER”键进入定值设置界面。依次核对主要功能部分介绍的几种定值是否为出厂设置值，如果不是，需改为出厂设置（即 P00=00，P01=00，P10=10，P11=10）。现在以把“P00”设为

“00”即运行频率由数位操作器给定为例来说明操作过程，在定值设置界面操作“▼”“▲”键来修改定值。在此把定值改为 00，定值改好后按“ENTER”键确认，显示屏幕上显示“End”表明设置修改成功，显示屏幕上显示“Err”表明输入资料有误，应重新修改。

（3）通过“MODE”键把变频器上的显示界面切换到“H0.00”，最后按下变频器操作面板上的“RUN”键，这时可以看到变频器显示界面上变化的频率，当变频器显示界面部分频率达到 50Hz 时，电动机启动完成。

（4）当完成实训操作时，按下变频器操作面板上的“STOP/RESET”键，当电动机停止转动时再按下电动机启 / 停控制部分的停止按钮。

注意：变频器的参数只有在处于“STOP”状态下才能被修改和保存。

五、实训报告

针对变频器参数的整定要求，按实训报告编写的格式写出常用状态字的含义。

实训四　微机电动机保护装置参数整定操作

一、实训目的

掌握 THL—536 微机电动机保护装置的操作方法和参数整定方法。

二、实训设备

实训设备见表 5-12。

表 5-12　实训设备

序号	设备名称	使用仪器名称	数量
1	THSPCG—2A 型	工厂供电综合自动化实训系统屏	1 台
2	THSPCG—2C 型	工厂供电自动装置综合柜	1 台

三、功能说明

本装置含有中等容量以上三相异步电动机的全套保护装置，包括电流速度、过电流、电流反时限、负序过流保护、过流保护跳闸、过热保护报警、PT 断线报警、低电压保护、零序过流跳闸、过电压保护等。装置在正常运行情况下可显示监视电动机运行所需的参数，发生故障后可显示故障种类参数，并记录故障过程中的最大故障量，供事后调出做分析故障之用。

四、实训内容及步骤

THSPCG—2A 型的 1#、2#、3#、4# 航空插座分别通过航空电缆线与 THSPCG—2C 型 1#、2#、3#、4# 航空插座接通，其他均不接。给 THSPCG—2A 型和 THSPCG—2C 型电源分别送电。

在实训控制屏右侧的微机电动机保护装置部分线路还没有连好，开始本实训前请对照接线图（见图 5-18）完成微机电动机保护装置的连线。保证接线完成且无误后再开始下面的实训操作。

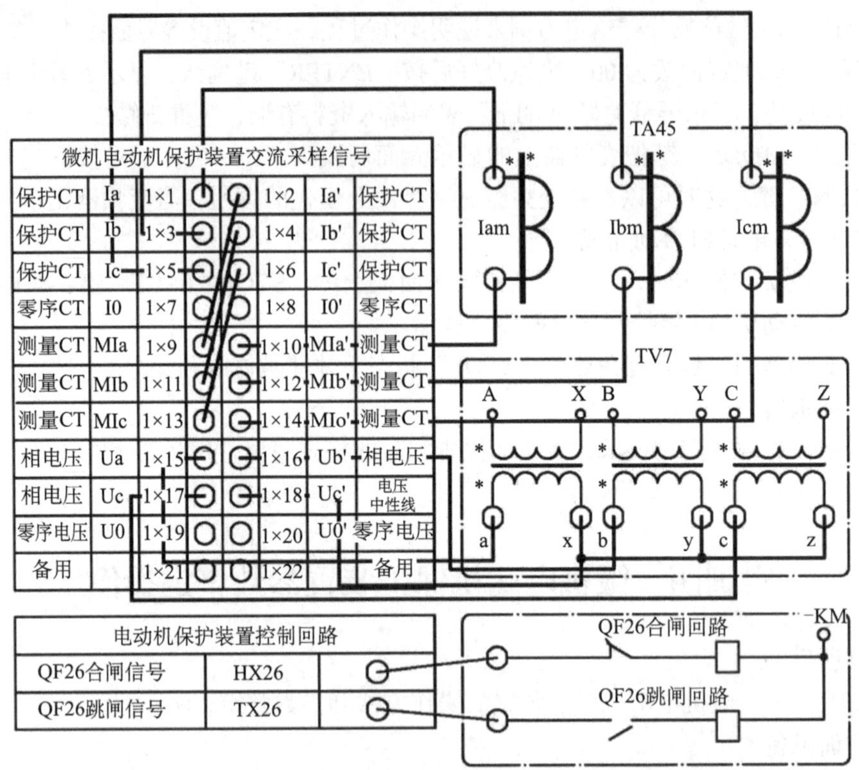

图 5–18　接线图

（1）按照正确顺序启动实训装置：依次合上实训控制柜上的“总电源”“控制电源Ⅰ”和实训控制屏上的“控制电源Ⅱ”“进线电源”开关，然后依次合上 Q121、QS122、QF12、QS123、QF14、QS221、QF22、QS223、QF26，在控制柜上把“电动机启动方式”选择开关拨至“直接”位置，接着按下“电动机启停控制”处的“启动”按钮。

（2）THL—536 微机电动机保护装置的操作方法：在微机电动机保护装置面板上按下“确认”键，进入主菜单。通过按“▲”“▼”键可上、下移动光标选择菜单，将光标移至“参数设置”并按“确认”键后，进入“输入口令”设置功能，利用“◀”“▶”键和“+”“–”键配合使用，将值设为 19，按“确认”键，此时光标位于“保护定值”菜单，按“确认”键进入“定值设置”页面，再按“确认”键进入“定值组选择”，通过“+”“–”键改变设置，确认进入“投退定值”菜单，按“确认”键进入设置，通过按“▲”“▼”键可选择其他投退项目。当光标位于某一项目时，可通过“+”“–”键来改变设置。当需要投入的全部投退项目设置完成后，可按“确认”键来保存这些设置，按“取消”键返回上一菜单。

（3）设置 THL—536 微机电动机保护测控装置：按下确认键，进入主菜单。操作同步骤（2），依次操作，选择投退定值菜单，再次按下“确认”键，进入后选择通过按“▲”“▼”键选择“过流Ⅰ段”，通过按“+”“–”键来改变设置，在此选择投入。通过按“▲”“▼”键可选择其他投退项目，保证其他保护项目都处于退出状态。最后按“确认”键保存这些设置。按微机保护装置面板上的“取消”键返回上一菜单栏，选择“数值定值”，按“确定”键进入后通过按“▼”键选择“一次电压系数”定值，通过按“◀”“▶”键可选择要改变的位，通过按“+”“–”键可改变定值各位数字的值，在此把“一次电压比例系数”设为 10，编辑完成后按“确认”键，然后按照同样的方法设置“一次电流比例系数”为 3.5，设置“过流Ⅰ段定值”为1.8A，设置“过流Ⅰ段延时”为1s。

（4）在高压电动机运行情况下，按下高压电动机进线处的短路故障设置按钮 d2（控制屏上），模拟电动机进线处发生短路故障，断路器QF26动作，观察保护装置显示界面上显示的故障信息。

（5）释放故障模拟按钮 d2 后，合上断路器 QF26，复归装置上的事故抢先显示页面。

五、实训报告

针对电动机保护装置参数整定要求，按实训报告编写格式写出实训报告和体会。

复习思考练习题

5-1　某大批生产的机械加工车间，拥有金属切削机床电动机容量共800kW，通风机容量共56kW，线路电压为380V。试分别确定各组和车间的计算负荷 P_{30}、Q_{30}、S_{30} 和 I_{30}。

5-2　某机修车间，拥有冷加工机床52台，共200kW；行车1台，共5.1kW（ε=15%）；通风机4台，共5kW；点焊机3台，共10.5kW（ε=65%）。车间采用220/380V三相四线制（TN—C系统）配电。试确定该车间的计算负荷 P_{30}、Q_{30}、S_{30} 和 I_{30}。

5-3　有一条380V三相线路供电给35台小批生产的冷加工机床电动机，总容量为85kW，其中，7.5kW的1台，4kW的3台，3kW的12台。试分别用需要系数法和二项式法确定其计算负荷 P_{30}、Q_{30}、S_{30} 和 I_{30}。

5-4　某实验室拟装设5台220V单相加热器，其中，1kW的3台，3kW的2台。试合理分配各加热器于220/380V线路上，并求其计算负荷 P_{30}、Q_{30}、S_{30} 和 I_{30}。

5-5　某220/380V线路上，接有如表5-13所示的用电设备。试确定该线路的计算负荷 P_{30}、Q_{30}、S_{30} 和 I_{30}。

表5-13　习题5-5的负荷资料

设备名称	380V单头手动弧焊机			220V电热箱		
接入相序	AB	BC	CA	A	B	C
设备台数	1	1	2	2	1	1
单台设备容量	21kV·A（ε=65%）	17kV·A（ε=100%）	10.3kV·A（ε=50%）	3kW	6kW	4.5kW

5-6　某电气开关厂（一班制生产）有用电设备5840kW。试估算该厂的计算负荷 P_{30}、Q_{30}、S_{30} 及其年有功电能消耗量 $W_{p.a}$。

5-7　某车间有一条380V线路供电给表5-14所示的5台交流电动机。试计算该线路的尖峰电流（建议取 K_{Σ} 为0.9）。

表5-14　习题5-7的负荷资料

参数	电动机				
	M1	M2	M3	M4	M5
额定电流/A	10.2	32.4	30	6.1	20
启动电流/A	66.3	227	163	34	140

5-8　有一地区变电站通过一条长 4km 的 10kV 架空线路供电给某用户装有两台并列运行的 Yyn0 连接的 S9—1000 型主变压器变电所。地区变电站出口断路器为 SN10—10II 型。试用欧姆法求该用户变电所 10kV 母线和 380V 母线的短路电流 $I_k^{(3)}$、$I''^{(3)}$、$I_\infty^{(3)}$、$i_{sh}^{(3)}$、$I_{sh}^{(3)}$ 及短路容量 $S_k^{(3)}$，并列出短路计算表。

5-9　试用标幺制法重做习题 5-8。

5-10　设某用户变电所 380V 母线的三相短路电流周期分量有效值 $I_k^{(3)} = 36.5$ kA，而母线采用 LMY—80 × 10，水平平放。两相邻母线轴线间距离为 200mm，挡距为 0.9m，挡数多于 2。该母线上装有一台 500kW 的同步电动机，$\cos\varphi = 1$ 时，$\eta = 94\%$。试校验此母线的动稳定度。

5-11　设习题 5-10 所述 380V 母线的短路保护动作时间为 0.5s，低压断路器的断路时间为 0.05s。试校验此母线的热稳定度。

5-12　某用户变电所 10kV 高压进线采用三相铝芯聚氯乙烯绝缘电缆，芯线截面积为 50mm^2。已知该电缆首端装有高压少油断路器，其继电保护动作时间为 1.2s。电缆首端的三相短路电流 $I_k^{(3)} = 2.1$ kA。试校验此电缆的短路热稳定度。

电弧

变压器短路

电气误操作 1

电气误操作 2

电气误操作 3

220kV 不带负荷合刀闸

带负荷拉隔离开关引起电弧

课题6　供配电系统的保护、二次接线及自动装置

［**内容概述**］ 本课题首先介绍供配点系统继电保护的任务及要求，然后介绍常用保护继电器及继电保护的接线及操作方式，最后介绍供配电系统的自动装置和二次回路的安装接线及其接线图知识。

［**课题目标**］

1. 了解继电保护的基本要求，以及相关继电器在继电保护装置中所起的作用。
2. 掌握自动重合闸装置的工作原理及微机控制的远动装置组成。
3. 掌握二次回路的安装接线应符合哪些要求及连接导线的“相对标号法”的相关含义。

6.1　供配电系统继电保护的任务及要求

1. 继电保护装置的任务

继电保护装置是按照保护的要求，将各种继电器按一定方式进行连接和组合而成的电气装置，其任务如下：

（1）故障时动作于跳闸。在供配电系统出现故障时，反映故障的继电保护装置动作，使最近的断路器跳闸，切除故障部分，从而使系统的其他部分恢复正常运行，同时发出信号提醒运行值班人员及时处理。

（2）异常状态时发出报警信号。在供配电系统出现不正常工作状态时，如过负荷或出现故障苗头，有关继电保护装置会发出报警信号，提醒运行值班人员及时处理，消除异常工作状态，以免发展为故障。

2. 对继电保护的基本要求

（1）选择性。当供配电系统发生故障时，离故障点最近的保护装置动作，切除故障，而系统的其他部分仍正常运行，满足这一要求的动作称为“选择性动作”。如果系统发生故障时，靠近故障点的保护装置不动作（拒动作），而离故障点远的前一级保护装置动作（越级动作），就称为“失去选择性”。

（2）可靠性。保护装置在应该动作时就应该动作，而在不应该动作时，就不应该误动作。保护装置的可靠程度与保护装置的元件质量、接线方案及安装、整定和运行维护等多种因素有关。

（3）速动性。为了防止故障扩大，减小故障的危害程度并提高电力系统的稳定性，在系统发生故障时，继电保护装置应尽快动作，切除故障。

（4）灵敏度。这是表征保护装置对其保护区内故障和不正常工作状态反应能力的一个参数。如果保护装置对其保护区内极其轻微的故障能及时地反应动作，则说明保护装置的灵敏度高。灵敏度用“灵敏系数”来衡量。

对过电流保护，其灵敏系数的定义为：

$$S_p \overset{\text{def}}{=\!=} \frac{I_{k.min}}{I_{op.1}} \tag{6-1}$$

式中，$I_{k.min}$ 为保护装置的保护区末端在系统最小运行方式时的最小短路电流；$I_{op.1}$ 为保护装置的一次侧动作电流，即保护装置动作电流 I_{op} 换算到一次侧的值。

对于低电压保护，其灵敏系数的定义为：

$$S_p \overset{\text{def}}{=\!=} \frac{U_{op.1}}{U_{k.max}} \tag{6-2}$$

式中，$U_{k.max}$ 为保护装置的保护区末端短路时，在保护装置安装处母线上的最大残余电压；$U_{op.1}$ 为保护装置的一次侧动作电压，即保护装置动作电压换算到一次侧的值。

在 GB/T 50062—2008《电力装置的继电保护和自动装置设计规范》中，对各种继电保护的灵敏系数均有一个最小值规定，应以此作为各种继电保护灵敏度检验的依据。

以上 4 项要求对于一个具体的保护装置来说，不是同等重要的，往往有所侧重。例如，对于电力变压器，由于它是供配电系统中最关键的设备，因此，对它的保护装置的灵敏度要求较高；而对于一般电力线路的保护装置，其灵敏度要求可低一些，但其选择性要求较高。又例如，在无法兼顾保护选择性和速动性的情况下，为了快速切除故障以保护某些关键设备，或者为了尽快恢复系统的正常运行，有时甚至牺牲选择性来保证速动性。

继电保护装置除满足上述 4 项基本要求外，还应便于调试和维修，且尽可能满足系统运行所要求的灵活性。

6.2 常用继电器的保护类型及接线

6.2.1 继电器的分类

继电器是一种在输入的物理量（包括电气量和非电气量）达到规定值时，其电气量输出电路被接通或分断的自动电器。

继电器按其输入量的性质分，有电气继电器和非电气继电器两大类。按其用途分，有控制继电器和保护继电器两大类。前者用于自动控制电路，后者用于继电保护电路。

保护继电器按其在继电保护电路中的功能分，有“测量继电器”和“有或无继电器”两大类。

测量继电器装设在继电保护装置电路的第一级，用来反映被保护元件（电气设备或线路）的特性量变化情况，当其特性量达到预先整定的动作值时即动作。它在保护装置中属于主继电器（基本继电器），也称启动继电器。

有或无继电器是一种只按电气量是否在其工作范围内或有无电气量而动作的电气继电器，包括时间继电器、中间继电器、信号继电器等。它在继电保护装置中用来实现特定的逻辑功能，属于辅助继电器，也称逻辑继电器。

保护继电器按其组成元件分，有机电型、晶体管型和微机型三大类。机电型继电器具有简单可靠、便于维修和调试等优点，因此，我国用户（含工业和民用建筑）供配电系统目前仍以传统的机电型继电器为主。

机电型继电器按其结构原理分，有电磁式和感应式等。

保护继电器按其反映的物理量分，有电流继电器、电压继电器、功率继电器、气体继电器等。

保护继电器按其反映的数量变化分，有过量继电器和欠量继电器，如过电流继电器和电压（低电压）继电器等。保护继电器按其在保护装置中的用途分，有启动继电器、时间继电器、信号继电器、中间（出口）继电器等。图 6–1 是过电流保护装置的框图。当线路上发生短路时，启动用的电流继电器 KA 瞬时动作，使时间继电器 KT 启动。KT 经整定的一定延时后，接通信号继电器 KS 和中间继电器 KM。KM 接通断路器 QF 的跳闸线圈回路，使断路器跳闸，从而切除短路故障。

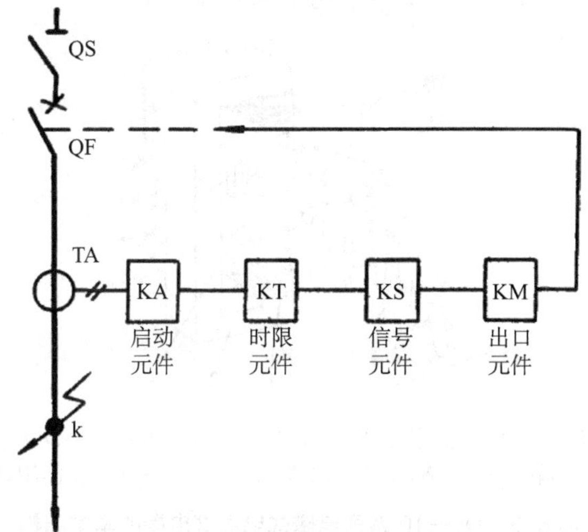

KA—电流继电器；KT—时间继电器；KS—信号继电器；KM—中间（出口）继电器

图 6–1 过电流保护装置的框图

保护继电器按其动作于断路器的方式分，有直接动作式（直动式）和间接动作式两大类。断路器操作机构内的脱扣器（跳闸线圈）实际上就是一种直动式继电器，而一般的保护继电器均为间接动作式，需通过接通断路器的跳闸线圈才能使断路器跳闸。

保护继电器按其与一次电路连接的方式分，有一次式继电器和二次式继电器。一次式继电器的线圈是与一次电路直接相连的，例如，低压断路器的过电流脱扣器和低电压（失电压）脱扣器，实际上就是一次式继电器（也是直动式继电器）。二次式继电器的动作线圈都连接在电流互感器或电压互感器的二次侧，经过互感器与一次电路相联系。高压系统中的保护继电器都属于二次式继电器。

保护继电器型号的表示和含义如图 6–2 所示。

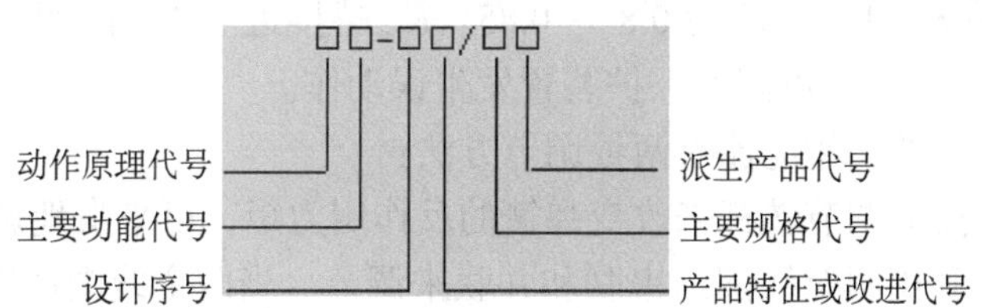

图 6–2 保护继电器型号的表示和含义

（1）动作原理代号：D—电磁式；G—感应式；L—整流式；B—半导体式；W—微机式。

（2）主要功能代号：L—电流；Y—电压；S—时间；X—信号；Z—中间；C—冲击；CD—差动。

（3）产品特征或改进代号：用阿拉伯数字或字母 A、B、C 等表示。

（4）派生产品代号：C—可长期通电；X—带信号牌；Z—带指针；TH—湿热带用。

（5）设计序号和主要规格代号：用阿拉伯数字表示。

6.2.2 常用的机电型保护继电器

1. 电磁式电流继电器和电压继电器

电磁式电流继电器和电压继电器在继电保护装置中均为启动元件，属测量继电器。常用的 DL—10 系列电磁式电流继电器的基本结构如图 6–3 所示。

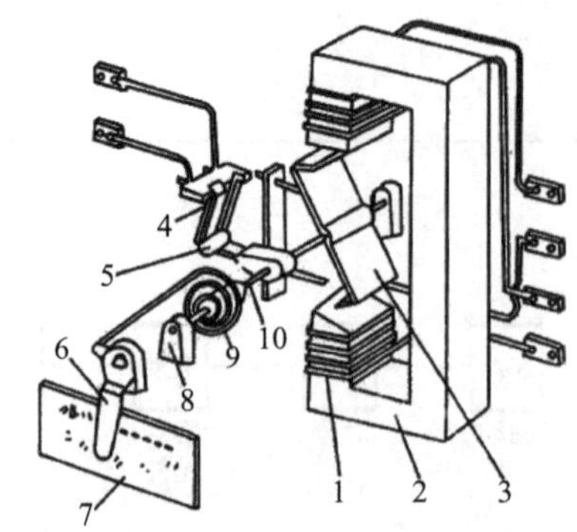

1—线圈；2—电磁铁；3—钢舌片；4—静触点；5—动触点；
6—启动电流调节转杆；7—标度盘（铭牌）；8—轴承；9—反作用弹簧；10—轴

图 6–3 DL—10 系列电磁式电流继电器的基本结构

当继电器线圈中通过的电流达到动作值时，固定在转轴上的 Z 形钢舌片被铁芯吸引旋转，导致继电器触点切换，使动合（常开）触点闭合，动断（常闭）触点断开，这就称为继电器动作。当线圈断电时，Z 形钢舌片被释放，继电器返回。过电流继电器线圈中使继电器动作的最小电流，称为继电器的动作电流，用 I_{op} 表示。

过电流继电器线圈中使继电器由动作状态返回到起始位置的最大电流，称为继电器的返回电流，用 I_{re} 表示。

继电器的返回电流 I_{re} 与动作电流 I_{op} 的比值，称为继电器的返回系数，用 K_{re} 表示，即

$$K_{re}=\frac{I_{re}}{I_{op}} \tag{6-3}$$

过电流继电器的 $K_{re}<1$，一般为 0.8 ～ 0.85。K_{re} 越接近于 1，说明继电器越灵敏。如果过电流继电器的 K_{re} 过低，还可能使保护装置发生误动作。

电磁式电流继电器的动作电流有两种调节方法：

（1）平滑调节。拨动调节转杆来改变弹簧的反作用力矩，可平滑地调节动作电流值。

（2）级进调节。利用两个线圈的串联和并联来调节。当两个线圈由串联改为并联时，动作电流将增大一倍。反之，当由并联改为串联时，动作电流将减小一半。

这种电流继电器的动作很快，可认为是“瞬时”动作的，因此，它是一种瞬时继电器。DL—10 系列电磁式电流继电器的内部接线及图形符号如图 6-4 所示。

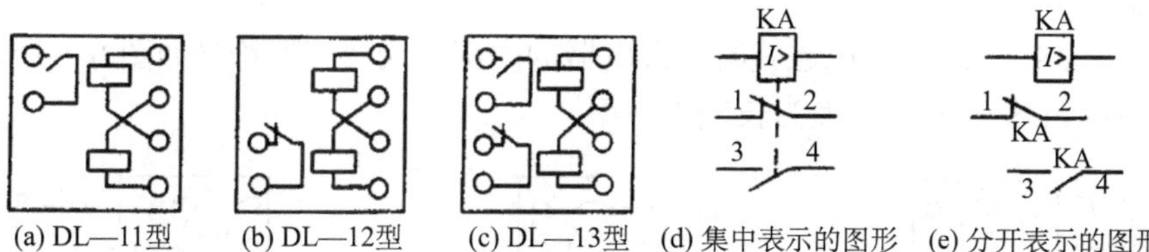

图 6-4 DL—10 系列电磁式电流继电器的内部接线及图形符号

供配电系统中常用的电磁式电压继电器的结构和原理与上述电磁式电流继电器类似，只是电压继电器的线圈为电压线圈，导线细而匝数多、阻抗大，多做成低电压（欠电压）继电器。

低电压继电器的动作电压 U_{op} 为其线圈上使继电器动作的最高电压；而其返回电压为 U_{re}，是其线圈上使继电器由动作状态返回到起始位置的最低电压。

低电压继电器的返回系数 $K_{re}=U_{re}/U_{op}>1$，一般为 1.25。K_{re} 越接近于 1，说明继电器越灵敏。

2. 电磁式时间继电器

电磁式时间继电器在继电保护装置中，用来获得所需要的延时（时限），属于机电型有或无继电器。

常用的 DS—110、DS—120 系列电磁式时间继电器的基本结构如图 6-5 所示。DS—110 系列用于直流电路，DS—120 系列用于交流电路。

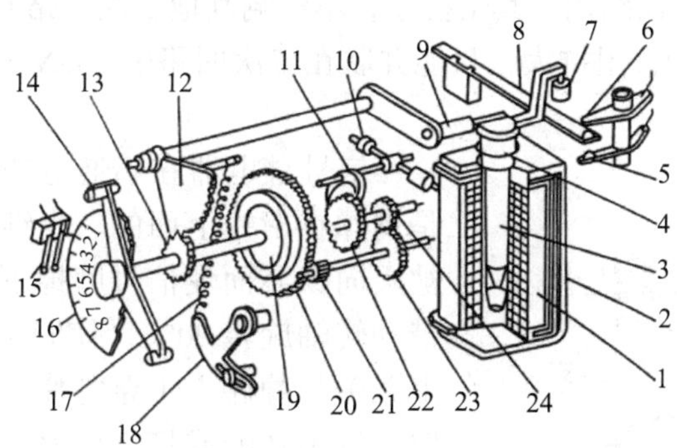

1—线圈；2—电磁铁；3—可动铁芯；4—返回弹簧；5、6—瞬时静触点；7—绝缘件；8—瞬时动触点；9—压杆；10—平衡锤；11—摆动卡板；12—扇形齿轮；13—传动齿轮；14—主动触点；15—主静触点；16—动作时限标度盘；17—拉引弹簧；18—弹簧拉力调节器；19—摩擦离合器；20—主齿轮；21—小齿轮；22—掣轮；23、24—钟表机构传动齿轮

图 6-5 DS—110、DS—120 系列电磁式时间继电器的基本结构

当继电器线圈接上工作电压时，铁芯被吸入，使被卡住的一套钟表机构释放，同时切换瞬时触点。在拉引弹簧的作用下，经过整定的时间，使主触点闭合。

继电器的时限可借改变主静触点与主动触点的相对位置来调整。调整的时间范围标明在标度盘上。

当继电器线圈断电时，继电器在返回弹簧的作用下返回。

为了缩小继电器的尺寸和节约材料，时间继电器线圈通常不按长时间接上额定电压来设计。因此，凡需长时间接上电压工作的时间继电器，应在它动作后，利用其常闭瞬时触点的断开，使其线圈串入限流电阻，以限制线圈的电流，避免使线圈过热烧毁，同时能维持继电器的动作状态。

DS—110、DS—120 系列电磁式时间继电器的内部接线及图形符号如图 6–6 所示。其中，图 6–6（b）所示 DS—111C 等型为长期工作型。

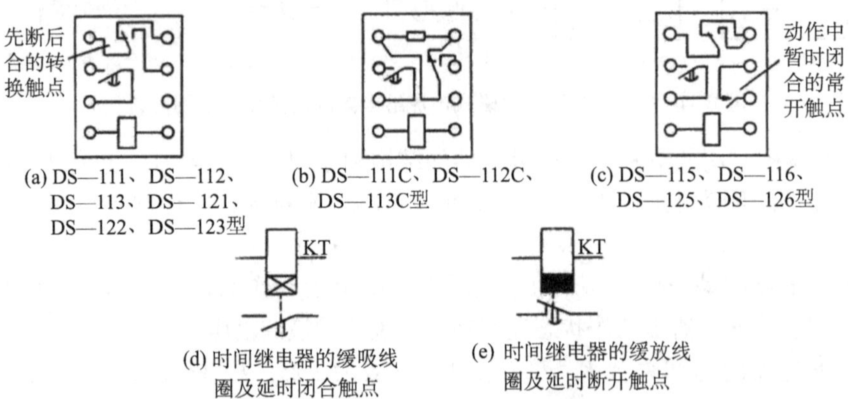

图 6–6　DS—110、DS—120 系列电磁式时间继电器的内部接线及图形符号

3. 电磁式信号继电器

电磁式信号继电器在继电保护装置中用来发出指示信号，以提醒运行值班人员注意。它也属于机电型有或无继电器。

常用的 DX—11 型电磁式信号继电器有电流型和电压型两种。电流型信号继电器的线圈为电流线圈，串联在二次回路内，其阻抗小，不影响其他二次回路元件的动作。电压型信号继电器的线圈为电压线圈，阻抗大，只能并联在二次回路中。DX—11 型电磁式信号继电器的内部结构如图 6–7 所示。

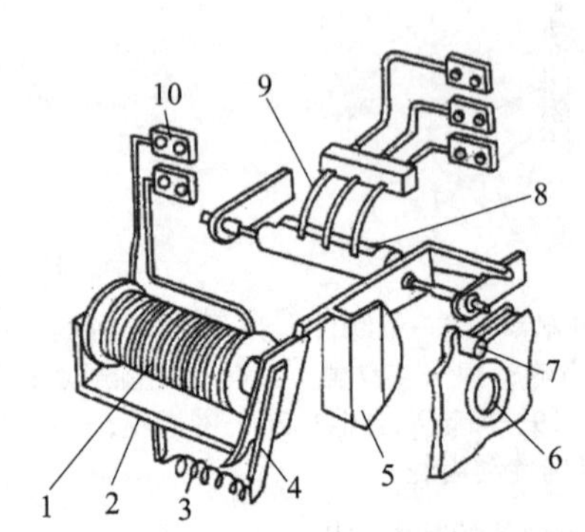

1—线圈；2—电磁铁；3—弹簧；4—衔铁；5—信号牌；6—观察窗口；7—复位旋钮；8—动触点；9—静触点；10—接线端子

图 6–7　DX—11 型电磁式信号继电器的内部结构

信号继电器在不通电的正常状态下，其信号牌是支撑在衔铁上面的。当继电器线圈通电时，衔铁被吸向铁芯而使信号牌掉下，显示动作信号，同时带动转轴旋转 90°，使固定在转轴上的动触点（导电条）与静触点（导电片）接通，从而接通信号回路，发出音响或灯光信号。要使信号停止，可旋动外壳上的复位旋钮，断开信号回路，同时使信号牌复位。

DX—11 型电磁式信号继电器的内部接线及图形符号如图 6–8 所示。信号继电器的图形符号在 GB/T 4728 中未直接给出，这里的图形符号是根据 GB/T 4728 规定的原则派生的，且已得到广泛认同。其中，信号继电器线圈图形采用 GB/T 4728 中机电型有或无继电器类的“机械保持继电器”的线圈符号，而其触点则在一般触点符号上附加一个 GB/T 4728 规定的“非自动复位”限定符号。

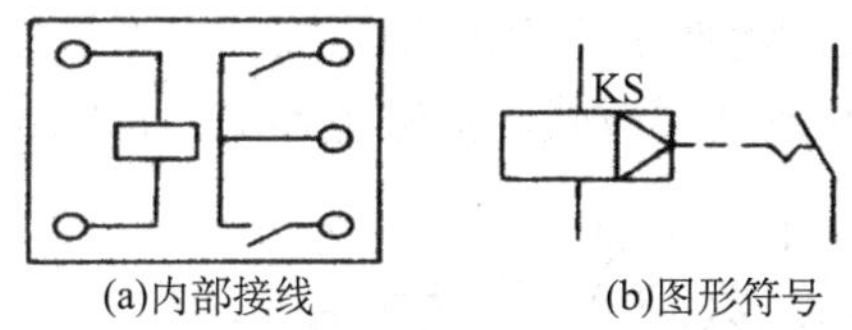

(a)内部接线　(b)图形符号

图 6-8　DX—11 型电磁式信号继电器的内部接线及图形符号

4. 电磁式中间继电器

电磁式中间继电器在电磁保护装置中用作辅助继电器，以弥补主继电器触点数量或触点容量的不足，其通常接在保护装置的出口回路中，用于接通断路器的跳闸线圈，所以又称出口继电器。中间继电器也属于机电型有或无继电器。

常用的 DZ—10 系列电磁式中间继电器的基本结构如图 6-9 所示。当其线圈通电时，衔铁被快速吸向铁芯，使其触点切换；当其线圈断电时，衔铁被快速释放，触点返回起始状态。

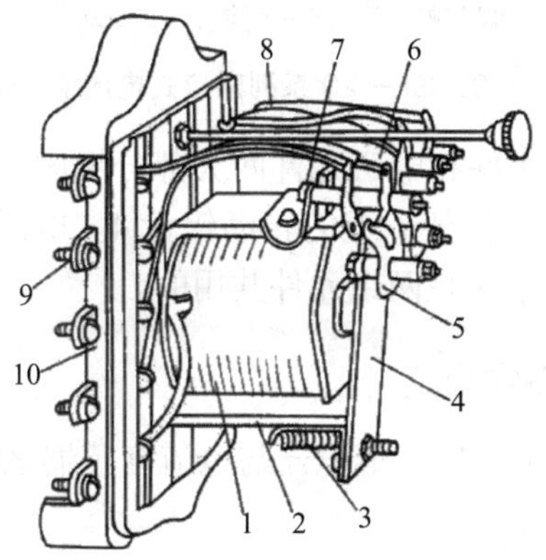

1—线圈；2—电磁铁；3—弹簧；4—衔铁；5—动触点；
6、7—静触点；8—连接线；9—接线端子；10—底座

图 6-9　DZ—10 系列电磁式中间继电器的基本结构

这种快吸快放的 DZ—10 系列电磁式中间继电器的内部接线及图形符号如图 6-10 所示。中间继电器的图形符号在 GB/T 4728 中也未直接给出，这里的图形符号也是根据 CB/T 4728 规定的原则派生的，也已得到广泛认同。其线圈图形采用 GB/T 4728 中机电型有或无继电器类的“快速（快吸和快放）继电器”的线圈符号 。其文字符号采用 KM。

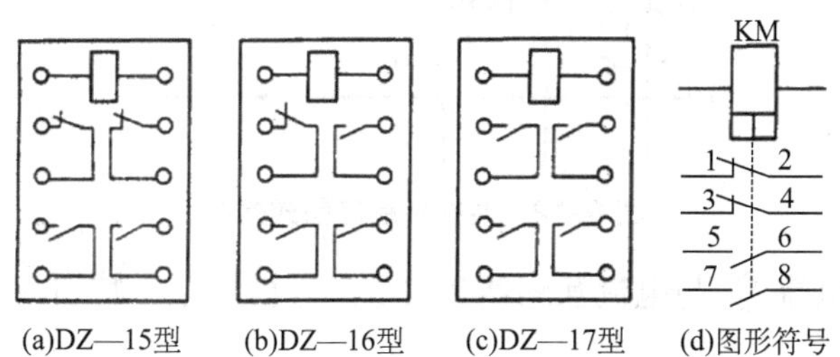

(a)DZ—15型　(b)DZ—16型　(c)DZ—17型　(d)图形符号

图 6-10　DZ—10 系列电磁式中间继电器的内部接线及图形符号

5. 感应式电流继电器

感应式电流继电器兼有上述电磁式电流继电器、时间继电器、信号继电器和中间继电器的功能，而且可用来同时实现过电流保护和电流速断保护，从而可使继电保护装置大大简化，

减少投资，在用户的中小型变配电所中应用极为广泛。感应式电流继电器属测量继电器。

常用的 GL—10、GL—20 系列感应式电流继电器的内部结构如图 6-11 所示。

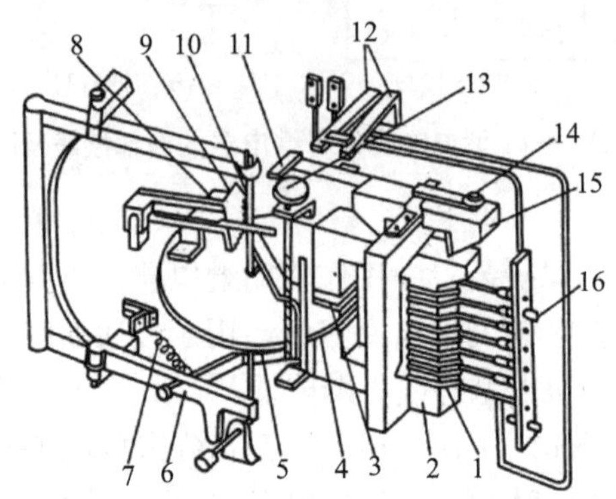

1—线圈；2—铁芯；3—短路环；4—转动铝盘；5—钢片；6—可偏转铝框架；7—调节弹簧；8—制动永久磁铁；9—扇形齿轮；10—蜗杆；11—扁杆；12—继电器触点；13—时限调节螺杆；14—速断电流调节螺钉；15—衔铁；16—动作电流调节插销

图 6-11 GL—10、GL—20 系列感应式电流继电器的内部结构

感应式电流继电器由感应元件和电磁元件两大部分组成。感应元件主要包括线圈 1、短路环 3 的铁芯 2 及装在可偏转铝框架 6 上的转动铝盘 4。电磁元件主要包括线圈 1、铁芯 2 和衔铁 15。其中，线圈 1 和铁芯 2 是两组元件共用的。

6.2.3 继电保护装置的接线方式

在过电流的继电保护装置中，启动继电器与电流互感器之间的连接主要有两相两继电器式和两相一继电器式两种接线方式。

1. 两相两继电器式接线（见图 6-12）

这种接线方式中，如果一次电路发生三相短路或任意两相短路，则至少有一个继电器要动作，从而使一次电路的断路器跳闸。

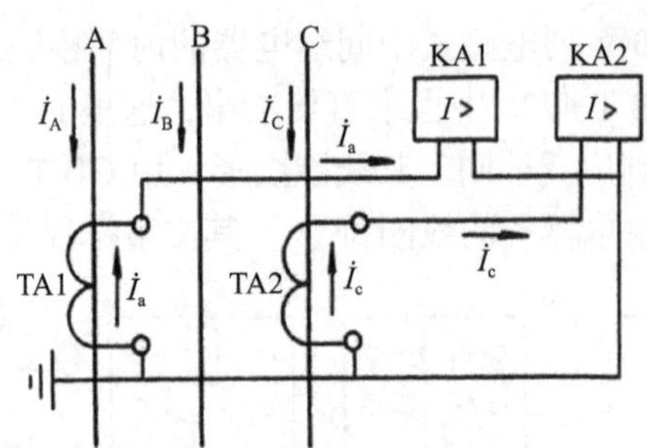

图 6-12 两相两继电器式接线

为了表述继电器电流 I_{KA} 与电流互感器二次电流 I_2 的关系，特引入一个接线系数 K_w，其定义式为：

$$K_w = \frac{I_{KA}}{I_2} \tag{6-4}$$

两相两继电器式接线在一次电路发生任何形式的相间短路，其 K_w=1，即保护装置的灵敏度都相同。

2. 两相一继电器式接线（见图 6-13）

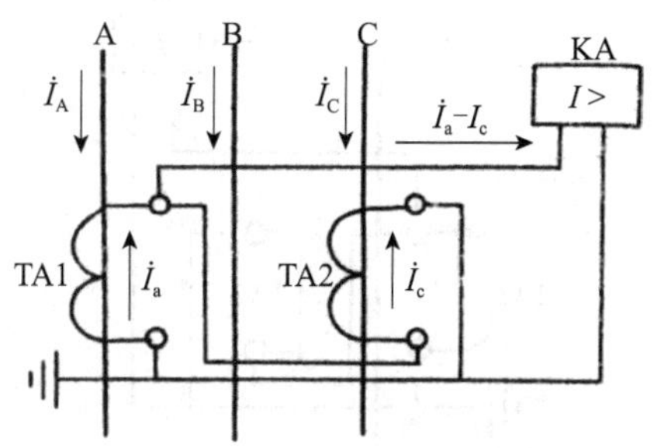

图 6-13　两相一继电器式接线

对于这种接线方式，正常工作时流入继电器的电流为两相电流互感器二次电流之差，因此，又称为两相电流差接线。

在其一次电路发生三相短路时，流入继电器的电流为互感器二次电流的 $\sqrt{3}$ 倍（参看图 6-14（a）相量图），即 $K_w^{(3)}=\sqrt{3}$。

在其一次电路的 A、B 两相或 B、C 两相发生短路时，流入继电器的电流只有一相互感器的二次电流（参看图 6-14（c）、（d）相量图），即 $K_w^{(A.B)}=K_w^{(B.C)}=1$。

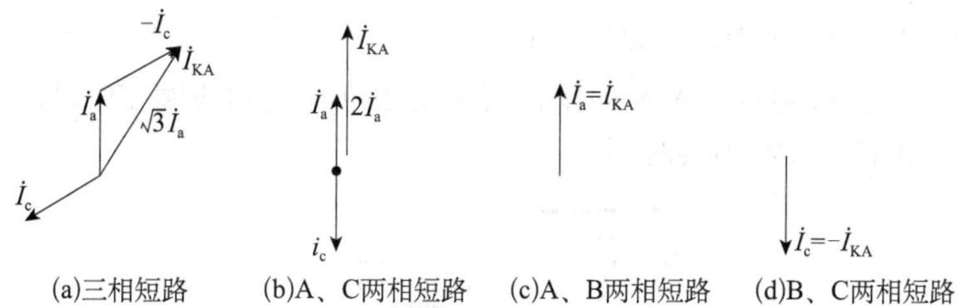

图 6-14　两相一继电器式接线在不同相间短路时的电流相量分析

由以上分析可知，两相一继电器式接线能反映各种相间短路故障，但不同相间短路的保护灵敏度不同，有的相差一倍，因此不如两相两继电器式接线，但这种接线方式少用一个继电器，较简单经济，主要用于高压电动机保护。

6.2.4　继电保护装置的操作方式

继电保护装置的操作电源有直流操作电源和交流操作电源两大类。直流操作电源有蓄电池组和整流电源两种，但交流操作电源具有投资少、运行维护方便及二次回路简单、可靠等优点，因此在用户供配电系统中得到广泛应用。

交流操作电源供电的继电保护装置主要有以下两种方式。

1. 直接动作式（见图 6-15）

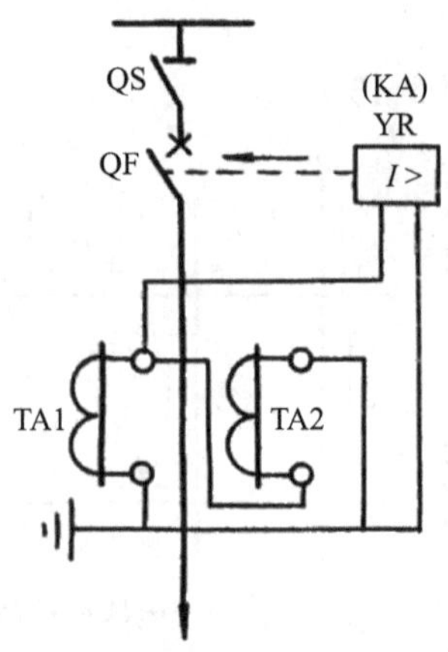

QF—断路器；TA1、TA2—电流互感器；YR—断路器跳闸线圈（即直动式继电器 KA）

图 6-15　直接动作式过电流保护电路

利用断路器操作机构内的过电流脱扣器（跳闸线圈）YR 作为过电流继电器，接成两相两继电器式或两相一继电器式。正常运行时，YR 流过的电流远小于其动作电流（脱扣电流），因此，不动作。而在一次电路发生相间短路时，短路电流反映到电流互感器的二次侧，流过 YR，达到超过 YR 的动作电流，从而使断路器 QF 跳闸。这种操作方式简单经济，但保护灵敏度低，实际上较少采用。

2.“去分流跳闸”的原理电路（见图 6-16）

正常运行时，电流继电器 KA 不动作，其常闭触点将跳闸线圈 YR 短路，YR 中无电流通过断路器，所以断路器 QF 不会跳闸。

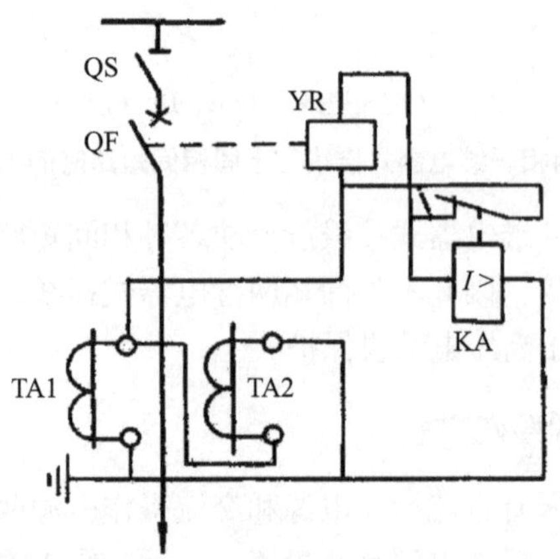

QF—断路器；TA1，TA2—电流互感器；KA—电流继电器（GL—15、GL—25 型）；YR 跳闸线圈

图 6-16　“去分流跳闸”过电流保护电路

当一次电路发生相间短路时，电流继电器 KA 动作，其常闭触点断开，使跳闸线圈 YR 的短路分流支路被去掉（即所谓的“去分流”），从而使电流互感器的二次电流全部通过 YR，致使断路器 QF 跳闸，即所谓的“去分流跳闸”。这种操作方式的接线也比较简单，且灵敏可靠，但要求电流继电器 KA 触点的分断能力足够强。现在生产的 GL—15、GL—25、GL—16、GL—26 等型电流继电器，其触点容量相当大，短时分断电流可达 150A，完全

能够满足短路时“去分流跳闸”的要求。因此，目前这种去分流跳闸的操作方式在工厂供电系统中应用相当广泛。

6.3　配电系统的自动装置

6.3.1　电气线路的自动重合闸装置

1. 概述

运行经验表明，电力系统的短路故障特别是架空线路上的短路故障大多是暂时性的，这些故障在断路器跳闸后，多数能很快自行消除。例如，雷击电闪络或鸟兽造成的短路故障，往往在雷击过后或鸟兽被烧死后，线路大多能够恢复正常运行。因此，如采用自动重合闸装置（Auto-reclosing Device，ARD），断路器跳闸后，经很短时间又自动重新合闸送电，可大大提高供电的可靠性，避免因停电而给国民经济带来巨大损失。按操作方式分，自动重合闸装置有机械式和电气式；按组成元件分，有机电型、晶体管型和微机型；按重合次数分，有一次重合式、二次重合式和三次重合式。

供配电系统中采用的 ARD，一般采用一次重合式，因为一次重合式比较简单且经济，基本上能满足供电可靠性的要求。运行经验证明，ARD 的重合成功率随着重合次数的增加而显著降低。对架空线路来说，一次重合成功率可达 60% ～ 90%，而二次重合成功率只有 15% 左右，三次重合成功率仅 3% 左右。因此，一般用户的供配电系统中只采用一次重合闸。

2. 电气一次自动重合闸装置的基本原理

电气一次自动重合闸装置的基本原理如图 6-17 所示。

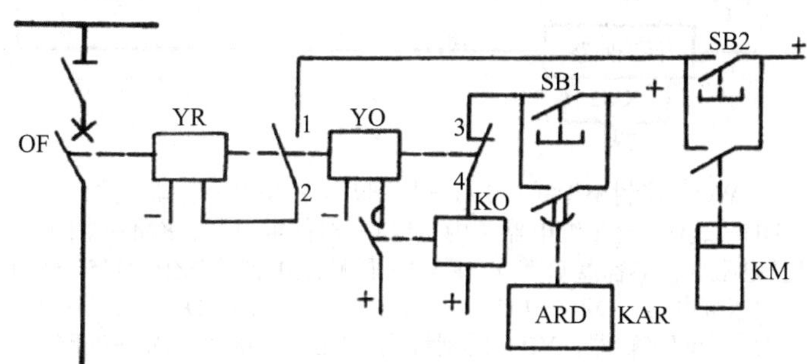

QF—断路器；YR—跳闸线圈；YO—合闸线圈；KO—合闸接触器；KAR—重合闸继电器；KM—继电保护出口继电器触点；SB1—合闸按钮；SB2—跳闸按钮

图 6-17　电气一次自动重合闸装置的基本原理

（1）手动合闸。按下合闸按钮 SB1，使合闸接触器 KO 通电动作，接通合闸线圈 YO 回路，使断路器合闸。

（2）手动跳闸。按下跳闸按钮 SB2，接通跳闸线圈 YR 回路，使断路器跳闸。

（3）自动重合闸。当线路上发生短路故障时，保护装置动作，其继电保护出口继电器触点 KM 闭合，接通跳闸线圈 YR 的回路，使断路器跳闸。断路器跳闸后，其辅助触点 QF 3—4 闭合，同时重合闸继电器 KAR 启动，经短延时（一般为 0.5s）接通合闸接触器 KO 回路，合闸接触器 KO 又接通合闸线圈 YO 回路，使断路器重新合闸，恢复供电。

3. 电气一次自动重合闸装置示例

图 6-18 是采用 DH—2 型重合闸继电器的电气一次自动重合闸装置（ARD）的展开式电

路图（图中仅绘出与 ARD 有关的部分）。该电路的控制开关 SA1 采用 LW2 型万能转换开关，其合闸（ON）和分闸（OFF）操作各有 3 个位置：预备分闸、合闸；正在分闸、合闸；分闸、合闸后。SA1 两侧的箭头“→”指向就是这种操作程序。选择开关 SA2 采用 LW2—1.1/F4—X 型，只有合闸（ON）和分闸（OFF）两个位置用来投入解除 ARD。

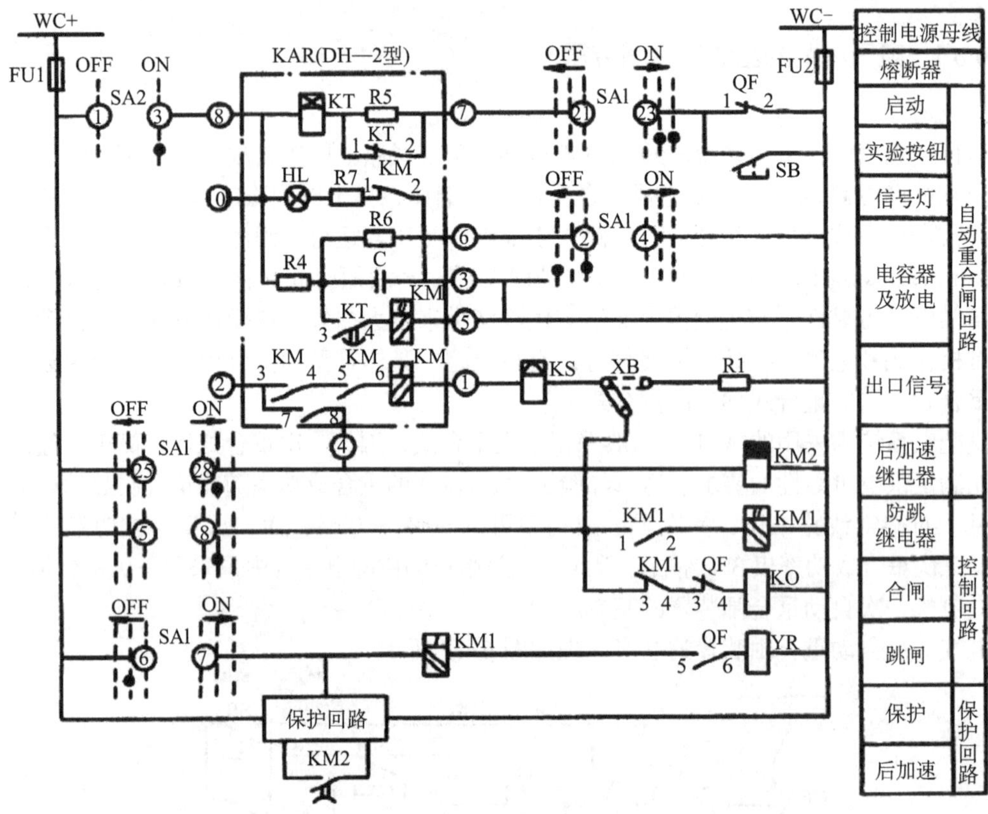

WC—控制小母线；SA1—控制开关；SA2—选择开关；
KAR—DH—2 型重合闸继电器（内含 KT—时间继电器、KM—中间继电器、
HL—指示灯及电阻 R、电容器 C 等）；KM1—防跳继电器（DZB—115 型中间继电器）；
KM2—后加速继电器（DZS—145 型中间继电器）；KS—DX—11 型信号继电器；
KO—合闸接触器；YR—跳闸线圈；XB—连接片；QF—断路器

图 6–18　电气一次自动重合闸装置的展开式电路图

（1）一次自动重合闸装置的工作原理。

系统正常运行时，控制开关 SA1 和选择开关 SA2 都被扳到合闸（NO）位置。ARD 投入工作。这时 DH—2 型重合闸继电器 KAR 中的电容器 C 经 R4 充电，同时指示灯 HL 亮，表示控制小母线 WC 的电压正常，电容器 C 处于充电状态。

当一次电路发生短路故障而使断路器 QF 自动跳闸时，断路器 QF1—2 闭合，而控制开关 SA1 仍处在合闸位置，从而接通 KAR 的启动回路，使 KAR 中的时间继电器 KT 经其本身的常闭触点 KT1—2 动作。KT 动作后，其常闭触点 KT1—2 断开，串入电阻 R5 使 KT 保持动作状态。串入 R5 的目的是限制通过 KT 线圈的电流，防止线圈过热而烧毁，因为 KT 线圈不是按长期接上额定电压设计的。

时间继电器 KT 动作后，经一定的延时，其延时闭合的常开触点 KT3—4 闭合。这时电容器 C 对 KAR 中的中间继电器 KM 的电压线圈放电，使 KM 动作。

中间继电器 KM 动作后，其常闭触点 KM 1—2 断开，使指示灯 HL 熄灭，表示 KAR 已经动作，其出口回路已经接通。合闸接触器 KO 由控制小母线 WC 经 SA2 和 KAR 中的 KM 3—4、KM 5—6 两对触点及 KM 的交流线圈、KS 线圈、连接片 XB、防跳继电器 KM1 3—4 和断路器 QF 3—4 而获得电源，从而使断路器 QF 重合闸。

中间继电器 KM 是由电容器 C 放电而动作的，但由于 C 的放电时间不长，因此，为了使 KM 能够自保持，在 KAR 的出口回路中串入了 KM 的电流线圈，借 KM 本身的常开触点 KM 3—4 和 KM 5—6 闭合使之接通，以保持 KM 的动作状态。在断路器 QF 合闸后，其断路器 QF 3—4 断开而使 KM 的自保持解除。

在 KAR 的出口回路中串联信号继电器 KS 的目的是记录 KAR 的动作，并为 KAR 动作发出灯光信号和音响信号。

断路器的重合闸成功以后，所有继电器自动返回，电容器 C 又恢复充电。

要使 ARD 退出工作，可将 SA2 扳到分闸（OFF）位置，同时将出口回路中的连接片 XB 断开。

（2）一次自动重合闸装置（ARD）的基本要求。

①一次 ARD 只重合一次。如果一次电路故障是永久性的，断路器在 KAR 作用下重合闸后，继电器保护又要启动，使断路器再次自动跳闸。断路器第二次跳闸后，KAR 又要启动，使时间继电器 KT 动作，但由于电容器 C 还来不及充好电（充电时间需 15 ～ 25s），所以 C 的放电电流很小，不能使中间继电器 KM 动作，从而 KAR 的出口回路不会接通，这就保证了 ARD 只重合一次。

②用控制开关操作断路器分闸时 ARD 不应动作。如图 6-18 所示，通常在分闸操作时，先将选择开关 SA2 扳至分闸（OFF）位置，其 SA2 1—3 断开，使 KAR 退出工作。同时将控制开关 SA1 扳到“预备分闸”及“分闸后”位置时，其触点 SA1 2—4 闭合，使电容器 C 先对 R6 放电，从而使中间继电器 KM 失去动作电源，因此即使 SA 2 没有扳到分闸位置（使 KAR 退出的位置），在采用 SA1 操作分闸时，断路器也不会自行重合闸。

③ ARD 的“防跳”措施。当 KAR 出口回路中的中间继电器 KM 的触点被粘住时，应防止断路器多次重合于发生永久性短路故障的一次电路上。

在图 6-18 所示的 ARD 电路中，采用了两项“防跳”措施：第一项措施是，在 KAR 的中间继电器 KM 的电流线圈回路（即其自保持回路）中，串联了其自身的两对常开触点 KM3—4 和 KM 5—6。这样，万一其中一对常开触点被粘住，另一对常开触点仍能正常工作，不致发生断路器“跳动”，即反复跳闸、合闸现象。第二项措施是，为了防止万一 KM 的两对触点 KM 3—4 和 KM 5—6 同时被粘住时断路器仍可能“跳动”，在断路器的跳闸线圈 YR 回路中，又串联了防跳继电器 KM 1 的电流线圈。在断路器分闸时，KM 1 的电流线圈同时通电，使 KM 1 动作。当 KM 3—4 和 KM 5—6 同时被粘住时，KM 1 的电压线圈经其自身的常开触点 KM 1 1—2 、XB、KS 线圈、KM 电流线圈及其两对触点 KM 3—4、KM 5—6 而带电自保持，使 KM 1 在合闸接触器 KO 回路中的常闭触点 KM1 3—4 也同时保持断开，使合闸接触器 KO 不致接通，从而达到“防跳”的目的。因此，防跳继电器 KM1 实际上是一种分闸保持继电器。

采用防跳继电器 KM1 以后，即使用控制开关 SA1 的手柄断路器合闸，只要一次电路存在故障，继电保护使断路器跳闸后，断路器也不会再次合闸。当 SA1 的手柄扳到“合闸”位置时，其触点 SA15—8 闭合，合闸接触器 KO 通电，使断路器合闸。如果一次电路存在故障，继电保护将使断路器自动跳闸。在跳闸回路接通时，防跳继电器 KM1 3—4 断开，SA1 的触点 SA1 5—8 闭合也不会再次接通 KO，而是接通 KM1 的电压线圈使 KM1 自保持，从而避免断路器再次合闸，达到“防跳”的要求。当 SA1 回到“合闸后”位置时，其触点 SA1 5—8 断开，使 KM1 的自保持随之解除。

（3）ARD 与继电保护装置的配合。

假设线路上装有带时限的过电流保护和电流速断保护，则在线路末端发生短路时，电流速断保护不动作，而只有过电流保护动作，使断路器跳闸。断路器跳闸后，由于 KAR 动作，将使断路器重新合闸。如果短路故障是永久性的，则过电流保护又要动作，使断路器再次跳闸，但由于过电流保护带有时限，因而将使故障延续时间延长，危害加剧。为了减小危害，缩短故障时间，一般采取重合闸后加速保护装置动作的措施。

由图 6-18 可知，在 KAR 动作后，KM 的常开触点 KM 7—8 闭合，使加速继电器 KM2 动作，其延长断开的常开触点立即闭合。如果一次电路的短路故障是永久性的，则由于 KM2 触点的闭合，使保护装置启动后，不经时限元件，而只经 KM2 触点直接接通保护装置出口元件，使断路器快速跳闸。ARD 与保护装置的这种配合方式称为 ARD“后加速”。

由图 6-18 还可看出，控制开关 SA1 还有一对触点 SA1 25—28，其在 SA1 手柄处于“合闸”位置时接通。因此，当一次电路存在故障而 SA1 手柄处在“合闸”位置时，直接接通加速继电器 KM2，也能加速故障电路的切除。

6.3.2 备用电源自动投入装置

1. 概述

在要求供电可靠性较高的变配电所中，通常设有两路或以上的电源进线，或者设有自备电源。在企业的车间变电所低压侧，大多设有与相邻车间变电所相连的低压联络线。如果在作为备用电源的线路上装设备用电源自动投入装置，则在工作电源线路突然断电时，利用失电压保护装置使该线路的断路器跳闸，而备用电源线路的断路器则在备用电源自动投入装置（Auto-put-into Device of Reserve-source，APD）的作用下迅速合闸，使备用电源投入运行，从而大大提高供电可靠性，保证对用户的不间断供电。

2. 备用电源自动投入装置的基本原理

备用电源自动投入装置的基本原理如图 6-19 所示。

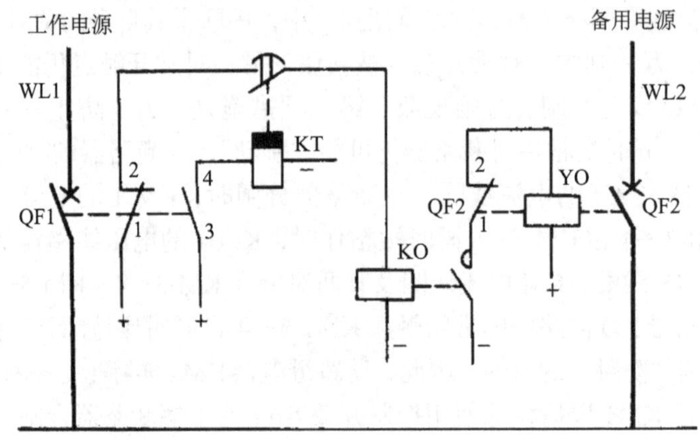

QF1—工作电源进线 WL1 上的断路器；QF2—备用电源进线 WL2 上的断路器；
KT—时间继电器；KO—合闸接触器；YO—断路器 QF2 的合闸线圈

图 6-19 备用电源自动投入装置的基本原理图

（1）正常工作状态。断路器 QF1 合闸，电源 WL1 供电，而断路器 QF2 断开，电源 WL2 备用。QF1 的辅助触点 QF1 3—4 闭合，时间继电器 KT 动作，其触点是闭合的，但由于断路器 QF1 的另一对辅助触点 QF1 1—2 处于断开状态，因此，合闸接触器 KO 不会通电工作。

（2）备用电源自动投入。当工作电源 WL1 断电引起失压保护动作式断路器 QF1 跳闸时，其辅助触点 QF1 3—4 断开，使时间继电器 KT 断电。在其延时断开触点尚未断开前，由于断路器 QF1 的辅助触点 QF1 1—2 闭合，接通合闸接触器 QF2 的合闸线圈 YO 回路，使 QF2 合闸，从而使备用电源 WL2 投入运行。在 KT 的延时断开触点经延时（约 0.5s）断开时，切断 KO 合闸回路。QF2 合闸后，其辅助触点 QF2 1—2 断开，切断 YO 合闸回路。

6.3.3　供配电系统的远动装置

随着工业生产的发展和科学技术的进步，有些企业特别是大型企业供配电系统的控制、信号和检测过程已开始由人工管理、就地监控发展为远动化，实现遥控、遥信、遥测，即所谓的“三遥”，如果加上遥调则为“四遥”。

供配电系统实现远动化以后，不仅能提高供配电系统管理的自动化水平，还可以在一定程度上实现供配电系统的优化运行，能及时处理事故，减少事故停电时间，更好地保证供配电系统的安全经济运行。

供配电系统的远动装置一般采用微机（微型计算机）来实现。微机控制的供配电系统远动装置由调度端、执行端及联系两端的信号通道三部分组成，如图 6–20 所示。

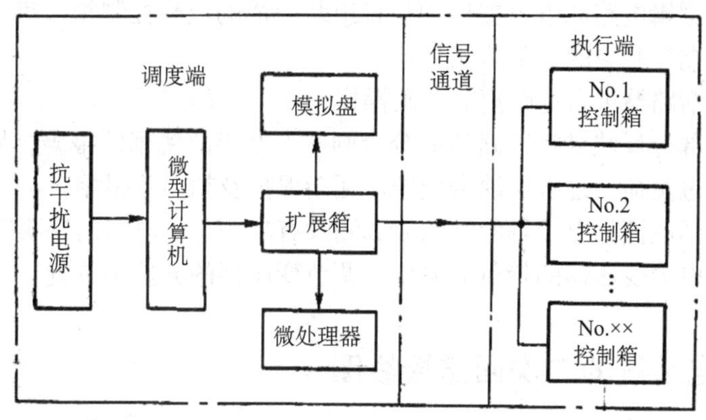

图 6–20　微机控制的工厂供配电系统三遥装置框图

1. 调度端

调度端由操作台和数据处理用微机组成。

操作台包括：供配电系统模拟盘，其上绘有供配电系统主接线图，主接线图上有每台断路器分合闸指示灯。在事故跳闸时，分闸指示灯还会闪光，并由光字牌指出跳闸的具体位置，同时发出音频信号；数据采集和监控用计算机系统一套，包括主机一台（用来直接发出各种指令进行操作）、打印机一台（可根据指令随时打印出数据资料）、彩色显示器一台（用来显示系统全部或局部的工作状态、有关数据及各种操作命令、事故状态等）；若干路就地常测入口通过数字表将信号输入计算机，并用于随时显示企业电源进线的电压和功率等；通信接口，用来完成与数据处理用微机之间的通信联络。

数据处理用微机的功能主要有：根据所记录的全天、半小时平均负荷绘出企业用电负荷曲线；按企业有功电能、功率因数及最大用电量等计算其每月总用电费；统计企业高峰负荷用电量；根据需要，统计各配电线路的用电情况；统计和分析系统的运行及事故情况等。

2. 信号通道

信号通道是用来传递调度端操作台与执行端控制箱之间往返信号用的通道，一般采用带屏蔽的电话电缆。控制距离小于 1km 时，也可采用控制电缆或塑料绝缘导线。通道的敷设方式一般为树干式，各车间变电所通过分线盒与之相连，如图 6-21 所示。

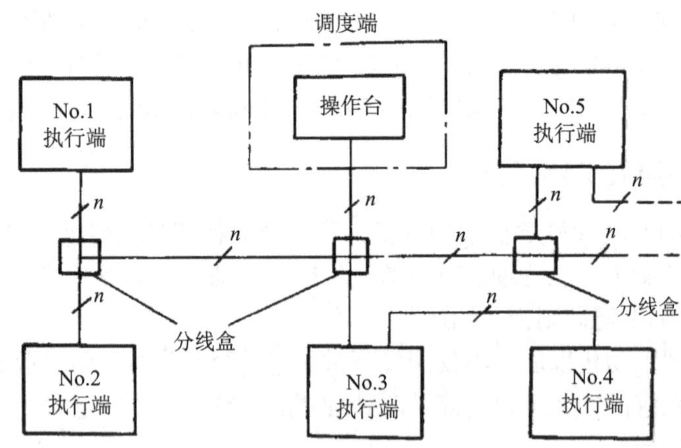

图 6-21　远动装置通道敷设示意图

3. 执行端

执行端是采用逻辑电路和继电器保护装置组装而成的成套控制箱，每一个被控制点至少要装设一台。执行端控制箱的主要功能是：

（1）遥控：对断路器进行远距离分合闸操作。

（2）遥信：一部分反映被控断路器的分合闸状态及事故跳闸的报警，另一部分反映事故预告信号，可实现过负荷、过电压油浸变压器瓦斯保护及超温等报警。

（3）遥测：包括电流、电压等的常测或选测及有功和无功电能的遥测等。

（4）遥调：如电力变压器的带负荷调压，调节变压器的分接头位置。

6.4　供配电系统的二次回路接线图

6.4.1　二次回路的接线要求

按 GB/T 50171—2012《电气装置安装工程　盘、柜及二次回路接线施工及验收规范》规定，二次回路的接线应符合下列要求：

（1）按图施工，接线正确。

（2）导线与电气元件间采用螺栓连接、插接、焊接或压接等，均应牢靠。

（3）盘、柜内的导线不应有接头，导线芯线应无损伤。

（4）电缆芯线和所配导线的端部均应标明其回路编号，编号应正确，字迹清晰且不易脱色。

（5）配线应整齐、清晰、美观，导线绝缘应良好，无损伤。

（6）每个接线端子的每侧接线应为 1 根，不得超过两根。对于插接式端子，不同截面的两根导线不得接在同一端子上；对于螺栓连接端子，当接两根导线时，中间应加平垫片。

（7）回路接地应设专用螺栓。

（8）盘、柜内的配线电流回路应采用电压不低于 500V 的铜芯绝缘导线，其截面积不应小于 2.5mm²；其他回路的导线截面积不应小于 1.5mm²；对电子元件回路、弱电回路采用锡焊连接时，在满足载流量和电压降及有足够机械强度的情况下，可采用截面积不小于 0.5mm² 的铜芯绝缘导线。

用于连接盘、柜门上电器、控制台板等可动部位的导线，还应符合下列要求：

（1）应采用多股软导线，敷设长度应有适当裕量。

（2）线束应有外套塑料管等加强绝缘层。

（3）与电器连接时，端部应绞紧，并应加终端附件或搪锡，不得松散、断股。

（4）在可动部位的两端应用卡子固定。

引入盘、柜内的电缆及其芯线应符合下列要求：

（1）引入盘、柜内的电缆应排列整齐，编号清晰，避免交叉，并应固定牢固，不得使所接的端子受到机械应力。

（2）铠装电缆在进入盘、柜后，应将钢带切断，切断处的端部应扎紧，并应将钢带接地。

（3）使用于静态保护、控制等逻辑回路的控制电缆，应采用屏蔽电缆，其屏蔽层应按设计要求的接地方式予以接地。

（4）橡胶绝缘的芯线应外套绝缘管加以保护。

（5）盘、柜内的电缆芯线，应按垂直或水平方向有规律地配置，不得任意歪斜交叉连接。备用芯线长度应留有适当裕量。

（6）强电与弱电回路不应使用同一根电缆，并应分别成束分开排列。

二次回路导线的应用还须注意：在油污环境，应采用耐油的绝缘导线。在日光直射的环境，橡胶或塑料绝缘导线应采取防护措施，如穿金属管或蛇皮管保护。

6.4.2　二次回路安装接线图的绘制

1. 安装接线图的绘制要求

安装接线图（以下简称“接线图”）是用来表示成套装置或设备中各元器件之间连接关系的一种图形。

绘制接线图应遵循 GB/T 6988.3—1997《电气技术用文件的编制　第三部分：接线图和接线表》的规定，其图形符号应符合 GB/T 4728—2005 ～ 2008《电气简图用图形符号》的有关规定，其文字符号包括项目代号应符合 GB/T 5094.2—2003《工业系统、装置与设备以及工业产品——结构原则与参照代号　第 2 部分：项目的分类与分类码》和 00DX001《建筑电气工程设计常用图形符号和文字符号》等的有关规定。

二次回路的接线图主要用于二次回路的安装接线、线路检查、维修和故障处理。在实际应用中，接线图通常与电路图和位置图配合使用。

接线图有时也与接线表配合使用。接线表的功用与接线图相同，只是绘制形式不同。

接线图和接线表一般应表示出各个项目，即元件、器件、部件、组件和成套设备等的相对位置、项目代号、端子号、导线号、导线型号和截面等内容。

2. 安装接线图的绘制方法

（1）二次设备的表示方法。由于二次设备都是从属于某一次设备或一次电路的，而一次设备或一次电路又从属于某一成套设备，因此，为避免混淆，所有二次设备都必须按 GB/T 5094.2—2003 和 00DX001 的规定标明其项目代号。

项目代号是用来识别项目种类及其层次关系与位置的一种代号。一个完整的项目代号包含4个代号段，每一个代号段前面还有一个前缀符号作为代号段的特征标记，如表6–1所示。

表6–1　项目代号的层次与符号

项目层次（段）	代号名称	前缀符号	示例
第一段	高层代号	=	=A5
第二段	位置代号	+	+W3
第三段	种类代号	+	–PJ2
第四段	端子代号	:	：7

如图6–22所示高压线路的测量仪表，仪表种类为代号P，其中，有功电能表、无功电能表和交流表分别表示为P1、P2、P3，或表示为PJ、PJR、PA。而这些仪表从属于某一高压线路，线路的种类代号为W或WL。因此，不同线路就要分别表示为W1、W2、W3或WL1、WL2、WL3等，假设某条线路W5又是3号高压开关柜内的线路，而开关柜的种类代号为A3，因此，无功电能表P2的项目种类代号的详细表示应为“=A3+W5–P2”，而该无功电能表上端子7的完整项目种类代号应为“=A3+W5–P2:7”。当然在不引起混淆的情况下，项目种类代号的表示可以简化。例如，上述无功电能表端子7的项目种类代号可以简化为“–P2:7”或“P2:7”。

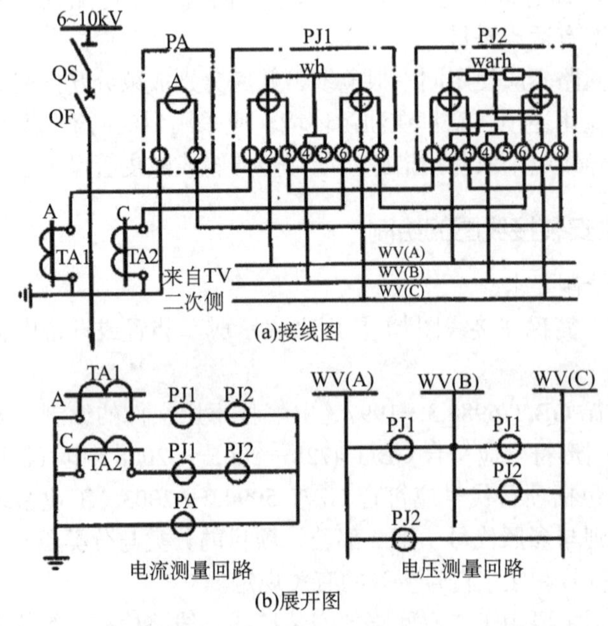

TA—电流互感器；TV—电压互感器；PA—电流表；
PJ1—三相有功电能表；PJ2—三相无功电能表；WV—电压小母线

图6–22　6～10kV高压线路的测量仪表电路图

（2）连接端子及表示方法。盘（柜）外的导线或设备与盘上的二次设备相连时，必须经过端子排。端子排由专门的接线端子板组装而成。

接线端子板分为普通端子板、连接端子板、试验端子板和终端端子板等形式。

①普通端子板。该端子板用来连接由盘外引至盘上或由盘上引至盘外的导线。

②连接端子板。该端子板有横向连接片，可与邻近端子板相连，用来连接有分支的二

次回路导线。

③试验端子板。该端子板用来在不断开二次回路的情况下，对仪表、继电器进行试验，如图 6-23 所示的两个试验端子，将工作电流表 PA1 与电流互感器 TA 连接起来，当需要换下工作电流表 PA1 进行校验时，可用另一只备用电流表 PA2 分别接在试验端子的接线螺口 2 和 7 上，如图虚线所示。然后拧开螺钉 3 和 8，拆下电流表 PA1 进行校验，校验完毕后，再接入螺钉 3 和 8，然后拆下 PA2，整个电路又恢复原状态运行。

④终端端子板。该端子板是用来固定或分隔不同安装项目的端子排。

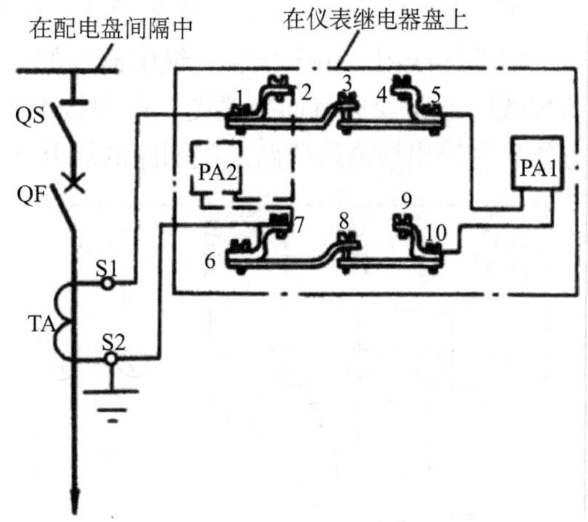

图 6-23　试验端子的结构及应用

在二次回路接线图中，端子排中各种形式端子板的符号标志如图 6-24 所示。端子（板）的项目代号为 X，其前缀符号为“：”。

实际上，所有电气设备上都有接线端子，其端子代号应与设备上端子标记相一致。如果设备的端子没有标记，则应在图上设置设备的端子代号。

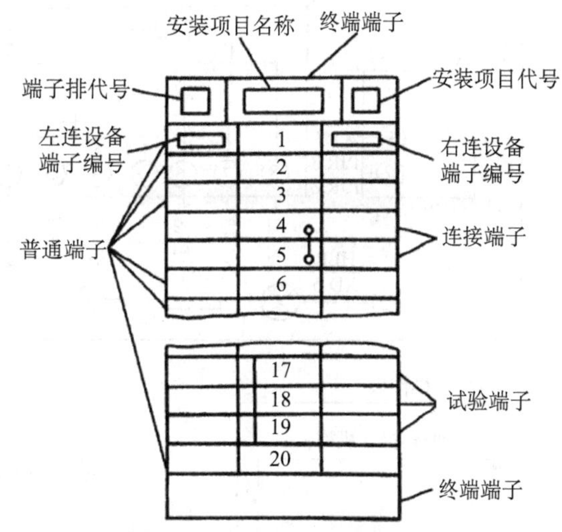

图 6-24　二次回路端子排标志图例

（3）连接导线的表示方法。二次回路接线图上端子之间的连接导线主要采用下列两种表示方法：

①连续线表示法。端子之间的连接导线用连续线表示，如图 6-25（a）所示。

②中断线表示法。端子之间不直接连接线条，而只在需相连的两个端子处分别标注对面端子的代号，以表示这两端子之间由连接导线相连。这种标号方法称为“相对标号法”或“对面标号法”，如图 6-25（b）所示。

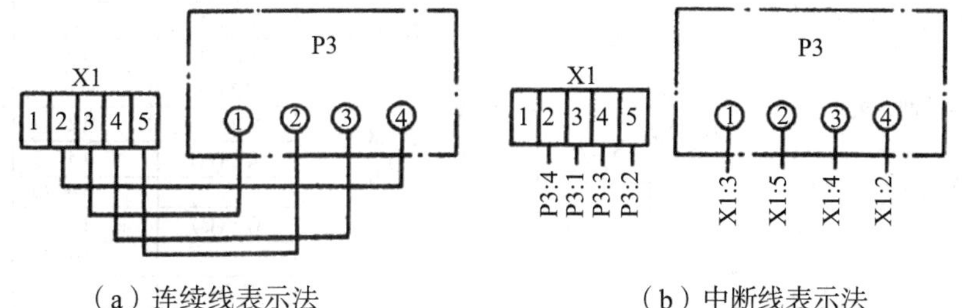

图 6-25　二次回路端子间连接导线的表示方法

用连续线表示法来绘制端子之间的连接线，有时显得过于繁杂，因此，在不致引起误解的情况下，也可将导线组、电缆等用加粗的线条来表示。不过现在配电装置二次回路接线图上大多采用中断线表示法即相对标号法来表示连接导线，因为这种表示法显得简明清晰，对安装接线和维护检修都很方便。

图 6-26 所示的是用中断线表示法即相对标号法表示二次回路连接导线的一条高压线路二次回路接线图。由于仪表、继电器屏的安装接线是在其背面进行的，因此仪表、继电器屏的接线图通常绘成背面接线图，以便按图安装接线。为了使阅读图 6-26 所示的接线图更加方便，另绘出该高压线路二次回路的展开式原理图，如图 6-27 所示。

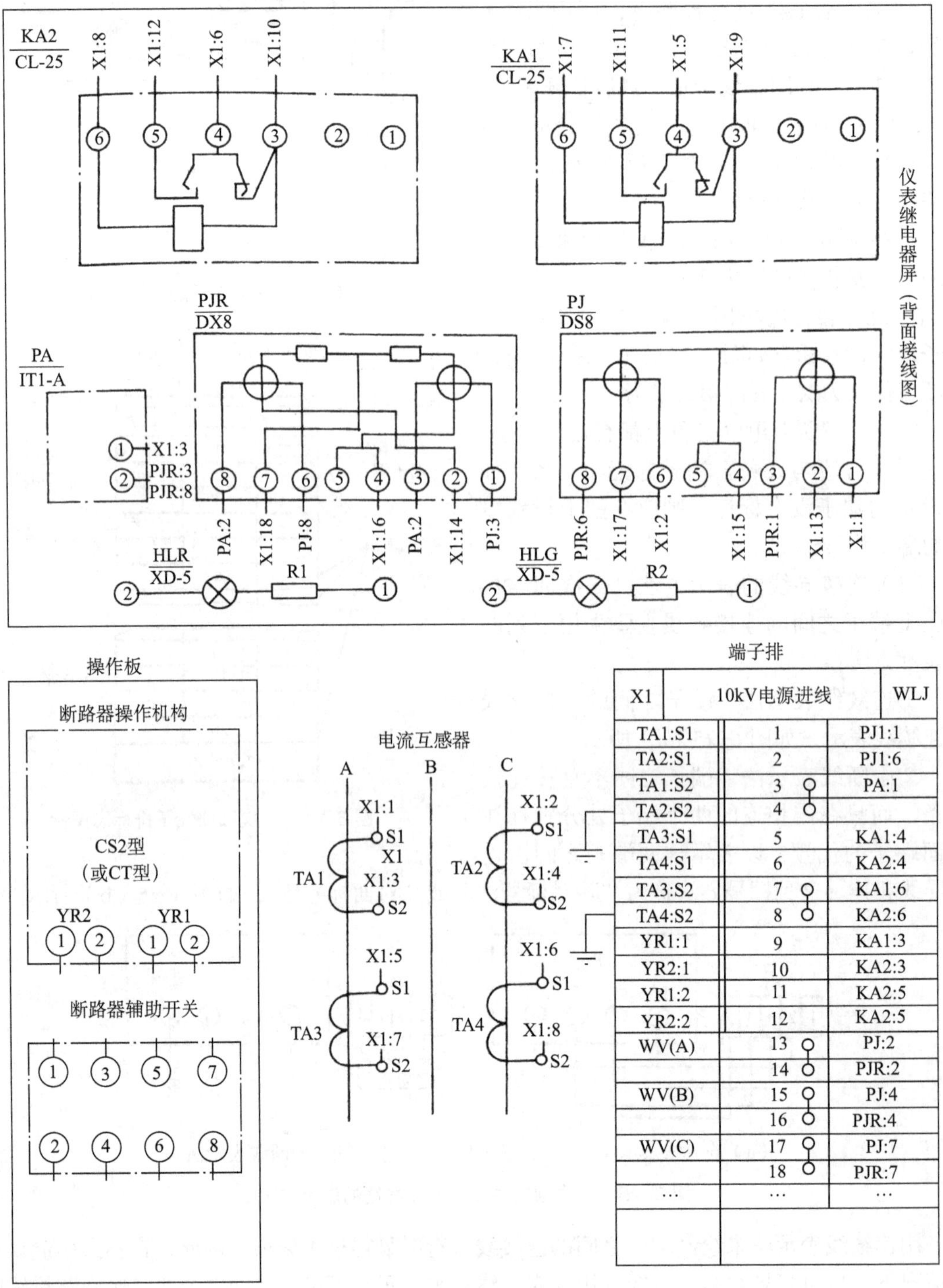

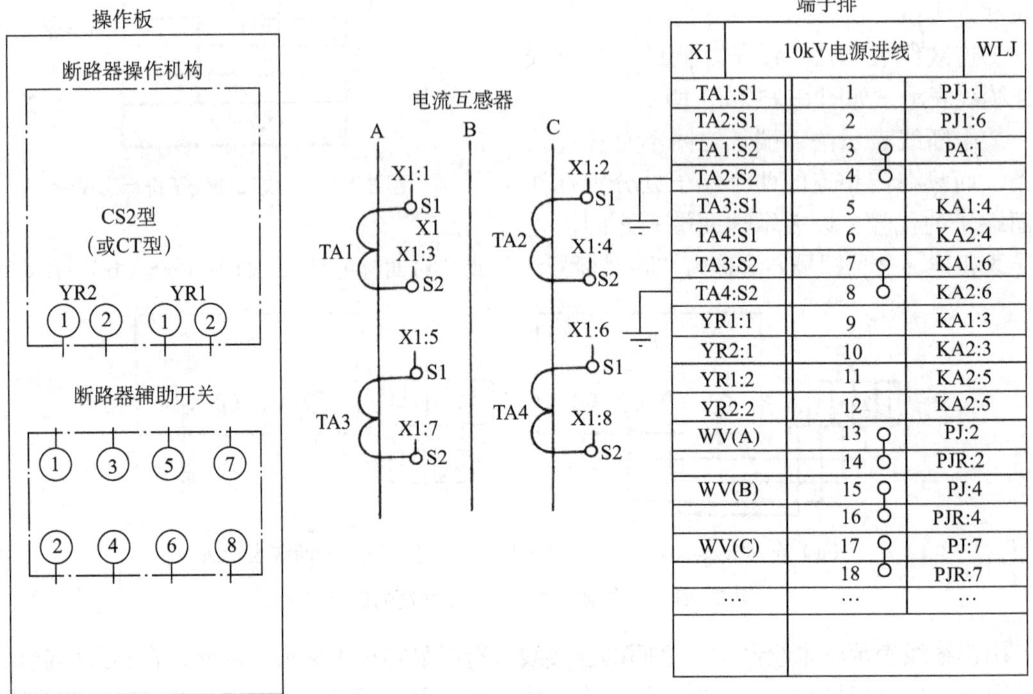

KA2
CL-25
X1:8
X1:12
X1:6
X1:10
KA1
CL-25
X1:7
X1:11
X1:5
X1:9
仪表继电器屏（背面接线图）
PJR
DX8
PJ
DS8
PA
IT1-A
X1:3
PJR:3
PJR:8
PA:2
X1:18
PJ:8
X1:16
PA:2
X1:14
PJ:3
PJR:6
X1:17
X1:2
X1:15
PJR:1
X1:13
X1:1
HLR
XD-5
R1
HLG
XD-5
R2
操作板
断路器操作机构
CS2型
（或CT型）
YR2
YR1
断路器辅助开关
电流互感器
A
B
C
X1:1
S1
X1
X1:3
S2
TA1
X1:5
S1
TA3
X1:7
S2
X1:2
S1
TA2
X1:4
S2
X1:6
S1
TA4
X1:8
S2
端子排
X1
10kV电源进线
WLJ
TA1:S1 1 PJ1:1
TA2:S1 2 PJ1:6
TA1:S2 3 PA:1
TA2:S2 4
TA3:S1 5 KA1:4
TA4:S1 6 KA2:4
TA3:S2 7 KA1:6
TA4:S2 8 KA2:6
YR1:1 9 KA1:3
YR2:1 10 KA2:3
YR1:2 11 KA2:5
YR2:2 12 KA2:5
WV(A) 13 PJ:2
14 PJR:2
WV(B) 15 PJ:4
16 PJR:4
WV(C) 17 PJ:7
18 PJR:7
… … …

图 6-26　高压线路二次回路接线图

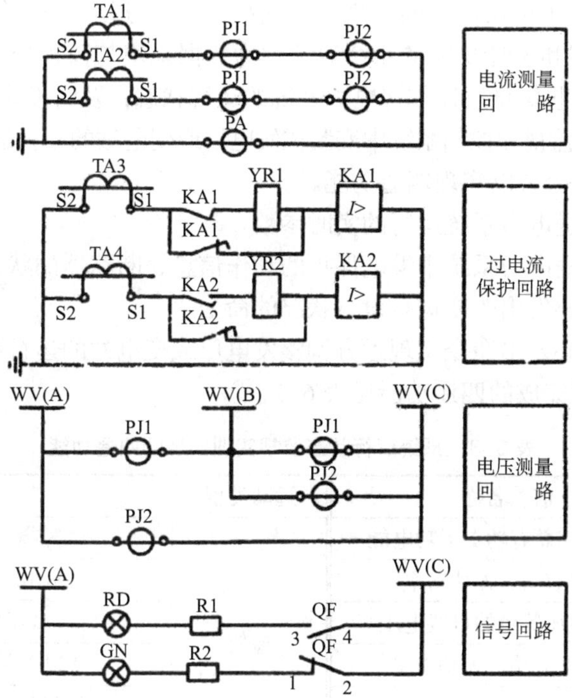

图 6-27 高压线路二次回路的展开式原理图

技能实训

实训一 系统运行状态监视

一、实训目的

掌握系统运行状态监视操作。

二、实训设备

实训设备见表 6-2。

表 6-2 实训设备

序号	设备名称	使用仪器名称	数量
1	THSPCG—2A 型	工厂供电综合自动化实训系统屏	1 台
2	THSPCG—2B 型	工厂供电电测计量综合柜	1 台
3	THSPCG—2C 型	工厂供电自动装置综合柜	1 台
4	THLWJ—1 型	工厂供电综合自动化实训系统监控软件	1 套

三、实训原理

早期电力系统调度主要依靠调度中心和各厂站之间的电话联系。这种调度手段的信息传递速度慢，且调度员对信息的汇总、分析费时、费工，其与电力系统中正常工作的快速性和出现故障的瞬时性相比，调度实时性差。

随着远动技术和通信技术的发展，计算机与相应的远动装置及通信设备组成用于完成电力系统运行状态的监视（包括信息的收集、处理和显示）、远距离开关操作、自动发电控制及经济运行，以及制表和统计功能的系统通常称为数据采集与监视控制（简称 SCADA）系统。调度人员可根据这些信息迅速掌握电力系统的运行状态，及时发现和处理事故。

远动终端就是电网监视和控制系统中安装在发电厂或变电站的一种远动装置，简称 RTU。

远动终端与主站配合可以实现四遥功能。

- 遥测：采集并传送电力系统运行的实时参数。
- 遥信：采集并传送电力系统中继电保护的动作信息、断路器的状态信息等。
- 遥控：从调度中心发出改变运行设备状况的命令。
- 遥调：从调度中心发出命令实现远方调整发电厂或变电站的运行参数。

本实验系统中，可完成的四遥功能见表 6-3。

表 6-3　系统运行状态监视实训实现的四遥功能

远动类型	信息名称	远动类型	信息名称
遥测	进线线路总有功、无功电能	遥信	隔离开关的位置信号
	线路有功、无功功率		断路器分闸、合闸状态
	三个电压等级的母线电压		变压器分接头位置
	变压器有功、无功功率		无功补偿电容组投入状态
	频率		微机保护装置的动作信息
	功率因数		备自投装置的动作信息
遥调	微机保护装置的定值下置	遥控	断路器的分闸、合闸
	无功补偿电容组的选择		
	变压器分接头位置的选择		

四、实训内容与步骤

THSPCG—2A 型的 1#、2#、3#、4# 航空插座分别通过航空电缆线与 THSPCG—2C 型 1#、2#、3#、4# 航空插座接通，其他均不接。THSPCG—2A 型左侧 5#、6# 航空插座分别通过航空电缆线与 THSPCG—2B 型航空 5#、6# 航空插座接通。THSPCG—2A 型和 THSPCG—2C 型电源分别送电。把不用的电流互感器二次端子短接起来。

1. 遥控操作实训

（1）依次合上实训控制柜上的“总电源”“控制电源Ⅰ”开关和实训控制屏上的“控制电源Ⅱ”“进线电源”开关。

（2）检查实训控制屏面板上的隔离开关 QS111、QS112、QS113、QS121、QS122、QS123、QS211、QS212、QS213、QS214、QS221、QS222 是否处于合闸状态，未处于合闸状态的，手动使其处于合闸状态，为输电线路的送电做好准备。按照课题 7 的技能实训说明打开“THSPCG—2 工厂供电综合自动化实训系统监控软件”界面。

（3）把“备自投工作方式”拨至“远动”位置。通过操作“变电所主接线图”的断路器分闸、合闸状态，来进行电能分配及负荷的投退。

注意：

① 断路器 QF11 与 QF12 分别互锁，即 QF11 与 QF12 不能同时处于合闸状态。

②断路器 QF21、QF22、QF20 的分合关系为：当 QF21、QF22 处于合闸位置时，QF20 不能合闸；当 QF21、QF20 处于合闸状态时，QF22 不能合闸；当 QF22、QF20 处于合闸状

态时，QF21 不能合闸。

③遥控 QF27 时，线路保护测控装置的“重合闸不检条件”要投入，否则合不上闸。

④通过操作“变频器管理”来进行电动机组实训。首先启动电动机，重新打开“THSPCG—2 工厂供电综合自动化实训系统监控软件”界面。单击“变频器管理”控件，进入“变频器管理”界面（如果不能进入，原因是没通信上，可按照“上位机软件使用说明书”重新通信）。参照表 6-4 所示设置变频器参数，然后单击“变频器管理”界面上的“启动”“停止”“正转”“反转”按钮，观察右柜电动机组的运行状态（注：在电动机停止状态下，电动机正转、反转才能切换），具体操作参照上位机软件使用说明书。操作完后在界面右下角单击“快选菜单”返回主界面。

表 6-4　变频器参数

信息名称	改变频率设定值	正转、反转设定值
频率指令来源设定	03	00
信号来源设定	00	03
上升时间	10.0s	10.0s
下降时间	10.0s	10.0s

2. 遥调操作实训

（1）通过“THLWJ—1 型工厂供电综合自动化实训系统监控软件”中的“保护管理”来远方修改微机线路、微机变压器后备保护和电动机保护的整定值（保护投退和保护定值）。具体操作参照上位机软件使用说明书。

（2）把控制柜“无功补偿方式”凸轮开关拨到“远动”位置，单击“THSPCG—2 工厂供电综合自动化实训系统监控软件”中的“VQC 管理”进入“电压 / 无功综合控制设定”窗口，单击“改变分接头控制方式”选择“远动”位置，再单击“电压 / 无功综合控制投入”控件，进入“电压 / 无功综合控制投入”窗口。

“九区法”坐标显示变电站电压 / 功率因数的运行状态变化，闪红色区域表示当前运行状态。

单击“升压”和“降压”按钮，选择变压器分接头位置。

单击“投入”和“退出”电容，选择电容组的投退。

单击“VQC 投入”和“VQC 退出”，投入或退出软件自动电压 / 无功综合控制的功能。VQC 功能投入前，保证“变压器分接头控制方式”和“补偿电容组控制方式”都在“远动”位置。

单击“返回设定页”按钮，可切换到“电压 / 无功综合控制设定”窗口。

3. 遥测监测实训

随着遥控操作和遥调操作的进行，可以在上位机软件上监测到工厂各个车间的负荷变化曲线和电能曲线。

4. 遥信监测实训

实时观察变电所、线路上各断路器和隔离开关的分闸、合闸状态，以及继电保护装置、备自投动作信息。

五、实训报告

1. 分类整理“四遥”信息：电力系统运行参数的各类曲线、事件表。

2. 分析“四遥”在供电自动化中的作用。

实训二　电流继电器的特性

一、实训目的

- 熟悉 DL 型电流继电器实际结构。
- 掌握动作电流值及返回系数的整定方法。

二、实训设备

实训设备见表 6–5。

表 6–5　实训设备

序号	设备名称	使用仪器名称	数量
1	THSPCG—2E 型	继保及电气二次接线实训柜	1 台

三、实训原理

DL—20c 系列电流继电器用于发电机、变压器及输电线路短路和过负荷的继电保护装置中。DL—20c、DY—20c 系列继电器的内部接线如图 6–28 所示。

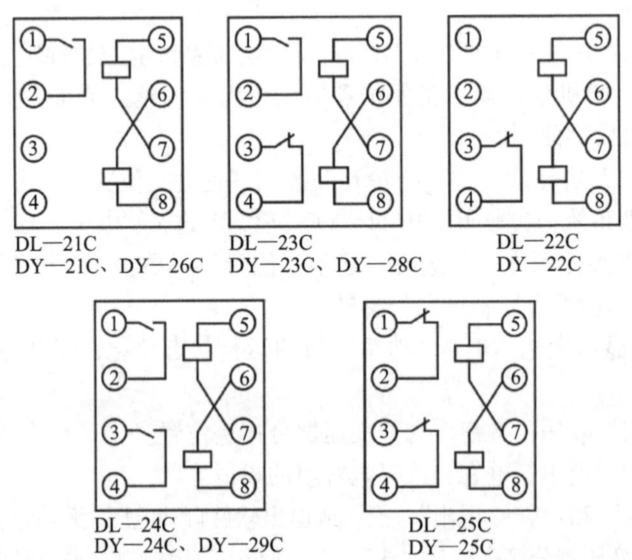

图 6–28　电磁式电流（DL）、电压（DY）继电器的内部接线图

上述继电器是瞬时动作的电磁式继电器，当电磁铁线圈中通过的电流达到或超过整定值时，衔铁克服反作用力矩而动作，且保持在动作状态。当电流升高至整定值或大于整定值时，继电器立即动作，其常开触点闭合，常闭触点断开。

继电器的铭牌刻度值是按电流继电器两线圈串联、电压继电器两线圈并联时标注的指示值，等于整定值；若上述二继电器两线圈分别做并联、串联时，整定值为指示值的 2 倍。转动刻度盘上的指针，以改变游丝的作用力矩，从而改变继电器的动作值。

四、实训内容与步骤

1. 电流继电器的动作电流和返回电流测试

（1）选择一只 DL—23C/6 型电流继电器，确定动作值并进行初步整定。本实训中整定值为 2A 及 4A 的两种工作状态如图 6–29 所示。

（2）按图 6–29 所示接线，检查无误后，启动电源，调节自耦调压器或变阻器，缓慢增大输出电流，使继电器动作。读取能使继电器恰好动作的最小电流值，即使常开触点由断开变成闭合的最小电流，记入表 6–6 中，动作电流用 I_{op} 表示。继电器动作后，反向调节自耦调压器或变阻器缓慢降低输出电流。使触点开始返回至原来位置时的最大电流称为返回电流，用 I_{re} 表示，读取此值并记入表 6–6 中，然后计算返回系数。继电器的返回系数是返回电流与动作电流的比值，用 K_{re} 表示：

$$K_{re}=I_{re}/I_{op} \tag{6–5}$$

过电流继电器的返回系数为 0.8 ～ 0.9。当小于 0.8 或大于 0.9 时，应进行调整。

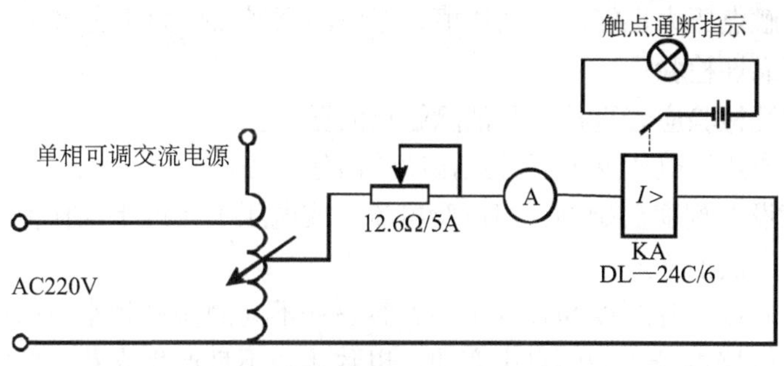

图 6–29　电流继电器实训接线图

表 6–6　电流继电器实训结果记录表

整定电流 I	2A				4A			
测试序号	1	2	3		1	2	3	
实测启动电流 I_{op}				继电器两线圈的接线方式选择为：				继电器两线圈的接线方式选择为：
实测返回电流 I_{re}								
返回系数 K_{re}								
求每次实测启动电流与整定电流的误差（%）								

以上实训中，要求平稳单方向调节电流实训参数值，并应注意舌片转动的情况。如遇到舌片有动作值与返回值的测量应重复三次，每次测量值与整定值的误差不应大于 ±3%，否则应检查轴承和轴尖。

在实训中，除测试整定点的技术参数外，还应进行刻度检验。

2. 返回系数的调整

返回系数不满足要求时应予以调整。影响返回系数的因素较多，如轴间的光洁度、轴承的清洁情况、静触点的位置等，但影响较显著的是舌片端部与磁极间的间隙和舌片的位置。返回系数的调整方法有以下几种。

（1）调整舌片的起始角和终止角。调节继电器右下方的舌片起始位置限制螺杆，以改变舌片起始位置角，此时只能改变动作电流，而对返回电流几乎没有影响，故可用改变舌片的起始角来调整动作电流和返回系数。舌片起始位置离开磁极的距离越大，返回系数越小，反之，返回系数越大。调节继电器右上方的舌片终止位置限制螺杆，以改变舌片终止位置角，此时只能改变返回电流而对动作电流无影响，故可用改变舌片的终止角来调整返回电流和返回系数。舌片终止角与磁极的间隙越大，返回系数越大；反之，返回系数越小。

（2）不调整舌片的起始角和终止角位置，而只变更舌片两端的弯曲程度以改变舌片与磁极间的距离，也能达到调整返回系数的目的。该距离越大，返回系数越大；反之，返回系数越小。

（3）适当调整触点压力也能改变返回系数，但应注意触点压力不宜过小。

3. 动作值的调整

（1）继电器的整定指示器在最大刻度值附近时，主要调整舌片的起始位置，以改变动作值，为此可调整右下方的舌片起始位置以限制螺杆。当动作值偏小时，调节限制螺杆使舌片的起始位置远离磁极；反之则靠近磁极。

（2）继电器整定指示器在最小刻度值附近时，主要调整弹簧，以改变动作值。

（3）适当调整触点压力也能改变动作值，但应注意触点压力不宜过小。

4. 触点工作可靠性检验

触点工作可靠性检验应着重检查和消除触点的振动。

下面介绍过电流或过电压继电器触点振动的消除方法。

（1）如整定值设在刻度盘始端，当试验电流（或电压）接近于动作值或整定值时，发现触点振动可用以下方法消除。

静触点弹片太硬或弹片厚度和弹性不均，容易在不同的振动频率下引起弹片的振动，或由于弹片不能随继电器本身抖动而自由弯曲，以致接触不良产生火花，此时应更换弹片。静触点弹片弯曲不正确，在继电器动作时，静触点可能将动触点桥弹回而产生振动，此时可用镊子将静触点弹片适当调整。如果可动触点桥摆动角度过大，以致引起触点不允许的振动时，可将触点桥的限制钩加以适当弯曲消除之。变更触点相遇角度也能减小触点的振动和抖动。此角度一般为 55° ～ 65° 。

（2）当用大电流（或高电压）检查时产生振动，其原因和消除方法如下：若触点弹片较薄以致弹性过弱，在继电器动作时由于触点弹片过度弯曲，很容易使舌片与限制螺杆相碰而弹回，从而造成触点振动。继电器通过大电流时，可能使触点弹片变形，造成振动。其消除方法是调整弹片的弯曲度，适当缩短弹片的有效部分，使弹片变硬些。若用这种方法无效，则应更换静触点弹片。在触点弹片与防振片间隙过大时，也易使触点产生振动。此时应适当调整其间隙距离。

继电器转轴在轴承中的横向间隙过大，易使触点产生振动。此时应适当调整横向间隙或修理轴尖和选取与轴尖大小适应的轴承。调整右侧限制螺杆的位置，以变更舌片的行程，使继电器触点在电流近于动作值时停止振动。然后检查当电流增大至整定电流的 1.2 倍时，是否有振动。过分振动的原因也可能是触点桥对舌片的相对位置不适当所致。为此将可动触点夹片座的固定螺钉拧松，使可动触点在轴上旋转一个不大的角度，然后再将螺钉拧紧。调整时应保持足够的触点距离和触点间的共同滑行距离。另外，改变继电器纵向串动大小，也可减小振动。

5. 电流继电器触点应满足下列要求

以 1.05 倍动作电流或最大故障电流冲击时，触点应无振动和鸟啄现象。

五、实训报告

针对过电流继电器实训要求，按实训报告编写格式写出实训报告和体会，重点分析以下各点：

（1）过电流继电器是如何根据所确定保护整定值进行粗调整定和细调整定的？

（2）试述过电流继电器的动作值、返回值在实训中如何正确记录所测定的有关数据。

实训三　电压继电器的特性

一、实训目的

• 熟悉 DY 型电压继电器的实际结构、基本特性。

• 掌握动作电压值的整定方法。

二、实训设备

实训设备见表 6–7。

表 6–7　实训设备

序号	设备名称	使用仪器名称	数量
1	THSPCG—2E 型	继保及电气二次接线实训柜	1 台

三、实训原理

DY—20C 系列电压继电器用于反映发电机、变压器及输电线路电压升高（过电压保护）或电压降低（低电压启动）的继电保护装置中。

DY—20C 系列过电压继电器的内部接线如图 6–30 所示。

过电流（压）继电器：当电流（压）升高至整定值（或大于整定值）时，继电器立即动作，其常开触点闭合，常闭触点断开。低电压继电器：当电压降低至整定电压值时，继电器立即动作，常开触点断开，常闭触点闭合。

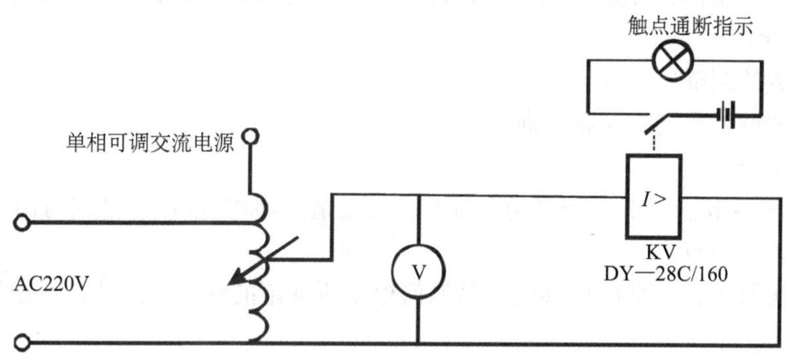

图 6–30　过电压继电器的内部接线图

四、实训内容与步骤

1. 过电压继电器的动作电压和返回电压测试

（1）选择 DY—28C/160 型过电压继电器，确定动作值为 1.5 倍的额定电压，即实训参数取 150V 并进行初步整定。

（2）根据整定值要求确定继电器线圈的接线方式，可查表 6–8。

（3）按图 6–30 所示接线。检查无误后，缓慢调节自耦调压器，分别读取能使继电器动作的最小电压 U_{op} 及使继电器返回的最高电压 U_{re}，记入表 6–8 并计算返回系数 K_f。返回系数的含义与电流继电器的相同。返回系数不应小于 0.8，当大于 0.9 时，也应进行调整。

2. 低电压继电器的动作电压和返回电压测试

（1）选择 DY—28C/160 型低电压继电器，确定动作值为 0.7 倍的额定电压，即实训参数取 70V 并进行初步整定。

（2）根据整定值要求确定继电器线圈的接线方式，可查表 6–8。

（3）按图 6–30 所示接线。先对继电器加 100V 电压，然后缓慢调节自耦调压器，逐步降低电压至继电器舌片开始跌落时的电压称为动作电压 U_{op}，再升高电压至舌片开始被吸合时的电压称为返回电压 U_{re}，将所取得的数值记入表 6–8 并计算返回系数。返回系数 K_{re} 为：

$$K_{re}=U_{re} / U_{op} \tag{6–6}$$

低电压继电器的返回系数不大于 1.25。

表 6–8　电压继电器实训结果记录表

<table>
<tr><td>继电器种类</td><td colspan="4">过电压继电器</td><td colspan="4">低电压继电器</td></tr>
<tr><td>整定电压 U</td><td colspan="3">150V</td><td rowspan="6">继电器两线圈的接线方式选择为：</td><td colspan="3">70V</td><td rowspan="6">继电器两线圈的接线方式选择为：</td></tr>
<tr><td>测试序号</td><td>1</td><td>2</td><td>3</td><td>1</td><td>2</td><td>3</td></tr>
<tr><td>实测启动电压 U_{op}</td><td></td><td></td><td></td><td></td><td></td><td></td></tr>
<tr><td>实测返回电压 U_{re}</td><td></td><td></td><td></td><td></td><td></td><td></td></tr>
<tr><td>返回系数 K_{re}</td><td></td><td></td><td></td><td></td><td></td><td></td></tr>
<tr><td>求每次实测动作电压与整定电压的误差（%）</td><td></td><td></td><td></td><td></td><td></td><td></td></tr>
</table>

以上实训中，要求平稳单方向地调节电流或电压实训参数值，并应注意舌片的转动情况。如遇到舌片有中途停顿或其他不正常现象时，应检查轴承有无污垢、触点位置是否正常、舌片与电磁铁有无相碰等现象存在。

动作值与返回值的测量应重复 3 次，每次测量值与整定值的误差不应大于 ±3%，否则应检查轴承和轴尖。

3. 返回系数的调整

返回系数的调整见同本课题实训一。

五、实训报告

针对过电压继电器、低电压继电器实训要求，按实训报告编写格式写出实训报告和体会，重点分析以下两点：

（1）过电压继电器、低电压继电器是如何根据所确定的保护整定值进行粗调整定和细调整定的？

（2）试述过电压继电器的动作值、返回值与低电压继电器的动作值、返回值有什么区别，在实训中如何正确记录所测定的有关数据。

实训四　中间继电器的特性

一、实训目的

- 熟悉中间继电器的实际结构、基本特性。
- 掌握各类中间继电器的测试和调整方法。

二、实训设备

实训设备见表 6–9。

表 6-9　实训设备

序号	设备名称	使用仪器名称	数量
1	THSPCG—2E 型	继保及电气二次接线实训柜	1 台

三、实训原理

DZ—30B、DZB—10B、DZS—10B（本装置无此型号，仅作举例）系列中间继电器用于直流操作的各种继电保护和自动控制线路中，作为辅助继电器以增加触点数量和触点容量。ZJ3—A 系列快速中间继电器用于电力系统二次回路继电保护和自动控制线路中，用作切换电路、增加保护和控制回路的触点数量、触点容量及出口跳闸电路。

DZ—30B 为电磁式瞬时动作继电器。当电压加在线圈两端时，衔铁向闭合位置运动，此时常开触点闭合，常闭触点断开。断开电源时，衔铁在接触片的反弹力下返回原始状态，常开触点断开，常闭触点闭合。DZ—30B 系列中间继电器的内部接线如图 6-31 所示。

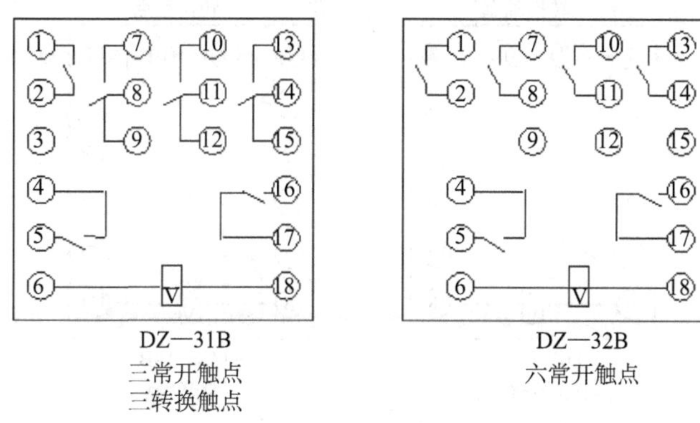

图 6-31　DZ—30B 系列中间继电器的内部接线图

DZB—10B 系列是具有保持绕组的中间继电器，它基于电磁原理工作，按不同要求在同一铁芯上绕有两个以上的线圈，其中，DZB—11B、DZB—12B、DZB—13B 为电压启动、电流保持型；DZB—14B 为电流启动、电压保持型。该继电器为瞬时动作继电器。当动作电压（或电流）加在线圈两端时，衔铁向闭合位置运动，此时，常开触点闭合，常闭触点断开，断开启动电源时，由于电压（或电流）保持绕组磁场的存在，所以衔铁仍然闭合，只有保持绕组断电后，衔铁在接触片的反弹力作用下返回到原始状态，常开触点断开，常闭触点闭合。DZB—10B 系列中间继电器的内部接线如图 6-32 所示。DZS—10B 系列是带有时限的中间继电器，它基于电磁原理工作。继电器分为动作延时和返回延时两种，本系列中的 DZS—11B、DZB—13B

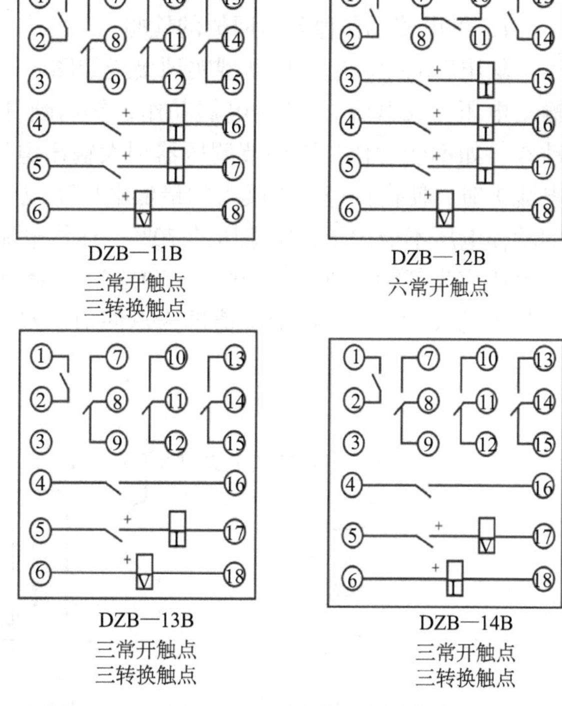

图 6-32　DZB—10B 系列中间继电器的内部接线图

为动作延时继电器，DZS—12B、DZB—14B 为返回延时继电器。在这种继电器线圈的上面或下面装有阻尼环，当线圈通电或断电时，阻尼环中的感应电流所产生的磁通会阻碍主磁通的增加或减少，由此获得继电器动作延时或返回延时，其内部接线如图 6–33 所示。

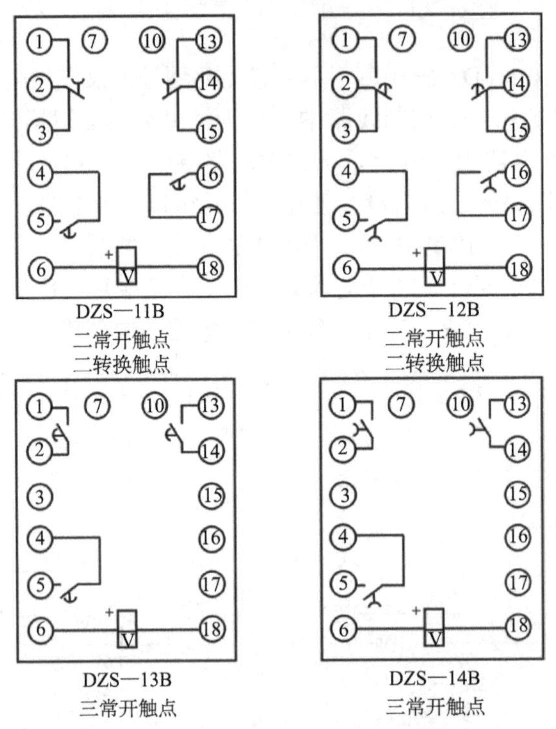

图 6–33　DZS—10B 系列中间继电器的内部接线图

四、实训内容与步骤

1．继电器动作值与返回值的检验

电压启动型和电流启动型实训接线如图 6–34 和图 6–35 所示。调节自耦调压器逐步增大输出电压（或电流），使继电器动作，然后断开开关 S1，再瞬间合上开关 S1 看继电器能否动作，如不能动作，则调节调压器加大输出电压（或电流）。在给继电器突然加入电压（或电流）时，使衔铁完全被吸入的最低电压（或电流）值，即为动作电压（电流）值。继电器的动作电压不应大于额定电压的 70%。动作电流不应大于其额定电流。出口中间继电器的动作电压应为其额定电压的 50% ～ 70%。然后缓慢减小电压（电流），使继电器的衔铁返回原始位置的最大电压（电流）值即为返回值。对于 ZJ3—A 及 DZS—10B 系列中间继电器，其

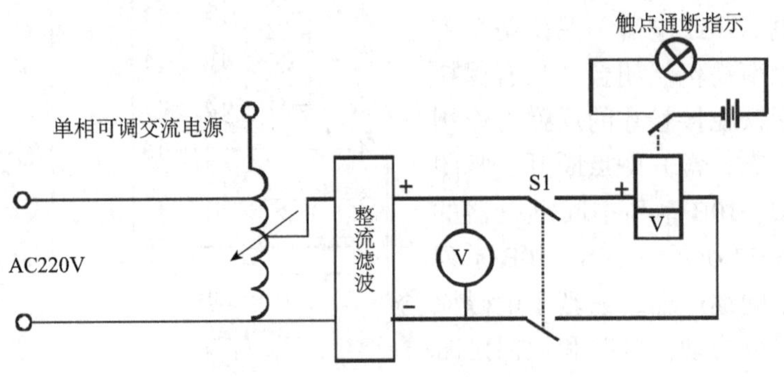

图 6–34　电压启动型实训接线图

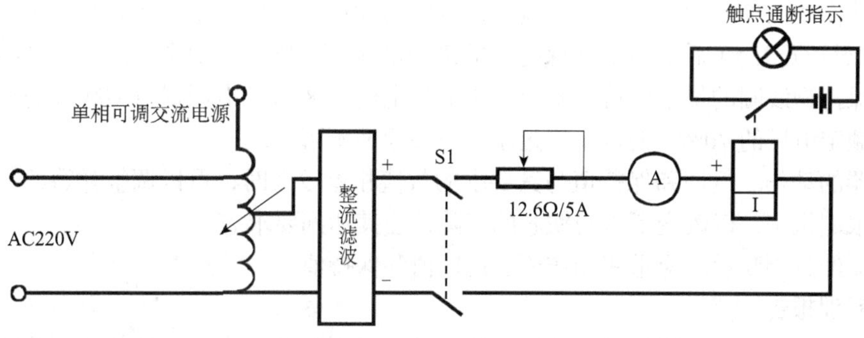

图 6-35 电流启动型实训接线图

返回电压不应小于额定电压的 5%。对于 DZB—10B 系列中间继电器，其返回电压（电流）不应小于额定值的 3%。

2. 保持值测试

对于 DZB—10B 系列具有保持绕组的中间继电器，应测量保持线圈的保持值，试验接线如图 6-36 和图 6-37 所示。

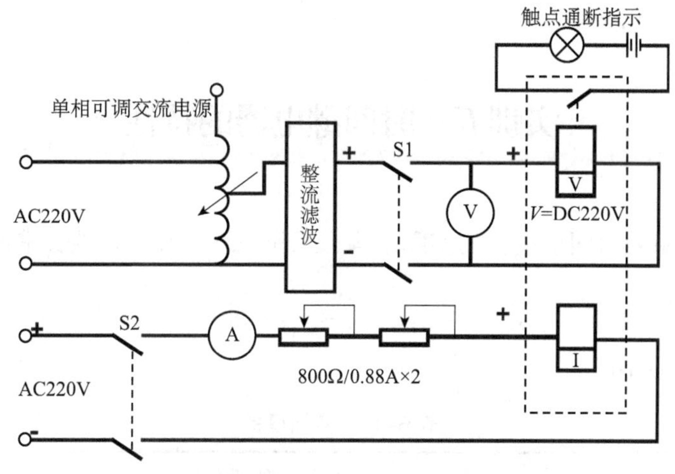

图 6-36 电压启动电流保持型实训接线图

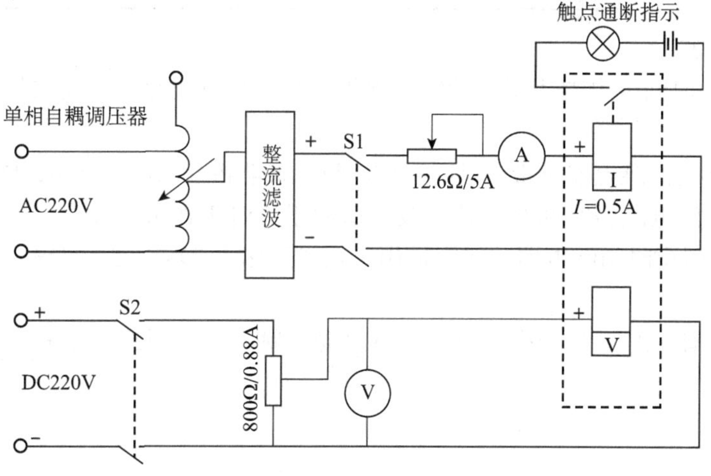

图 6-37 电流启动电压保持型实训接线图

先在动作线圈加入额定电压（电流）使继电器动作，然后调整保持线圈回路的电流（电压），测出断开开关 S1 后继电器能保持住的最小电流（电压）并记录，即为继电器最小保持值。电流保持型线圈的最小保持值不应大于额定电流的 80%。电压保持型线圈的最小保持值不应大于额定电压的 70%，但也不应过小，以免返回不可靠。

继电器的动作、返回和保持值与其要求的数值相差较大时，可以调整弹簧的拉力，或者调整衔铁限制机构，以改变衔铁与铁芯的气隙，使其达到要求。

继电器经过调整后，应重测动作值、返回值和保持值。

五、实训报告

针对实验中 4 种继电器的具体测试方法，结合以下几点，按要求写出实训报告和体会。

（1）实验中为什么读取记录使衔铁完全被吸入的最低电压为动作电压，读取记录使衔铁返回到原始位置的最大电压为返回电压？

（2）电流启动电压保持型与电压启动电流保持型两种继电器为什么不能互换使用？在实验方法上有何区别？

（3）具有保持绕组的中间继电器为什么必须极性检验？在安装与使用中是否也必须注意极性关系？

实训五　时间继电器的特性

一、实训目的

熟悉 DS—20 系列时间继电器的实际结构、工作原理、基本特性，掌握时限的整定和实验调整方法。

二、实训设备

实训设备见表 6-10。

表 6-10　实训设备

序号	设备名称	使用仪器名称	数量
1	THSPCG—2E 型	继保及电气二次接线实训柜	1 台

三、实训原理

DS—20 系列时间继电器用于各种继电保护和自动控制线路中，使被控元件按时限控制原则进行动作。

DS—20 系列时间继电器是带有延时机构的吸入式电磁继电器，其中，DS—21 ～ DS—24 是内附热稳定限流电阻型时间继电器（线圈适用于短时工作），DS—21/c ～ DS—24/c 是外附热稳定限流电阻型时间继电器（线圈适用于长时工作）。DS—25 ～ DS—28 是交流时间继电器。

该继电器具有一对瞬时转换触点、一对滑动主触点和一对终止主触点，其内部接线如图 6-38 所示。

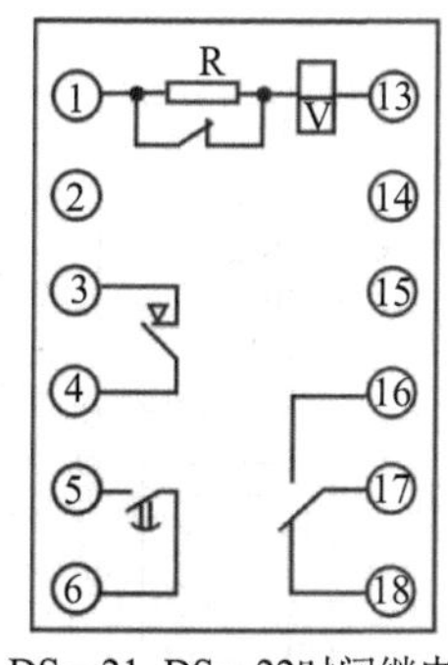

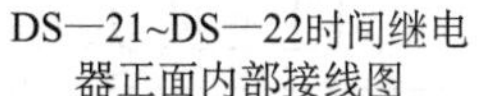
DS—21~DS—22时间继电器正面内部接线图

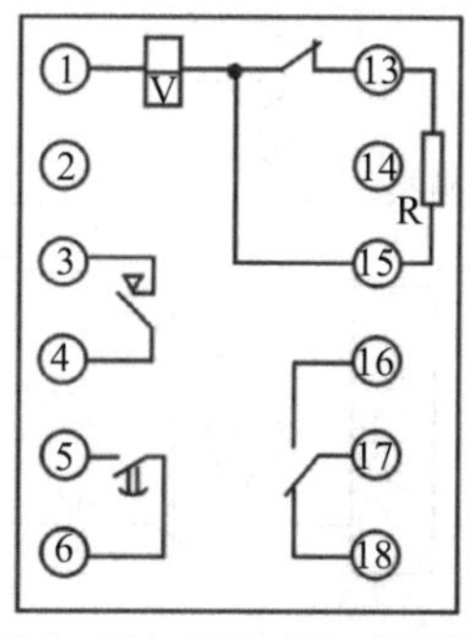

DS—21/c~DS—22/c时间继电器正面内部接线图

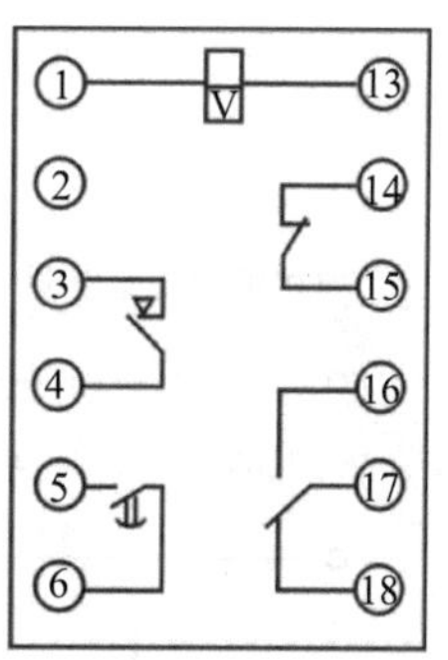

DS—25~DS—28时间继电器正面内部接线图

图 6-38　时间继电器内部接线图

当加电压于线圈两端时，衔铁克服塔形弹簧的反作用力被吸入，瞬时常开触点闭合，常闭触点断开，同时延时机构开始启动，先闭合滑动常开主触点，再延时后闭合终止常开主触点，从而得到所需延时，当线圈断电时，在塔形弹簧的作用下，使衔铁和延时机构立刻返回原位。

从电压加于线圈的瞬间起到延时闭合常开主触点止，这段时间就是继电器的延时时间，可通过整定螺钉来移动静接点位置进行调整，并由螺钉下的指针在刻度盘上指示要设定的时限。

四、实训内容与步骤

1. 内部结构检查

（1）观察继电器内部结构，检查各零件是否完好，各螺钉是否固定牢固，焊接质量及线头压接是否保持良好。

（2）衔铁部分的检查。手按衔铁使其缓慢动作应无明显摩擦，放手后靠塔形弹簧返回应灵活自如，否则应检查衔铁在黄铜套管内的活动情况，塔形弹簧在任何位置均不许有重叠现象。

（3）时间机构的检查。当衔铁压入时，时间机构开始走动，在到达刻度盘终止位置，即触点闭合为止的整个动作过程中应走动均匀，不得有忽快忽慢、跳动或中途卡住现象，如发现上述不正常现象，应先调整钟摆轴承螺钉，若无效可在老师指导下将钟表机构解体检查。

（4）接点检查。①用手压入衔铁时，瞬时转换触点中的常闭触点 17、18 应断开，常开触点 17 ～ 16 应闭合（由于本装置并没有引出触点 16 ～ 18 到面板和实训接线板，所以对本步骤不做要求）。

②时间整定螺钉整定在刻度盘上的任一位置，用手压入衔铁后经过所整定的时间，动触点应在距离静触点首端的 1/3 处开始接触静触点，并在其上滑行到 1/2 处，即中心点停止。可靠地闭合静触点，释放衔铁时，应无卡涩现象，动触点也应返回原位。

③动触点和静触点应清洁无变形或烧损，否则应打磨修理。

2. 动作电压和返回电压的测试

时间继电器实训接线图如图 6-39 所示，选用 THEEGP—1 型继电保护及电气二次实训柜的 DS—22 型时间继电器，整定范围为 0.2 ～ 5s。

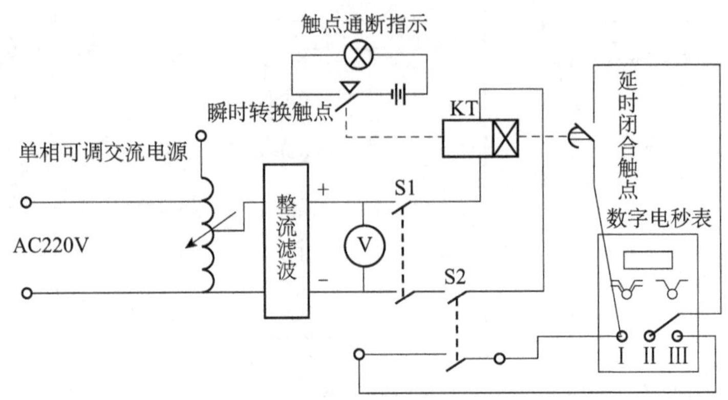

图 6–39　时间继电器实训接线图

（1）动作电压 U_{op} 的测试。按图 6–39 所示接好线，将调压器置输出电压最小位置，合上 S1 及 S2，调节调压器使输出电压由最小位置慢慢地升高到时间继电器的衔铁完全被吸入为止，停止调节电压，并保持此输出不变。断开开关 S1，然后迅速合上开关 S1，以冲击方式使继电器动作，如不能动作，再增大输出电压，用冲击方式使继电器衔铁瞬时完全被吸入的最低冲击电压即为继电器的最低动作电压 U_d，断开开关 S1，将动作电压 U_d 填入表 6–11 中。U_{op} 应不大于 70%U_N（154V）。对于 DS—21/c ～ DS—24/c 型应不大于 75%U_N，DS—25 ～ DS—28 型应不大于 85%U_N。

（2）返回电压 U_{re} 的测试。合上 S1，调节调压器使直流电压增至额定值 220V，然后缓慢调节调压器降低输出电压，使电压降低到触点开启即继电器衔铁返回到原来位置的最高电压即为 U_{re}，断开开关 S1，将 U_{re} 填入表 6–11 中。应使 U_{re} 不低于 0.05 倍的额定电压（11V）。若动作电压过高，则检查返回弹簧力是否过强，衔铁在黄铜套管内的摩擦是否过大，衔铁是否生锈或有污垢，线圈是否有匝间短路现象。若返回电压过低，应检查摩擦是否过大，返回弹簧力是否过弱。

3. 动作时间的测定

测定动作时间的目的是检查时间继电器控制延时动作的准确程度，也能间接发现时间继电器的机械部分所存在的问题。在额定电压下，取所实验继电器允许时限整定范围内的四点的整定时间值（见表 6–11），在每点测定三次，将数据填入表 6–11。

按图 6–39 所示接好线后，将继电器定时标度放在较小刻度上（如 DS—22 型可整定在 1.2s）。合上开关 S1、S2，调节调压器，使加在继电器上的电压为额定电压 U_N（本实训所用时间继电器额定电压为直流 220V），拉开 S2，合上电秒表工作电源开关，并将电秒表复位，然后投入 S2，使继电器与电秒表同时启动，继电器动作后经一定时限，触点（5–6）闭合。将电秒表控制端“Ⅰ”和“Ⅱ”短接，秒表停止计数，此时电秒表所指示的时间就是继电器的延时时间，把测得的数据填入表 6–11 中，每一整定时间刻度应测定三次，取三次平均值作为该刻度的动作值，然后将定时标度分别置于中间刻度 2.5s、3.7s 及最大刻度 5s 上，按上述方法各重复三次，求平均值。

动作时限应和刻度值相符，允许误差不得超过规定值，若误差大于规定值，可调节钟表机构摆轮上弹簧的松紧程度，具体应在教师指导下进行。为确保动作时间的精确测定，合上电秒表电源开关后应稍停片刻，然后再合 S2。秒表上的工作选择开关“K”应置于“连续”状态。

表 6–11　时间继电器实训记录

<table>
<tr><td>继电器铭牌记录</td><td>内部结构
检查记录</td><td colspan="5"></td></tr>
<tr><td rowspan="7">额定电压
整定范围
制造厂
出厂年月
电话号码</td><td rowspan="7">特性实
验记录</td><td>动作电压 /V</td><td>为额定电压的 /%</td><td>返回电压 /V</td><td colspan="2">为额定电压的 /%</td></tr>
<tr><td>整定时间 t/s</td><td>1.2s</td><td>2s</td><td>3s</td><td>4.5s</td></tr>
<tr><td>第一次测试结果</td><td></td><td></td><td></td><td></td></tr>
<tr><td>第二次测试结果</td><td></td><td></td><td></td><td></td></tr>
<tr><td>第三次测试结果</td><td></td><td></td><td></td><td></td></tr>
<tr><td>平均值</td><td></td><td></td><td></td><td></td></tr>
</table>

五、实训报告

结合时间继电器的各项测试内容及时限整定的具体方法，参照下述几点，按实训报告编写格式和要求写出实训报告和体会。

（1）总结时间继电器返回电压的正确测试应包括哪些实验操作方法？

（2）DS—20 系列时间继电器的滑动延时触点和终止延时触点有什么区别？实验中应采用哪一对触点？

（3）影响正确测试整定时限的因素有哪些？实验中如何保证整定的正确性？

（4）在整定点测试三次过程中，如误差超过表中所规定的范围，是由什么因素造成的？

实训六　供电线路带时限的过电流保护电路的接线与调试

一、实训目的

• 掌握过流保护电路原理，深入认识继电保护二次原理接线图和展开接线图。

• 掌握识别本实训中继电保护实际设备与原理接线图和展开接线图的对应关系，为以后各项实训项目打下良好的基础。

• 进行实际接线操作、掌握过流保护的整定调试和接线方法。

二、实训设备

实训设备见表 6–12。

表 6–12　实训设备

序号	设备名称	使用仪器名称	数量
1	THSPCG—2A 型	工厂供电综合自动化实训系统屏	1 台
2	THSPCG—2E 型	继保及电气二次接线实训柜	1 台

三、实训原理

对于 3 ～ 66kV 供电线路，作为线路的相间短路保护，主要采用带时限的过电流保护和瞬时动作的电流速断保护。如果过电流保护时限不大于 0.5s，则可不装设电流速断保护。相间短路动作于跳闸时，以切除短路故障。

带时限的过电流保护，按其动作时限特性分为定时限过电流保护和反时限过电流保护两种。图 6–40 为定时限过电流保护的原理图，图 6–41 为其展开图。

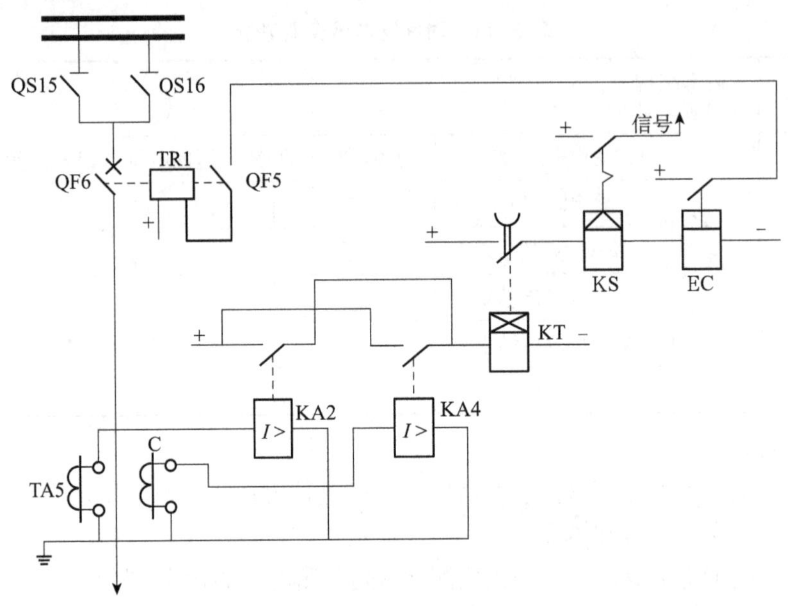

图 6–40 定时限过电流保护的原理图

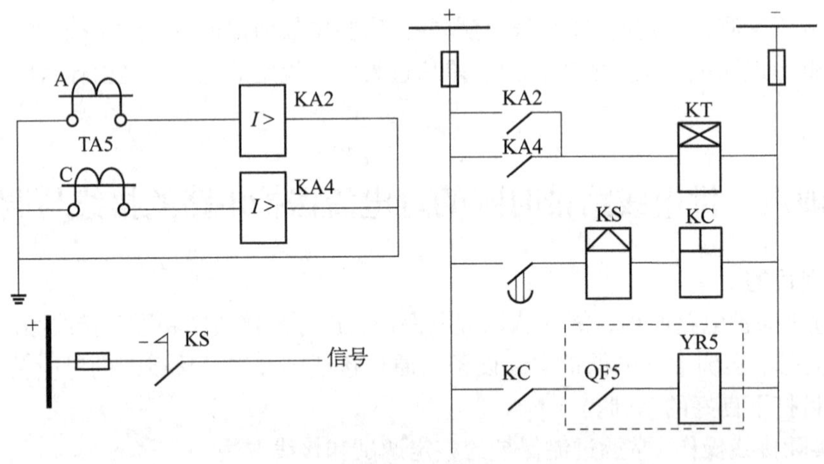

图 6–41 定时限过电流保护的展开图

定时限过电流保护的优点是：动作时间比较精确，整定简便，不论短路电流为多大，动作时间都是一定的，不会因为短路电流小，动作时间长而延长故障时间。其缺点为：所需继电器多，接线复杂，需直流操作电源，投资较大；靠近电源处的保护装置的动作时间较长，这是带时限过电流保护的共同缺点。

四、实训内容与步骤

THSPCG—2A 型的 7# 航空插座通过 7# 航空电缆线与 THSPCG—2E 型 A7 航空插座接通，其他均不接。给 THSPCG—2A 型和 THSPCG—2E 型电源分别送电。

（1）把 THSPCG—2A 型右侧的模式打至“模式二”位置，并把 THSPCG—2A 型面板所有的电流互感器二次均短接起来。

（2）选择电流继电器的动作值（确定线圈接线方式）和时间继电器的动作时限。电流继电器选用 DL—24C/6，整定电流为 1.5A，时间继电器选用 DS—23，整定时间为 2.5s。

（3）按图 6–42 所示带时限过电流保护原理接线图进行接线。图中，KA 选用 DL—

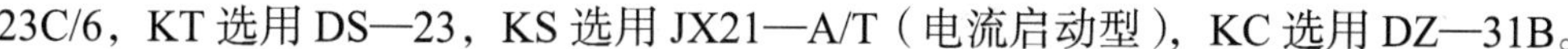

23C/6，KT 选用 DS—23，KS 选用 JX21—A/T（电流启动型），KC 选用 DZ—31B。

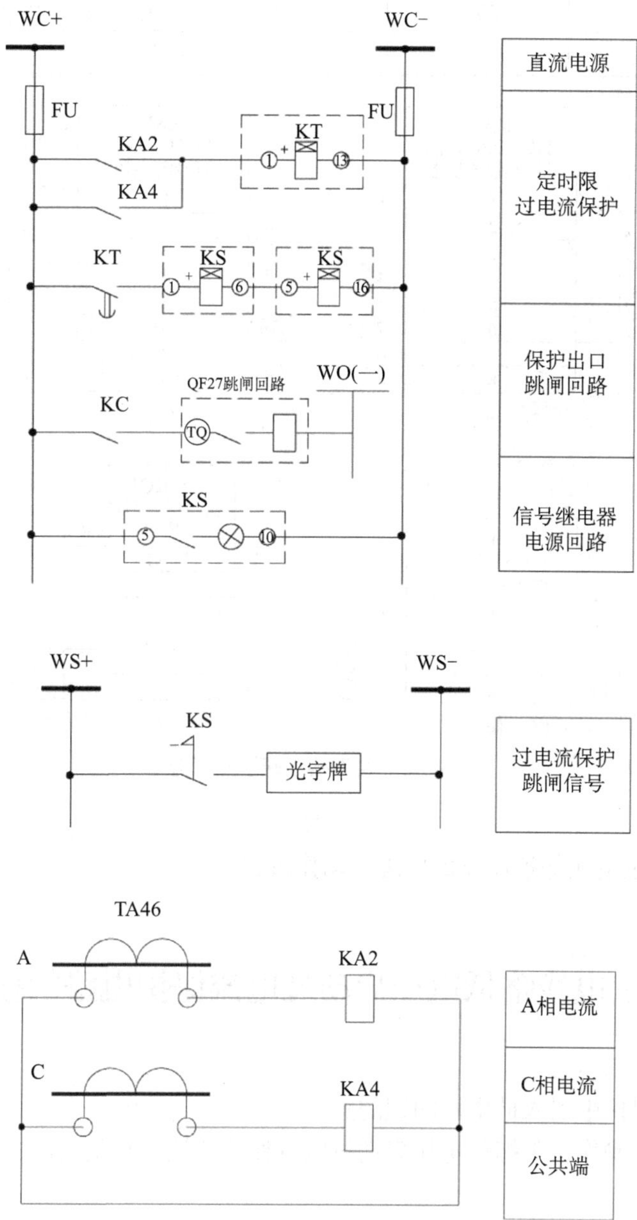

图 6–42　带时限过电流保护原理接线图

（4）依次合上 THSPCG—2A 的 QS111、QS112、QF11、QS113、QS211、QF13、QF21、QF21、QS224、QF27、QF28，观察分厂灯亮的情况。

（5）短路点分别设置在 XL—1 端的 20% 和 80% 处，观察保护动作情况并记录相关数据，如表 6–13 所示。

（6）图 6–43 为实训接线端子，接线端子的数字号码与原理接线图一一对应，各继电器的动作触点在原理接线图中没有标出接线端子上对应的数字号码，实训接线时请注意。依照上述实训步骤及实训原理图和接线图在实训端子排上进行接线及调试（走线均走线槽），从而达到实训目的，提高学生的动手能力。

表 6-13 I_{op}=2.1A T=5s

短路点短路类型	20%	80%	QF27 是否动作	KS 是否动作
三相短路				

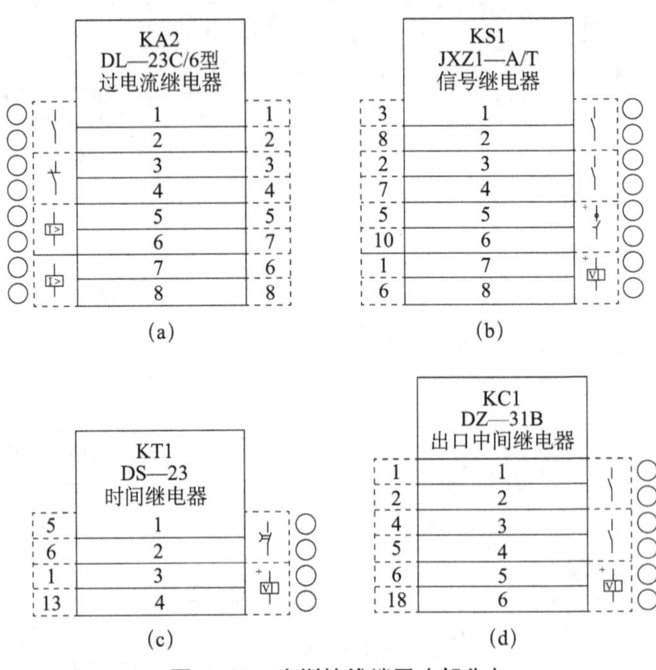

图 6-43 实训接线端子（部分）

五、实训报告

试总结带时限过电流保护动作的原理和动作过程。

实训七 供电线路低电压启动过电流保护电路的接线与调试

一、实训目的

- 理解过电流保护中引入低电压闭锁的意义。
- 进行实际接线操作，掌握低电压启动过电流保护的接线与整定调试方法。

二、实训设备

实训设备见表 6-14。

表 6-14 实训设备

序号	设备名称	使用仪器名称	数量
1	THSPCG—2A 型	工厂供电综合自动化实训系统屏	1 台
2	THSPCG—2E 型	继电保护及电气二次接线实训柜	1 台

三、实训原理

当电力系统正常运行时，母线电压接近于额定电压，因此，低电压继电器 KV 的常闭触点是断开的。低电压继电器 KV 的动作电压按大于母线正常最低工作电压来整定。具体整定计算方法请参阅教材相关内容，此处不再详述。

四、实训内容与步骤

THSPCG—2A 型的 7# 航空插座通过 7# 航空电缆线与 THSPCG—2E 型 A7 航空插座接通，其他均不接。THSPCG—2A 型和 THSPCG—2E 型电源分别送电。

（1）选择电流继电器、电压继电器的动作值（确定线圈接线方式）和时间继电器的动作时限，电流继电器选用 DL—23C/6，整定电流为 1.5A，电压继电器选用 DY—28C，整定电压为 60V，时间继电器选用 DS—23，整定时间为 2s。

（2）参照中间继电器特性实验中的调试方法分别对电流继电器、电压继电器和时间继电器进行整定调试。

（3）按图 6-44 所示低电压启动过电流保护实训接线图进行接线。图中，KS 选用 JX21—A/T，KC 选用 ZB—31B。

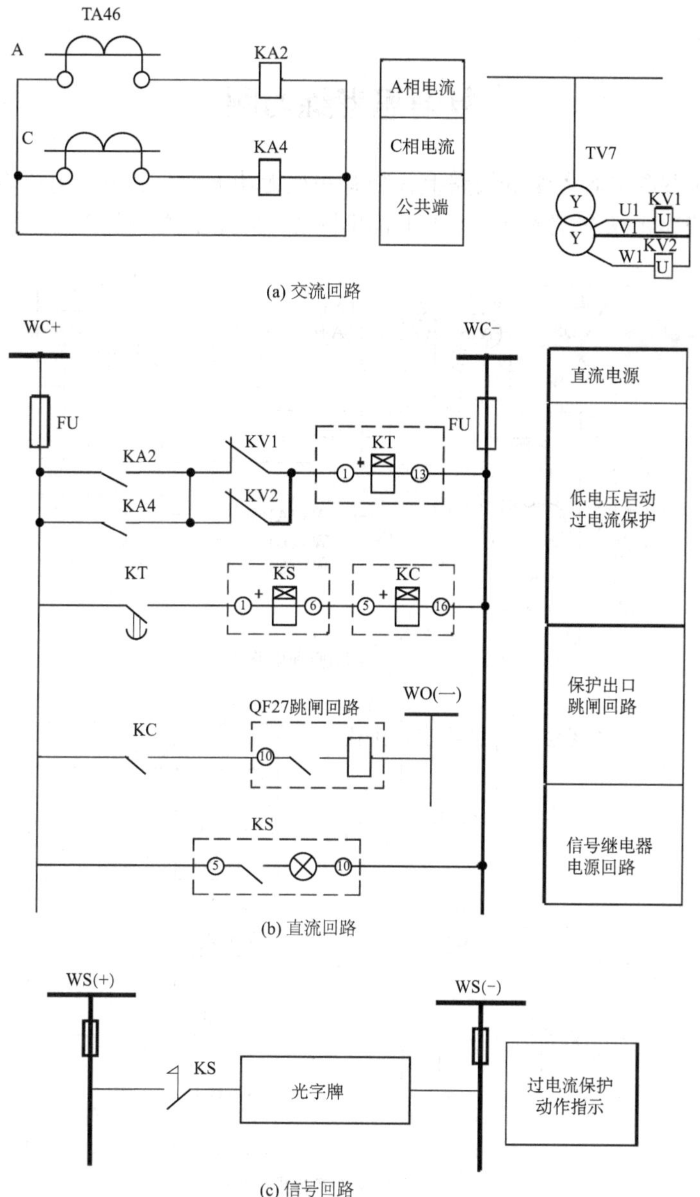

图 6-44　低电压启动过电流保护实训接线图

（4）依次合上 THSPCG—2A 型 QS111、QS112、QF11、QS113、QS211、QF13、QF21、QF21、QS224、QF27，QF28，观察分厂的亮灯情况。

（5）短路点分别设置在末端和 50%、80% 处，投入后，观察保护动作情况并记录相关数据，如表 6-15 所示。

表 6-15　I_{op}=2.1A　T=5s

短路点 短路类型	50%	80%	末端	母线电压	保护 是否动作
	最大短路电流			最低线电压	
三相短路					

五、实训报告

试总结低电压启动过电流保护动作的原理和动作过程。

复习思考练习题

某供电给高压并联电容器组的线路上，装有一只无功电能表和三只电流表，如图 6-45（a）所示。试按中断线表示法在图 6-45（b）上标出图 6-45（a）的仪表和端子排的端子标号。

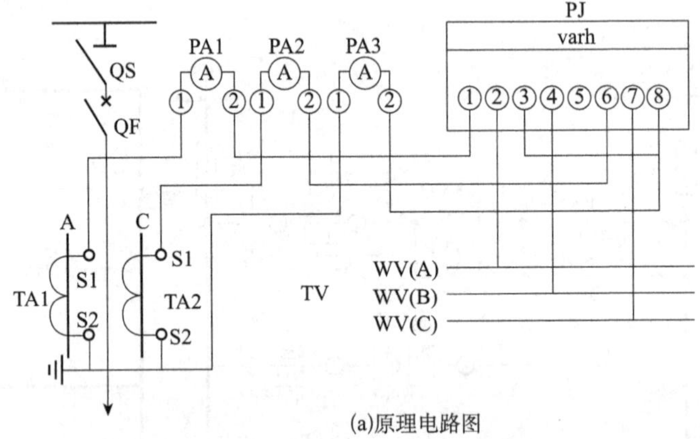

(a)原理电路图

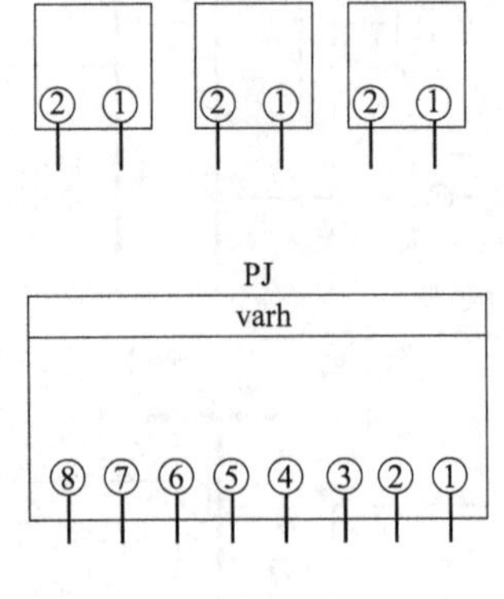

X	端子排	
TA1:S1	1	
TA2:S1	2	
TA1:S2	3	
TA2:S2	4	
WV(A)	5	
	6	
WV(B)	7	
	8	
WV(C)	9	
	10	

(b)安装接线图（待标号）

图 6-45　习题原理电路图和安装接线图

课题7　供配电系统的安全及节约用电

[内容概述] 本课题重点介绍节约用电措施及无功补偿的运算及运行，为工厂节约用电提供依据。

[课题目标]

1. 了解安全电流、安全电压的取值范围及相关概念。
2. 掌握安全用具的基本使用方法及心肺复苏方法。
3. 掌握如何调整负荷运行来达到节约电能的效果。
4. 掌握无功补偿的计算方法。

7.1　安全用电及触电急救

用电安全和触电事故

7.1.1　电气安全的有关概念

1. 人体触电受到的伤害

电击使人体的重要器官（大脑、心脏、呼吸系统、神经系统）、人体的局部器官受到损害（手、脚、胳膊）。触电的危险性因素有接触电压、流过人体的电流、触电时间及人体电阻、触电方式、电流路径、环境、健康状况、情绪好坏等。

2. 直接触电防护和间接触电防护

直接触电防护是指对直接接触正常带电部分的防护，如对带电导体加隔离栅栏等。间接触电防护是指对正常时不带电而故障时可带危险电压的外露可导电部分（如金属外壳、框架等）的防护，例如，将正常不带电的外露可导电部分接地，并装设保护。

3. 安全电流与安全电压

安全用电常识

（1）安全电流。

①触电时间。由图 7-1 所示的安全曲线可以看出，触电时间在 0.2s（即 200ms）以下和 0.2s 以上时，电流对人体的危害程度是大有差别的。

②电流性质。试验表明，直流、交流和高频电流通过人体时对人体的危害程度是不一样的，通过 50 ～ 60Hz 的工频电流对人体的危害最严重。

③电流路径。电流对人体的伤害程度主要取决于心脏受损的程度。

④体重和健康状况。健康人心脏和衰弱病人心脏对电流损害的抵抗能力是不一样的。

（2）安全电压（见表 7-1）。

企业安全用电

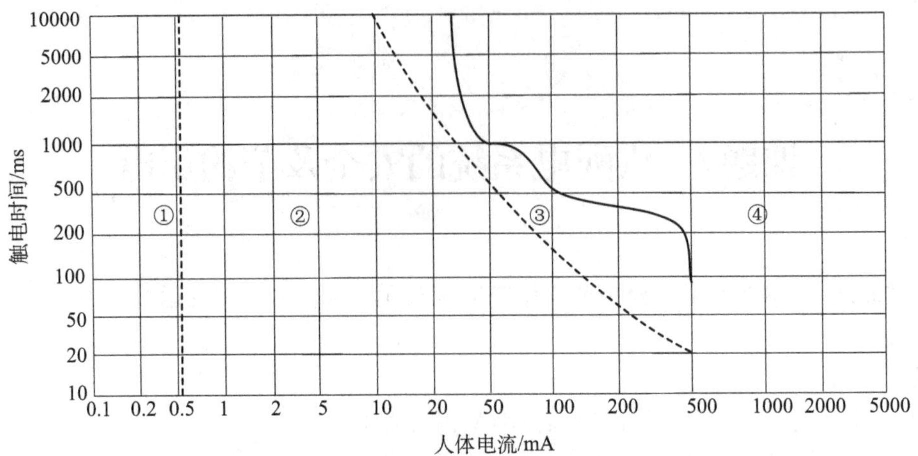

①—人体无反应区；②—人体一般无病理和生理性反应区；
③—人体一般无心室纤维性颤动和器质性损伤区；④—人体可能发生心室纤维性颤动区

图 7-1　IEC 提出的人体触电时间与通过人体电流 50Hz 对人身机体反应的曲线

表 7-1　安全电压（依据 GB/T 3805—2008）

安全电压（交流有效值）/V		选用举例
额定值	空载上限值	
42	50	在有触电危险的场所使用的手持式电动工具等
36	43	在矿井、多导电粉尘等场所使用的行灯等
24	29	可供某些具有人体可能偶然触及的带电体设备选用
12	15	
6	8	

7.1.2　安全用电的一般措施

农村安全用电警示片 1

农村安全用电警示片 2

1. 加强电气安全教育

电能够造福于人，但如果使用不当，也能给人带来极大危害，甚至致人死亡。因此，必须加强电气安全教育，人人树立“以人为本，安全第一”的观点，力争供用电系统无事故地运行，防患于未然。

2. 严格执行安全工作规程

（1）电气工作人员必须具备的条件。

①经医师鉴定，无妨碍工作的病症（体格检查每两年至少一次）。

②具备必要的电气知识和业务技能，且按工作性质，熟悉《电力安全工作规程》的相关部分，并经考试合格。

③具备必要的安全生产知识，学会紧急救护法，特别要学会触电急救。

（2）人身与带电体的安全距离。

①作业人员工作中的正常活动范围与带电设备的安全距离不得小于表 7-2 所示的规定。

表 7-2　作业人员工作中的正常活动范围与带电设备的安全距离

电压等级 /kV	≤ 10（13.8）	20、35	66、110	220	330
安全距离 /m	0.35	0.60	1.50	3.00	4.00

②进行地电位带电作业时，人身与带电体间的安全距离不得小于表 7-3 所示的规定。

表 7-3　带电作业时人身与带电体的安全距离

电压等级 /kV	10	35	66	110	220	330
安全距离 /m	0.4	0.6	0.7	1.0	1.8	2.2

③等电位作业人员对邻相导线的安全距离不得小于表 7-4 所示的规定。

表 7-4　等电位作业人员对邻相导线的安全距离

电压等级 /kV	10	35	66	110	220
安全距离 /m	0.6	0.8	0.9	1.4	2.5

（3）在高压设备上工作的要求。

在高压设备上工作，必须遵守下列各项要求：①填用工作票，或口头、电话命令；②至少应有两人在一起工作；③完成保证工作人员安全的组织措施和技术措施。

保证安全的技术措施有停电、验电、装设接地线、悬挂标示牌和装设遮栏（围栏）等。

3. 严格遵循设计、安装规范

国家制定的设计、安装规范，是确保设计、安装质量的基本依据。例如，进行工厂供电设计，必须遵循国家标准 GB/T 50052—2009《供配电系统设计规范》、GB/T 50053—1994《10kV 及以下变电所设计规范》、GB/T 50054—2011《低压配电设计规范》等一系列设计规范；而进行供电工程的安装必须遵循国家标准 GB/T J147—1990《电气装置安装工程 · 高压电器施工及验收规范》、GB/T J148—1990《电气装置安装工程 · 电力变压器、油浸电抗器、互感器施工及验收规范》、GB/T 50168—2006《电气装置安装工程 · 电缆线路施工及验收规范》、GB/T 50173—1992《电气装置安装工程 35kV 及以下架空电力线路施工及验收规范》、GB/T 50303—2002《建筑电气工程施工质量验收规范》等一系列施工及验收规范。

4. 加强供用电设备的运行维护和检修试验工作

加强供用电设备的运行维护和检修试验工作，对于供用电系统的安全运行，具有很重要的作用。做这方面工作也应遵循有关规程和标准。例如，电气设备的交接试验应遵循 GB/T 50150—2006《电气装置安装工程 · 电气设备交接试验标准》的规定。

5. 采用安全电压和符合安全要求的相应电器

对于在有爆炸和火灾危险的环境中使用的电气设备和导线、电缆，应符合 GB/T 50058—1992《爆炸和火灾危险环境电力装置设计规范》的规定。对于在有爆炸和火灾危险的环境中使用的电气设备和导线电缆，应采用符合安全要求的相应设备和导线电缆，具体要求参看 GB/T 50058—1992《爆炸和火灾危险环境电力装置设计规范》。

6. 按规定采用电气安全用具

（1）基本安全用具。

（2）辅助安全用具。

验电工具如图 7-2 所示。

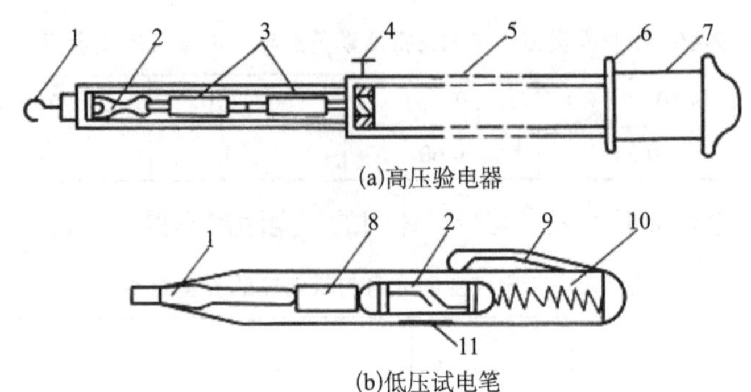

(a)高压验电器

(b)低压试电笔

1—触头；2—氖灯（指示灯）；3—电容器；4—接地螺钉；5—绝缘杆；6—护环；7—手柄；
8—碳质电阻；9—导电弹簧；10—金属挂钩（握柄）；11—指示窗孔

图 7-2　验电工具

7. 普及安全用电常识

家用电路

（1）不得随意加大熔体规格，不得以铜丝或铁丝代替原有铅锡合金熔丝。

（2）不得超负荷用电。

（3）导线上不得晾晒衣物，以防导线绝缘破损，漏电伤人。

（4）不得在架空线路和室外变配电装置附近放风筝，以免造成短路或接地故障。

（5）不得随意攀登电杆和变配电装置的构架。

（6）移动电器和手持电具的电源插座，一般应采用带保护接地插孔的三孔插座。

（7）当带电导线断落在地上时，不可走近。

（8）如遇有人触电，应按规定方法进行急救处理。

8. 正确处理电气火灾事故

（1）电气失火的特点。

①失火的电气设备可能带电，灭火时要防止触电，应先尽快断开失火设备的电源。

②失火的电气设备可能充有大量可燃油，这些可燃油可导致爆炸，使火势蔓延。

（2）带电灭火的措施和注意事项。

①应使用二氧化碳（CO_2）灭火器、干粉灭火器或 1211（二氟-氯-溴甲烷）灭火器等。

②不能用一般泡沫灭火器灭火，因为其灭火剂水溶液具有一定的导电性，而且对电气设备的绝缘有一定腐蚀性。

③可使用干砂覆盖进行带电灭火，但只能是小面积的。

④带电灭火时，应采取防触电的可靠措施。

触电急救与预防

7.1.3　触电的急救处理

触电急救必须分秒必争，立即就地采用心肺复苏法（包括人工呼吸法和胸外按压心脏法）进行抢救，并坚持不懈地进行，同时及早与医疗部门联系，争取医务人员尽早救治。

1. 脱离电源

（1）脱离电源就是要使触电者接触的那一部分带电设备的电源开关

断开，或设法将触电者与带电设备脱离。

（2）如果触电者触及低压带电设备，救护人员应设法迅速切断电源。

（3）如果触电者触及高压带电设备，救护人员应迅速切断电源，或使用适合该电压等级的绝缘工具（戴绝缘手套、穿绝缘靴，并用绝缘棒）解脱触电者。

（4）如果触电者处于高处，应考虑解脱电源后触电者可能从高处坠落的情况，因此，要采取相应的安全措施，以防触电者摔伤或致死。

（5）在切断电源救护触电者时，应考虑断电后的应急照明问题，以便继续进行急救。

2. 触电者脱离电源后的急救处理

（1）如果触电者神志尚清醒，应使之就地躺平，严密观察，暂时不要站立或走动。

触电事故与现场急救篇

（2）如果触电者已神志不清，应使之就地仰面躺平，且确保其气道通畅，并用5s时间呼叫伤员或轻拍其肩部，以判定伤员是否意识丧失。

（3）如果触电者失去知觉，停止呼吸，但心脏微有跳动（可用两指轻拭喉结旁一侧凹陷处的颈动脉，观察有无搏动），应在通畅气道后，立即施行口对口或口对鼻的人工呼吸。

（4）如果触电者的心跳和呼吸均已停止，完全失去知觉，则在通畅气道后，应立即同时进行口对口（鼻）的人工呼吸和胸外按压心脏的人工循环。

3. 人工呼吸法

（1）首先迅速解开触电者的衣服、裤带，松开上身的紧身衣、胸罩和围巾等，使其胸部能自由扩张，不致妨碍呼吸。

（2）使触电者仰卧，不垫枕头。

（3）救护人位于触电者头部的一侧，用一只手捏紧触电者的鼻孔，不使其漏气；用另一只手将触电者下颌拉向前下方，使嘴巴张开。

（4）救护人做深呼吸后，紧贴触电者嘴巴，向其大口吹气，如图7–3（a）所示。

（5）救护人吹气完毕后换气时，应立即离开触电者嘴巴（或鼻孔），并放松紧捏的鼻（或嘴），让其自由排气，如图7–3（b）所示。

4. 胸外按压心脏的人工循环法

（1）首先解开触电者衣服、裤带及胸罩、围巾等，并清除其口腔内异物，使触电者的气道保持通畅。

（2）使触电者仰卧，不垫枕头。

（3）救护人位于触电者一侧，最好是跨腰跪在触电者腰部，两手相叠（对儿童可只用一只手），手掌根部放在心窝稍高一点的地方，如图7–4所示。

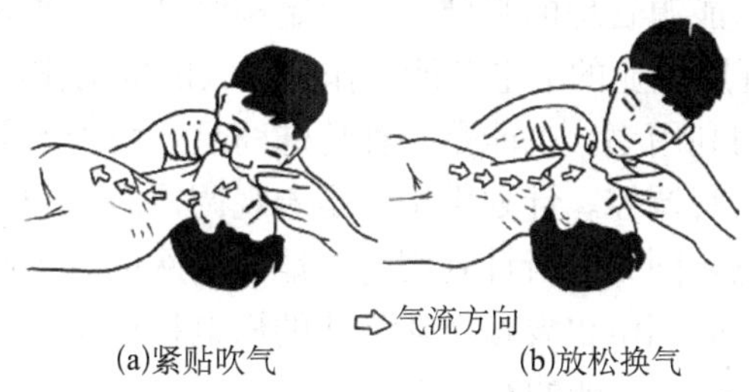

图7–3 口对口吹气的人工呼吸法

图7–4 胸外按压心脏的正确压点

（4）救护人找到触电者心脏的正确压点后，自上而下、垂直均衡地用力向下按压，压出心脏内的血液，如图 7-5（a）所示。

（5）按压后，掌根迅速放松（但手掌不要离开胸部压点），使触电者的胸部自动复原，心脏扩张，血液又流回心脏，如图 7-5（b）所示。

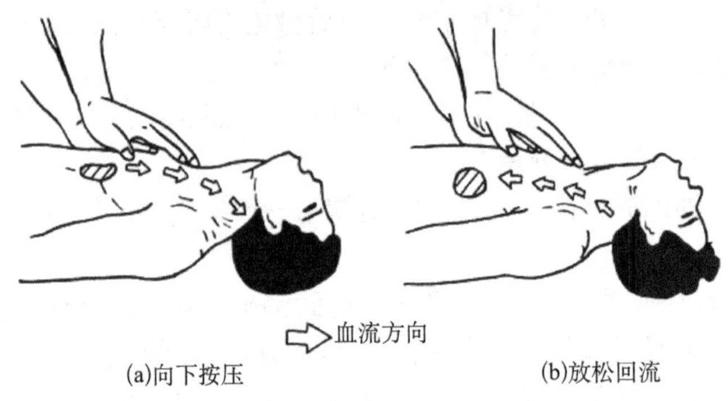

图 7-5　胸外按压心脏的人工循环法

7.2　节约用电的意义及措施

7.2.1　节约用电的意义

灭火器的使用和火灾初期扑救

能源是发展国民经济的重要物质基础，而电能是铸造中一种很重要的二次能源。我国 21 世纪的能源建设以电力为中心，在加强能源开发的同时，还必须最大限度地降低能源消耗，包括节约电能。节约电能不只是减少用户的电费开支，降低生产成本，还可以为企业积累更多的资金，更重要的是，由于电能能创造比它本身价值高十几倍甚至上百倍的工业产值，因此，多节约 1kW · h 的电能就能为国家多创造可观的财富，有力地促进国民经济的发展。尤其是在能源供应紧张、电力公司矛盾依然很大的今天，节约用电更具有特殊重大的意义。

7.2.2　企业节约用电的一般措施

要搞好企业的节约用电工作，需从企业供电系统的科学管理和技术改造两方面采取措施。

1. 企业供电系统的科学管理

（1）加强能源管理，建立和健全能源管理机构和制度。企业的各种能源（包括电能）要进行统一管理。企业不仅要建立一个精干的人员管理机构，形成一个完整的能源管理体系，而且要建立一套科学的能源管理制度。能源管理的基础是能源定额管理。实践表明，实行能源的定额管理和相应的奖惩制度，对开展企业的节电节能工作有巨大的推动作用。

（2）实行计划供用电，提高电能的利用率。电能是一种特殊商品。由于电能对国民经济影响极大，因此，国家必须对它实行宏观调控。计划供用电是宏观调控的一种手段。企业用电应按与当地供电部门签订的《供用电合同》实行计划用电。地方电网可对企业采取必要的限电措施。对内部配电系统来说，各车间用电也要按企业下达的用电指标实行计划用电。实行计划用电可促使用户尽量降低能耗，提高电能的利用率。

（3）实行“需求侧管理”方法，进行负荷调整，“削峰填谷”，提高供电能力。“需求侧管理”是指供应方对需求方的负荷管理，其根据供电电网的供电情况和各类用户的不同用电规律，合理地安排各类用户的用电时间。负荷调整也是宏观调控的一种手段。调荷的一种有效手段是按照市场经济规律，实行分类分时电价。实践证明，这是运用电价这一经济杠杆进行调荷，实现“削峰填谷”的一项有效措施，对鼓励工业用户避开高峰时间用电，尽量将大容量设备安排在深夜用电有积极作用。

企业内部的调节措施有：错开各车间的上下班时间和进餐时间等，使各车间的高峰负荷分散，从而降低总的负荷高峰；调整各车间的生产班次和工作时间，特别是大容量设备应安排在低谷时间使用，实行高峰让电。由于实行负荷调整，“削峰填谷”，提高了电力变压器的负荷率和功率因数，从而既能提高供电能力，又能节约电能。

（4）实行经济运行方式，全面降低系统能耗。所谓经济运行方式，就是使整个电力系统的电能损耗减少、经济效益提高的一种运行方式。例如，对负荷率长期偏低的电力变压器，可以考虑换较小容量的电力变压器。如果运行条件许可，可以考虑将两台并列运行的电力变压器在低负荷时切除一台。对负荷率长期偏低的电动机，也可以考虑换一台较小容量的电动机，但是复合率具体低到多少时才宜于“以大换小”或“以单代双”需通过计算获得。关于电力变压器经济运行负荷的计算将在后面讲述。

（5）加强运行维护，提高设备的检修质量。节电工作与供电系统的运行维护和检修质量有密切关系，如电力变压器，通过大修，消除了铁芯过热的故障就能降低铁损，节约电能。又如电动机，通过检修，使转子和定子间的气隙均匀和减小，或者减小转子间的转动摩擦，也能降低电能损耗。

在供配电线路中，将导线接头接触不良、严重发热的问题解决好，不仅能保证供电安全，而且可以使线路的电能损耗减少。其他动力措施，如加强维护保养，减少水、气、热等能源的跑、冒、滴、漏等，也能直接节约电能。从广义节能的概念来说，所有节约原材料和保养生产设备的措施，乃至爱护一切物质财富的行动，都属于节电节能的范畴，因为一切物质财富，都需要能源才能创造出来，所以要切实做好企业的节电节能工作，单靠少数能源管理人员和电工人员是不行的，一定要动员所有员工重视才行。只有人人重视节能，时时注意节能，处处做到节能，在整个企业上下形成一种节电节能的新风尚，才能真正开创企业节电节能的新局面。

2. 搞好企业供电系统的技术改造

（1）更新淘汰现有低效耗能的供用电设备。以高效节能的电气设备来取代低效耗能的电气设备是节电节能的一项基本措施，其经济效益十分显著。例如，同是 10kV、10kV·A 的配电变压器，过去采用热轧硅钢片的 SJL 老型号变压器，其空载损耗为 3.9kW，然而，采用冷轧硅钢片的 S9 型低损耗变压器，其空载损耗仅为 1.7kW。如果以 S9—1000/10 型变压器来替换 SJL—1000/10 型变压器，仅是变压器的空转损耗（铁芯损耗）一项，全年就可节电（3.9－1.7）kW × 8760h=19272kW·h，相当可观。又如新的 Y 系列电动机与老的 JO2 系列电动机相比，效率提高了 0.413%。如果全年按年产量 20×10^6kW 计算，一年工作时间为 4000h，则全国一年就因此节电 20×10^6kW × 4000h × 0.413% ≈ 3.3×10^8kW·h，即 3.3 亿度（kW·h）电能。

安全用电

（2）改造现有能耗大的供用电设备和不合理的供配电系统。对能耗大的电气设备进行技术改造，也是节电的一项有效措施。例如，交流弧焊机是间歇性工作的，其空载时间远远大于工作时间，而空载时的功率因数只有 0.1 ～ 0.3，造成系统很大的电能消耗。如果交流弧焊机加装空载自停装置，则平均每台一年可节约有功电能 1000kW·h，节约无功电能 3500kvar·h，效果十分明显。

对现有不合理的供配电系统进行技术改造，能有效地降低线路损耗，节约电能。例如，将迂回配电的线路改为直配线路，将截面积偏小的导线更换为截面积稍大的导线，将绝缘破损、漏电较大的绝缘导线予以换新，在经济技术指标合理的条件下将配电系统升压运行，改选变配电所所址，使变压器更接近负荷中心等，都能有效地节约电能，并且改善供电质量。

（3）合理选择用电设备的容量或进行技术改造，提高设备的负荷率。合理选择设备容量，发挥设备潜力，提高设备的负荷率和使用效率，也是节电的一项基本措施。例如，合理选择电力变压器的容量，使之接近于经济运行状态，这是比较理想的状况。如果变压器的负荷率长期偏低，则应按照经济运行条件进行考核，适当更换较小容量的变压器。又如感应电动机，若长期轻载运行而其定子绕组三角形联结，则可将其改为星形联结，这时其转矩只有原转矩的 1/3，而由于其每相绕组承受的电压只是其原承受电压的 $1/\sqrt{3}$，定子旋转磁场也降为原来旋转磁场的 $1/\sqrt{3}$，因此，电动机的铁损相应减少，节约了电能，若长期轻载运行的电动机定子绕组不便改为星形联结，也可将定子绕组改装，将其每相由原来三个并联支路改接为两个并联支路，因此，每个支路承受的电压只有原来支路电压的 2/3，从而使定子旋转磁场降低，铁损减少，节约了电能。如果电动机所带负载的生产工艺条件允许，也可将绕线型电动机转子改接为励磁绕组，使之同步运行，这可大大提高功率因数，收到明显的节电效果。

（4）改革落后工艺，改进操作方法。生产工艺不仅影响产品的质量和产量，而且影响产品的耗电量。例如，在机械加工中，有的零件加工以铣代刨的工艺，就可使耗电量减少 30% ～ 40%；在铸造中，有的用精密铸造工艺以减小金属切削余量，可使耗电量减少 50% 左右。改进操作方法也是节电的一条有效途径。例如，在电加热处理中，电炉的连续作业比间歇性作业消耗的电能要少。

（5）采用无功补偿设备，提高功率因数。上述各种采取技术措施减小系统无功功率，提高自然功率因数的方法，不需要借助无功补偿设备，可节约投资，因此，应予优先采用。但是当功率因数尚达不到规定的要求值时，则必须采用无功补偿设备，提高功率因数。在一般用户变配电所内，通常采用并联电力电容器来进行无功功率的人工补偿。

7.3 功率因数的提高方法

7.3.1 功率的概念

视在功率：发电机发出的总功率，可以分为有功部分和无功部分。

有功功率：保持用电设备正常运行所需的电功率，也就是将电能转换为其他形式能量（机械能、光能、热能）的电功率。

无功功率：用于电路内电场与磁场的交换，并用来在电气设备中建立和维持磁场的电功率。无功功率不对外做功，而是转变为其他形式的能量。凡是有电磁线圈的电气设备，要建立磁场，就要消耗无功功率。无功功率虽然不做功，但是要保证有功功率的传导必须先满足电网的无功功率。

7.3.2　需要无功补偿的原因

在正常情况下，用电设备不但要从电源取得有功功率，同时需要从电源取得无功功率。如果电网中的无功功率供不应求，用电设备就没有足够的无功功率来建立正常的电磁场，这些用电设备就不能维持在额定情况下工作，用电设备的端电压就要下降，从而影响用电设备的正常运行，但是从发电机和高压输电线供给的无功功率远远满足不了负荷的需要，所以在电网中要设置一些无功补偿装置来补充无功功率，以保证用户对无功功率的需要，这样用电设备才能在额定电压下工作。无功补偿是把具有容性功率负荷的装置与感性功率负荷并联接在同一电路，能量在两种负荷之间相互交换，这样感性负荷所需要的无功功率可由容性负荷输出的无功功率补偿。

7.3.3　无功补偿的一般方法

无功补偿通常采用的方法主要有 3 种：低压个别补偿、低压集中补偿、高压集中补偿。下面介绍这 3 种补偿方法的适用范围及使用该种补偿方法的优缺点。

1. 低压个别补偿

低压个别补偿就是根据个别用电设备对无功的需要量将单台或多台低压电容器组分散地与用电设备并接，其与用电设备共用一套断路器。随机补偿适用于补偿个别大容量且连续运行（如大中型异步电动机）的无功消耗。低压个别补偿的优点是：用电设备运行时，无功补偿投入，用电设备停运时，补偿设备也退出，因此，不会造成无功倒送，具有投资小、占位小、安装容易、配置方便灵活、维护简单、事故率低等优点。

2. 低压集中补偿

低压集中补偿是指将低压电容器通过低压开关接在配电变压器低压母线侧，以无功补偿投退装置作为控制保护装置，根据低压母线上的无功负荷直接控制电容器的投退。电容器的投退是整组进行的，做不到平滑调节。低压集中补偿的优点：接线简单、运行维护工作量小，使无功就地平衡，从而提高配变利用率，降低网损，具有较高的经济性，是目前无功补偿中常用的手段之一。

3. 高压集中补偿

高压集中补偿是指将并联电容器组直接装在变电所 6 ～ 10kV 高压母线上的补偿方式，适用于用户远离变电所或在供电线路的末端，用户本身有一定的高压负荷时，可以减小对电力系统无功的消耗并起到一定的补偿作用；补偿装置根据负荷的大小自动投退，从而合理地提高用户的功率因数，避免功率因数降低导致电费的增加，同时便于运行维护，补偿效益高。

7.3.4　无功补偿装置的分类

无功补偿有很多种类，从补偿的范围划分，可以分为负荷补偿与线路补偿，从补偿的性质划分，可以分为感性补偿与容性补偿。下面将并联容性补偿的方法大致列举如下。

1. 同步调相机

调相机的基本原理与同步发电机没有区别，其只输出无功电流。因为不发电，所以不需要原动机拖动，没有启动电动机的调相机也没有轴伸，实质上相当于一台在电网中空转的同步发电机。调相机是电网中最早使用的无功补偿装置。当增大激磁电流时，其输出的容性无功电流增大。当减小激磁电流时，其输出的容性无功电流减小。当激磁电流减小到一定程度时，输出的无功电流为零，只有很小的有功电流用于弥补调相机的损耗。当激磁电流进一步减小时，输出感性无功电流。调相机容量大，对谐波不敏感，并且具有当电网电压下降时输出无功电流自动增大的特点，因此，调相机对于电网的无功安全具有不可替代的作用。

调相机价格高，效率低，运行成本高，已经逐渐被并联电容器所替代。近年来出于对电网无功安全的重视，一些人主张重新启用调相机。

2. 并联电容器

并联电容器是目前最主要的无功补偿方法，其主要特点是价格低，效率高，运行成本低，在保护完善的情况下可靠性也很高。在高压及中压系统中主要使用固定连接的并联电容器组，而在低压配电系统中主要使用自动控制电容器投退的自动无功补偿装置。自动无功补偿装置的结构多种多样，形形色色，适用于各种不同的负荷情况。

并联电容器最主要的缺点是其对谐波的敏感性。当电网中含有谐波时，电容器的电流会急剧增大，还会与电网中的感性元件谐振，使谐波放大。另外，并联电容器属于恒阻抗元件，在电网电压下降时，其输出的无功电流也下降，因此，不利于电网的无功安全。

3. SVC

SVC 的全称是静止式无功补偿装置，静止两个字是与同步调相机的旋转相对应的。国际大电网会议将 SVC 定义为 7 个子类：机械投退电容器（MSC）、机械投退电抗器（MSR）、自饱和电抗器（SR）、晶闸管控制电抗器（TCR）、晶闸管投退电容器（TSC）、晶闸管投退电抗器（TSR）；自换向或电网换向转换器（SCC/LCC）。

根据以上这些子类，我们可以看出，除调相机外，用电感器或电容器进行无功补偿的装置几乎均被定义为 SVC。目前国内市场上被宣传为 SVC 的产品主要是晶闸管控制电抗器（TCR）和晶闸管投退电容器（TSC）。这里只简要介绍一下晶闸管控制电抗器（TCR）。

TCR 的基本结构包括一组固定并联在线路中的电容器和一组并联在线路中用晶闸管控制的电抗器，通常将电抗器的容量设计成与电容器的容量一样。由于电抗器是用晶闸管控制的，其感性无功电流可以变化。当晶闸管关断时，电抗器没有电流，而电容器固定连接，因此，整套装置的补偿量最大。当调节晶闸管的导通角时，电抗器的感性电流就会抵消一部分电容器电流，因此，补偿量减小，导通角越大，电抗器的电流就越大，补偿量就会越小。当晶闸管全通时，电抗器电流就会将电容器电流全部抵消，此时补偿量为 0。在 TCR 中，当晶闸管的导通角小于 90° 时，电抗器的电流非正弦含有谐波成分，因此，必须将固定电容器组设计成滤波器形式，或者配备另外的滤波器。

综上所述可以看出，TCR 的结构复杂，损耗大，但其具有补偿量连续可调的特点，在高压系统中还有应用。

4. STATCOM

STATCOM 是一种使用 IGBT、GTO 或 SIT 等全控型高速电力电子器件作为开关控制电流的装置。其基本工作原理是：通过对系统电参数的检测，预测出一个与电源电压同相位的幅值适当的正弦电流波形。当系统瞬时电流大于预测电流时，STATCOM 将大于预测电流的部分吸收进来，储存在内部的储能电容器中。当系统瞬时电流小于预测电流时，STATCOM 将储存在电容器中的能量释放出来，填补小于预测电流的部分，从而使得补偿后的电流变成与电压同相位的正弦波。

根据 STATCOM 的工作原理，理论上，STATCOM 可以实现真正的动态补偿，不仅可以应用在感性负荷场合，还可以应用在容性负荷场合，并且可以进行谐波滤除，从而起到滤波器的作用。但是由于技术的原因实际的 STATCOM 不可能达到理论要求，而且由于开关操作频率不够高等原因，还会向电网输出谐波。STATCOM 的结构十分复杂，价格昂贵，可靠性差，损耗大，目前仍处于研究试用阶段，没有实际应用价值。从补偿的方式划分，电抗器补偿可以分为串联补偿与并联补偿。

7.3.5　采用无功补偿的优点

（1）根据用电设备的功率因数，可测算输电线路的电能损耗。通过现场技术改造，可使低于标准要求的功率因数达标，从而实现节电目的。

（2）采用无功补偿技术，提高低压电网和用电设备的功率因数，是节电工作的一项重要措施。

（3）无功补偿就是借助于无功补偿设备提供必要的无功功率，以提高系统的功率因数，降低能耗，改善电网电压质量，稳定设备运行。

（4）减少电力损耗。一般工厂动力配线依据不同的线路及负载情况，其电力损耗为 2% ～ 3%，使用电容提高功率因数后，总电流降低，可降低供电端与用电端的电力损耗。

（5）改善供电品质，提高功率因数，减小负载总电流及电压降。于变压器二次侧加装电容可改善功率因数提高二次侧电压。

（6）延长设备寿命。改善功率因数后，线路总电流减小，使接近或已经饱和的变压器、开关等电气设备和线路容量负荷降低，因此，可以降低温升，增加寿命（相关温度每降低 10℃，寿命可延长 1 倍）。

（7）最终满足电力系统对无功补偿的监测要求，消除因为功率因数过低而产生的罚款。

（8）无功补偿可以改善电能质量，降低电能损耗，挖掘发电设备、供电设备的潜力。无功补偿可以减小用户的电费支出，是一项投资小、收效快的节能措施。

［例 7–1］　某供电企业给某淀粉厂加装 470kvar 低压动态补偿电容柜，设定补偿限值 $\cos\varphi$ 为 0.95，小于限值，则动态顺序投入电容器组。如功率因数超前，向线路反送无功功率，则开始顺序切除电容器，使功率因数在一个相对稳定的区域保持动态平衡。试机时一次电流为 1050A，$\cos\varphi=0.7$，装置动态投入 400kvar 后，功率因数接近 1，一次电流变为 750A，电流是补偿前电流的 70%，即减小线路电流 30% 左右，如表 7–5 所示。

表 7–5　列出了补偿前、后参数的变化

补偿前、后参数的变化			
功率因数	负荷电流 /A	计算值 /A	
		有功电流	无功电流
补偿前 0.7	1050	735	746
补偿后 1.0	750	735	0

［例 7–2］　某供电企业给某造纸厂加装 500kvar 低压动态补偿电容柜，补偿前功率因数≤ 0.75，线路电流为 1300A，动态补偿到功率因数为 0.96 后，一次电流为 1000A，直观减少线路电流 $\frac{1300-1000}{1300}$ A，约为 25%。

解：根据电路原理，线路的损耗与负荷电流的平方成正比，线路电流增大，则线路损耗（线损）增大，线路电流减小，则线损减小，在例 7–1 中，补偿前电流为 I，补偿后电流大约为 $0.7I$，根据 $P = I^2R$，补偿后的线路损耗为补偿前线路损耗值的 49 %，线路损耗降低了

51% 左右。此例中线路补偿后电流是补偿前电流的 1000A/1300A ≈ 0.77，所以补偿后的线路损耗大概是补偿前线路损耗的 59%。推算出补偿前、后功率因数的变化与线路损耗变化的关系如表 7–6 所示。

表 7–6 补偿前、后功率因数的变化与线路损耗变化的关系

补偿前功率因数	补偿后功率因数			
	0.85	0.90	0.95	1.00
	损耗比			
0.85	1	0.80	0.80	0.72
0.80	0.88	0.79	0.70	0.64
0.75	0.78	0.69	0.63	0.56
0.70	0.68	0.60	0.54	0.49

如表 7–6 所示，例 7–2 的功率因数从 0.7 提高到 1，补偿后的线路损耗为补偿前线路损耗的 49%；线路功率因数从 0.75 提高到 0.95 后，线路损耗为补偿前的 63%，降低线损效果明显。

[例 7–3] 某市能源监测中心于 2006 年 4 月 24 日、29 日、30 日对某氨纶股份有限公司 B 区制冷机、空气压缩机电动机进行了电动机补偿装置的安装调试，从安装后的测试结果看，平均降低电流 22 ～ 51A，电动机功率因数提高到 0.98，如表 7–7 所示，降低了公司内部低压电网的消耗，从而达到了节电目的。

表 7–7 测试结果对比表

设备名称	设备容量 /kW	补偿前功率因数 $\cos\varphi_1$	补偿后功率因数 $\cos\varphi_2$	平均下降电流 /A
制冷压缩机 LM1—110M、B4	110	0.84	0.98	22
制冷压缩机 LM1—200M、B2	220	0.89	0.98	41
制冷压缩机 LM1—250MA1C1	250	0.86	0.98	51
制冷压缩机 2DLGS—K2、D2	250	0.89	0.986	49
制冷压缩机 2DLGS—K2、D5	250	0.89	0.98	48
空气压缩机 20S—200A、D1	150	0.87	0.98	38
空气压缩机 20S—200A、D2	150	0.86	0.978	36
空气压缩机 20S—200A、D3	150	0.87	0.982	40
空气压缩机 60A—160、B1	160	0.88	0.98	46
空气压缩机 60A—160、B2	160	0.89	0.973	48

解：由于电流减小，变压器的铜损及公司内部的低压损耗都降低。

配电系统电流下降率 $\Delta I\% =（1-0.87/0.98）\times 100\% \approx 11.2\%$

配电系统损耗下降率 $\Delta P\% =（1-0.872/0.982）\times 100\% \approx 11.2\%$

该公司 B 区制冷压缩机、空气压缩机电动机补偿的总容量为 780kvar，电流平均总下降 518A，依据 GB/T12497—1997 中的计算公式，安装电动机补偿装置后，年可节电量＝补偿容量 × 无功经济当量 × 年运行时间＝ $780\times0.04\times24\times300=224640\text{kW}\cdot\text{h}$，节约价值 11.2 万元，补偿投资费用（包括设备的购置、安装及现场调试费用）为 6.24 万元（80 元 /kvar）。

用户低压端无功补偿装置一般按照用户无功负荷的变化动态投退补偿电容器，从而达到动态控制的目的，可以做到不向高压线路反送无功电能。在配电网中，若各用户低压侧配置了足够的无功补偿装置，则可使配电线路中的无功电流最小，也可使配电线路的有功功率损耗最小，这是最理想的效果。另外，线路中的无功电流小，也使线路压降减小，电压波动减小。

充分利用供电设备的容量，使同样的供电设备为更多的用电器供电。每个供电设备都有额定的容量，即视在功率 $S=UI$ 。在供电设备输出的总功率 S 中，一部分为有功功率 $P=S\cos\varphi$，另一部分为无功功率 $Q=S\sin\varphi$ 。$\cos\varphi$ 越小，电路中的有功功率 $P=S\cos\varphi$ 就越小，提高 $\cos\varphi$ 的值，可使同等容量的供电设备向用户提供更大的功率，因此，可以提高供电设备的能量利用率。

［例 7–4］ 一台发电机的额定电压为 220V，输出的总功率为 4400kV · A。试求：（1）该发电机能带动多少个 220V，4.4kW，$\cos\varphi$ =0.5 的用电器正常工作？（2）该发电机能带动多少个 220V，4.4kW，$\cos\varphi$ =0.8 的用电器正常工作？

解：（1）每台用电器占用电源的功率：$S_{1台}=\dfrac{P_{N1台}}{\cos\varphi}=\dfrac{4.4}{0.5}=8.8(\text{kV}\cdot\text{A})$

该发电机能带动的电器个数：$n=\dfrac{S_{N电源}}{S_{1台}}=\dfrac{4400\times10^3}{8.8\times10^3}=500(台)$

（2）每台用电器占用电源的功率：$S_{1台}=\dfrac{P_{N1台}}{\cos\varphi}=\dfrac{4.4}{0.8}=5.5(\text{kV}\cdot\text{A})$

该发电机能带动的电器个数：$n=\dfrac{S_{N电源}}{S_{1台}}=\dfrac{4400\times10^3}{5.5\times10^3}=800(台)$

可见，功率因数从 0.5 提高到 0.8，发电机正常供电的用电器个数即从 500 个提高到 800 个，使同样的供电设备为更多的用电器供电，从而大大提高供电设备的能量利用率。

减小供电线路上的电压降和功率损耗。我们知道，$P=IU\cos\varphi$，$I=P/(U\cos\varphi)$，故用电器的功率因数越低，则用电器从电源吸取的电流就越大，输电线路上的电压降和功率损耗就越大；用电器的功率因数越高，则用电器从电源吸取的电流就越小，输电线路上的电压降和功率损耗就越小，故提高功率因数，能减小供电线路上的电压降和功率损耗。

［例 7–5］ 一台发电机以 400V 的电压输给负载 6kW 的电力，如果输电线总电阻为 1Ω，试计算：

（1）负载的功率因数从 0.5 提高到 0.75 时，输电线上的电压降可减小多少？

（2）负载的功率因数从 0.5 提高到 0.75 时，输电线上一天可少损失多少电能？

解：（1）$\cos\varphi=0.5$ 时，输电线上的电流：$I_1=\dfrac{P}{U\cos\varphi}=\dfrac{6\times10^3}{400\times0.5}=30(\text{A})$

输电线上的电压降：$\Delta U_1=I_1R=30\times1=30(\text{V})$

$\cos\varphi=0.75$ 时，输电线上的电流：$I_2=\dfrac{P}{U\cos\varphi}=\dfrac{6\times10^3}{400\times0.75}=20(\text{A})$

输电线上电压降减小的数值：$\Delta U=\Delta U_1-\Delta U_2=30-20=10(\text{V})$

（2）$\cos\varphi=0.5$ 时输电线上的电能损耗：$W_{1损}=I_1^2R=30^2\times1=900(\text{W})$

$\cos\varphi=0.75$ 时输电线上的电能损耗：$W_{2损}=I_2^2R=20^2\times1=400(\text{W})$

输电线上一天可减少损失的电能：
$\Delta W=(900-400)\times24=12000(\text{W}\cdot\text{h})=12(度)$

［例 7–6］ 有一个感性负载接于 380V、50Hz 的电源上，负载功率 $P=20\text{kW}$，功率因数 $\cos\varphi=0.6$，若将此负载的功率因数提高到 0.9，求并联电容器的电容量和并联电容器前、后电路中的电流。

解：
$$C=\frac{P}{2\pi fU^2}(\tan\varphi_1-\tan\varphi_2)=\frac{P}{2\pi fU^2}(\tan\arccos0.6-\tan\arccos0.9)$$
$$=\frac{20\times10^3}{2\times3.14\times50\times380^2}(\tan53.13^\circ-\tan25.84^\circ)\approx\frac{20\times10^3}{2\times3.14\times50\times380^2}(1.333-0.484)$$
$$\approx374\times10^{-6}(\text{F})=374(\mu\text{F})$$

并联电容器前、后电路中的电流分别为：

$$I_1=\frac{P}{U\cos\varphi_1}=\frac{20\times10^3}{380\times0.6}\approx87.7(\text{A})\quad I_2=\frac{P}{U\cos\varphi_1}=\frac{20\times10^3}{380\times0.9}\approx58.5(\text{A})$$

［例 7–7］ 某单位原来用电功率为 70kW，用电设备的功率因数为 0.7，由一台容量 $S=100\text{kV}\cdot\text{A}$，额定电压 $U=220\text{V}$ 的三相变压器配电。现用电功率增至 90kW，问：

（1）如果电路的功率因数不变，则须换用多大容量的变压器？

（2）能否在变压器低压侧并联电容使原变压器满足现在的配电要求，如可以，则须用多大电容？

解：（1）如果电路的功率因数不变，则须换用的变压器的容量为：

$$S=\frac{P}{\cos\varphi}=\frac{90}{0.7}\approx 129\ \text{kV·A}$$

（2）如在变压器低压侧并联电容使原变压器满足现在的配电要求，则电路的功率因数须提高为：

$$\cos\varphi=\frac{P}{S}=\frac{90}{100}=0.9$$

这是可以做到的，因此，可用在变压器低压侧并联电容的方法使原变压器满足现在的配电要求。

所需的电容器的总容量为：

$$C=\frac{P}{2\pi fU^2}\left(\tan\varphi_1-\tan\varphi_2\right)=\frac{P}{2\pi fU^2}\left(\tan\arccos 0.7-\tan\arccos 0.9\right)$$
$$=\frac{70\times10^3}{2\times3.14\times50\times220^2}\left(\tan 45.57^\circ-\tan 25.84^\circ\right)\approx\frac{70\times10^3}{2\times3.14\times50\times220^2}\left(1.020-0.484\right)$$
$$\approx 2467\times10^{-6}\,(\text{F})$$

技能实训

实训一　供电综合自动化系统监控软件的学习及功率因数控制器操作

一、实训目的

- 学会“THLWJ—1 型”工厂供电综合自动化实训系统监控软件的使用。
- 能够完成电力系统“四遥”（遥测、遥信、遥控、遥调）功能。
- 掌握功率因数控制器的操作。

二、实训原理

“THLWJ—1 型”工厂供电综合自动化实训系统监控软件（V3.0.0）基于 Microsoft Windows 操作系统的综合自动化、集成化、开放式应用平台，完成对 THLWJ—1 型工厂供电综合自动化实训系统进行实时监控和调度。本系统模拟现场运行管理系统，具备基本的监控和数据采集（SCADA）功能。系统在整体技术指标、实时性等方面均达到较高水平，在易操作、保护及友好的人机界面等方面也充分发挥了现代计算机技术和通信技术的特点，可以满足用户多方面的需求，从而达到电力系统监控软件用于教学的目的。

本监控软件界面丰富，功能全面，具有良好的可扩展性，软件特点如下：

（1）上位机与微机保护装置、PLC、智能仪表、备自投装置、功率因数控制器和变频器通信协议采用标准 Modbus RTU 协议，实现信息的下发和上传。

（2）能够完成电力系统“四遥”（遥测、遥信、遥控、遥调）功能。

（3）操作界面模拟工作现场供配电调度运行界面，图表全面，实时性高。

本实验平台上可完成的四遥功能如表 7-8 所示。

表 7–8　四遥功能

远动类型	信息名称
遥测	工厂总有功、无功电能
	供配电线路综合电量
	微机变压器后备保护装置电量
	微机线路保护装置电量
	微机电动机保护装置电量
遥信	断路器分闸、合闸状态
	变压器分接头位置
	无功补偿电容器组投退位置
	各微机保护装置 SOE 事件记录
遥控	断路器分闸、合闸
	微机变压器后备保护装置保护投退
	微机线路保护装置保护投退
	微机电动机保护装置保护投退
遥调	变压器分接头位置选择
	无功补偿电容器组的投退控制
	微机变压器后备保护装置保护定值整组召唤、整组下置
	微机线路保护装置保护定值整组召唤、整组下置
	微机电动机保护装置保护定值整组召唤、整组下置

三、实训步骤

1. 供电综合自动化系统监控软件

双击桌面上的“运行系统”图标，进入监控系统，各窗口的使用方法如下。

1）登录系统

运行后，首先出现初始窗口。

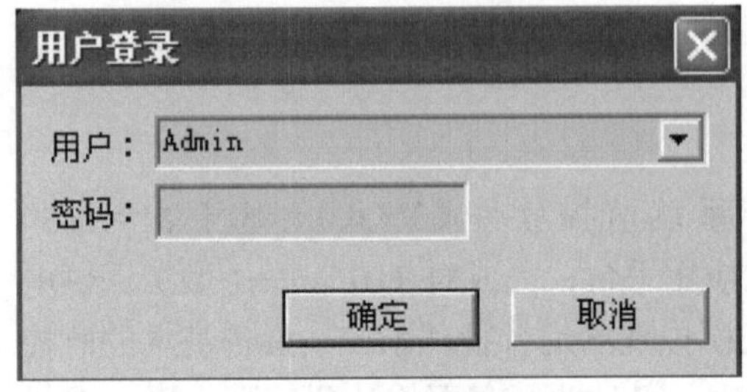

图 7–6　用户登录

如果要进入监控系统，则单击“进入”按钮。如果不想进入监控系统，则单击“退出”按钮。退出之前，要保证在登录状态，否则会弹出用户登录对话框（见图 7–6）提示登录。

2）初始窗口（顶窗口和快选菜单）

单击“进入”按钮，进入监控系统之后出现两个窗口，从上到下依次为“顶窗口”和“快选菜单”。

“顶窗口”集合了一些主要操作，包括“快选菜单”“最新报警”“事件查询”“登录”“用户管理”“退出”。系统运行时“顶窗口”一直显示，在任何窗口单击“快选菜单”按钮，快速返回“快选菜单”窗口。单击“最新报警”，则显示系统最新的各种报警事件。单击“事件查询”，则进入“历史事件浏览器”，查询各种历史报警及其内容。单击“登录”，出现登录界面，如图 7–6 所示，进行登录。“退出”按钮用来进行登录状态下的退出系统操作，处于没有登录的状态下则会弹出用户登录对话框。用户名、密码和对应权限如下。

用户名：admin（管理员）。

密码：1234。

权限：

- 所有窗口的浏览。
- 断路器的控制。
- 微机保护装置的保护投退、保护定值整组召唤和整组下置。
- 登录用户的管理：用户增减、密码修改和用户权限的设置。

用户名：st（学生）。

密码：123。

权限：所有窗口的浏览。

“快选菜单”是软件的主窗口，单击相应按钮可进入各个界面进行操作，包括变电所主接线图、通信状态图、系统配置图、实时信息、工厂总电能历史记录、VQC 管理、保护管理、变频器管理、智能电量监测仪。

注意：建议以管理员身份登录。以下各窗口监控功能的使用操作均认为已经以 admin（管理员）身份登录软件。

3）变电所主接线图

在“快选菜单”窗口，单击“变电所主接线图”按钮，打开如图 7-7 所示窗口。在此窗口中，可以监测高压变电所的一次系统、各个断路器（QF）和隔离开关（QS）的状态及各电量信息。当断路器显示红色、隔离开关闭合且显示红色时，说明此时断路器和隔离开关是闭合的，否则说明其处于断开状态。断路器可以遥控分合，隔离开关只能观察其分合状态。

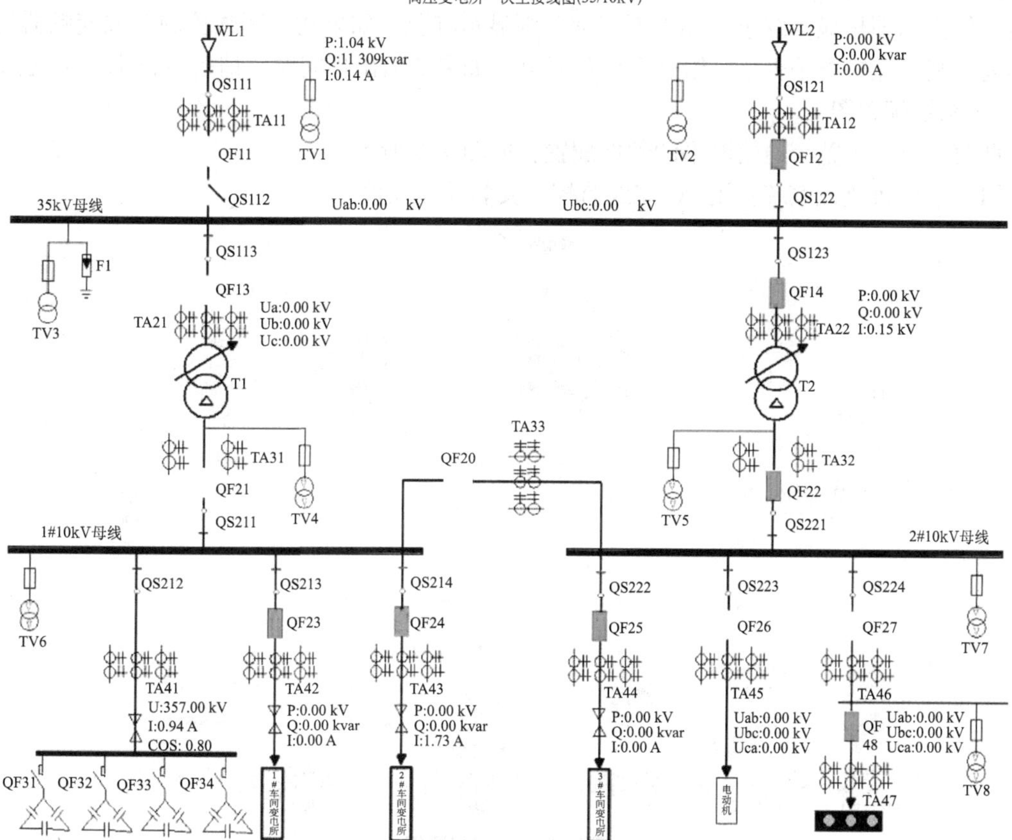

图 7-7　变电所主接线图窗口

单击窗口中的电量信息，会弹出相应的电量参数窗口，在窗口上监测各电量参数。单击各个断路器可以控制它们的分闸、合闸，从而改变线路运行状态。其中，QF11 和 QF12 不能同时合闸；当 QF21 和 QF22 同时合闸时，QF20 不能操作（闭锁）；同理，当 QF20 和 QF21 同时合闸时，QF22 不能操作（闭锁）；当 QF20 和 QF22 同时合闸时，QF21 不能操作（闭锁）。注意：用上位机遥控断路器 QF11、QF12、QF20、QF21、QF22 时，在工厂供电微机自动装置综合柜上的备自投工作方式开关应处于远动状态。

断路器的操作窗口如图 7–8 所示。

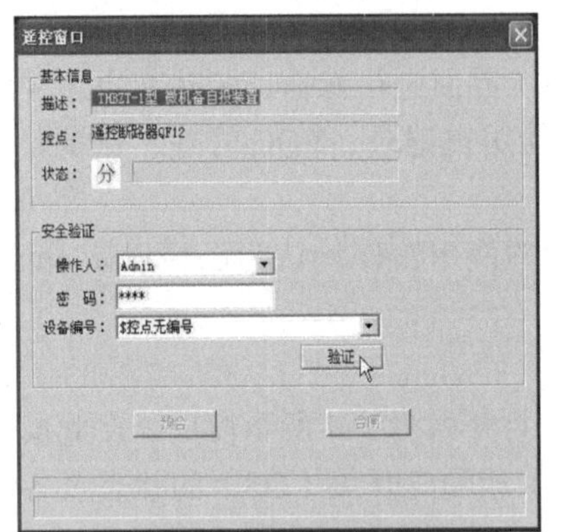

图 7–8　断路器的操作窗口

开关描述：当前要操作的断路器受何种装置遥控。

开关状态：当前要操作的断路器的状态。

操作人和密码在打开对话框时，系统已按当前登录的用户默认填写。

验证：单击此按钮，再单击“预合”按钮提示预合闸成功后单击“合闸”按钮，发送合闸信号，若合闸成功会提示合闸成功。PLC 控制的断路器在验证通过后，直接发送合闸信号。

4）通信状态图

在此窗口中，可监测上位机系统软件与各 RTU 装置（PLC、备自投装置、微机变压器后备保护装置、微机线路保护装置、微机电动机保护装置）和智能电力监测仪的通信状态。如果设备通信正常，则各装置的指示图标显示绿色，如果不正常，则显示红色。如果功率因数控制器或变频器通信有问题，则要先检查是否已经给这个设备通电。如果通信出现问题，请售后技术人员检修。

5）系统配置图

此窗口显示了整个通信网络的硬件配置，如图 7–9 所示。

（1）上位机监控系统：用 PC 完成监控，安装监控软件。

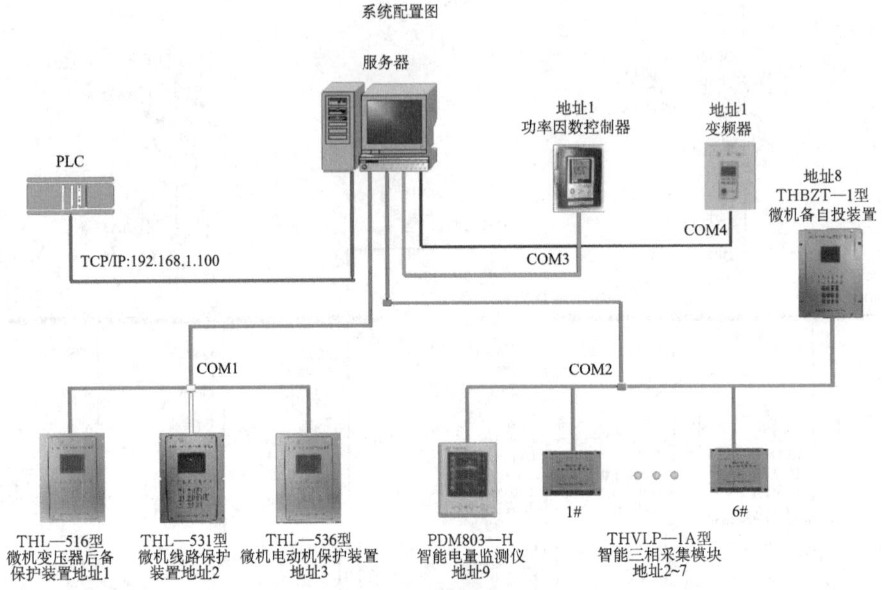

图 7–9　系统配置图

（2）通信接口：PC 与下位机采用串口通信，共使用 4 个串口（COM1 ～ COM4）。THL—516 型微机变压器后备保护装置、THL—531 型微机线路保护装置、THL—536 型微机电动机保护装置使用 COM1，PLC、THBZT—1 型微机备自投装置、6 个 THVLP—1A 型智能三相采集模块和 PDM803—H 智能电量监测仪使用 COM2，功率因数控制器使用 COM3，变频器使用 COM4。

6）实时信息

在此窗口中，可监测整个系统中断路器和隔离开关的状态。

在“断路器位置状态”窗口中，当断路器处于合闸位置时，相应一栏的“当前状态”显示“合闸”，“状态指示”方块显示红色；当断路器处于分闸位置时，相应一栏的“当前状态”则显示“分闸”，且“状态指示”方块显示绿色。单击右下角的“隔离开关位置状态”，切换到隔离开关信息窗口，此窗口和“断路器位置状态”窗口的功能相似。

7）工厂总电能历史记录

在“快选菜单”窗口上，单击“工厂总电能历史记录”按钮，出现 SymReport 浏览窗口。双击“日报表”文件夹，再双击“日报表”，弹出“报表选择”对话框，选择要查询的时间后单击“确定”按钮，如图 7-10 所示。运行后第一次进去，报表内没有数据，在报表工作表内任何地方右击，在弹出的快捷菜单中选择“重新检索”，弹出“报表选择”对话框。选择要查询的时间后单击“确定”按钮，工作表内显示查询时间的运行情况，如图 7-11 所示。在此窗口中，记录了 1 号进线和 2 号进线有功电能总量和无功电能总量，一天的工厂总电能变化、最大值、最大值时间、最小值、最小值时间，时间间隔为 1h。

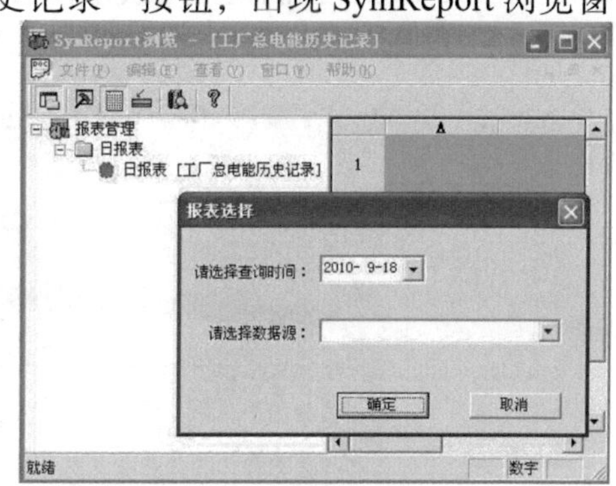

图 7-10　SymReport 浏览窗口

工厂总电能历史记录（日报表）

时间	1号进线有功总电能（kwh）	1号进线无功总电能(kvarh)	2号进线有功总电能（kwh）	2号进线无功总电能(kvarh)
0:00	27674.64	0.6899	2.532	2.1458
1:00	24480.4569	1.0875	2.2397	1.8981
2:00	21286.2738	1.485	1.9474	1.6504
3:00	18092.0906	1.8826	1.6551	1.4027
4:00	14897.9075	2.2802	1.3628	1.1549
5:00	11703.7244	2.6778	1.0705	0.9072
6:00	8509.5413	3.0753	0.7782	0.6595
7:00	5315.3582	3.4729	0.4859	0.4118
8:00	2121.175	3.8705	0.1936	0.1641
9:00	4.0564	3.0414	0	0
10:00	0	0	0	0
11:00	0	0	0	0
12:00	0	0	0	0
13:00	0	0	0	0
14:00	0	0	0	0
15:00	0	0	0	0
16:00	0	0	0	0
17:00	0	0	0	0
18:00	0	0	0	0
19:00	0	0	0	0
20:00	0	0	0	0
21:00	0	0	0	0
22:00	0	0	0	0
23:00	0	0	0	0
最大值	33107.0396	4.1361	3.0292	2.5671
最大值时间	09:49:02	08:42:21	22:17:57	22:17:57
最小值	0	0	0	0
最小值时间	09:49:00	09:49:00	08:39:44	08:39:44
报表日期	2010年09月14日			

图 7-11　日报表

选择查询时间时注意选择的时间，以及上位机是否已经采集过当天的数据。

8）VQC 管理

（1）电压无功综合控制设定。

①可实时监测线电压、相电流和功率因数。

“变压器分接头的控制方式”显示“远动”和“手动”两种，“补偿电容组的控制方式”显示“远动”和“自动”两种，小圆圈显示红色时，表示由实验台采用该方式。单击“改变分接头控制方式”按钮，可以改变当前分接头的手动或远动状态。

②可设定电压和功率因数上下限。为方便实验（可进入各区观察 VQC 的控制规律），进入系统时默认电压上限是 420，电压下限是 380，cosφ 的上限为 0.9999，cosφ 的下限为 0.9000。“变压器分接头的初始状态”和“补偿电容组的初始状态”分接头有-10%、-5%、0%、+5%、+10% 五种，电容器组有 C1、C2、C3、C4 四组，小圆圈变红色，表示分接头处于对应位置，有对应位置的电容器组投入。初始时分接头在 0% 位置，电容器组无投入。单击“电压无功综合控制投入”按钮，切换到“电压无功综合控制投入”窗口。

（2）“电压无功综合控制投入”窗口（见图 7-12）。

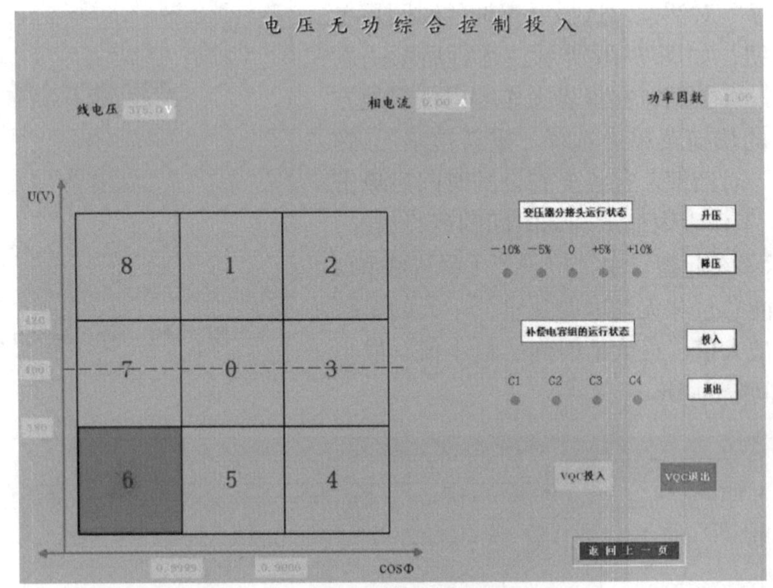

图 7-12 电压无功综合控制投入窗口

“九区法”坐标显示变电站电压 / 功率因数的运行状态变化，闪烁的红色区域表示当前的运行状态。

“升压”和“降压”按钮：单击该按钮，遥控变压器的分接头位置。

“投入”和“退出”：单击该按钮，遥控电容组的投退。

升压、降压和电容的投退都要在 VQC 退出时才可以进行。

“VQC 投入”和“VQC 退出”：单击该按钮，投入或退出无功补偿的功能。VQC 功能投入前，保证“变压器分接头的控制方式”和“补偿电容组的控制方式”在“远动”位置。

单击“返回上一页”按钮，切换到“电压无功综合控制设定”窗口。

9）保护管理

保护管理包括“THL—516 型微机变压器后备保护装置保护投退的保护对象是 35kV 母

线”，“THL—531 型微机线路保护装置保护投退的保护对象是 10kV 到分厂母线”，“THL—536 型微机电动机保护装置保护投退的保护对象是高压电动机”，保护定值管理四方面内容。

（1）保护投退控制窗口（以 THL—516 型微机变压器后备保护装置为例）。

在保护管理窗口中，把鼠标移到“THL—516 型微机变压器后备保护装置保护投退的保护对象是 35kV 母线”上变成手形时单击鼠标左键，进入微机变压器后备保护装置第一组投退定值界面，如图 7-13 所示。为保证投退定值读取的正确，应等待 1s 以上，若没有弹出提示“微机变压器后备保护装置 提示 2”，则说明装置不处于本地操作状态，数据显示正确。

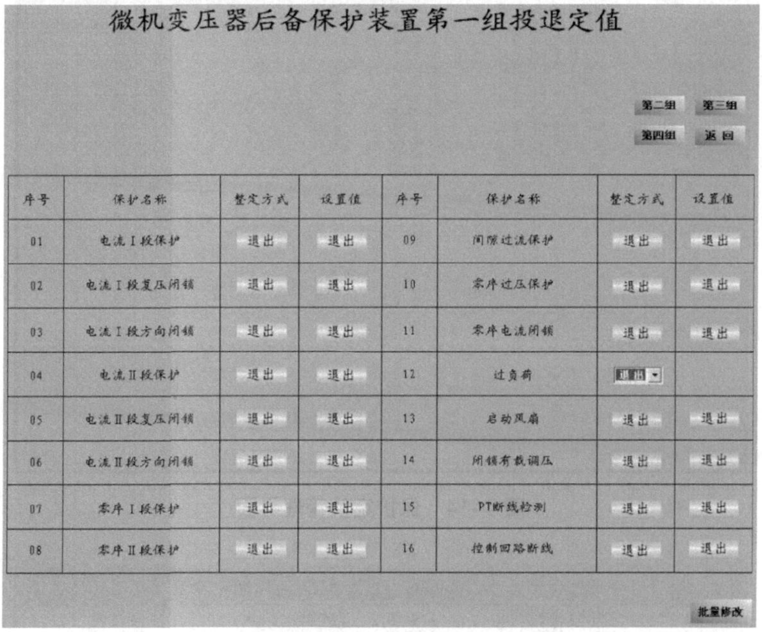

微机变压器后备保护装置第一组投退定值

第二组　第三组

第四组　返回

序号	保护名称	整定方式	设置值	序号	保护名称	整定方式	设置值
01	电流Ⅰ段保护	退出	退出	09	间隙过流保护	退出	退出
02	电流Ⅰ段复压闭锁	退出	退出	10	零序过压保护	退出	退出
03	电流Ⅰ段方向闭锁	退出	退出	11	零序电流闭锁	退出	退出
04	电流Ⅱ段保护	退出	退出	12	过负荷	退出	
05	电流Ⅱ段复压闭锁	退出	退出	13	启动风扇	退出	退出
06	电流Ⅱ段方向闭锁	退出	退出	14	闭锁有载调压	退出	退出
07	零序Ⅰ段保护	退出	退出	15	PT断线检测	退出	退出
08	零序Ⅱ段保护	退出	退出	16	控制回路断线	退出	退出

批量修改

图 7-13　微机变压器后备保护装置第一组投退定值界面

“整定方式”栏显示的是相应保护的投退状态，“设置值”栏可以改变保护的投退状态，改变设置值后，单击“批量修改”按钮，左侧出现提示“多寄存器写成功！”，说明定值设置成功。如果提示“多寄存器写失败！”，说明定值设置没有成功，可以再次单击“批量修改”按钮，提示“IO 通信中断”，应回到通信状态图，检查微机装置是否通信成功。

如果想进入微机变压器后备保护装置保护投退的第二组、第三组、第四组、返回，单击相应按钮即可进入选择界面。

同理，THL—531 型微机线路保护装置保护投退和 THL—536 型微机电动机保护装置保护投退与此类似，在此不再赘述。

（2）定值管理。

定值管理可进行装置的定值召唤和修改。单击“保护定值管理”，进入“保护定值管理”界面，如图 7-14 所示。在“设备选择”栏选择要查看或修改的微机保护装置，在“定值组”栏选择需要查看或修改的定值组，选择完成后，单击“整组召唤”按钮，“操作结果”栏显示“正在召唤数据，请等待……”。如果此时装置处于定值整定界面，则显示“装置手动设置中，请稍后操作！”。召唤成功之后，所有当前定值都显示在“工程值”一项中，此值不能修改。如需修改，则双击需要修改的定值项对应的设定值，弹出如图 7-15 所示的对话框，写入修改值，确定之后单击“整组下置”进行定值的写入。注意：修改定值前，一定要首先召唤一次定值，否则会出现如图 7–16 所示的提示。当装置通信故障时，操作结果栏会提示“IO 通信中断！”，检查装置和通信连线后再召唤一次。

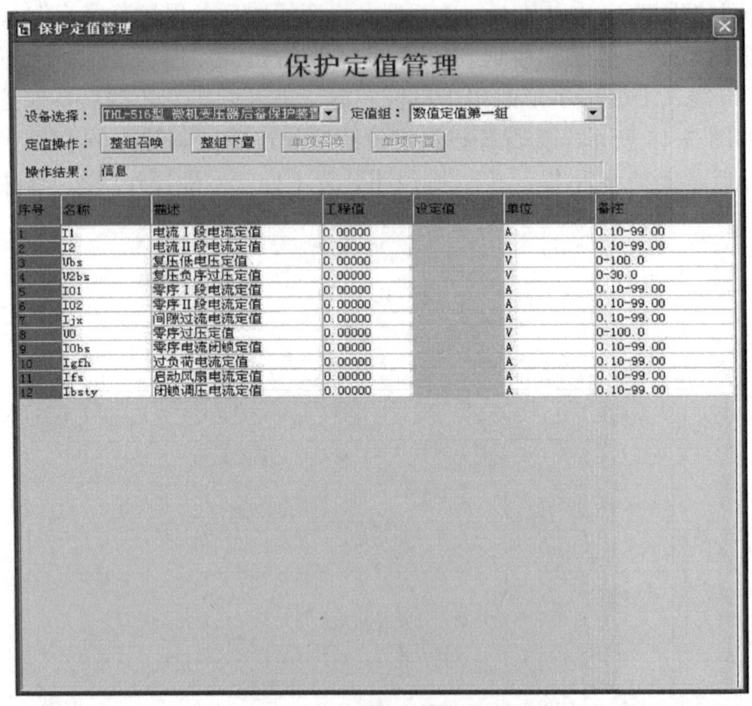

图 7–14　保护定值管理界面

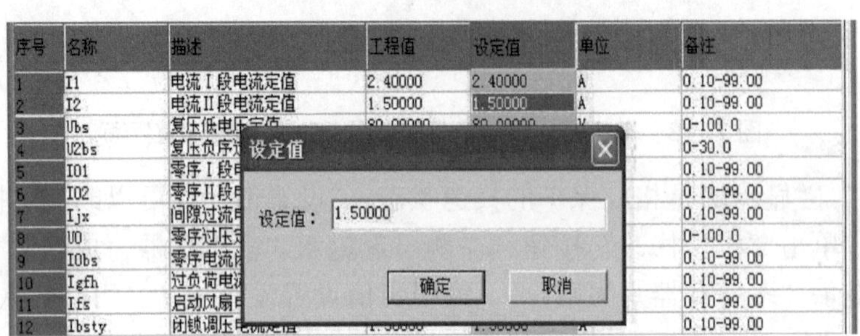

图 7–15　保护定值管理—修改设定值

图 7–16　保护定值管理提示

10）变频器管理

如果变频器没上电或通信没连好，则单击“变频器管理”就会出现如图 7–17 所示的对话框，单击“确定”按钮关闭对话框。如果要查看，先给变频器上电，在通信状态图上看到变频器通信成功后，再单击“变频器管理”。

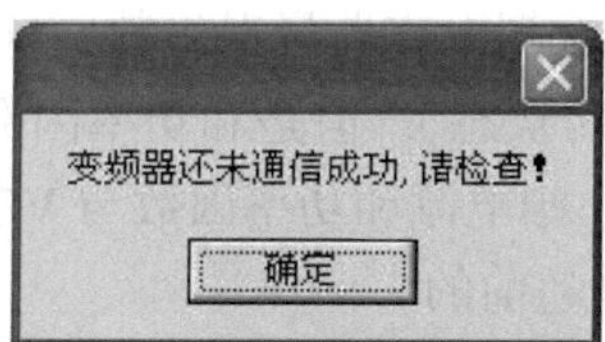

图 7–17　变频器未通信成功提示

如果通信成功，则可以进入界面，如图 7–18 所示。

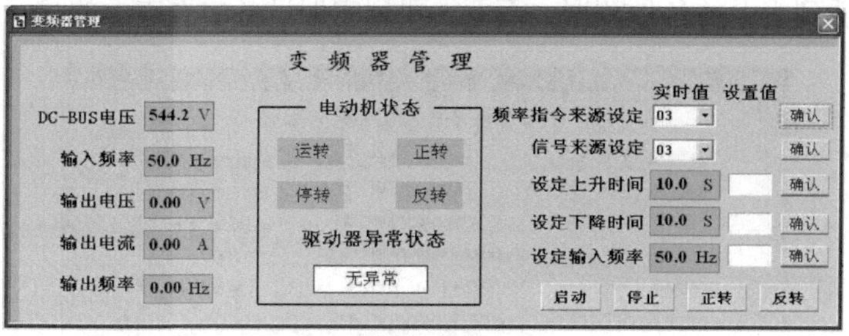

图 7–18　变频器管理界面

在这个界面上，可以看到变频器的各种状态。

当“频率指令来源设定”选择 03 时，可以设定输入频率，切记设定的输入频率不要大于 60Hz。当“信号来源设定”选择 03 时，界面的右下方出现一排控制按钮，此时，可以遥控变频器的启动、停止、正转和反转。正转、反转只有在变频器停转时才可操作。

11）功率因数控制器

在变电所主接线图上，把鼠标移到如图 7–19 所示边框区域变成手形时单击，就会出现如图 7–20 所示的界面，如果通信没成功，则和变频器一样打不开界面。

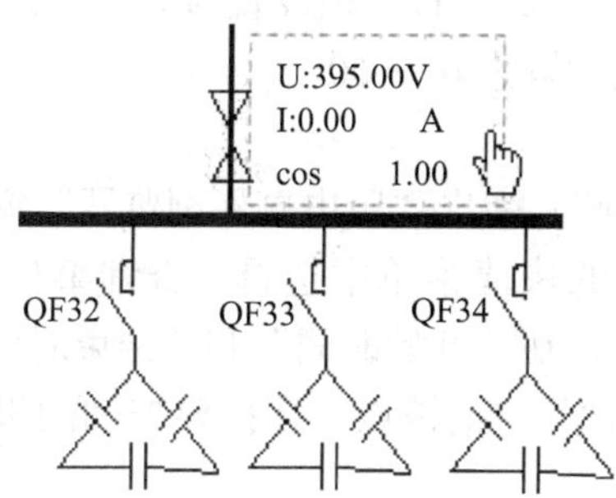

图 7–19　变电所主接线图

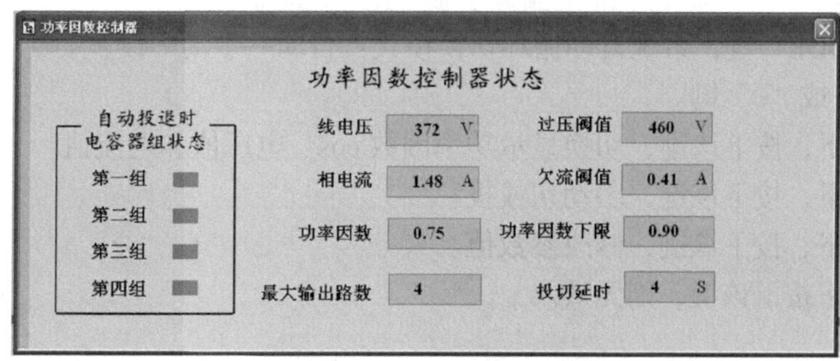

图 7–20　功率因数控制器界面

在图 7-20 所示的界面，可以看到电容器投退组数，这个和实验台上的可能不一样（如果无功补偿方式凸轮开关不在自动状态），但是和功率因数控制器装置上显示的是一致的。这里的值都不可以修改，线电压、相电流和功率因数与 VQC 管理中的一样。当功率因数显示为负值时，说明现在功率因数是超前的。

12）智能电量监测仪

进入此界面和变频器一样，都要通信成功才可以进入。通信成功后，在“快选菜单”窗口，单击智能电量监测仪，打开智能电量监测仪界面，如图 7-21 所示。

在这里可以看到表上的各种数据，而不需要到实训设备前看表上的显示，节省了时间。

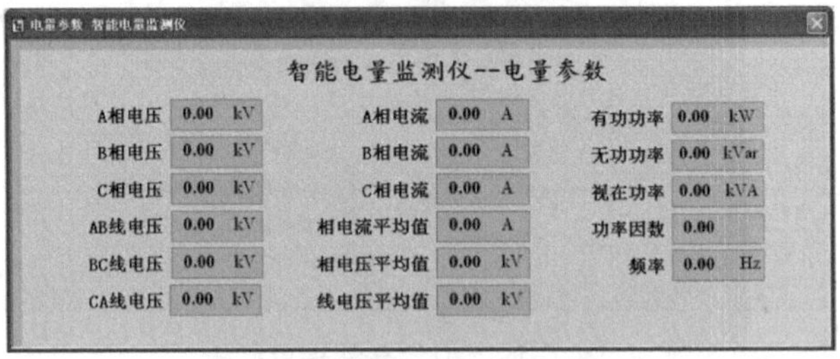

图 7-21　智能电量监测仪界面

13）最新报警事件

单击工具栏的“最新报警”，弹出“最新报警事件”窗口。在“最新报警事件”窗口可以查看全部报警事件、模拟量越限、数字量变位、SOE 事件、控制记录、设备管理、系统操作、通信事件、系统事件、网络事件和事件点。

三个微机保护装置的时间都设置成当前时间，包括年、月、日、时、分、秒。注意，微机保护装置的时间如果不在正常范围内，上位机读取数据将不会正确。“年”须设置为 1900 ～ 2038；“月”须设置为 1 ～ 12；“日”须设置为 1 ～ 31；“小时”须设置为 0 ～ 24；“分钟”须设置为 0 ～ 60；“秒”须设置为 0 ～ 60。

14）事件查询

单击工具栏中的“事件查询”，弹出“历史事件浏览器”窗口。选择要查询的事件类型，在右侧的表格内右击，在弹出的快捷菜单中选择“查询事件”，弹出“事件查询日期选择框”。“数据源”选择 SymHistory，在“开始时间”和“结束时间”栏配置好要查询的时间段，“所在组”栏选择要查询的数据库，“报警点”选择要查询的报警类型，单击“查询”按钮，在右侧表格内显示查询结果。

2. 功率因数控制器操作

1）切换操作

（1）按“MODE”键，系统自动循环切换模式：自动—手动—设置。

（2）按“+”或“−”键。

①自动模式下，按下该键，切换显示功率因数 cos、电压值和电流值。

②手动模式下，按下该键，手动切或投。

③设置模式下，按下该键，修改参数值。

④自检模式下按下该键，则无效。

2）参数设置

步骤 1：按“MODE”键切换模式到设置状态。

步骤 2：按“–”键进入设置模式。

步骤 3：最大输出路数（OUTPUT）设置。在此界面下，按“+”或“–”键修改路数，修改完后按“MODE”键进入下一个参数设置。

步骤 4：投退延时参数设置。在此界面下，按“+”或“–”键修改延时参数，修改完后按“MODE”键进入下一个参数设置。

步骤 5：功率因数下限设置。在此界面下，按“+”或“–”键修改下限参数，修改完后按“MODE”键进入下一个参数设置。

步骤 6：电网电压过压设置。在此界面下，按“+”或“–”键修改过压参数，修改完后按“MODE”键进入下一个参数设置。

步骤 7：负荷欠流参数设置。在此界面下，按“+”或“–”键修改欠流参数，修改完后按“MODE”键进入下一个参数设置。

步骤 8：按“MODE”键切换模式到自动状态，无功补偿控制器会自动保存所有参数设置。

3）代码表（见表 7–9）

表 7–9　代码表

设置项目	设置内容	设置范围	步长	出厂默认值	单位	显示
1	最大输出路数	1 ～ 12	1	12	—	OUTPUT
2	投退延时参数	1 ～ 120	1	1	s	DELAY
3	功率因数下限	0.85 ～ 0.99	0.01	0.95	—	滞后
4	过电压	420 ～ 460	10	440	V	过压
5	欠电流	0.10 ～ 0.90	0.01	0.20	A	欠流

四、报告要求

根据本课题所学内容，归纳总结供电系统“四遥”功能，加深学习深度。

实训二　高压进线电量监测

一、实训目的

通过上位机监测三个电压等级母线的电压，各条配电线路输送功率的状态、重要用户的负荷情况和电量表计的信息。

二、实训设备

实训设备如表 7–10 所示。

表 7–10　实训设备

序号	设备名称	使用仪器名称	数量
1	THSPCG—2A 型	工厂供电综合自动化实训系统屏	1 台
2	THLWJ—1 型	工厂供电综合自动化实训系统监控软件	1 套

三、实训原理

采用交流直接采样，利用 TA/TV 输入各相电流和电压波形，通过数字信号处理、自动计算并存储各种运行工况数据（包括停电时间），供运行人员在需要时到现场取用。

四、实训内容与步骤

THSPCG—2A 型的 1#、2#、3#、4# 航空插座分别通过航空电缆线与 THSPCG—2C 型的 1#、2#、3#、4# 航空插座接通，其他均不接。THSPCG—2A 型左侧的 5#、6# 航空插座分别通过航空电缆线与 THSPCG—2B 型的 5#、6# 航空插座接通。给 THSPCG—2A 型和 THSPCG—2C 型电源分别送电，把不用的电流互感器二次端子短接起来。

（1）依次合上实训控制柜上的“总电源”“控制电源Ⅰ”和实训控制屏上的“控制电源Ⅱ”“进线电源”开关。然后依次合上 QS111、QS112、QF11、QS113、QF13、QS211、QF21、QF20，通过计算机上的组态软件进入“THLWJ—1 型工厂供电综合自动化实训系统监控软件”，单击进入“变电所主接线图”，可以发现在接线图上的线路旁边有采集装置的图标，单击进入可以看到相应线路的电量参数。

（2）单击采集模块图标（方形图标），进入“电量参数检测”窗口，在这里可以看到电量参数的实时数据。

（3）单击“趋势图”，可以进入该线路负荷变化的曲线图。同时合上 10kV 母线上的所有出线、最大负荷运行，接着切除其中的某几路，可以看到功率曲线和电流曲线的变化。

五、实训报告

针对实训要求，按实训报告编写格式分析负荷变化，以及线路上功率数值和功率因数的变化。

实训三　高压变电站主变电量监测

一、实训目的

通过上位机监测高压变电站主变电量。

二、实训设备

实训设备如表 7-11 所示。

表 7-11　实训设备

序号	设备名称	使用仪器名称	数量
1	THSPCG—2A 型	工厂供电综合自动化实训系统屏	1 台
2	THLWJ—1 型	工厂供电综合自动化实训系统监控软件	1 套

三、实训原理

采用交流直接采样，利用 TA/TV 输入各相电流和电压波形，通过数字信号处理、自动计算并存储各种运行工况数据（包括停电时间），供运行人员在需要时到现场取用。

四、实训内容与步骤

THSPCG—2A 型的 1#、2#、3#、4# 航空插座分别通过航空电缆线与 THSPCG—2C 型的 1#、2#、3#、4# 航空插座接通，其他均不接。THSPCG—2A 型左侧的 5#、6# 航空插座分别通过航空电缆线与 THSPCG—2B 型的 5#、6# 航空插座接通。给 THSPCG—2A 型和

THSPCG—2C 型电源分别送电。把不用的电流互感器二次端子短接起来。

（1）依次合上实训控制柜上的“总电源”“控制电源Ⅰ”和实训控制屏上的“控制电源Ⅱ”“进线电源”开关。然后依次合上 QS111、QS112、QF11、QS113、QF13、QS211、QF21、QF20，通过计算机上的组态软件进入“THLWJ—1 型工厂供电综合自动化实训系统监控软件”，单击进入“变电所主接线图”，可以发现在接线图上的线路旁边有采集装置的图标，单击图标可以看到相应线路的电量参数。

（2）单击 TA21 电流互感器右侧的电量模块，可以进入变压器电量采集界面并读取参数。

五、实训报告

针对实训要求，按实训报告编写格式分析负荷变化时线路上功率数值和功率因数的变化。

复习思考练习题

7-1　某厂变电所装有一台 630kV · A 变压器，其二次侧（380V）的有功计算负荷为 420kW，无功计算负荷为 350kvar。试求此变电所一次侧（10kV）的计算负荷及其功率因数。如果功率因数未达到 0.9，问此变电所低压母线上应装设多大并联电容器的容量才能达到要求？

7-2　某厂的有功计算负荷为 2400kW，功率因数为 0.65。现拟在工厂变电所 10kV 母线上装设 BWF10.5—30—1 型并联电容器，使功率因数提高到 0.9。问需装设多少个并联电容器？装设了并联电容器以后，该厂的视在计算负荷为多少？比未装设前视在计算负荷减少了多少？

7-3　变配电所电气工作人员必须具备哪些条件？

7-4　什么叫心肺复苏法？触电者心脏停止跳动可否判定死亡、放弃抢救？

7-5　高压集中补偿、低压集中补偿和个别就地补偿各有哪些优缺点？各适用于什么情况？各采取什么放电措施？对高、低压电容器的放电各有何要求？

课题8　供配电系统的运行维护及检修试验

[内容概述] 本课题介绍供配电系统的运行维护知识、变配电所主要电气设备及配电线路的检修测试步骤。

[课题目标]

1. 了解变配电所运行值班制度及电力变压器的运行维护。
2. 掌握架空线路及电缆线路的运行维护。
3. 掌握正确的倒闸操作方式，学会填写倒闸操作票。
4. 掌握供配电线路的检修试验方法及了解测试工具的使用原理。

8.1　供配电系统的运行维护

变配电设备的正常运行，是保证变配电所安全、可靠和经济供配电的关键所在。通过对变配电设备缺陷和异常情况的监视，及时发现设备运行中出现的缺陷、异常情况和故障，并及早采取相应措施防止事故的发生和扩大，从而保证变配电所能够安全、可靠地供电。

8.1.1　变配电所的运行值班

对供配电系统的运行进行维护是一项严密的工作，必须遵守一些规定。

1. 变配电所的运行值班制度

工厂变配电所的值班制度有轮班制、在家值班制和无人值班制等，采用在家值班制和无人值班制，可以大大节约人力，减少运行费用，但需要有一定的物质条件，如有较完善的监测信号系统或自动装置等，才能确保变配电所的运行安全。从发展方向来说，工厂变配电所肯定要逐步进行技术改造，向自动化和无人值班的方向发展。但是当前，我国一般工厂变配电所仍采取以三班轮换的值班制度为主，即全天分为早、中、晚三班，而值班员分为三组或四组，轮流值班。全年不间断值班制度对于确保变配电所的安全运行有很大好处，但人力耗用较多。一些小厂的变配电所及大中型厂的车间变电所，往往采用无人值班制，仅由工厂的维修电工或总变配电所的值班电工每天定期巡视检查。

有高压设备的变配电所，为保证安全，一般应由两人值班，但按《电业安全工作规程》（DL 408—91）规定：当室内高压设备的隔离室设有遮栏，遮栏高度在 1.7m 以上，安装牢固并加锁者，且室内高压开关的操作机构用墙或金属板与该开关隔离或装有远方操作机构者，可以由单人值班，但值班人员不得单独从事修理工作。

2. 变配电所值班员的职责

（1）遵守变配电所值班工作制度，坚守工作岗位，做好变配电所的安全保卫工作，确保变配电所的安全运行。

（2）积极钻研本职工作，认真学习和贯彻有关规程，熟悉变配电所一、二次系统的接线及设备的装设位置、结构性能、操作要求和维护保养方法等，掌握各种安全工具、消防器材的使用方法和触电急救法，了解变配电所现在的运行方式、负荷情况及负荷调整和电压调节等措施。

（3）监视所内各种设施的运行状态，定期巡视检查，按照规定要求抄报各种运行数据，记录运行日志。

（4）按上级调度命令进行操作，发生事故时进行紧急处理，并做好有关记录，以备查考。

（5）保管所内各种资料图表、工具仪器和消防器材等，并做好和保持所内设备、环境的清洁卫生。

（6）按照规定进行交接班。

3. 变配电所运行值班的注意事项

（1）不论高压设备带电与否，值班员不得单独移开或跨越高压设备的遮栏进行工作。

（2）雷雨天巡视室外高压设备时，应穿绝缘靴，并且不得靠近避雷针。

（3）高压设备发生接地故障时，室内不得接近故障点 4m 以内，室外不得接近故障点 8m 以内。

4. 值班员巡视检查的规定及方法

（1）巡视检查类型。

①定期巡视：值班员每天按现场运行规程的规定时间和项目，对运行和备用的设备及周围环境进行定期检查。

②特殊巡视：在特殊情况下增加的巡视，即在设备过负荷或负荷有显著变化，以及新装、检修或停运后再投入运行，运行中有可疑现象及遇到特殊天气时的一种巡视。

③夜间巡视：其目的在于发现接点过热或绝缘子污秽放电情况。一般在高峰负荷期和阴雨夜间进行。

（2）巡视期限规定。

①有人值班的变配电所，应每日巡视一次，每周夜巡一次。35kV 及以上的变配电所，要求每班（三班制）巡视一次。

②无人值班的变配电所，应在每周高峰负荷时段巡视一次，夜巡一次。

③在打雷、刮风、雨雪、浓雾等恶劣天气里，应对室外装置进行白天或夜间的特殊巡视。

④在户外多尘或含腐蚀性气体等不良环境中的设备，巡视次数要适当增加。无人值班的，每周巡视应不少于两次，并应做夜间巡视。

⑤投运出现异常的变配电设备，要及时进行特殊巡视检查，密切监视变化。

（3）变配电所的巡视检查方法。

①看。看外形：对运行设备可见部位的外观变化进行观察，发现设备的异常现象（如变色、变形、位移、破裂、松动、打火冒烟、渗油漏油、断股断线、闪络痕迹等）。

看仪表：查看仪表的读数是否超出正常范围。

②听。变压器、互感器、继电器正常运行通过交流电时，其线圈铁芯会发出均匀节律和一定响度的嗡嗡声，如发出响声增大的噪声，就是不正常的。有的声音在设备正常运行时是没有的，如噼啪的放电声等。

③闻。电气设备的绝缘材料一旦过热会使周围的空气产生一种异味。

④摸。设备过度发热和强烈振荡可通过手摸来发现。

8.1.2 变配电所运行维护的内容及处理方法

变配电所运行维护与检修的常规内容包括电力变压器的运行维护、配电装置的运行维护、架空线路的运行维护、电缆线路的运行维护、车间配电线路的运行维护及线路运行中突然故障停电的处理。

1. 电力变压器的运行维护

（1）一般要求。

在有人值班的变电所内，应根据控制盘或开关柜上的有关仪表信号来监视变压器的运行情况，并每小时抄表一次。如果变压器在过负荷下运行，则至少每半小时抄表一次。安装在变压器上的温度计于巡视时检视和记录。无人值班的变电所，应于每次定期巡视时，记录变压器的电压、电流和上层油温。应定期对变压器进行外部检查，有人值班的变电所，每天至少检查一次，每周至少进行一次夜间检查。无人值班的变电所，容量为 315kV 以上的变压器，每月至少检查一次；容量为 315kV 及以下的变压器，可两月检查一次。根据现场具体情况，特别是在气候骤变时，应适当增加检查次数。

（2）巡视检查项目。

①油浸式变压器的油温是否正常。

②变压器的声响是否正常。

③变压器油枕和瓦斯继电器的油位和油色是否正常。

④变压器瓷套管是否清洁，有无破损裂纹和放电痕迹；高、低压接头的螺栓是否紧固，有无接触不良和发热现象。

⑤变压器防爆膜是否完好；吸湿器是否畅通，其硅胶是否吸湿饱和。

⑥变压器的冷却、通风装置是否正常。

⑦变压器的接地装置是否完好。

⑧变压器上及其周围有无影响其安全运行的异物（如易燃易爆和腐蚀性物品等）和异常现象。

在巡视中发现的异常情况，应记入专用记录簿内，有重要情况应及时向上级汇报，请示处理。

（3）异常情况处理。

①响声异常（变压器正常运行时，会发出均匀的、较低的嗡嗡声）。

• 若嗡嗡声变得沉重且增大，同时上层油温也有所上升，但声音仍是连续的，表明变压器过载，这时可开启冷却风扇等冷却装置，增强冷却效果，同时适当调整负荷。

• 若发生很大且不均匀的响声，或有爆裂声和咕噜声，这可能是由于内部层间、匝间绝缘击穿，如果伴有噼啪放电声，很可能是内部或外部的局部放电所致。碰到这些情况时，可将变压器停运，消除故障后再使用。

• 若发生不均匀振动声，可能是由于某些零件发生松动所致，可安排大修进行处理。

②油温异常（上层油温一般不应超过 85℃，最高不应超过 95℃）。

在同样条件下，油温比平时高出 10℃以上，冷却装置运行正常，负荷不变，但温度不断上升。其原因可能是内部故障，如铁芯发热、匝间短路等，此时应立即停运变压器。

③油位异常。变压器严重缺油时，内部的铁芯、绕组就暴露在空气中，使其绝缘受潮，同时露在空气中的部分绕组因无油循环散热，导致散热不良而引起事故。

• 渗漏油、放油后未补充，应立即补油。

• 负荷低而冷却装置过度冷却，可适当增加负荷或停止运行部分冷却装置。

• 在气体继电器窗口中看不见油位，应立即停运变压器。

• 油位过高，可能是补油过多或负荷过大，可放油，适当减小负荷。

（4）保护异常。

①轻瓦斯的动作：可取瓦斯气体进行分析，如不可燃，放气后继续运行，并分析原因，查出故障；如可燃，则停运，查明情况，消除故障。

②重瓦斯的动作：不允许强送，需进行内部检查，直至试验正常，才可投入运行。

（5）外表异常。

• 渗油漏油：可能是连接部位的胶垫老化开裂或螺钉松动导致的。

• 套管破裂：内部放电，防爆管破损，严重时引起防爆管玻璃破损，此时应停运变压器，等待处理。

• 变压器着火：立即停运变压器。

2. 配电装置的运行维护

（1）一般要求。应定期对配电装置进行巡视检查，以便及时发现运行中出现的设备缺陷和故障，例如，导体接头发热、绝缘子闪络或破损、油断路器漏油等，设法采取措施予以消除。在有人值班的变电所内，应每班或每天对配电装置进行一次外部检查；在无人值班的变电所内，应至少每月检查一次配电装置。

（2）巡视检查项目。

①由母线及其接头的外观或其温度指示装置（如变色漆、示温蜡或变色示温贴片等）的指示，判断母线及其接头的发热温度是否超出允许值。

②开关电器中所装绝缘油的油色和油位是否正常，有无漏油现象，油位指示器有无破损。

③绝缘子是否脏污、破损，有无放电痕迹。

④电缆及其接头有无漏油及其他异常现象。

⑤熔断器的熔体是否熔断，熔管有无破损和放电痕迹。

⑥二次设备如仪表、继电器的工作状态是否正常。

⑦接地装置、PE 线或 PEN 线的连接处有无松脱、断线情况。

⑧整个配电装置的运行状态是否符合当时的运行要求。

⑨高低压配电室、电容器室的照明、通风及安全防火装置是否正常。

⑩配电装置本身及其周围有无影响其安全运行的异物（如易燃易爆和腐蚀性物品等）和异常现象。

在巡视中发现的异常情况，应记入专用记录簿内，有重要情况应及时向上级汇报，请示处理。

3. 架空线路的运行维护

（1）一般要求。要求每月进行一次巡视检查，如遇雷电、大风、大雪及发生故障等特殊情况，应临时增加巡查次数。

（2）巡视检查项目。

①电杆有无倾斜、变形、腐朽、损坏及基础下沉等现象。

②沿线路的地面有无堆放易燃易爆和强腐蚀性物体。

③沿线路周围，有无危险建筑物。

④线路上有无树枝、风筝等杂物悬挂。

⑤拉线和标桩是否完好，绑扎线是否紧固可靠。

⑥导线的接头是否接触良好，有无过热发红、严重氧化、腐蚀或断脱现象，绝缘子有无破损和放电痕迹。

⑦避雷装置的接地是否良好，接地线有无锈断损坏情况。

⑧其他危及线路安全运行的异常情况。

在巡视中发现的异常情况，应记入专用记录簿内，有重要情况应及时向上级汇报，请示处理。

4. 电缆线路的运行维护

（1）一般要求。电缆多数是埋在地下的，要做好对电缆线路的维护就必须全面了解电缆的敷设方式、结构布置、走线方向及电缆头位置等。对电缆线路，一般要求每季度进行一次巡视检查，并应经常监视其负荷大小和发热情况，如遇大雨、洪水及地震等特殊情况，应临时增加巡视次数。

（2）巡视检查项目。

①电缆头及瓷套管有无破损和放电痕迹。

②对明敷电缆，应检查电缆外皮有无锈蚀、损伤，沿线挂钩或支架有无脱落，线路上及线路附近有无堆放易燃易爆及强腐蚀性物体。

③对暗敷及埋地电缆，应检查沿线的盖板及其他覆盖物是否完好，有无挖掘痕迹，沿线标桩是否完整无缺。

④电缆沟内有无积水或渗水现象，是否堆有杂物及易燃易爆等危险物品。

⑤线路上的各种接地是否良好，有无松脱、锈蚀和断线现象。

⑥有无其他危及电缆安全运行的异常情况。

在巡视中发现的异常情况，应记入专用记录簿内，有重要情况应及时向上级汇报，请示处理。

5. 车间配电线路的运行维护

（1）一般要求。要做好车间配电线路的运行维护，必须全面了解车间配电线路的布局情况、结构形式、导线型号规格及配电箱、开关、保护装置等的装设位置，并了解车间负荷的类型、特点、大小及车间变电所的有关情况。若车间配电线路有专门的维修电工时，一般要求每周进行一次巡视检查。

（2）巡视检查项目。

①线路的负荷情况：可用钳形电流表来卡测线路的负荷电流。

②导线的发热情况：是否超过正常允许发热温度，特别要检查导线接头处有无过热现象。

③配电箱、分线盒、开关、熔断器、母线槽及接地装置等的运行是否正常，有无接头松脱、放电等异常情况。

④线路上及其周围有无影响线路安全运行的异常情况。

⑤对敷设在潮湿、有腐蚀性物质场所的线路和设备，要定期进行绝缘检查，绝缘电阻一般不得低于 0.5MΩ。

在巡视中发现的异常情况，应记入专用记录簿内，有重要情况应及时向上级汇报，请示处理。

6. 线路运行中突然停电的处理

根据停电情况不同，有不同的处理方式，如图 8-1 所示。

突然停电的4种情况：
- 电压突然降为零
- 双电源进线中的一路进线停电
- 厂内架空线路发生故障使开关跳闸
- 放射式线路发生故障使开关跳闸

图 8–1　突然停电的 4 种情况

（1）电压突然降为零：电网暂时停电，这时总开关不必拉开，但各路出线开关应全部拉开，以免突然来电时用电设备同时启动，造成过负荷，使电压骤降，影响供电系统的正常运行。

（2）双电源进线中的一路进线停电：应立即进行切换操作，即倒闸操作，将负荷，特别是重要负荷转移到另一路电源上。若备用电源线路上装有电源自动投入装置，则切换操作自动完成。

（3）厂内架空线路发生故障使开关跳闸：若开关的断流容量允许，则可以试合一次。如果试合失败，即开关再次跳开，说明架空线路上的故障还未消除，也可能是永久性故障，应进行停电隔离检修。

（4）放射式线路发生故障使开关跳闸：采用“分路合闸检查”方法找出故障线路，使其余线路恢复供电。如图 8–2 所示的供配电系统，假设故障出现在 WL8 线路上，由于保护装置失灵或选择性不好，使 WL1 线路的开关越级跳闸，分路合闸检查故障的具体步骤如下：

①将出线 WL2 ～ WL6 开关全部断开，然后合上 WL1 开关，由于母线 WB1 正常运行，所以合闸成功。

②依次试合 WL2 ～ WL6 开关，当合到 WL5 开关时，因其分支线 WL8 存在故障而发生跳闸，其余出线开关均试合成功，恢复供电。

③将分支线 WL7 ～ WL9 开关全部断开，然后合上 WL5 开关。由于母线 WB2 正常运行，所以合闸成功。

④依次试合 WL7 ～ WL9 开关，当合到 WL8 开关时因其线路上存在故障而自动跳闸，其余线路均恢复供电。

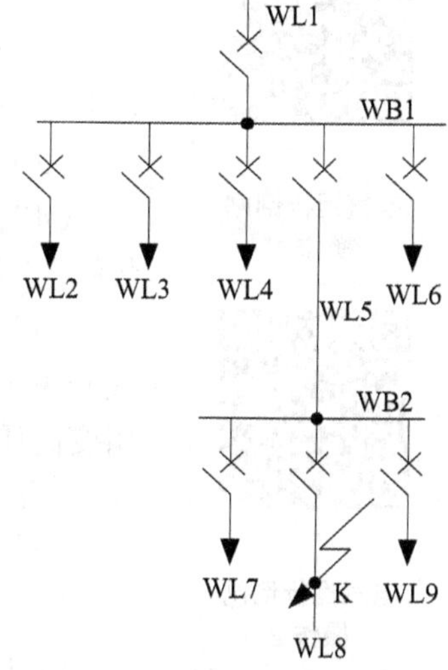

图 8–2　供配电系统分路合闸检查故障说明图

这种分路合闸检查故障的方法，可将故障范围逐步缩小，并最终查出故障线路，同时恢复其他正常线路的供电。

8.1.3　倒闸操作

1. 操作的一般要求

为了确保安全，防止误操作，按 DL 408—1991 规定，倒闸操作必须根据值班调度员或值班负责人命令，受令人复诵无误后执行。倒闸操作由操作人员填写操作票。

操作票内应填入下列项目：应拉合的断路器和隔离开关，检查断路器和隔离开关的位置，检查接地线是否拆除，检查负荷分配，装拆接地线，安装或拆除控制回路或电压互感器回路的熔断器，切换保护回路和检验是否的确无电压等。图 8–3 所示为变电站典型操作票的格式内容。

变电站典型操作票

变电站

操作票票号

调度发令人姓名

调度下达命令的时间

操作完毕、回完命令的时间

接受调度命令人姓名

操作任务应与调度命令相符

执行栏

操作顺序用阿拉伯数字表示

图 8–3　变电站典型操作票

电气运行倒闸操作 1

2. 设备简称的术语规定

（1）变压器：主变压器称“主变”；站用变压器称“站用变”。

（2）断路器：“开关”“母联开关”“旁路开关”“母联兼旁母开关”“旁母兼母联开关”“分段开关”“#× 主变 ×××kV 侧 ××× 开关”等。

（3）隔离开关：刀闸。

电气运行倒闸操作 2

（4）母线：有“Ⅰ母”“Ⅱ母”“Ⅰ A 母”“Ⅱ A 母”“旁母”“Ⅰ段母线”“Ⅱ段母线”等。

（5）熔断器：“空气开关（保险）”“控制空气开关（保险）”“信号空气开关（保险）”“合闸空气开关（保险）”“储能空气开关（保险）”“站用变高压保险”“电压互感器高压保险”“电压互感器二次空气开关（保险）”等。

（6）跌落式熔断器：跌落式保险。

（7）负荷隔离开关：同时具备开关和刀闸功能的设备。

（8）线路：×××kV×× 线路（如 220 kV 工业Ⅰ线）。

（9）小车：小车开关、小车电压互感器、小车刀闸等。

电气运行倒闸操作 3

3. 操作术语及动词的用词规定

（1）开关、线路、母线、变压器：转运行状态、转热备用状态、转冷备用状态、转检修状态、转开关检修状态、转线路检修状态。

（2）开关（包括二次空气开关）、跌落式保险：合上、断开。

（3）刀闸（包括接地刀闸）、隔离负荷开关：推上、拉开。

（4）保险（包括高压保险）：装上、取下。

（5）继电保护及自动装置：投入、退出。

（6）接地线、绝缘隔板、绝缘罩：装设、拆除。

电气运行倒闸操作 4

4. 倒闸操作的基本流程

调度通知工作→接令→填写操作票→模拟操作→实际操作→回令。只有正（主）值班员才可以接受调度命令，值班人员接受调度命令时，要记录齐全（填写在变电站调度命令记录本或 PMS 系统运行日志中），清楚调度员所下达任务的操作目的，然后根据记录逐项向调度员复诵，核对无误。

（1）操作准备关。明确操作任务和停电范围，做好分工拟定操作顺序，确定挂地线部位、组数及应设的遮拦、标示牌。明确工作现场邻近带电部位，并制定出相应的措施，考虑继电保护装置、自动装置相应变化及应断开的交流、直流电源和防止电压互感器、站用变压器二次向一次反送高压电的措施，分析操作过程中可能出现的问题和应采取的措施，认真检查设备状况、核对模拟图（PMS 系统）与一次是否相符。

（2）接令关。接受调度命令时应首先通报变电站名称、下令人姓名、下令时间，接令时应边听边记，记录在“调度命令记录中”，接令完毕应将记录内容向下令人复诵一遍，并得到下令人认可时，正值下达接令，副值在旁边监听。重复命令无误后，经调度同意，方可执行操作。对调度命令有疑问时，应及时与下令人研究解决。

5. 操作票的填写

操作票由操作人填写，正值审查将操作任务填写在“操作任务”栏内。操作顺序应根据调度命令参照本站“典型操作票”填写后，由操作人和监护人进行审核（必要时经班站长审核）无误后，监护人和操作人分别签字，并填入“操作开始时间”。

（1）变电站名称的填写：按照国家电网公司要求，应先填写站名，后填写电压等级，如浙江电力 500kV 变电站。编号：变电站（发电厂）倒闸操作票由供电分公司统一编号，并在印刷时一并排印，使用单位应按编号顺序依次使用，编号不能随意改动，不得出现空号、跳号、重号、错号，如浙江电力 2010—001。操作任务的填写：操作任务的填写要简单明了，做到能从操作任务中看出操作对象、操作范围及操作要求；操作任务应填写设备双重名称，即电气设备中文名称和编号；每张操作票只能填写一个操作任务，一个操作任务是指根据同一操作命令为了相同的操作目的而进行的一系列相关联并依次进行的不间断倒闸操作过程。

（2）执行栏：某项具体操作执行后打“√”。

（3）备注栏：当操作因故未执行某项、中断操作及全部项目未执行时，需要写明原因。因故未执行时在操作任务栏盖章，并在备注栏加以说明。

（4）作废：在操作任务栏内盖章。

（5）以下操作可不填写倒闸操作票，但应在操作完成后做好记录：

- 事故应急处理。
- 拉合断路器（开关）的单一操作。

6. 核对模拟关

模拟前应结合调度令再次核对当时的运行方式。模拟由监护人根据操作顺序逐项下令，由操作人复令执行预演，模拟后应再次核对新的运行方式应与调度令相符。拆、挂地线在图板上应有明显标志。紧急命令可以不经过预演，先行操作，最后再变更模拟盘上的位置。

7. 操作监护关

监护人持操作票将操作人带至操作设备处，指明调度号，下达操作命令。在操作过程中，监护人应对操作人进行不间断监护，及时纠正操作人的不正确动作。监护人唱票，操作人要站对位置，手指被操作设备的调度编号并重复命令，监护人确认后，答以“正确”，方可操作。操作后要认真检查操作质量，最后在操作完的项目上打“√”。监护人要提醒操作人下一步操作项目。

操作中遇有事故或异常时，应停止操作，如因事故、异常影响原操作任务时，应报告调度部门，并根据调度命令重新修改操作票。由于设备原因不能操作时，应检查原因，不得强行操作。不能处理时应报告调度和生产管理部门。

8. 操作质量检查关

操作完毕应全面检查操作质量，操作断路器时，检查指示灯、表计、分合指示器位置。操作隔离开关时，检查三相要同期，拉、合要到位，操作把手上的定位销要锁好。主变压器、消弧线圈倒分头后，应测量通路，必要时测量直流电阻。挂地线时先接地端，接地要牢固可靠，接地线不得缠绕，不得与人体接触。操作终了，记录时间，向调度回令后，在操作票上加盖“已执行”章，监护人、操作人签名。然后在“调度命令”（PMS 变电运行日志）记录内填入终了时间，报告调度。

9. 倒闸操作的几种状态

倒闸操作的状态分为运行状态、热备用状态、冷备用状态和检修状态，如图 8–4 所示。

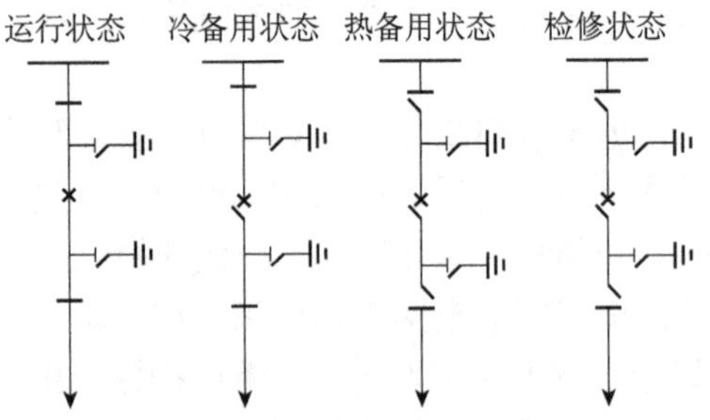

图 8–4　倒闸操作的状态图

各个状态之间的切换如图 8–5 所示。

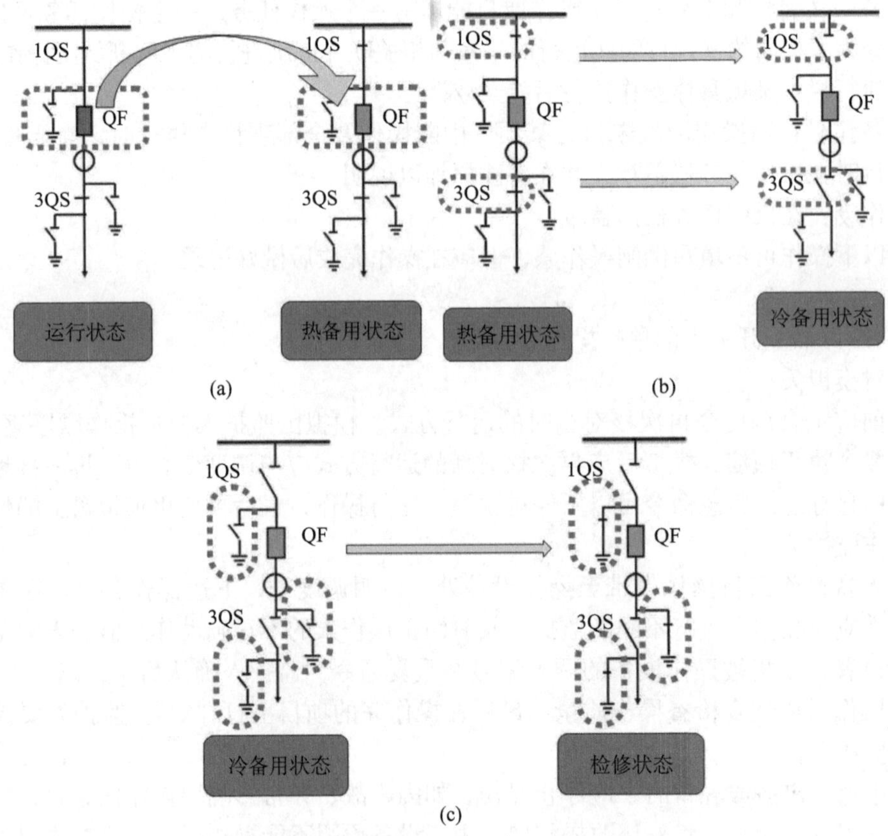

图 8–5　倒闸操作状态之间的切换

10. 电气设备停电、送电的一般原则和顺序

（1）停电操作时，先停一次设备，后停保护、自动装置。送电操作时的顺序则相反。保护、自动装置在一次设备操作过程中要始终投入（操作过程中易误动的除外）。

（2）停电时，先断各侧的开关，然后拉开各开关两侧的刀闸。送电时的操作顺序则相反，以防带负荷拉合刀闸。

（3）送电时，合刀闸及开关的顺序是从电源侧逐步送向负荷侧。

断路器断开后为什么要先拉线路侧刀闸后拉母线侧刀闸？案例分析如图 8-6 所示。

这是因为在拉开隔离开关的过程中，可能出现两种错误操作：一种是断路器实际尚未断开，而先拉隔离开关；另一种是断路器虽然已断开，但当操作隔离开关时，因走错间隔等而错拉未停电设备的隔离开关。无论上述哪种情况，都将造成带负荷拉隔离开关的错误，其后果是十分严重的，可能引起弧光短路事故。

如果先拉电源侧隔离开关 QS1，则弧光短路点在断路器的电源侧，将造成电源侧短路，使上一级断路器 QF0 跳闸，扩大了事故停电范围。

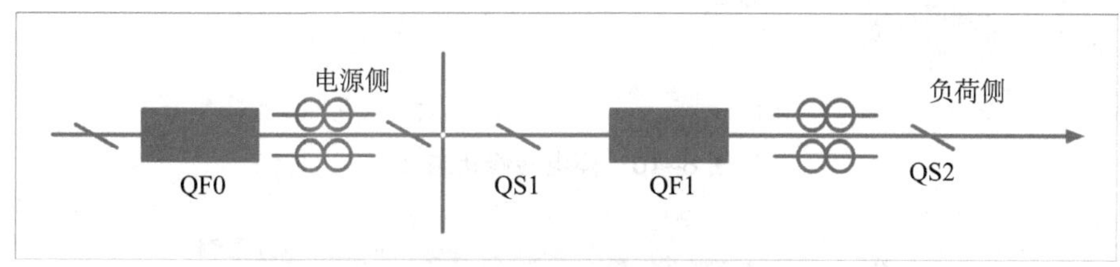

图 8-6　案例分析图

如先拉负荷侧隔离开关 QS2，则弧光短路点在断路器的负荷侧，保护装置动作使断路器 QF1 跳闸，其他设备可照常供电。这样，即使出现上述两种错误操作的情况，也能尽量缩小事故范围。某工厂 L1 线路停电检修操作流程示例，如图 8-7 ～图 8-12 所示。

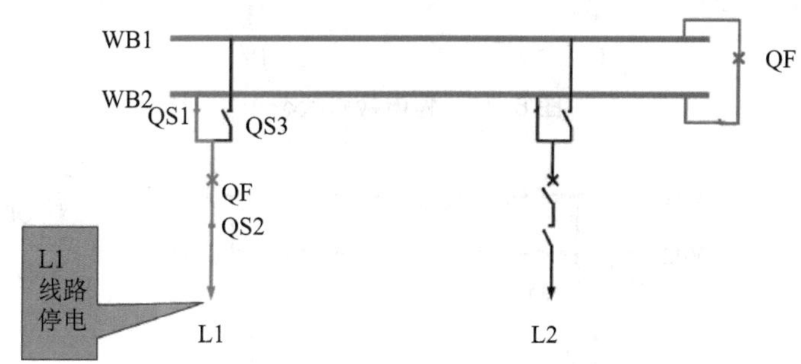

图 8-7　原始状态

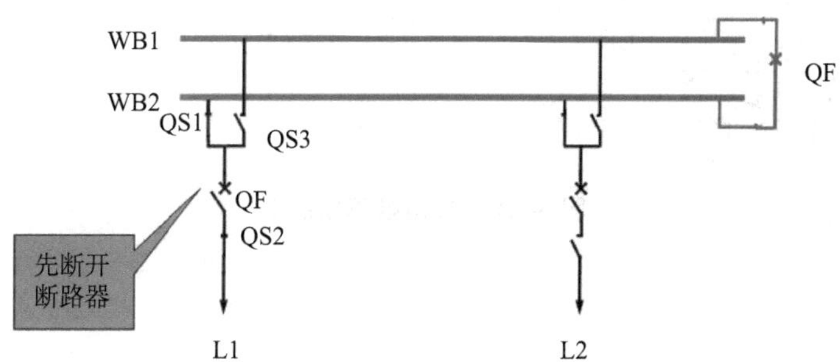

图 8-8　停电检修状态 1

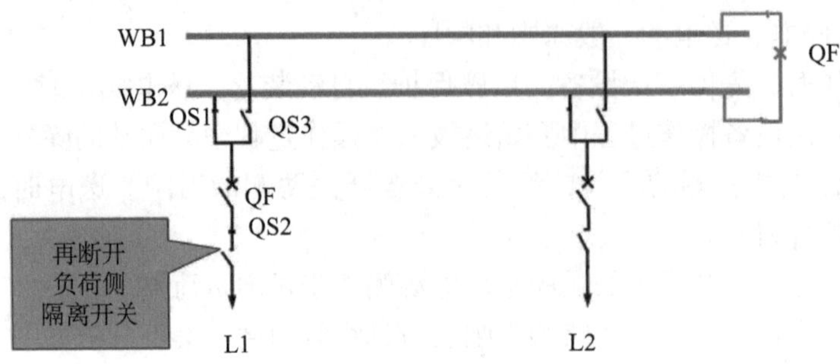

图 8-9　停电检修状态 2

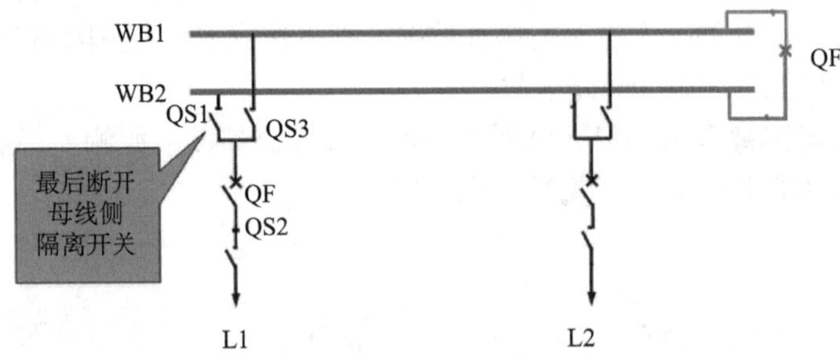

图 8-10　停电检修状态 3

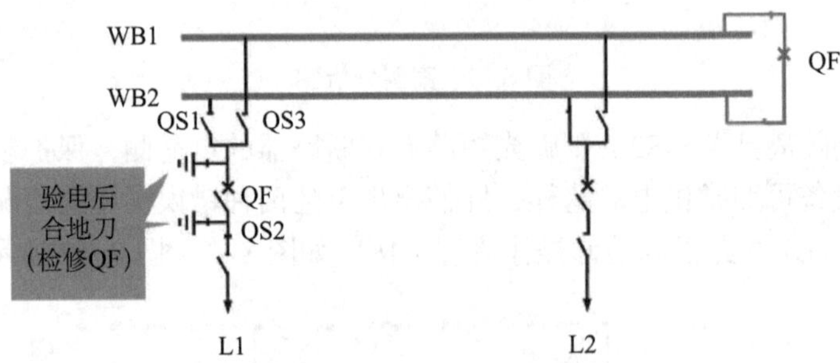

图 8-11　停电检修状态 4

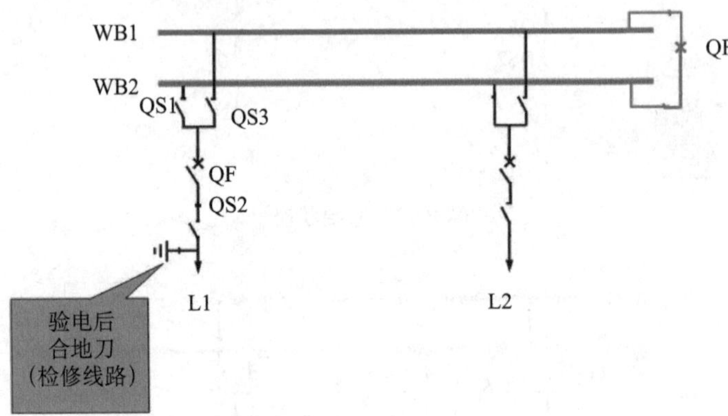

图 8-12　停电检修状态 5

8.2　供配电系统的设备仪表检测

1. 电阻的测量

（1）欧姆表法测量电阻。

欧姆表法：欧姆表是用来直接测量中值电阻的直读式仪表，其原理线路及正确适用基本上与万用表法的电阻挡一样。

（2）接地电阻的测量（见图 8-13）。

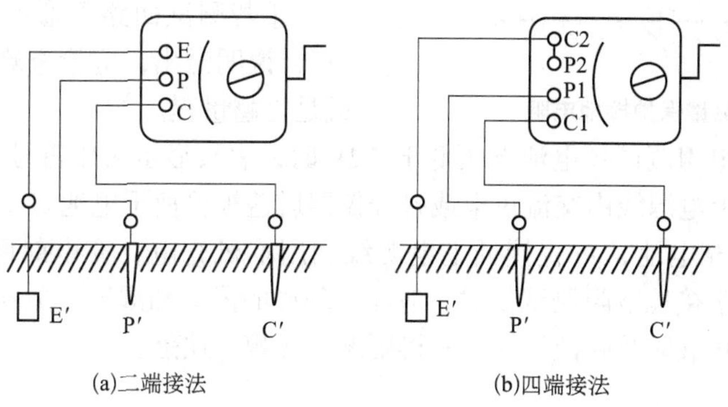

图 8-13　接地电阻的测量

①被测接地 E（C2、P2）和电位探针 P1 及电流探针 C1 依直线彼此相距 20m，使电位探针处于 E、C 中间位置，C1 与探针所在位置对应连接。

②开启电源开关“ON”，选择合适挡位轻按一下键，该挡指示灯亮，表头 LCD 显示的数值即为被测接地电阻值。

（3）土壤电阻率测量如图 8-14 所示。

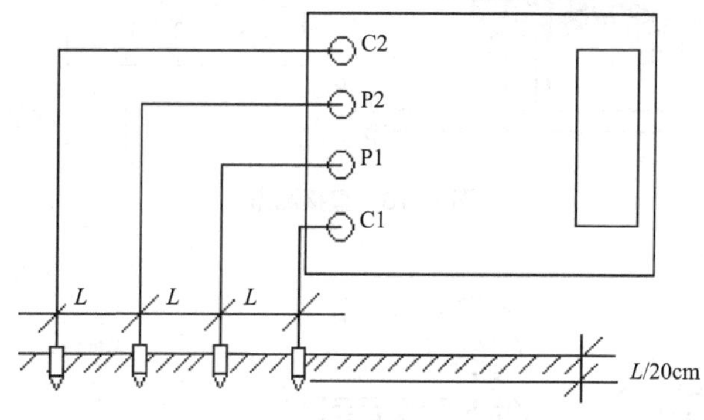

图 8-14　土壤电阻率测量

测量时在被测的土壤中沿直线插入 4 根探针，并使各探针间距相等，各间距的距离为 L，要求探针入地深度为 L/20cm，用导线分别从 C1、P1、P2、C2 各端子与 4 根探针相连接。若测出阻值为 R，则土壤电阻率按下式计算：

$$\rho=2\pi RL$$

式中，ρ—土壤电阻率（Ω · cm）；L—探针与探针之间的距离（cm）；R—地阻仪的读数（Ω）。

用此法测得的土壤电阻率可以近似认为是被埋入之间区域的平均土壤电阻率。

（4）测量注意事项和维护保养。

①测量保护接地电阻时，一定要断开电气设备与电源的连接点。在测量小于 1Ω 接地电

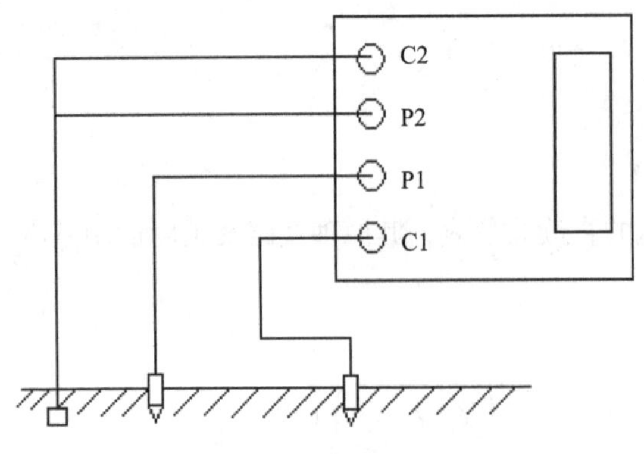

图 8-15　测量保护接地电阻

阻时，应分别用专用导线连在接地体上，C2在外侧 P2 在内侧，如图 8-15 所示。

②测量接地电阻时，最好反复在不同方向测量 3 ～ 4 次，取其平均值。

③测量大型接地网接地电阻时，不能按一般接线方式测量，可参照电流表、电压测量法中的规定选定埋插点。

④若测试回路不通或超量程，表头显示“1”，说明溢出，应检查测试回路是否连接好或是否超量程。

⑤当数字接地电阻测试仪电池电压低于 7.2V 时，表头显示欠压符号“←”，表示电池电压不足，此时应插上电源线由交流供电或打开仪器后盖板更换干电池。

⑥如果使用可充电池，可直接插上电源线利用本机充电，充电时间一般不低于 8h。

⑦存放保管数字接地电阻测试仪时，应注意环境的温度和湿度，放在干燥通风的地方为宜，避免受潮，防止酸碱及腐蚀气体，不得雨淋、暴晒、跌落。

2. 电能的测量

测量电能的仪表称为电度表，常用的是感应式电度表，用于测量交流负载所消耗的电能。

（1）单相交流电路有功电能的测量，如图 8-16 ～图 8-18 所示。

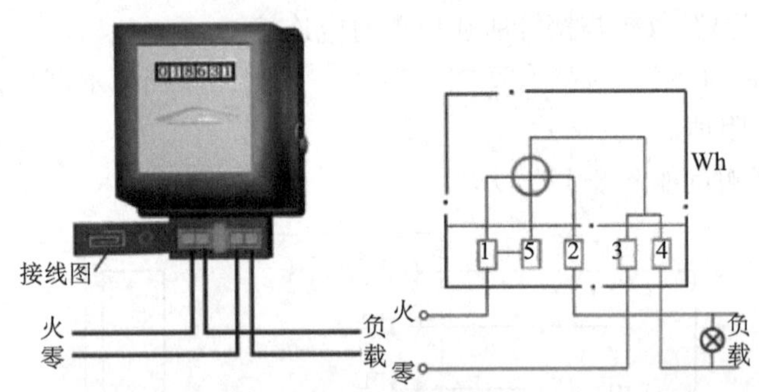

图 8-16　直接测量

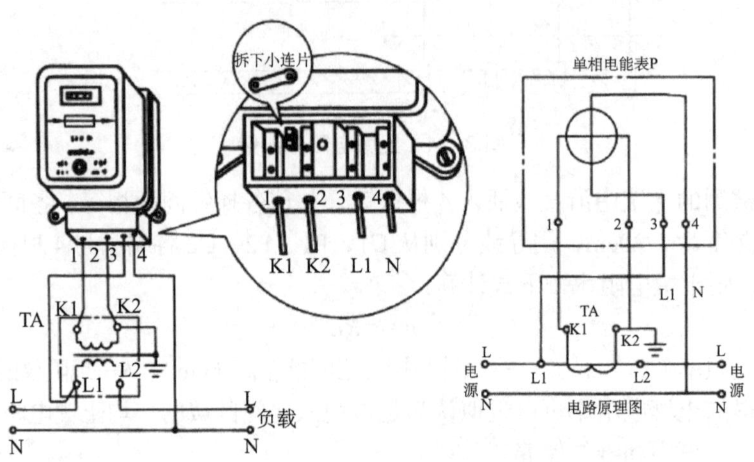

图 8-17　带电流互感器测量

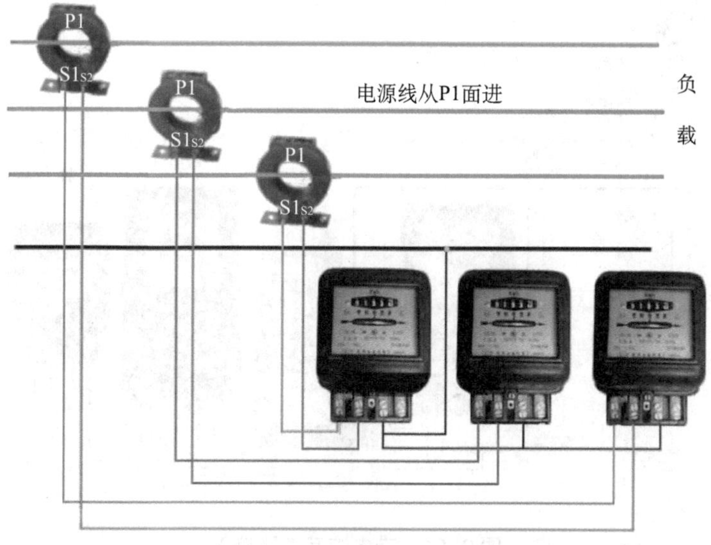

图 8–18　3 个单相电表互感器的接线

（2）三相交流电路有功电能的测量。

①三相三线制交流电路有功电能的测量（见图 8–19）。

②三相四线制交流电路有功电能的测量（见图 8–20 ～图 8–22）。

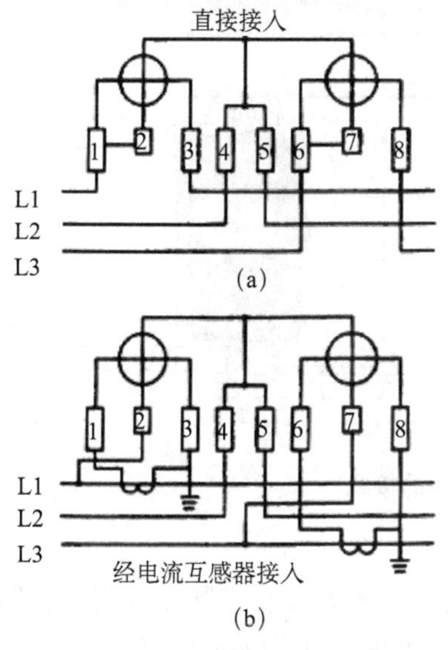

图 8–19　三相三线制交流电路有功电能的测量

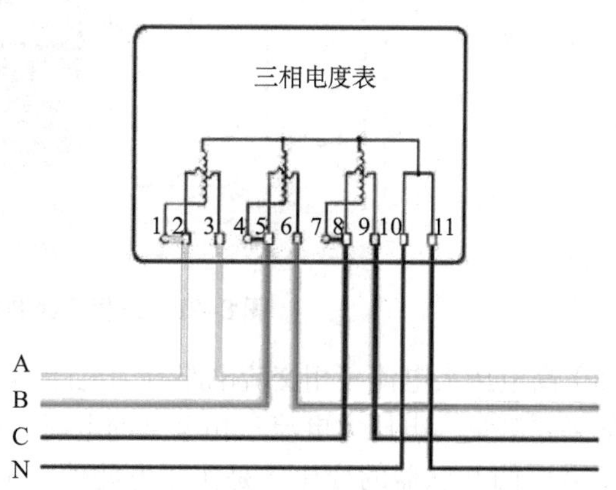

图 8–20　三相四线制交流电路有功电能的测量（直接接入）

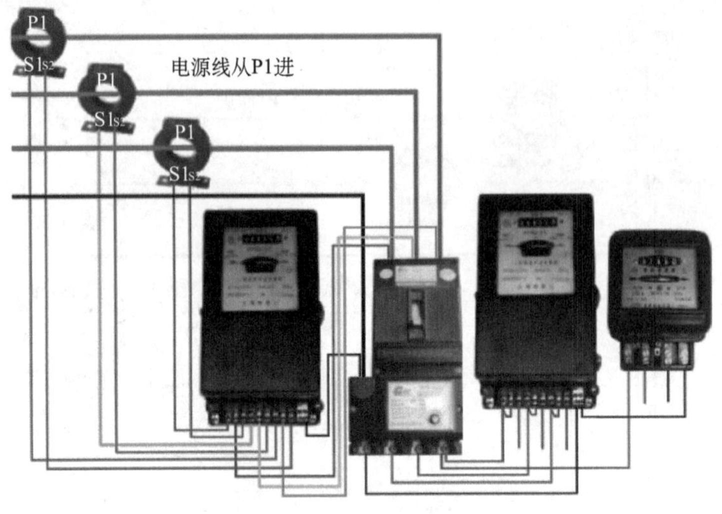

图 8-21　带电流互感器接入

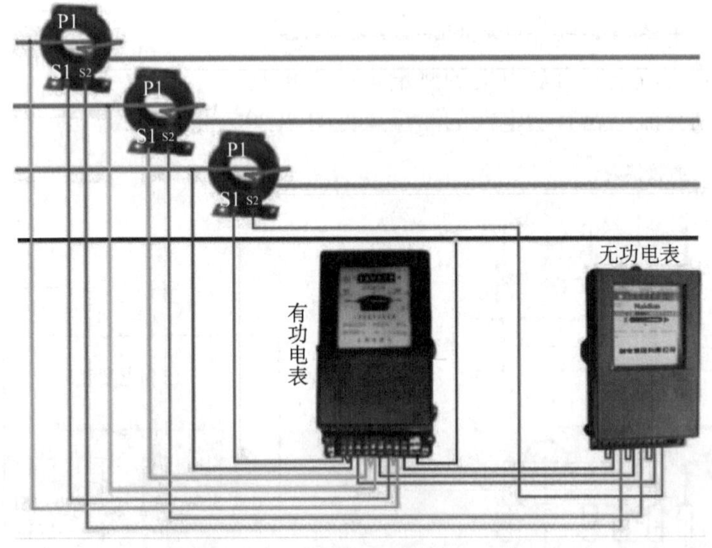

图 8-22　三相四线制有功无功的接线

（3）高电压大电流三相交流电路有功电能的测量。

如果要测量高电压大电流三相电路的电能，就要同时接入电压互感器和电流互感器。其读数要乘以两互感器的变比才是实际电能值。电压互感器的变比为 6000/100，即 60，电流互感器的变比是 100/5，即 20，这些数值也称为电度表的倍率。

8.3　电力设备的智能监测手段

1. 变压器油色谱在线监测系统

变压器油色谱在线监测系统用于电力变压器油中溶解气体的在线监测、分析与故障诊断，适用于 110kV 及以上电压等级的电力变压器、电弧炉变压器、电抗器及互感器等油浸式高压设备。

1）变压器油色谱在线监测系统的特点

（1）在线监测 H_2、CO、CH_4、C_2H_4、C_2H_6、C_2H_2、CO_2（选配）、H_2O（选配）等气体的浓度及增长率。

（2）分析周期短，最短监测周期为 1h，最长为 30 天。

（3）循环取样方式，不造成变压器油的排放损失。

（4）真空环境及磁力搅拌方式实现油气快速分离，脱气率稳定。

（5）独家专利冷阱技术，彻底隔离了油气污染，实现了现场设备全寿命免维护。

变压器检修

（6）TCP/IP 网络协议，支持 IEC 61850 标准协议，可实现远程监测诊断和数据远程浏览访问。

（7）实现故障气体特性曲线的自动捕峰及原始谱图分析。

（8）多种数据显示及查询方式，提供数据报表和趋势图分析。

变压器维修

2）在线监测系统的工作原理

变压器油色谱在线监测系统采用广谱型气相色谱分析原理，实现变压器油中溶解气体的在线监测。当变压器存在局部过热或局部放电时，故障部位的绝缘油或固体绝缘物将会分解出小分子烃类气体（如 CH_4、C_2H_6、C_2H_4、C_2H_2 等）和其他气体（如 H_2、CO、CO_2 等）。上述每种气体在绝缘油中的浓度和油中可燃气体的总浓度（TCG）均可作为变压器内部故障诊断的指标。

变压器油色谱在线监测系统运行时，采用差压泵吸方式将变压器油吸入油样采集单元，通过内部油泵进行油样循环，在真空环境及磁力搅拌作用下实现油气快速分离，通过冷阱技术除杂后，将故障特性气体导入六通阀定量管。定量管中的混合故障气体在载气的推动下进入色谱柱，通过色谱柱对不同气体具备不同的亲和作用，将故障特性气体依次分离。气敏传感器按出峰顺序对故障特性气体逐一进行检测，并将故障气体的浓度特性转换成电信号。数据采集器中心 CPU 对电信号进行转换处理、存储。数据采集器嵌入式工控机通过 RS-485 通信模式获取本机日常监测原始数据。嵌入式数据分析软件对数据进行分析处理，分别计算出故障气体各组分及总烃含量。再通过后台主控计算机故障诊断专家系统对变压器油色谱数据进行综合分析诊断，实现变压器故障的在线监测分析。同时数据采集器可就地输出多路无源触点式报警信号直接进入用户自控系统。油中微水监测系统通过专业的外置微水在线监测装置实现，并将监测数据导入油色谱在线监测数据库，实现变压器运行状态的综合诊断。

3）在线监测系统的组成

变压器油色谱在线监测系统主要由油路循环系统、油气分离系统、冷阱、载气调节与控制系统、温度控制系统、油中特性故障气体色谱监测单元、故障诊断与数据管理软件（由工业控制计算机及操作系统构成）、通信网络及数据远程控制与访问软件组建而成，具体框图如图 8-23 所示。操作面板示意图如图 8-24 所示。

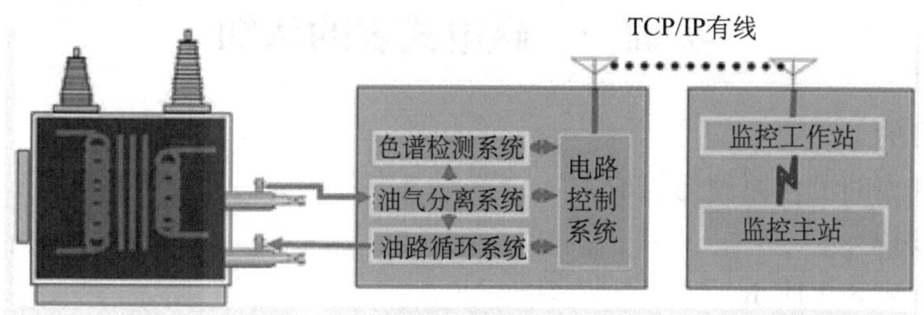

图 8-23　在线监测系统的组成

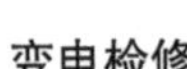

变电检修

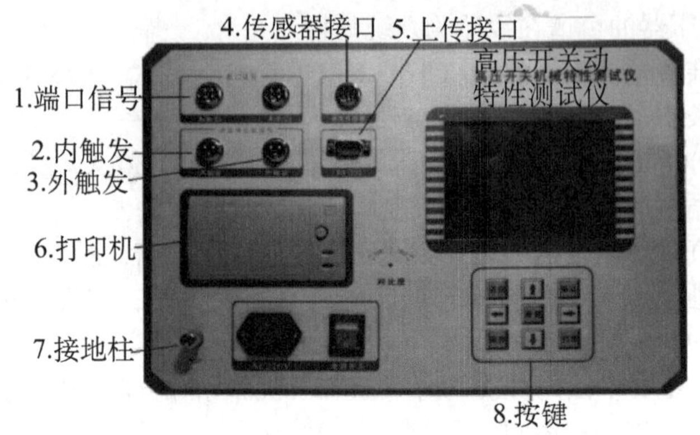

图 8–24　操作面板示意图

2. 高压开关动特性分析仪

高压开关动特性分析仪可用于各种电压等级的真空、六氟化硫、少油、多油等电力系统高压开关的机械特性参数测试与测量。测量数据稳定，接线方便，操作简单，是高压开关检修试验最方便的工具。

3. 电缆故障测试仪

电缆故障测试系统是迎合工业级电力行业方案和 IT 时代快速发展，解决原来电缆故障测试仪的局限性，采用工控嵌入式计算机平台系统、网络服务业务、USB 通信技术系统化，极大地提高了仪器的使用功能和利用价值及现场环境操作的便捷性。

4. 智能电表

智能电表是通过 RS–485 数据传输、终端计算机软件管理能进行远程控制的计量电量的设备，具有自动断电、定时断送电等功能。智能电表的外观虽与普通电表相差无几，却具有强大的数据记录和储存功能，能实现客户信息全时段全方位采集。与以往电表相比，智能电表新增了计量信息管理、用电信息管理、电费记账、用电量监控等新功能。其中，强大的负荷曲线功能对普通的居民用户来说，能提供两个月以上、间隔不超过 15min 的负荷记录，以指导用户自行规划和控制电费支出，最大限度地节省电费。利用红外手持抄表器可以通过红外线进行电表出厂前的预设、抄表，设置电表参数。

怎样测试高压电缆的绝缘

技能实训

实训一　磁电式表的认知

一、实训目的

了解磁电式表的工作原理与组成。

二、实训设备

实训设备如表 8–1 所示。

表 8-1　实训设备

序号	设备名称	使用仪器名称	数量
1	THSPCG—2B 型	工厂供电电测计量综合柜	1 台

三、实训原理

1. 磁电式表头概述

指示仪表通过指针的偏转角位移可以直接显示出测量结果。各种交直流电流表、电压表大多为指示仪表，如常用的电流表、电压表、功率表等，其结构简单、生产成本低。

（1）按电测量指示仪表测量机构产生转矩原理的不同，指示仪表主要分为下列几种。

①电磁式：由一个可动软磁片与固定线圈中电流产生的磁场相互吸引而工作。

②磁电式：利用可动线圈中电流产生的磁场与固定的永久磁铁磁场相互作用而工作。

③电动式：利用可动线圈中电流产生的磁场与另一个或几个固定线圈中产生的磁场相互作用而工作。

（2）按被测量的名称（或量纲）分，指示仪表有电流表、电压表、功率表、欧姆表、电度表、相位表、频率表等。

（3）按电测量指示仪表的准确度等级分，指示仪表有 0.1、0.2、0.5、1.0、1.5、2.5、5.0 七个等级。

（4）电测量指示仪表的组成如图 8-25 所示。

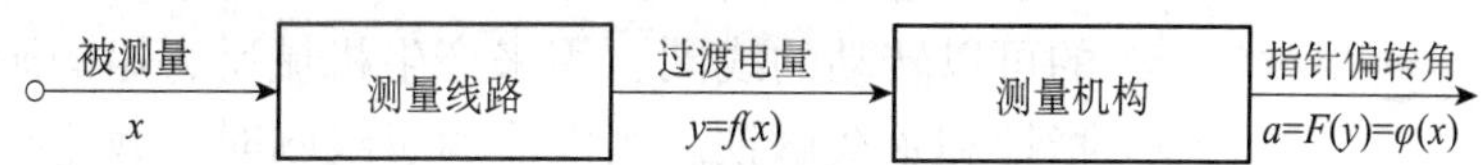

图 8-25　电测量指示仪表的组成图

从图 8-25 可以看出，整个指示仪表由测量线路和测量机构两部分组成。

（5）测量机构的组成与原理。

①组成。测量机构由驱动装置、控制装置和阻尼装置三部分组成。

②原理。无论哪种测量机构，其原理可归结为下面 4 句话：

• 被测量经测量线路转换后作用于驱动装置，驱动装置产生转动转矩，使转动部分转动，从而指针偏转。

• 转动部分的转动使控制装置产生一个反转矩，来阻止转动部分转动。

• 当转矩与反转矩平衡时，转动部分停止转动，指针平衡在一定的偏转角上，在刻度盘上指示出确定值。

• 阻尼装置的作用是使指针较快地稳定在平衡位置处，便于读数，缩短测量时间。

（6）电测量指示仪表的主要技术性能。

①灵敏度：仪表指针（即可动部分）偏转角的变化量与被测量变化量的比，其公式为

$$S=\frac{\mathrm{d}\alpha}{\mathrm{d}x}（或S=\frac{\Delta\alpha}{\Delta x}）$$

②准确度等级：仪表的等级。

③仪表的功耗：测量时，仪表要消耗一定的电能。

④仪表的阻尼时间：被测量开始变化到使指针距离平衡位置小于标尺全长的 1% 时所需

的时间。为了读数迅速，阻尼时间越短越好。

2. 磁电式仪表概述

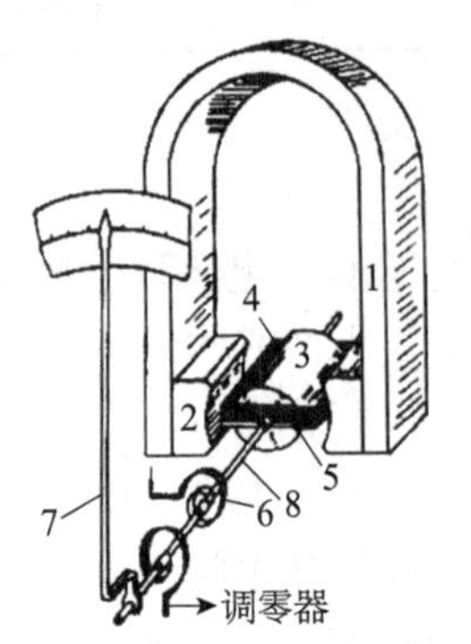

图 8–26　外磁式磁电式测量机构

（1）磁电式测量机构。磁电式测量机构是磁电式仪表的核心。根据结构的不同，分为动磁式和动圈式，而动圈式又分为外磁式、内磁式、内外磁结合式三种结构。为便于介绍原理，我们以外磁式结构来分析，如图 8–26 所示。

整个结构分为两大部分，即固定部分和可动部分。

固定部分由永久磁铁 1 、极掌 2 和固定在支架上的圆柱形铁芯 3 组成，构成固定的磁路。磁铁由矫顽力和剩磁都很大的硬磁材料制成，极掌和铁芯则用磁导率高的软磁材料制成，并且铁芯在极掌间形成磁场均匀的环形气隙。

可动部分由绕在铝框架 4 上的可动线圈 5 、线圈两端的半轴 8 、与转轴相连的指针 7、游丝 6 和与半轴相连的对指针进行机械调整的调零器等组成。

磁电式测量机构的工作原理：通电动圈在永久磁场中受到电磁力的作用产生转矩，使转动体转动，而转动使游丝变形产生反转矩，当二转矩平衡时指针指示一定的值。

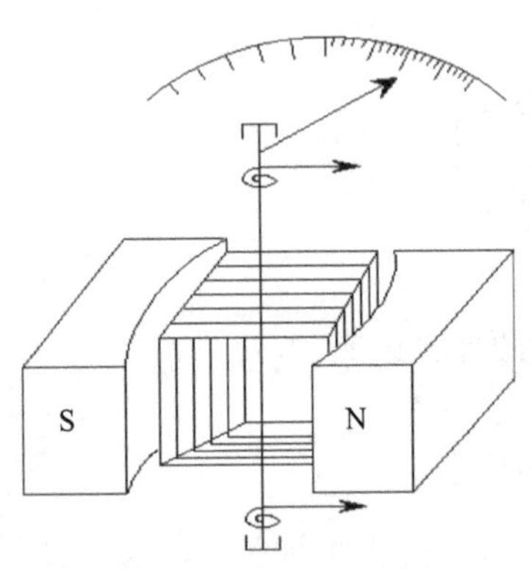

图 8–27　磁电式表头的结构示意图

（2）磁电式表头。磁电式表头的结构示意图如图 8–27 所示，它的主要部分是放在永久磁场中的由细漆包线绕制成的可以转动的线圈、用来产生机械反力矩的游丝、指示用的指针和永久磁铁。当电流通过线圈时，载流线圈在磁场中就产生一磁力矩，使线圈转动，由于线圈的转动，使游丝发生形变产生机械反力矩，线圈转动过程中的磁力矩只与电流强度有关，与偏转角度无关，而游丝因形变产生机械反力矩与偏转角度成正比。因此，当接通电流后线圈在磁力矩的作用下偏转角逐渐增大，同时反力矩也逐渐增大，直到两个力矩相等时线圈很快停下来。线圈偏转角的大小与通过的电流大小成正比（或者与加在指针表线圈两端的电压成正比），由于线圈偏转的角度可通过指针的偏转直接指示出来，所以上述电压或电流大小均可由指针的偏转直接指示出来。

（3）磁电式表头的测量原理。磁电式指针表允许通过的最大电流称为磁电式表头的量程，用 I_g 表示，指针表头的线圈有一定内阻，用 R_g 表示，I_g 与 R_g 是表示磁电式表头特性的两个重要参数。本挂件上采用的是 I_g=1mA，R_g=100Ω 左右的磁电式指针表，根据欧姆定律：

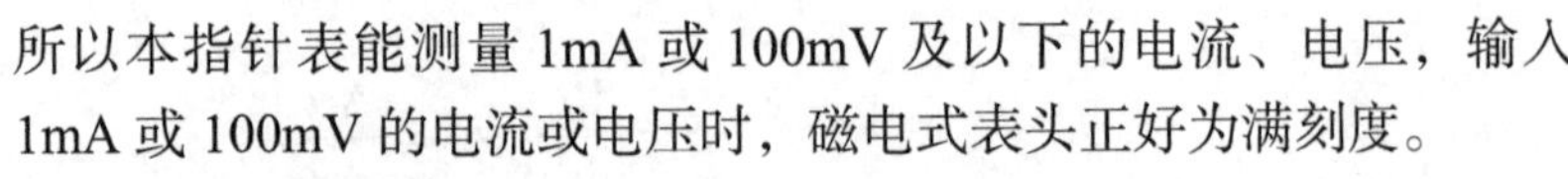

$$U_g=I_gR_g=1\text{mA}\times 100\Omega=100\text{mV} \qquad (8\text{–}1)$$

所以本指针表能测量 1mA 或 100mV 及以下的电流、电压，输入 1mA 或 100mV 的电流或电压时，磁电式表头正好为满刻度。

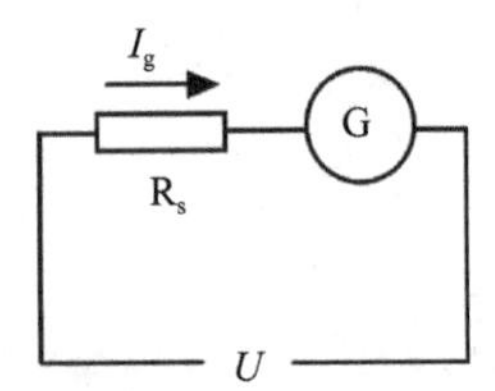

图 8–28　电压表量程扩展

（4）量程扩展。

①电压表量程扩展：磁电式指针表本身只能测量很小的电压，现实中可以通过量程扩展来提高测量范围。如图 8–28 所示，G 为磁电式指针表，为扩大其测量电压的量程可与一电阻 R_s 串联，这

时大部分电压 U 分配在 R_s 上，而加在指针表上的小部分电压与所加电压 U 成正比。只需选择合适的电阻 R_s 与指针表串联作为分压电阻，就可以获得更大量程的电压表。这时磁电式表头面板上指针的指示值就要按扩展量程后的满量程设计来读取数据。

根据欧姆定律就可以算出扩大量程为 U 的电压表所需的分压电阻 R_s：

由
$$U = I_g(R_g + R_s) \tag{8-2}$$

得
$$R_s = \frac{U}{I_g} - R_g \tag{8-3}$$

由上式可见，电压量程 U 扩展越大，分压电阻的阻值 R_s 越大。取不同的 R_s 值，可以制成多量程电压表。因磁电式指针表内阻 R_g、分压电阻 R_s 及电路存在误差，为保证测量精度，可以再串联一只电位器 R_p 进行微调，如图 8–29 所示。

②电流表量程扩展：磁电式指针表本身只能测量很小的电流，并且指针表内阻 R_g 的大小容易影响测量精度。为了扩大磁电式表头的量程，可以选择一个合适的分流电阻 R_p 与磁电式表头并联，其原理如图 8–30 所示，G 为磁电式指针表，分流电阻 R_p 与表头 G 并联，R_p 分流了测量输入电流，使通过磁电式表头的电流在允许量程范围内。只需选择合适的电阻 R_p 就可以获得更大量程的电流表了。这时磁电式表头面板上指针的指示值就要按扩展量程后的满量程设计来读取数据。

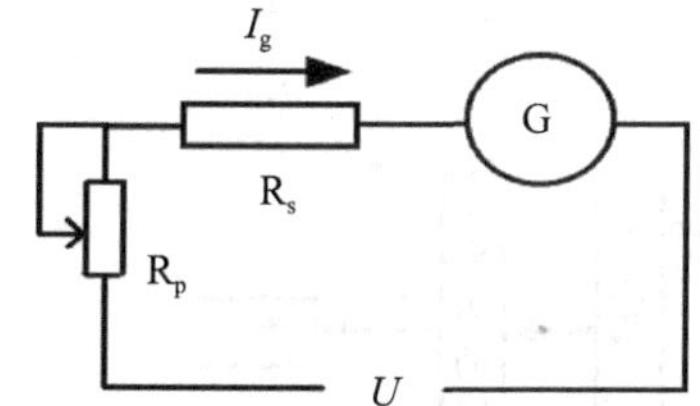

图 8–29　带精度调节的电压表量程扩展

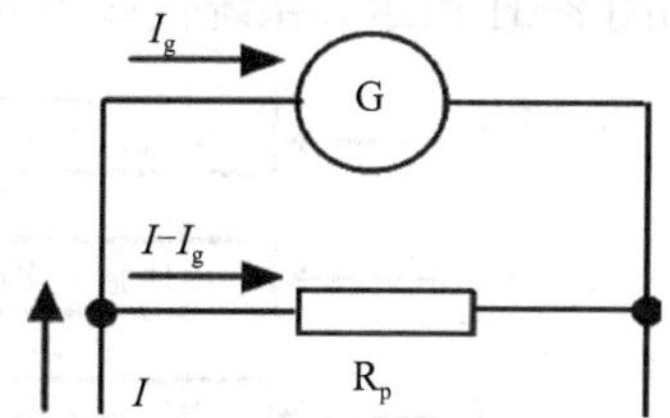

图 8–30　电流表量程扩展

根据欧姆定律可计算出扩大成量程为 I 的电流表所需的分流电阻 R_p。

由于磁电式表头与 R_p 并联，则有

$$I_g R_g = (I - I_g) R_p \tag{8-4}$$

$$R_p = \left(\frac{I_g}{I - I_g}\right) R_g \tag{8-5}$$

由式（8–5）可知，电流量程 I 扩展越大，分流电阻的阻值 R_p 越小。取不同的 R_p 值，可以制成多量程电流表。

四、实训内容与步骤

（1）找到磁电式表进行认识研究。找到磁电式电流表、电压表的接线端子。

（2）观察仪表盘上各刻度的含义。

五、实训报告

试总结磁电式各刻度的含义。

实训二　指针式功率表的认知

一、实训目的

- 掌握指针式功率因数表、三相有功功率表、三相无功功率表的工作原理和计算方法。
- 熟悉指针式功率因数表的各项技术指标。
- 掌握指针式功率因数表、三相有功功率表、三相无功功率表的误差计算方法。

二、实训设备

实训设备如表 8-2 所示。

表 8-2　实训设备

序号	设备名称	使用仪器名称	数量
1	THSPCG—2A 型	工厂供电综合自动化实训系统屏	1 台
2	THSPCG—2B 型	工厂供电电测计量综合柜	1 台

三、实训原理

在实训中用到的是磁电式指针表。三相有功功率表由磁电式表头和整流装置组成。系统原理框图如图 8-31 所示。系统接线图如图 8-32 所示。

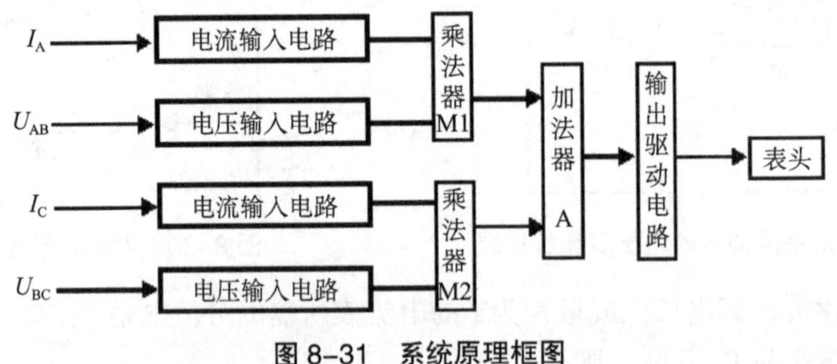

图 8-31　系统原理框图

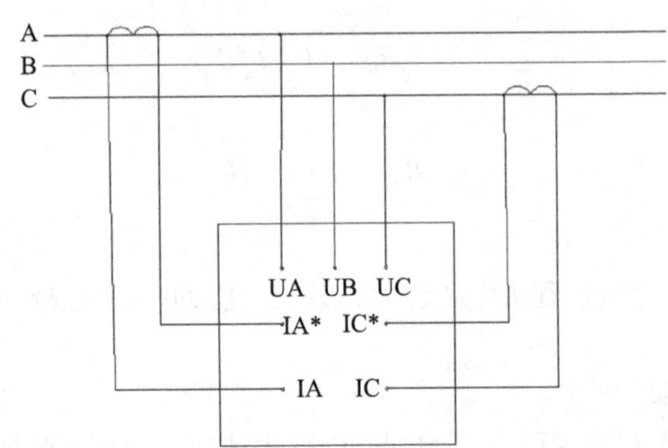

图 8-32　系统接线图

在交流电路中，由电源供给负载的电功率有两种：一种是有功功率，另一种是无功功率。有功功率是保持用电设备正常运行所需的电功率，也就是将电能转换为其他形式能量

（机械能、光能、热能）的电功率。例如，电动机将电能转换为机械能，带动水泵抽水或脱粒机脱粒；各种照明设备将电能转换为光能，供人们生活和工作照明。有功功率的符号用 P 表示，单位有瓦（W）、千瓦（kW）、兆瓦（MW）。

无功功率决不是无用功率，它的用处很大。电动机需要建立和维持旋转磁场，使转子转动，从而带动机械运动，电动机的转子磁场就是靠从电源取得无功功率建立的。变压器也同样需要无功功率，才能使变压器的一次线圈产生磁场，在二次线圈感应出电压。因此，没有无功功率，电动机就不会转动，变压器也不能变压，交流接触器不会吸合。

在正常情况下，用电设备不但要从电源取得有功功率，还需要从电源取得无功功率。如果电网中的无功功率供不应求，用电设备就没有足够的无功功率来建立正常的电磁场，那么这些用电设备就不能维持在额定情况下工作，用电设备的端电压就要下降，从而影响用电设备的正常运行。

无功功率对供电、用电产生一定的不良影响，主要表现在以下几个方面：

①降低发电机有功功率的输出。

②降低输电、变电设备的供电能力。

③造成线路电压损失和电能损耗的增加。

④造成低功率因数运行和电压下降，使电气设备容量得不到充分发挥。

从发电机和高压输电线供给的无功功率，远远满足不了负荷的需要，所以在电网中要设置一些无功补偿装置来补充无功功率，以保证用户对无功功率的需要，这样用电设备才能在额定电压下工作。这就是电网需要装设无功补偿装置的原因。

四、实训内容与步骤

（1）通过实训导线参照图 8-33 和表 8-3 连接端子。将功率因数表接线端子分别与电压互感器 TV1 和电流互感器 TA11（或电压互感器 TV2 和电流互感器 TA12，或者在电压互感器 TV 和电流互感器 TA 中随便选一组）的出线端子连在一起。

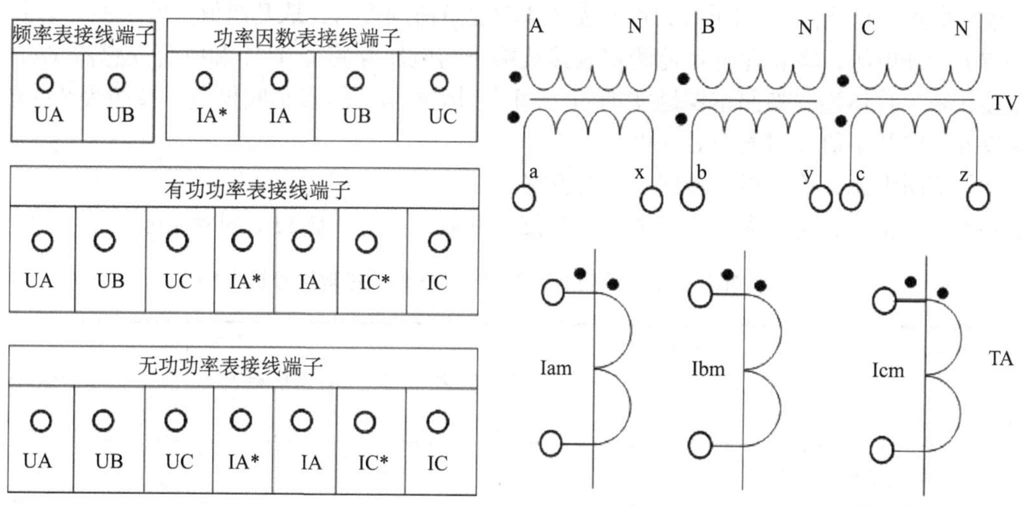

图 8-33　连接端子

表 8-3　端子连线对照表

<table>
<tr><th colspan="2">互感器接线端子</th><th>对应接线端子</th><th colspan="2">互感器接线端子</th><th>对应接线端子</th></tr>
<tr><td rowspan="4">TV</td><td>a</td><td>UA</td><td rowspan="6">TA</td><td>Iam*</td><td>IA*</td></tr>
<tr><td>b</td><td>UB</td><td>Iam</td><td>IA</td></tr>
<tr><td>c</td><td>UC</td><td>Ibm*</td><td>IB*</td></tr>
<tr><td>x，y，z</td><td>UN</td><td>Ibm</td><td>IB</td></tr>
<tr><td></td><td></td><td></td><td>Icm*</td><td>IC*</td></tr>
<tr><td></td><td></td><td></td><td>Icm</td><td>IC</td></tr>
</table>

（2）外观检查：正确记录仪表上的各种标志符号，看是否有残缺或模糊不清的地方。

（3）通电前的调零：机械式指针表在测量前必须机械调零。可用一字螺丝刀调节表头下方的调节螺钉，使表头指针对准零位。注意，目光应该垂直正对最小刻度，避免人为读数误差。

（4）调零后，按照正确顺序启动实训装置（这里以电压互感器 TV1 和电流互感器 TA11 为例）：把控制屏右侧的钮子开关打至“模式二”，依次合上实训控制屏上的“控制电源Ⅱ”“进线电源”开关，然后依次合上 QS111、QS112、QF11、QS113、QF13、QS211、QF21、QF20、QS212、QS213、QF23、QS214、QF24、QS222、QF25，给各车间供电。观察功率表的示数，按照表 8-4 改变负荷的投入，取几组值并填入表 8-4 中。

（5）断开电源，将有功功率表接线端子与电压互感器 TV1 和电流互感器 TA11 端子连接起来。重复步骤（4）给各车间供电，按照表 8-4 改变负荷的投入，取几组值并填入表 8-4 中。

（6）断开电源，将无功功率表接线端子与电压互感器 TV1 和电流互感器 TA11 端子连接起来。重复步骤（4）给各车间供电，按照表 8-4 改变负荷的投入，取几组值并填入表 8-4 中。

（7）断开电源，将智能电量监测仪表接线端子与电压互感器 TV1 和电流互感器 TA11 端子连接起来（具体连线参照本课题实训四）。重复步骤（4）给各车间供电，按照表 8-5 改变负荷投入，取几组值并填入表 8-5 中。

（8）切断电源，检查指示器回零是否良好。

（9）比较指针式功率表与智能电量监测仪的读数，并分析读数不同的原因。

表 8-4　指针式功率表与智能电量监测仪的读数对比分析（1）

测量项 负荷投入情况	功率因数表	有功功率表	无功功率表
1 号变电所负荷 +2 号变电所负荷			
1 号变电所负荷 +3 号变电所负荷			
1、2、3 号三个变电所的负荷			

表 8–5　指针式功率表与智能电量监测仪的读数对比分析（2）

负荷投入情况 \ 测量项	功率因数 $\cos\varphi$	有功功率 /kW	无功功率 /kvar
1 号变电所负荷 +2 号变电所负荷			
1 号变电所负荷 +3 号变电所负荷			
1、2、3 号三个变电所的负荷			

五、实训报告

针对指针式功率表的功能要求，按实训报告编写格式写出实训报告和体会。

实训三　电能表的认知

一、实训目的

三相电度表接线

- 掌握电能表的工作原理和计算方法。
- 熟悉电能表的各项技术指标。

二、实训设备

实训设备如表 8–6 所示。

表 8–6　实训设备

序号	设备名称	使用仪器名称	数量
1	THSPCG—2B 型	工厂供电电测计量综合柜	1 台

三、实训原理

1. 感应式电能表的工作原理

电能表的工作原理：利用固定交流磁场与由该磁场在可动部分的导体中所感应到的电流之间的作用力而工作。

（1）三相四线制有功电能的测量原理。三相四线制电路可以看成是由三个单相电路组成的，其平均功率 P 等于各相有功功率之和，即

$$P=P_A+P_B+P_C=U_AI_A\cos\varphi_A+U_BI_B\cos\varphi_B+U_CI_C\cos\varphi_C \qquad (8\text{–}6)$$

无论三相电路是否对称，上述公式均可成立。

如图 8–34 所示，常用三相四线制有功电能表（DT 型）或三只单相有功电能表（DD 型）按此接线方式进行三相四线制电路有功电能的测量。

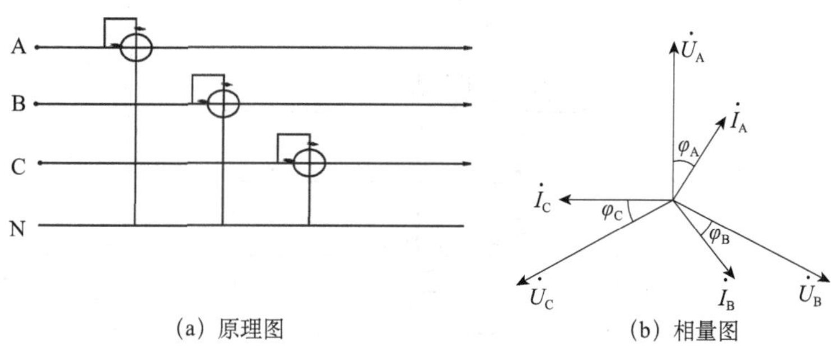

图 8–34　三相四线制电路有功电能的测量

当三相负载不对称时，如在任何两相之间接有负载，如图 8-35 所示，在 A、B 两相之间接有负载 D，设流过负载 D 的电流为 I_D，功率因数为 $\cos\varphi_D$。负载消耗的功率为 $P_D=U_{AB}I_D\cos\varphi_D$，则三相电路的总功率为：

$$P=P_A+P_B+P_C$$

其中，$P_A=U_AI_A\cos\varphi_A+U_AI_D\cos(\varphi_D-30°)$；$P_B=U_BI_B\cos\varphi_B+U_BI_D\cos(\varphi_D+30°)$；$P_C=U_CI_C\cos\varphi_C$

所以 $P=U_AI_A\cos\varphi_A+U_BI_B\cos\varphi_B+U_CI_C\cos\varphi_C+U_AI_D\cos(\varphi_D-30°)+U_BI_D\cos(\varphi_D+30°)$

$$=U_AI_A\cos\varphi_A+U_BI_B\cos\varphi_B+U_CI_C\cos\varphi_C+2U_AI_D\cos30°\cos\varphi_D$$

$$=U_AI_A\cos\varphi_A+U_BI_B\cos\varphi_B+U_CI_C\cos\varphi_C+\sqrt{3}U_AI_D\cos30°\cos\varphi_D$$

$$=U_AI_A\cos\varphi_A+U_BI_B\cos\varphi_B+U_CI_C\cos\varphi_C+U_{AB}I_D\cos\varphi_D$$

由此可见，在三相四线制电路中，无论负载是否对称，均能采用三表法或三相四线制有功电能表计量三相总的电能。

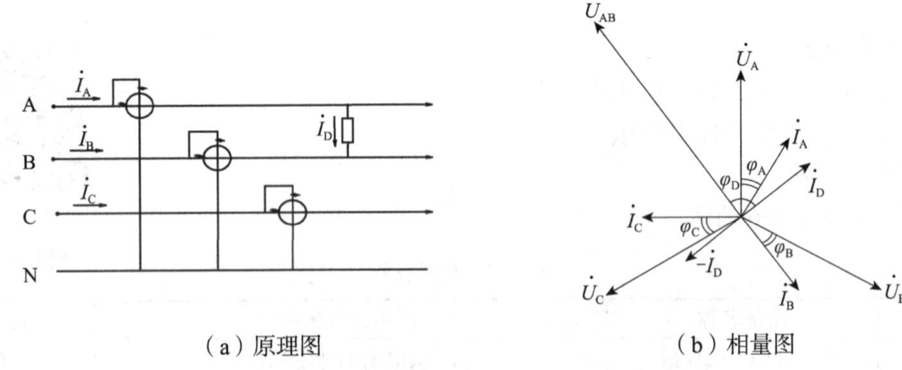

（a）原理图　　（b）相量图

图 8-35　三相不对称负载时有功电能的测量

需要注意的是，三相四线制电路不能采用二表法测量电能，只有在三相电路完全对称的情况下，即 $i_A+i_B+i_C=0$ 时才允许，否则测量电能会产生误差，现分析如下。

一般三相四线制电路中，三相电流之和 $i_A+i_B+i_C=i_N$。因此，各相负载消耗的瞬时功率为：

$P=u_Ai_A+u_Bi_B+u_Ci_C=u_Ai_A+u_B(i_N-(i_A+i_C))i_B+u_Ci_C=(u_A-u_B)i_A+(u_C-u_B)i_B+u_Bi_N$

$=u_{AB}i_A+u_{CB}i_C+u_Bi_N$

而二表法测量的三相瞬时功率只能是 $p'=u_{AB}i_A+u_{CB}i_C$，因此按图 8-36 所示的接线方式测量三相瞬时功率时，将引起误差，用 γ 表示：

$$\gamma=\frac{p'-p}{p}\times100\%=\frac{-u_Bi_N}{u_{AB}i_A+u_{CB}i_C+u_Bi_N}\times100\% \qquad (8\text{-}7)$$

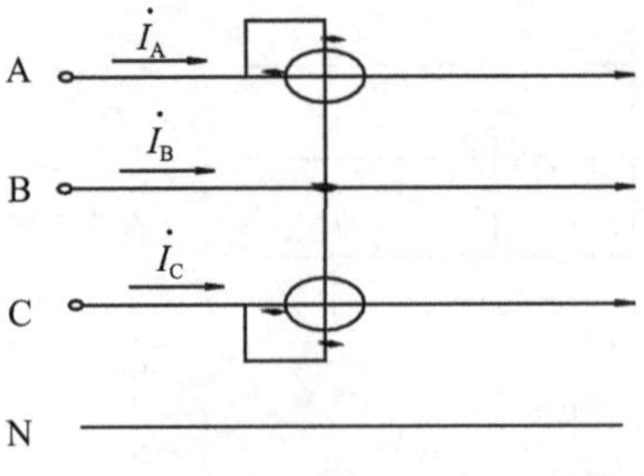

图 8-36　三相四线制电路用二表法测量的原理图

（2）三相四线制无功电能的测量原理。单相电路中无功功率的计算方式为：

$$Q=UI\sin\varphi \tag{8-8}$$

三相电路中无功功率的计算公式为：

$$Q=Q_A+Q_B+Q_C=U_AI_A\sin\varphi_A+U_BI_B\sin\varphi_B+U_CI_C\sin\varphi_C$$

如图 8-37 所示，常用三相四线制无功电能表按此接线方式进行三相四线制电路无功电能的测量。

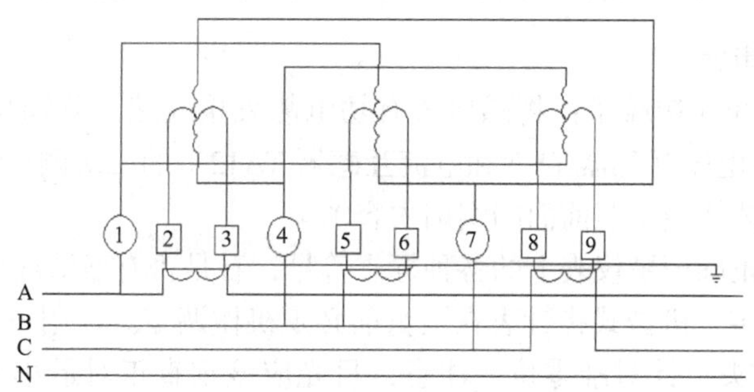

图 8-37　三相四线制电路无功电能的测量

当三相电压对称时，即 $U_A=U_B=U_C=U_{ph}$ 时，三相电路中无功功率的计算公式为：

$$Q=U_{ph}(I_A\sin\varphi_A+I_B\sin\varphi_B+I_C\sin\varphi_C) \tag{8-9}$$

当三相电路完全对称时，即 $U_A=U_B=U_C=U_{ph}=U/\sqrt{3}$，$I_A=I_B=I_C=I$，$\varphi_A=\varphi_B=\varphi_C=\varphi$ 时，三相电路中无功功率的计算公式为：

$$Q=3U_{ph}I\sin\varphi=\sqrt{3}\ UI\sin\varphi \tag{8-10}$$

我们知道，有功电能表转盘上的驱动力矩与电路中的有功功率成正比。若制造出一种电能表或改变有功电能表的接线方式，使电能表的驱动力矩与无功功率成正比，则此电能表就能测量无功电能。因此，无功电能可采用无功电能表直接测量，也可采用有功电能表通过接线变化间接测量。

2. 电子式电能表的工作原理

电能的基本表达式如下所示：

$$W(t)=\int P(t)\mathrm{d}t=\int u(t)i(t)\cos\varphi_{(t)}\mathrm{d}t \tag{8-11}$$

式中，$u(t)$，$i(t)$，$P(t)$ 分别是瞬时电压、瞬时电流、瞬时功率值，所以测量电能的基本方法是将电压、电流相乘，然后在时间上再累加（即积分）。电子式电能表中实现积分的方法，是将功率转换为脉冲频率输出，该脉冲称为电能计量标准脉冲 f_H（或 f_L），其频率正比于负荷功率。

如图 8-38 所示，常用三相四线电子式有功无功组合电能表按此接线方式进行三相四线制电路有功无功电能的测量。

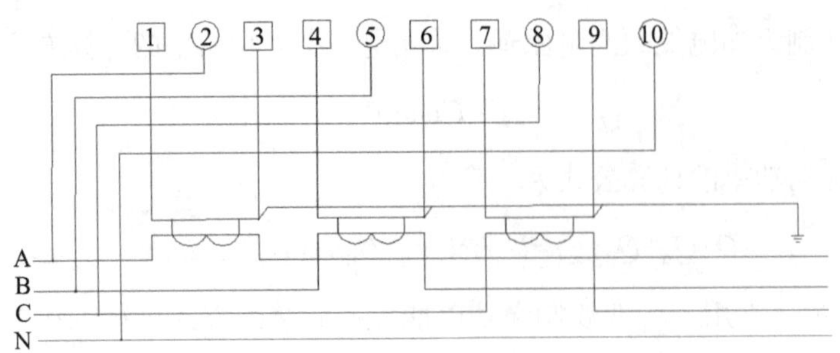

图 8-38　三相四线电子式有功无功组合电能表的测量接线图

四、实训内容与步骤

（1）通过实训导线连接端子：将感应式有功电能表接线端子分别与电压互感器 TV1 和电流互感器 TA11（或电压互感器 TV2 和电流互感器 TA12）的二次侧出线端子连在一起（这里以进线 1 为例，具体连线参照前面的实训内容）。

（2）外观检查：正确记录仪表上的各种标志符号，看是否有残缺或模糊不清的地方。

（3）通电前的调零：机械式指针表在测量前必须机械调零。可用一字螺丝刀调节表头下方的调节螺钉，使表头指针对准零位。注意，目光应该垂直正对最小刻度，避免人为读数误差。

（4）调整零点后，按照正确顺序启动实训装置：把控制屏右侧的钮子开关打至“模式二”。把实训控制屏上的“控制电源Ⅱ”“进线电源”开关打开，把无功补偿方式的凸轮开关拨至“停”位置，然后依次合上 QS111、QS112、QF11、QS113、QF13、QS211、QF21、QF20、QF23、QS212、QS213、QF23、QS214、QF24、QS222、QF25，给各车间供电。观察感应式有功电能表表盘旋转方向并分析电能表计量正负，判断电能表的接线情况。

（5）断开电源，将感应式无功电能表接线端子分别与电压互感器 TV1 和电流互感器 TA11 的端子连接起来。重复步骤（4）给各车间供电，观察感应式无功电能表表盘的旋转方向并分析电能表计量正负，判断电能表的接线情况。

（6）断开电源，将电子式多功能三相电能表接线端子分别与电压互感器 TV1 和电流互感器 TA11 的端子连接起来。重复步骤（4）给各车间供电，观察电子式多功能三相电能表的指示灯并分析电能表计量正负（接线正确时，有功、无功指示灯闪烁）。拔掉任一相电压（电子式多功能三相电能表接线端子处 UA、UB、UC），LCD 显示屏上显示“缺 X”，“X”代表 A、B 或 C。

（7）断开电源，将电子式多功能三相电能表接线端子任一相电流的同名端（如 Ia* 与 Ia 对换）对换。重复步骤（4）给各车间供电，几秒后，有功反向指示灯常亮。

（8）按一下蓝色开关，可以切换显示有功、有功反向、无功总电量（对应的序号分别为 01、02、03，其他序号的定值没定义）。

五、实训报告

针对电能表的功能要求，按实训报告编写格式写出实训报告和体会。

实训四　工厂或变电站的倒闸操作

一、实训目的

- 了解什么是倒闸操作。
- 熟悉倒闸操作的要求及步骤。
- 熟悉倒闸操作注意事项。

变电运行实际操作
（倒闸操作）

二、实训设备

实训设备如表 8-7 所示。

表 8-7　实训设备

序号	设备名称	使用仪器名称	数量
1	THSPCG—2A 型	工厂供电综合自动化实训系统屏	1 台

三、实训原理

倒闸操作是指按规定实现的运行方式，对现场各种开关（断路器及隔离开关）所进行的分闸或合闸操作。它是变配电所值班人员的一项经常性的、复杂而细致的工作，且十分重要，稍有疏忽或差错就可能造成严重事故，造成难以挽回的损失。所以倒闸操作时应对倒闸操作的要求和步骤了然于胸，并在实际执行中严格按照这些规则操作。

1. 倒闸操作的具体要求

（1）变配电所的现场一次、二次设备要有明显的标志，包括命名、编号、铭牌、转动方向、切换位置的指示及区别电气相别的颜色等。

（2）要有与现场设备标志和运行方式相符合的一次系统模拟图，继电保护和二次设备还应有二次回路的原理图和展开图。

（3）要有考试合格并经领导批准的操作人和监护人。

（4）操作时不能单凭记忆，应在仔细检查操作地点及设备名称编号后进行操作。

（5）操作人不能依赖监护人，而应对操作内容完全做到心中有数，否则，操作中容易出问题。

（6）在进行倒闸操作时，不要做与操作无关的工作或闲谈。

（7）处理事故时，操作人员应沉着冷静，不要惊慌失措，要果断地处理事故。

（8）操作时应有确切的调度命令、合格的操作或经领导批准的操作卡。

（9）要采用统一的、确切的操作术语。

（10）要用合格的操作工具、安全用具和安全设施。

2. 倒闸操作的步骤

变配电所的倒闸操作可参照下列步骤进行：

（1）接受主管人员的预发命令。值班人员接受主管人员的操作任务和命令时，一定要记录清楚主管人员所发的任务或命令的详细内容，明确操作目的和意图。在接受预发命令时，要停止其他工作，集中思想接受命令，并将记录内容向主管人员复诵，核对其正确性。对枢纽变电所重要的倒闸操作应由两人同时听取和接受主管人员的命令。

（2）填写操作票。值班人员根据主管人员的预发令，核对模拟图，核对实际设备，参照典型操作票，认真填写操作票，在操作票上逐项填写操作项目。填写操作票的顺序不可颠倒，字迹要清楚，不得涂改，不得用铅笔填写。而在事故处理、单一操作、拉开接地刀闸或拆除全所仅有的一组接地线时，可不用操作票，但应将上诉操作记入运行日志或操作记录本上。

（3）审查操作票。操作票填写后，写票人自己应进行核对，认为确定无误后再交监护人审查。监护人应对操作票的内容逐项审查。对上一班预填的操作票，即使不在本班执行，也要根据规定进行审查。审查中若发现错误，应由操作人重新填写。

（4）接受操作命令。在主管人员发布操作任务或命令时，监护人和操作人应同时在场，仔细听清主管人员所发的任务和命令，同时要核对操作票上的任务与主管人员所发布的是否完全一致，并由监护人按照填写好的操作票向主管人员复诵。经双方核对无误后在操作票上填写发令时间，并由操作人和监护人签名。只有这样，这份操作票才合格可用。

（5）预演。操作前，操作人、监护人应先在模拟图上按照操作票所列的顺序逐项唱票预演，再次对操作票的正确性进行核对，并相互提醒操作的注意事项。

（6）核对设备。到达操作现场后，操作人应先站准位置核对设备名称和编号，监护人核对操作人所站的位置、操作设备名称及编号。检查核对后，操作人穿戴好安全用具，取立正姿势，眼看编号，准备操作。

（7）唱票操作。监护人看到操作人准备就绪，按照操作票上的顺序高声唱票，每次只准唱一步。严禁凭记忆不看操作票唱票，严禁看编号唱票。此时操作人应仔细听监护人唱票，并看准编号，核对监护人所发命令的正确性。操作人认为无误时，开始高声复诵，并用手指编号，做操作手势。严禁操作人不看编号瞎复诵，严禁凭记忆复诵。在监护人认为操作人复诵正确、两人一致认为无误后，监护人发出“对，执行”的命令，操作人方可进行操作，并记录操作开始的时间。

（8）检查。每一步操作完毕后，应由监护人在操作票上打“√”号，同时两人应到现场检查操作的正确性，如设备的机械指示、信号指示灯、表计变化情况等，以确定设备的实际分合位置。监护人认可后，应告诉操作人下一步的操作内容。

（9）汇报。操作结束后，应检查所有操作步骤是否全部执行，然后由监护人在操作票上填写操作结束时间，并向主管人员汇报。对已执行的操作票，在工作日志和操作记录本上做好记录，并将操作票归档保存。

（10）复查评价。变配电所值班负责人要召集全班人员，对本班已执行完毕的各项操作进行复查、评价并总结经验。

3．牢记倒闸操作的注意事项

进行倒闸操作时应牢记并遵守下列注意事项：

（1）倒闸操作前必须了解运行、继电保护及自动装置等情况。

（2）在电气设备送电前，必须收回并检查有关工作票，拆除临时接地线或拉下接地隔离开关，取下标志牌，并认真检查隔离开关和断路器是否在断开位置。

（3）倒闸操作必须由两人进行，一人操作一人监护。操作中应使用合格的安全用具，如验电笔、绝缘手套、绝缘靴等。

（4）变配电所上空有雷电活动时，禁止进行户外电气设备的倒闸操作；高峰负荷时要避免倒闸操作；倒闸操作时不进行交接班。

（5）倒闸操作前应考虑继电保护及自动装置整定值的调整，以适应新的运行方式。

（6）备用电源自动投入装置及重合闸装置，必须在所属主设备停运前退出运行，所属主设备送电后再投入运行。

（7）在倒闸操作中应监视和分析各种仪表的指示情况。

（8）在断路器检修或二次回路及保护装置上有人工作时，应取下断路器的直流操作保险，切断操作电源。油断路器在缺油或无油时，应取下油断路器的直流操作保险，以防系统发生故障而跳开该油断路器时发生断路器爆炸事故（因油断路器缺油时灭弧能力减弱，不能切断故障电流）。

（9）倒母线过程中拉或合母线隔离开关、断路器旁路隔离开关及母线分段隔离开关时，必须取下相应断路器的直流操作保险，以防止带负荷操作隔离开关。

（10）在操作隔离开关前，应先检查断路器确定处于断开位置，并取下直流操作保险，以防止操作隔离开关过程中因断路器误动作而造成带负荷操作隔离开关的事故。

4．停送电操作时拉、合隔离开关的次序

操作隔离开关时，绝对不允许带负荷拉闸或合闸，故在操作隔离开关前，一定要认真检查断路器所处的状态。为了在发生错误操作时能缩小事故范围，避免人为扩大事故，停电时应先拉线路侧隔离开关，送电时应先合母线侧隔离开关。

5．变压器的倒闸操作

（1）变压器停送电操作顺序：送电时，应先送电源侧的电，后送负荷侧的电；停电时，操作顺序与此相反。

按上述顺序操作的原因是：由于变压器主保护和后备保护大部分装在电源侧，送电时，先送电源侧的电，在变压器有故障的情况下，变压器的保护动作，使断路器跳闸切除故障，便于按送电范围检查、判断及处理故障；送电时，若先送负荷侧的电，在变压器有故障的情况下，对小容量变压器，其主保护及后备保护均装在电源侧，此时，保护拒动，将造成越级跳闸或扩大停电范围。对大容量变压器，均装有差动保护，无论从哪一侧送电，变压器故障均在其保护范围内，但大容量变压器的后备保护（如过流保护）均装在电源侧，为取得后备保护，仍然按照先送电源侧的电后送负荷侧的电的顺序为好。停电时，先停负荷侧的电，在负荷侧为多电源的情况下，可避免变压器反充电；反之，将会造成变压器反充电，并增加其他变压器的负担。

（2）凡有中性点接地的变压器，变压器的投入或停用均应先合上各侧中性点接地隔离开关。变压器在充电状态，其中性点隔离开关也应合上。

中性点接地隔离开关合上的目的是：其一，可以防止单相接地产生过电压和避免产生某些操作过电压，保护变压器绕组不致因过电压而损坏；其二，中性点接地隔离开关合上后，当发生单相接地时，有接地故障电流流过变压器，使变压器差动保护和零序电流保护动作，将故障点切除。如果变压器处于充电状态，中性点接地隔离开关也应在合闸位置。

（3）两台变压器并联运行，在倒换中性点接地隔离开关时，应先合上中性点未接地的隔离开关，再拉开另一台变压器中性点接地的隔离开关，并将零序电流保护切换至中性点接地的变压器上。

（4）变压器分接开关的切换。无载分接开关的切换应在变压器停电状态下进行，分接开关切换后，必须用欧姆表测量分接开关接触电阻合格后，变压器方可送电。有载分接开关在变压器带负荷状态下，可手动或电动改变分接头位置，但应防止连续调整。

四、实训内容与步骤

在本套设备上装设了误操作报警和误操作记录，如果有误操作时，系统会报警，并同时记录一次。必须恢复报警后，才能继续以下操作。

1. 送电操作

变配电所送电时，一般从电源侧的开关合起，依次合到负荷侧的各开关。按这种步骤进行操作，可使开关的合闸电流减至最小，比较安全。如果某部分存在故障，该部分合闸便会出现异常情况，故障容易被发现，但是在高压断路器的隔离开关及低压断路器的刀开关电路中，送电时一定要按照以下顺序依次操作：母线侧隔离开关或刀开关→线路侧隔离开关或刀开关→高压或低压断路器。

（1）在“WL1”或“WL2”上任选一条进线，在此以选择进线Ⅰ为例：拨动“WL1 进线”电压表下面的凸轮开关，观察电压表的电压是否正常，有无缺相现象，然后合上隔离开关 QS111、QS112，接着合上断路器 QF11。如果一切正常，则合上隔离开关 QS113 和断路器 QF13，这时主变压器投入。

（2）拨动“10kV 进线Ⅰ”电压表下面的凸轮开关，观察电压表的电压是否正常，有无缺相现象。如一切正常，首先依次合上隔离开关 QS211 和断路器 QF21、QF20，然后依次合上隔离开关 QS213 和断路器 QF23、隔离开关 QS214 和断路器 QF24、隔离开关 QS222 和断路器 QF25 给一号车间变电所、二号车间变电所、三号车间变电所送电。

2. 停电操作

变配电所停电时，应将开关拉开，其操作步骤与送电时相反，一般先从负荷侧的开关拉起，依次拉到电源侧开关。按这种步骤进行操作，可使开关分断产生的电弧减至最小，比较安全。

3. 断路器和隔离开关的倒闸操作

倒闸操作的步骤为：合闸时应先合隔离开关再合断路器；拉闸时应先断开断路器再拉开隔离开关。

五、实训报告

针对倒闸操作的要求，按实训报告编写格式写出倒闸操作的要求、步骤和注意事项。

实训五　指针式频率表数据读取任务

一、实训目的

- 掌握指针式频率表的构成方法。
- 熟悉指针式频率表的各项技术指标。
- 掌握指针式频率表的误差计算方法。

二、实训设备

实训设备如表 8-8 所示。

表 8-8　实训设备

序号	设备名称	使用仪器名称	数量
1	THSPCG—2A 型	工厂供电综合自动化实训系统屏	1 台
2	THSPCG—2B 型	工厂供电电测计量综合柜	1 台

三、实训原理

（1）本实训所用的频率表是变换器式频率表，通过半导体变换器线路，把被测交流信号频率转换成和它成正比的直流电流，然后用磁电式表头加以显示。

①仪表电路的组成：我国生产的变换器式频率表大多采用一种微分电路结构，所以称为微分式频率表。这种频率表的电路原理图如图 8–39 所示。

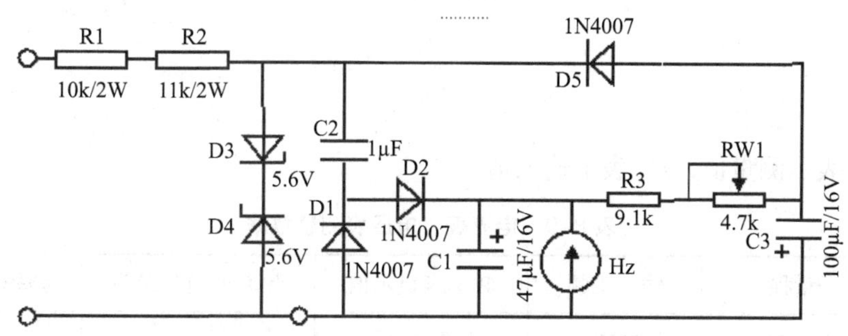

图 8–39　频率表的电路原理图

仪表电路由三个基本电路组成：由降压电阻 R1、R2 及稳压管 D3、D4 构成的削波稳压电路；由电容器 C2、二极管 D1 和磁电式表头构成的微分整流电路；由表头、电阻 R3、电位器 RW1 和二极管 D5 构成的量程调整电路。图中二极管 D1 用在电压负半波时向电容器 C 充电，以提高频率表的灵敏度。电容器 C1 和 C3 作为滤波用。

②基本工作原理：当电路端接入被测频率的电压 U 时，由于稳压管 D3、D4 的削波作用，在电路的两端得到一个近似方波的电压 U_{D34}，其幅值等于稳压管的稳定电压 E，而极性则随外加电压而变。在电源电压的正半周（相当于电压极性上正下负），二极管 D3 导通，电容 C2 充电，充电电流 i_1 的大小应和电容电压 U_{C2} 的变化成正比，或者说，电流 i_1 取决于电压 U_{C2} 对时间的微分；在电源电压的负半周（下正上负），由于二极管 D4 的导通，电容 C2 实际上已经充上了电压$-E$（下正上负）。所以，当电源电压变到正半周时，电容器就要反向充电到 $+E$（上正下负）。可见，在电源电压从负半周到正半周的过程中，电容器两端电压将从$-E$ 变到 $+E$，一共变化了 $2E$，此时，电容 C2 的充电电流是按指数规律衰减的，并且充电电流和电源频率 f 成正比，因此，仪表的偏转角 φ 和频率成正比。当标尺按频率刻度时，被测频率便可直接读出。变换器式频率表由于采用了半导体器件及电容、电阻等电路元件，所以稳定性较差，这是它的一个主要缺点。

（2）指针式频率表的技术指标。

测量范围：45 ～ 55Hz；精度：2.5；输入额定电压：100V。

四、实训内容与步骤

THSPCG—2A 型左侧 5#、6# 航空插座分别通过航空电缆线与 THSPCG—2B 型 5#、6# 航空插座接通。THSPCG—2A 型和 THSPCG—2C 型电源分别送电。把不用的电流互感器二次端子短接起来。

（1）外观检查：正确记录仪表上的各种标志符号，看是否有残缺或模糊不清的地方。

（2）通电前的调零：机械式指针表在测量前必须调零。可用一字螺丝刀调节表头下方的调节螺钉，使表头指针对准零位。注意，目光应该垂直正对最小刻度，避免人为读数误差。

（3）调零后，按照正确顺序启动实训装置：依次合上实训控制柜上的“总电源”“控制电源Ⅰ”和实训控制屏上的“控制电源Ⅱ”“进线电源”开关。把无功补偿方式的凸轮开关拨至“停”位置，然后依次合上 QS111、QS112、QF11、QS113、QF13、QS211、QF21、QF20、QS212、QS213、QF23、QS214、QF24、QS222、QF25，给各车间供电。

观察电流表、电压表的示数。

按式（8–12）、式（8–13）计算表 8–9 所示测量频率的绝对误差和相对误差：

$$\Delta H_z = H_{zt} - H_{zr} \tag{8–12}$$

$$\gamma = \frac{\Delta H_z}{H_{zr}} \times 100\% \tag{8–13}$$

（注：H_{zt} 表示测量值，H_{zr} 表示输入值）

表 8–9 电流表、电压表测量数据

功能	量程	输入工频	频率表显示值	频率表绝对误差	频率表相对误差
频率	45 ～ 55Hz	50Hz			

（4）记录并计算误差，判断 YB—06 是否满足精度 2.5。

（5）切断电源，检查指示器回零是否良好。

五、实训报告

根据实训内容及实训数据写出指针式频率表检定报告一份。

实训六 三相多功能智能仪表的使用和参数设置

一、实训目的

掌握三相智能仪表的使用及参数设置。

二、实训设备

实训设备如表 8–10 所示。

表 8–10 实训设备

序号	设备名称	使用仪器名称	数量
1	THSPCG—2A 型	工厂供电综合自动化实训系统屏	1 台
2	THSPCG—2B 型	工厂供电电测计量综合柜	1 台

三、实训原理

PDM—803 系列电力仪表简介如下。

（1）标准 PT、CT 输入或直接接入，适用于三相三线 / 三相四线典型接线方式。

（2）输入电压：输入范围为 AC10 ～ 400V；额定电压为 100V、250V。

过载能力：2 倍额定值（连续）；2500V/ 秒（不连续）。

输入负荷：最大为 0.1V · A。

（3）输入电流：输入范围为 AC0 ～ 10A；额定电流为 5A。

过载能力：2 倍额定值（连续）；100A/ 秒（不连续）。

输入负荷：最大为 0.1V・A。

（4）测量精度：电流、电压为 0.2%，其他电量为 0.5%。

（5）3 行 4 位 LED 数码显示或液晶 LCD 段码窗口显示、多种电量实时显示。

（6）有功电能、无功电能具有断电保存功能（仅对有电能功能的仪表）。

（7）标准 RS-485 通信接口及标准 Modbus RTU 方式（8 个数据位 /1 个停止位 / 无奇偶校验位），通信地址（1 ～ 247）和波特率（1200bps、2400bps、4800bps、9600bps、19200bps）均可设定；所有信号测量数据及仪表参数均可经由 RS-485 通信口读出；通信距离最长可达 1.2km，一条双绞线最多可连接 128 台 PDM 系列仪表。

（8）仪表的各种参数可通过前面板按键设定（密码保护）或 PC 软件设定，系统参数包括通信地址，通信波特率，电压、电流互感器变比，功率的计算精度等。

外形尺寸如表 8-11 所示，盘装仪表由 2 个配套支架固定。

表 8-11　外形尺寸

仪表外形	面框外形 /mm	开孔尺寸 /mm	仪表长度 /mm
9 方形	96 × 96	91 × 91	55

（9）供电电源为交流或直流通用电源 AC/DC 75 ～ 255V，功耗小于 4W。

（10）工作温度为-20 ～＋ 60℃；存储温度为-30 ～＋ 70℃。

（11）I/O 绝缘：2500V AC，50/60Hz（采集输入端子之间）。

四、实训内容与步骤

使用方法及参数设置请参照《PDM—803 系列电力仪表的使用说明》，对照实物进行学习。

五、实训报告

针对三相多功能智能仪表的使用和参数设置实训要求，按实训报告编写格式写出实训报告和体会。

实训七　智能温湿度控制器的使用和参数设置

一、实训目的

- 了解并会使用智能温湿度控制器及其参数设置。
- 了解其运用的场所及作用。
- 了解智能温湿度控制器的工作原理。

二、实训设备

实训设备如表 8-12 所示。

表 8-12　实训设备

序号	设备名称	使用仪器名称	数量
1	THSPCG—2A 型	工厂供电综合自动化实训系统屏	1 台

三、实训原理

温湿度控制器主要用于高压开关柜、端子箱、环网柜等设备温度和湿度的调节控制，可有效地防止低温、高温造成的设备故障及受潮或结露引起的爬电、闪络等事故的发生。温湿度控制器主要由传感器、控制器、加热器或风扇三部分组成，其工作原理如图 8-40 所示。

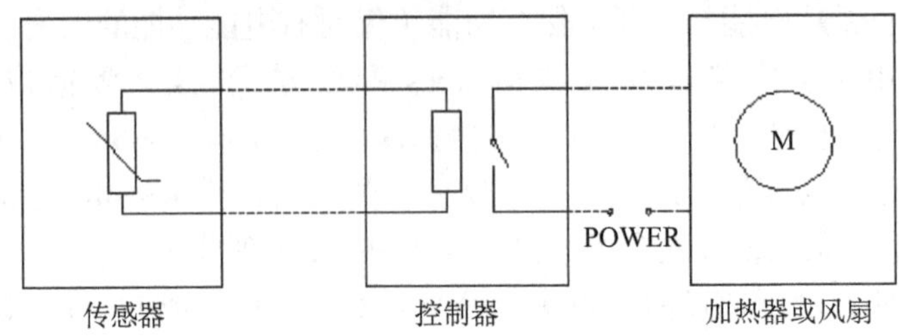

图 8-40　温湿度控制器的工作原理

传感器检测箱内的温湿度信息由控制器分析处理：当箱内的温度、湿度达到或超过预先设定的值时，控制器给出继电器触点信号，加热器或风扇接通电源开始工作，对箱内进行除湿或加热；一段时间后，箱内温度或湿度远离设定值，加热器或风扇退出工作。

四、实训内容与步骤

选择一种系统运行方式并投入运行，且运行正常。通过改变温湿度控制器的设置值（高于或低于室内的温度和湿度）来观察温湿度控制器的作用。

五、实训报告

试总结智能温湿度控制器的作用。

复习思考练习题

8-1　电力变压器日产巡视主要注意哪些问题？

8-2　接地电阻的测量主要有哪些方法？

8-3　试述倒闸操作的过程及步骤、设备状态的种类，以及设备状态之间切换时的操作步骤。

8-4　变配电室的值班要求有哪些？应注意什么？

8-5　电度表的接线方式有哪些？

变配电仿真培训视频 A

变配电仿真培训视频 B

附　录　A

表A-1　部分高压断路器的主要技术数据

类别	型号	额定电压 /kV	额定电流 / A	开断电流 /kA	断流容量 / MV·A	动稳定电流峰值 /kA	热稳定电流 /kA	固有分闸时间 /s ≤	合闸时间 / s ≤	配用操作机构型号
少油户外	SW2—35/1000	35（40.5）	1000	16.5	1000	45	16.5（4s）	0.06	0.4	CT2—XG
	SW2—35/1500		1500	24.8	1500	63.4	24.8(4s)			
少油户内	SN10—35 Ⅰ	35（40.5）	1000	16	1000	45	16（4s）	0.06	0.2	CT10 CT10Ⅳ
	SN10—35 Ⅱ		1250	20	1250	50	20（4s）		0.25	
	SN10—10 Ⅰ	3000	630	16	300	40	16（4s）	0.06	0.15	CT7、8 CD10 Ⅰ
			1000	16	300	40	16（4s）		0.2	
	SN10—10 Ⅱ		1000	31.5	500	80	31.5（4s）	0.06	0.2	CD10 Ⅰ、 CD10 Ⅱ
	SN10—10 Ⅲ		1250	40	750	125	40（4s）	0.07	0.2	CD10 Ⅲ
			40	750	125	40（4s）	40（4s）			
			40	750	125	40（4s）	40（4s）			
真空户内	ZN12—40.5	35（40.5）	1250、1600	25	—	63	25（4s）	0.07	0.1	CT12 等
			1600、2000	31.5	—	80	31.5（4s）			
	ZN12—35		1250~2000	31.5	—	80	31.5（4s）	0.075	0.1	
	ZN23—40.5		1600	25	—	63	25（4s）	0.06	0.075	
	ZN3—10 Ⅰ	10（12）	630	8	—	20	8（4s）	0.07	0.15	CD10 等
	ZN3—10 Ⅱ		1000	20	—	50	20（4s）	0.05	0.1	
	ZN4—10/1000		1000	17.3	—	44	17.3（4s）	0.05	0.2	
	ZN4—10/1250		1250	20	—	50	20（4s）			
	ZN5—10/630		630	20	—	50	20（2s）	0.05	0.1	CT8 等
	ZN5—10/1000		1000	20	—	50	20（2s）			
	ZN5—10/1250		1250	25	—	63	25（2s）			
	1250 ZN12—12/1600 2000		1250 1600 2000	25	—	63	25（4s）	0.06	0.1	CT8 等
	ZN24—12/1250—20		1250	20	—	50	20（4s）	0.06	0.1	CT8 等
	ZN24—12/1250、2000—31.5		1250、2000	31.5	—	80	31.5（4s）			
	ZN28—12/630~1600		630、1600	20	—	50	20（4s）			
六氟化硫户内	LN2—35 Ⅰ	35（40.5）	1250	16	—	40	16（4s）	0.06	0.15	CT12 Ⅱ
	LN2—35 Ⅱ		1250	25	—	63	25（4s）			
	LN2—35 Ⅲ		1600	25	—	63	25（4s）			
	LN2—10	10（12）	1250	25	—	63	25（4s）	0.06	0.15	CT12 Ⅰ、 CT8 Ⅰ

表A-2　S9系列油浸式铜线电力变压器的主要技术数据

型号	额定容量/kV·A	额定电压/kV		联结组标号	损耗/W		空载电流/%	阻抗电压/%
		一次	二次		空载	负载		
S9—30/10（6）	30	11，10.5，10，6.3，6	0.4	Yyn0	130	600	2.1	4
S9—50/10（6）	50	11，10.5，10，6.3，6	0.4	Yyn0	170	870	2.0	4
				Dyn11	175	870	4.5	4
S9—63/10（6）	63	11，10.5，10，6.3，6	0.4	Yyn0	200	1040	1.9	4
				Dyn11	210	1030	4.5	4
S9—80/10（6）	80	11，10.5，10，6.3，6	0.4	Yyn0	240	1250	1.8	4
				Dyn11	250	1240	4.5	4
S9—100/10（6）	100	11，10.5，10，6.3，6	0.4	Yyn0	290	1500	1.6	4
				Dyn11	300	1470	4.0	4
S9—125/10（6）	125	11，10.5，10，6.3，6	0.4	Yyn0	340	1800	1.5	4
				Dyn11	360	1720	4.0	4
S9—160/10（6）	160	11，10.5，10，6.3，6	0.4	Yyn0	400	2200	1.4	4
				Dyn11	430	2100	3.5	4
S9—200/10（6）	200	11，10.5，10，6.3，6	0.4	Yyn0	480	2600	1.3	4
				Dyn11	500	2500	3.5	4
S9—250/10（6）	250	11，10.5，10，6.3，6	0.4	Yyn0	560	3050	1.2	4
				Dyn11	600	2900	3.0	4
S9—315/10（6）	315	11，10.5，10，6.3，6	0.4	Yyn0	670	3650	1.1	4
				Dyn11	720	3450	3.0	4
S9—400/10（6）	400	11，10.5，10，6.3，6	0.4	Yyn0	800	4300	1.0	4
				Dyn11	870	4200	3.0	4
S9—500/10（6）	500	11，10.5，10，6.3，6	0.4	Yyn0	960	5100	1.0	4
				Dyn11	1030	4950	3.0	4
		11，10.5，10	6.3	yd11	1030	4950	1.5	4
S9—630/10（6）	630	11，10.5，10，6.3，6	0.4	Yyn0	1200	6200	0.9	4
				Dyn11	1300	5800	3.0	4
		11，10.5，10	6.3	yd11	1200	6200	1.5	4.5
S9—300/10（6）	800	11，10.5，10，6.3，6	0.4	Yyn0	1400	7500	0.8	4.5
				Dyn11	1400	7500	2.5	5
		11，10.5，10	6.3	yd11	1400	7500	1.4	4.5

续表

型号	额定容量/kV·A	额定电压/kV		联结组标号	损耗/W		空载电流/%	阻抗电压/%
		一次	二次		空载	负载		
S9—1000/10(6)	1000	11,10.5,10,6.3,6	0.4	Dyn0	1700	10300	0.7	4.5
				Dyn11	1700	9200	1.7	5
		11,10.5,10	6.3	Yd11	1700	9200	1.4	5.5
S9—1250/10(6)	1250	11,10.5,10,6.3,6	0.4	Yyn0	1950	12000	0.6	4.5
				Dyn11	2000	11000	2.5	5
		11,10.5,10	6.3	Yd11	1950	12000	1.3	5.5
S9—1600/10(6)	1600	11,10.5,10,6.3,6	0.4	Yyn0	2400	14500	0.6	4.5
				Dyn11	2400	14000	2.5	6
		11,10.5,10	6.3	Yd11	2400	14500	1.3	5.5
S9—2000/10(6)	2000	11,10.5,10,6.3,6	0.4	Yyn0	3000	18000	0.8	6
				Dyn11	3000	18000	0.8	6
		11,10.5,10	6.3	Yd11	3000	18000	1.2	6
S9—2500/10(6)	2500	11,10.5,10,6.3,6	0.4	Yyn0	3500	25000	0.8	6
				Dyn11	3500	25000	0.8	6
		11,10.5,10	6.3	Yd11	3500	19000	1.2	5.5
S9—3150/10(6)	3150	11,10.5,10	6.3	Yd11	4100	23000	1.0	5.5

表A-3 SC9系列树脂浇注干式铜线电力变压器的主要技术数据

型号	额定容量/kV·A	额定电压/kV		联结组标号	损耗/W		空载电流/%	阻抗电压/%
		一次	二次		空载	负载		
SC9—200/10	200	10	0.4	Yyn0	480	2670	1.2	4
SC9—250/10	250				550	2910	1.2	4
SC9—315/10	315				650	3200	1.2	4
SC9—400/10	400				750	3690	1.0	4
SC9—500/10	500				900	4500	1.0	4
SC9—630/10	630				1100	5420	0.9	4
SC9—630/10	630				1050	5500	0.9	6
SC9—800/10	800				1200	6430	0.9	6
SC9—1000/10	1000				1400	7510	0.8	6
SC9—1250/10	1250				1650	8960	0.8	6
SC9—1600/10	1600				1980	10850	0.7	6
SC9—2000/10	2000				2380	13360	0.6	6
SC9—2500/10	2500				2850	15880	0.6	6

表A–4 S11—M · R系列卷铁芯全密封铜线配电变压器的主要技术数据

型号	额定容量 /kV · A	额定电压 /kV		联结组标号	损耗 /W		空载电流 /%	阻抗电压 /%
		高压	低压		空载	负载		
S11—M · R—100	100	11,10.5,10,6.3,6	0.4	Yyn0,Dyn11	200	1480	0.85	4
S11—M · R—125	125				235	1780	0.80	
S11—M · R—160	160				280	2190	0.76	
S11—M · R—200	200				335	2580	0.72	
S11—M · R—250	250				390	3030	0.70	
S11—M · R—315	315				470	3630	0.65	
S11—M · R—400	400				560	4280	0.60	
S11—M · R—500	500				670	5130	0.55	
S11—M · R—630	630				805	6180	0.52	4.5

表A–5 部分常用低压断路器的主要技术数据

型号	额定电流 /A	长延时动作整定电流 /A	短延时动作整定电流 /A	瞬时动作整定电流 /A	单相接地短路动作电流 /A	分断能力	
						电流 /A	cosφ
DW15—200	100	64~100	300~1000	300~1000 800~2000	—	20	0.35
	150	98~150	—	—			
	200	128~200	600~2000	600~2000 1000~4000			
DW15—400	200	128~200	600~2000	600~2000 1000~4000	—	25	0.35
	300	192~300	—	—			
	400	256~400	1200~4000	3200~8000			
DW15—600（630）	300	192~300	900~3000	900~3000 1400~6000	—	30	0.35
	400	256~400	1200~4000	1200~4000 3200~8000			
	600	384~600	1800~6000	—			
DW15—1000	600	420~600	1800~6000	6000~12000	—	40（短延时 30）	0.35
	800	560~800	2400~8000	8000~16000			
	1000	700~1000	3000~10000	10000~20000			
DW15—1500	1500	1050~1500	4500~15000	15000~30000			

续表

型号	额定电流 /A	长延时动作整定电流 /A	短延时动作整定电流 /A	瞬时动作整定电流 /A	单相接地短路动作电流 /A	分断能力	
						电流 /A	cosφ
DW15—2500	1500	1050~1500	4500~9000	10500~21000	—	60（短延时 40）	02（短延时 0.25）
	2000	1400~2000	6000~12000	14000~28000			
	2500	1750~2500	7500~15000	17500~35000			
DW15—4000	2500	1750~2500	7500~15000	17500~35000	—	80（短延时 60）	0.2
	3000	2100~3000	9000~18000	21000~42000			
	4000	2800~4000	12000~24000	28000~56000			
DW16—630	100	64~100	—	300~600	50	30（380V）20（660V）	0.25（380V）0.3（660V）
	160	102~160		480~960	80		
	200	128~200		600~1200	100		
	250	160~250		750~1500	125		
	315	202~315		945~1890	158		
	400	256~400		1200~2400	200		
	630	403~630		1890~3780	315		
DW16—2000	800	512~800	—	2400~4800	400	50	—
	1000	640~1000		3000~6000	500		
	1600	1024~1600		4800~9600	800		
	2000	1280~2000		6000~12000	1000		
DW16—4000	2500	1400~2500	—	7500~15000	1250	80	—
	3200	2048~3200		9600~19200	1600		
	4000	2560~4000		12000~24000	2000		
DW17—630（ME630）	630	200~400 350~630	3000~5000 5000~8000	1000~2000 1500~3000 2000~4000 4000~8000	—	50	0.25
DW17—800（ME800）	800	200~400 350~630 500~800	3000~5000 5000~8000	1500~3000 2000~4000 4000~8000	—	50	0.25
DW17—1000（ME1000）	1000	350~630 500~1000	3000~5000 5000~8000	1500~3000 2000~4000 4000~8000	—	50	0.25
DW17—1250（ME1250）	1250	500~1000 750~1000	3000~5000 5000~8000	2000~4000 4000~8000	—	50	0.25
DW17—1600（ME1250）	1600	500~1000 900~1600	3000~5000 5000~8000	4000~8000	—	*50	0.25
DW17—2000（ME2000）	2000	500~1000 1000~2000	5000~8000 7000~12000	4000~8000 6000~12000	—	80	0.2
DW17—2500（ME2500）	2500	1500~2500	7000~12000 8000~12000	6000~12000	—	80	0.2
DW17—3200（ME3200）	3200	—	—	8000~16000	—	*80	0.2
DW17—4000（ME4000）	4000	—	—	10000~20000	—	80	0.2

注：表中低压断路器的额定电压：DW15，直流 220V，交流 380V、660V、1140V；DW16，交流 400V、660V；DW17（ME），交流 380V、660V。

表A–6 RTO型低压熔断器的主要技术数据

型号	熔管额定电压 /V	额定电流 /A		最大分断电流 /kA
		熔管	熔体	
RTO—100	交流 380 直流 440	100	30、40、50、60、80、100	50 （cosφ=0.1~0.2）
RTO—200		200	（80、100）、120、150、200	
RTO—400		400	（150、200）、250、300、350、400	
RTO—600		600	（350、400）、450、500、550、600	
RTO—1000		1000	700、800、900、1000	

注：表中括号内的熔体电流尽量不采用。

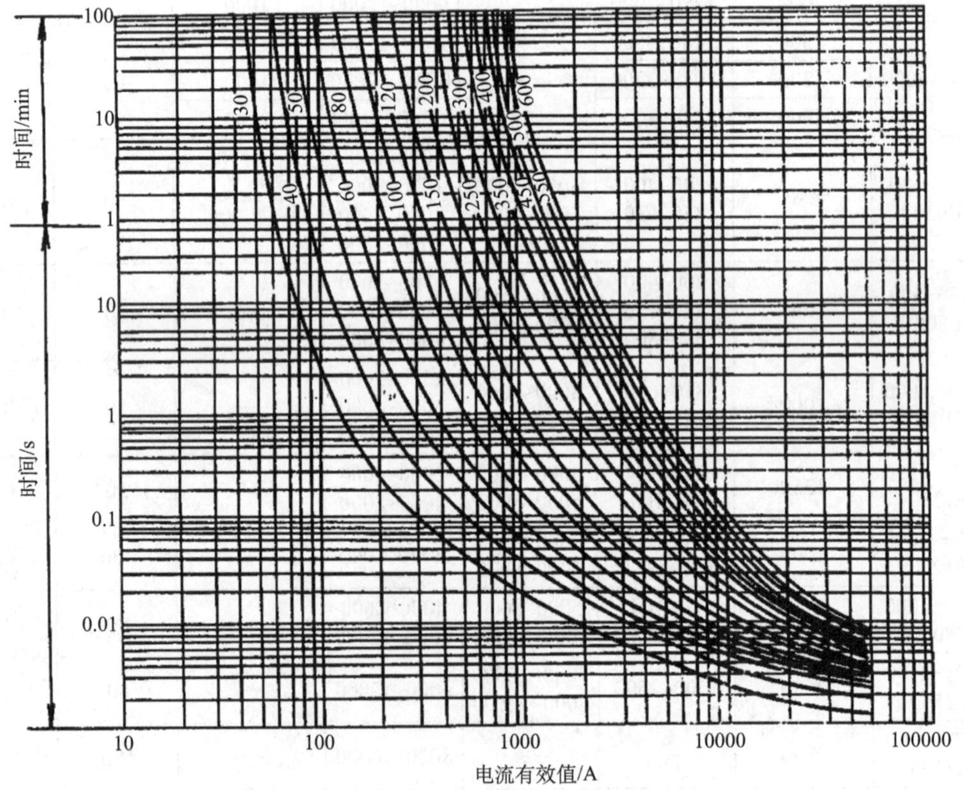

图 A–1 RTO 型低压熔断器的保护特性曲线

表A-7　RM10型低压熔断器的主要技术数据

型号	熔管额定电压 /V	额定电流 /A		最大分断能力	
		熔管	熔体	电流 /kA	cosφ
RM10—15	交流 220、380、500 直流 220、440	15	6、10、15	1.2	0.8
RM10—60		60	15、20、25、35、45、60	3.5	0.7
RM10—100		100	60、80、100	10	0.35
RM10—200		200	100、125、160、200	10	0.35
RM10—350		350	200、225、260、300、350	10	0.35
RM10—600		600	350、430、500、600	10	0.35

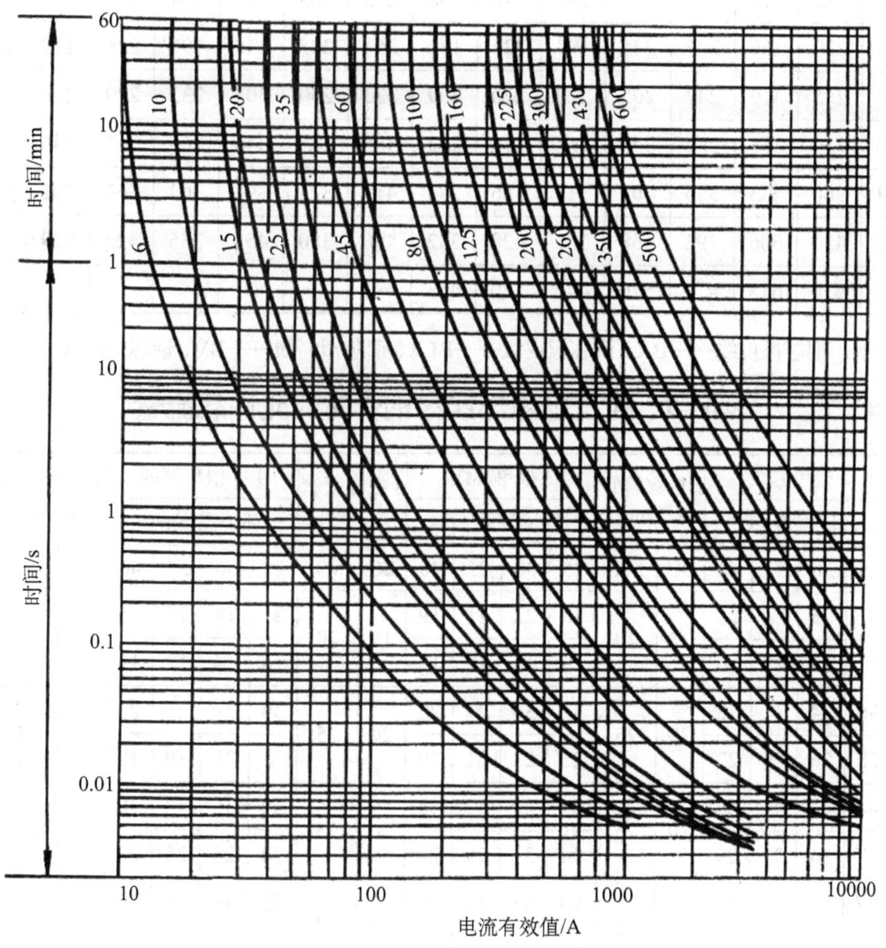

图 A-2　RM10 型低压熔断器的保护特性曲线

表A-8　绝缘导线明敷时的允许载流量

（单位：A）

芯线截面 /mm^2	橡皮绝缘线								塑料绝缘线							
	环境温度															
	25℃		30℃		35℃		40℃		25℃		30℃		35℃		40℃	
	铜芯	铝芯	铜芯	铝芯	铜芯	铝芯	铜芯	铝芯	铜芯	铝芯	铜芯	铝芯	铜芯	铝芯	铜芯	铝芯
2.5	35	27	32	25	30	23	27	21	32	25	30	23	27	21	25	19
4	45	35	41	32	39	30	35	27	41	32	37	29	35	27	32	25
6	58	45	54	42	49	38	45	35	54	42	50	39	46	36	41	33
10	84	65	77	60	72	56	66	51	76	59	71	55	66	51	59	46
16	110	85	102	79	94	73	86	67	103	80	95	74	89	69	81	63
25	142	110	132	102	123	95	112	87	135	105	126	98	116	90	107	83
35	178	138	166	129	154	119	141	109	168	130	156	121	144	112	132	102
50	226	175	210	163	195	151	178	138	213	165	199	154	183	142	168	130
70	284	220	266	206	245	190	224	174	264	205	246	191	228	177	209	162
95	342	265	319	247	295	229	270	209	323	250	301	233	279	216	254	197
120	400	310	361	280	346	268	316	243	365	283	343	266	317	246	290	225
150	464	360	433	336	401	311	366	284	419	325	391	303	362	281	332	257
185	540	420	506	392	468	363	428	332	490	380	458	355	423	328	387	300
240	660	510	615	476	570	441	520	403	—	—	—	—	—	—	—	—

注：型号表示：铜芯橡皮线——BX，铝芯橡皮线——BLX，铜芯塑料线——BV，铝芯塑料线——BLV。

表A-9　橡皮绝缘导线穿钢管时的允许载流量

（单位：A）

芯线截面 /mm^2	芯线材质	2 根单芯线				2 根穿管管径 /mm		3 根单芯线				3 根穿管管径 /mm		4~5 根单芯线				4 根穿管管径 /mm		5 根穿管管径 /mm	
		环境温度 /℃						环境温度 /℃						环境温度 /℃							
		25	30	35	40	SC	MT	25	30	35	40	SC	MT	25	30	35	40	SC	MT	SC	MT
2.5	铜	27	25	23	21	15	20	25	22	21	19	15	20	21	18	17	15	20	25	20	25
	铝	21	19	18	16			19	17	16	15			16	14	13	12				
4	铜	36	34	31	28	20	25	32	30	27	25	20	25	30	27	25	23	20	25	20	25
	铝	28	26	24	22			25	23	21	19			23	21	19	18				
6	铜	48	44	41	37	20	25	44	40	37	34	20	25	39	36	32	30	25	25	25	32
	铝	37	34	32	29			34	31	29	26			30	28	25	23				
10	铜	67	62	57	53	25	32	59	55	50	46	25	32	52	48	4	40	25	32	32	40
	铝	52	48	44	41			46	43	39	36			40	37	34	31				

续表

芯线截面/mm²	芯线材质	2 根单芯线 环境温度 /℃				2 根穿管管径 /mm		3 根单芯线 环境温度 /℃				3 根穿管管径 /mm		4~5 根单芯线 环境温度 /℃				4 根穿管管径 /mm		5 根穿管管径 /mm	
		25	30	35	40	SC	MT	25	30	35	40	SC	MT	25	30	35	40	SC	MT	SC	MT
16	铜	85	79	74	67	25	32	76	71	66	59	32	32	67	62	57	53	32	40	40	（50）
	铝	66	61	57	52			59	55	51	46			52	48	44	41				
25	铜	111	103	95	88	32	40	98	92	84	77	32	40	88	81	75	68	40	（50）	40	—
	铝	86	80	74	68			76	71	65	60			68	63	58	53				
35	铜	137	128	117	107	32	40	121	112	104	95	32	（50）	107	99	92	84	40	（50）	50	—
	铝	106	99	91	83			94	87	83	74			83	77	71	65				
50	铜	172	160	148	135	40	（50）	152	142	132	120	50	（50）	135	126	116	107	50	—	70	—
	铝	133	124	115	105			118	110	102	93			105	98	90	83				
70	铜	212	199	183	168	50	（50）	194	181	166	152	50	（50）	172	160	148	135	70	—	70	—
	铝	164	154	142	130			150	140	129	118			133	124	113	105				
95	铜	258	241	223	204	70	—	232	217	200	183	70	—	206	192	178	163	70	—	70	—
	铝	200	187	173	158			180	168	155	142			160	149	138	126				
120	铜	297	277	255	233	70	—	271	253	233	214	70	—	245	228	216	194	70	—	80	—
	铝	230	215	198	181			210	196	181	166			190	177	164	150				
150	铜	335	313	289	264	70	—	310	289	267	244	70	—	284	266	245	224	80	—	100	—
	铝	260	243	224	205			240	224	207	180			220	205	190	174				
185	铜	381	355	329	301	80	—	348	325	301	275	80	—	323	301	279	254	80	—	100	—
	铝	295	275	255	233			270	252	233	213			250	233	216	197				

注：①穿线管符号：SC—焊接钢管，管径按内径计；MT—电线管，管径按外径计。

②4～5 根单芯线穿管的载流量，是指低压 TN—C 系统、TN—S 系统或 TN—C—S 系统中的相线载流量，其中 N 线或 PEN 线中可有不平衡电流通过。如果三相负荷平衡，则虽有 4 根或 5 根导线穿管，但导线的载流仍按 3 根导线穿管考虑，而穿线管管径则按实际穿管导线数选择。

表A-10　塑料绝缘导线穿钢管时的允许载流量

（单位：A）

芯线截面/mm²	芯线材质	2 根单芯线 环境温度 /℃				2 根穿管管径 /mm		3 根单芯线 环境温度 /℃				3 根穿管管径 /mm		4~5 根单芯线 环境温度 /℃				4 根穿管管径 /mm		5 根穿管管径 /mm	
		25	30	35	40	SC	MT	25	30	35	40	SC	MT	25	30	35	40	SC	MT	SC	MT
2.5	铜	26	23	21	19	15	15	23	21	19	18	15	15	19	18	16	14	15	15	15	20
	铝	20	18	17	15			19	16	15	14			15	14	12	11				
4	铜	35	32	30	27	15	15	31	28	26	23	15	15	28	26	23	21	15	20	20	20
	铝	27	25	23	21			24	22	20	18			22	20	19	17				
6	铜	45	41	39	35	15	20	41	37	35	32	15	20	36	34	31	28	20	25	25	25
	铝	35	32	30	27			32	29	27	25			28	26	24	22				

续表

芯线截面/mm²	芯线材质	2 根单芯线 环境温度 /℃				2 根穿管管径 /mm		3 根单芯线 环境温度 /℃				3 根穿管管径 /mm		4~5 根单芯线 环境温度 /℃				4 根穿管管径 /mm		5 根穿管管径 /mm	
		25	30	35	40	SC	MT	25	30	35	40	SC	MT	25	30	35	40	SC	MT	SC	MT
10	铜	63	58	54	49	20	25	57	53	49	44	20	25	49	45	41	39	25	25	25	32
	铝	49	45	42	38			44	41	38	34			38	35	32	30				
16	铜	81	75	70	63	25	25	72	67	62	57	25	32	65	59	55	50	25	32	32	40
	铝	63	58	54	49			56	52	48	44			50	46	43	39				
25	铜	103	95	89	81	25	32	90	84	77	71	32	32	84	77	72	66	32	40	32	（50）
	铝	80	74	69	63			70	65	60	55			65	60	56	51				
35	铜	129	120	111	102	32	40	116	108	99	92	32	40	103	95	89	81	40	（50）	40	—
	铝	100	93	86	79			90	84	77	71			80	74	69	63				
50	铜	161	150	139	126	40	50	142	132	123	112	40	（50）	129	120	111	102	50	（50）	50	—
	铝	125	116	108	98			110	102	95	87			100	93	86	79				
70	铜	200	186	173	157	50	50	184	172	159	146	50	（50）	164	150	141	129	50	—	70	—
	铝	155	144	134	122			143	133	123	113			127	118	109	100				
95	铜	245	228	212	194	50	（50）	219	204	190	173	50	—	196	183	169	155	70	—	70	—
	铝	190	177	164	150			170	158	147	134			152	142	131	120				
120	铜	284	264	245	224	50	（50）	252	235	217	199	50	—	222	206	191	173	70	—	80	—
	铝	220	205	190	174			195	182	168	154			172	160	148	136				
150	铜	323	301	279	254	70	—	290	271	250	228	70	—	258	241	223	204	70	—	80	—
	铝	250	233	216	197			225	210	194	177			200	187	173	158				
185	铜	368	343	317	290	70	—	329	307	284	259	70	—	297	277	255	233	80	—	80	—
	铝																				

表A-11　橡皮绝缘导线穿硬塑料管时的允许载流量

芯线截面 / mm²	芯线材质	2 根单芯线 环境温度 /℃				2 根穿管管径 / mm	3 根单芯线 环境温度 /℃				3 根穿管管径 / mm	4~5 根单芯线 环境温度 /℃				4 根穿管管径 / mm	5 根穿管管径 / mm
		25	30	35	40		25	30	35	40		25	30	35	40		
2.5	铜	25	22	21	19	15	22	19	18	17	15	19	18	16	14	20	25
	铝	19	17	16	15		17	15	14	13		15	14	12	11		
4	铜	32	30	27	25	20	30	27	25	23	20	26	23	22	20	20	25
	铝	25	23	21	19		23	21	19	18		20	18	17	15		
6	铜	43	39	36	34	20	37	35	32	28	20	34	31	28	26	25	32
	铝	33	30	28	26		29	27	25	22		26	24	22	20		
10	铜	57	53	49	44	25	52	48	44	40	25	45	41	38	35	32	32
	铝	44	41	38	34		40	37	34	31		35	32	30	27		

续表

芯线截面/mm²	芯线材质	2 根单芯线				2 根穿管管径/mm	3 根单芯线				3 根穿管管径/mm	4~5 根单芯线				4 根穿管管径/mm	5 根穿管管径/mm
		环境温度 /℃					环境温度 /℃					环境温度 /℃					
		25	30	35	40		25	30	35	40		25	30	35	40		
16	铜	75	70	65	58	32	67	62	57	53	32	59	55	50	46	32	40
	铝	58	54	50	45		52	48	44	41		46	43	39	36		
25	铜	99	92	85	77	32	88	81	75	68	32	77	72	66	61	40	40
	铝	77	71	66	60		68	63	58	53		60	56	51	47		
35	铜	123	114	106	97	40	108	101	93	85	40	95	89	83	78	40	50
	铝	95	88	82	75		84	78	72	66		74	69	64	58		
50	铜	155	145	133	121	40	139	129	120	111	50	123	114	106	97	50	65
	铝	120	112	103	94		108	100	93	86		95	88	82	75		
70	铜	197	184	170	156	50	174	163	150	137	50	155	144	133	122	65	75
	铝	153	143	132	121		135	126	116	106		120	112	103	94		
95	铜	237	222	205	187	50	213	199	183	168	65	194	181	166	152	75	80
	铝	184	172	159	143		165	154	142	130		150	140	129	118		
120	铜	271	253	233	214	65	245	228	212	194	65	219	204	190	173	80	80
	铝	210	196	181	166		190	177	164	150		170	158	147	134		
150	铜	323	301	277	254	75	293	273	253	231	75	264	246	228	209	80	80
	铝	250	233	215	197		227	212	196	179		205	191	177	162		
185	铜	364	339	313	288	80	320	307	284	259	80	299	279	258	236	100	100
	铝	282	263	243	223		255	238	220	201		232	216	200	183		

注：如前面的注 2 所述，如果三相负荷平衡，则虽有 4 根或 5 根导线穿管，但导线的载流量仍按 3 根导线穿管选择，而穿线管管径则按实际穿管导线数选择。

表A–12　塑料绝缘导线穿硬塑料管时的允许载流量

芯线截面/mm²	芯线材质	2 根单芯线				2 根穿管管径/mm	3 根单芯线				3 根穿管管径/mm	4~5 根单芯线				4 根穿管管径/mm	5 根穿管管径/mm
		环境温度 /℃					环境温度 /℃					环境温度 /℃					
		25	30	35	40		25	30	35	40		25	30	35	40		
2.5	铜	23	21	19	18	15	21	18	17	15	15	18	17	15	14	20	25
	铝	18	16	15	14		16	14	13	12		14	13	12	11		
4	铜	31	28	26	23	20	28	26	24	22	20	25	22	20	19	20	25
	铝	24	22	20	18		22	20	19	17		19	17	16	15		

续表

芯线截面/mm²	芯线材质	2 根单芯线				2 根穿管管径/mm	3 根单芯线				3 根穿管管径/mm	4~5 根单芯线				4 根穿管管径/mm	5 根穿管管径/mm
		环境温度/℃					环境温度/℃					环境温度/℃					
		25	30	35	40		25	30	35	40		25	30	35	40		
6	铜	40	36	34	31	20	35	32	30	27	20	32	30	27	25	25	32
	铝	31	28	26	24		27	25	23	21		25	23	21	19		
10	铜	54	50	46	43	25	49	45	42	39	25	43	39	36	34	32	32
	铝	42	39	36	33		38	35	32	30		33	30	28	26		
16	铜	71	66	61	51	32	63	58	54	49	32	57	63	49	44	32	40
	铝	55	51	47	43		49	45	42	38		44	41	38	34		
25	铜	94	88	81	74	32	84	77	72	66	40	74	68	63	58	40	50
	铝	73	68	63	57		65	60	56	51		57	53	49	45		
35	铜	116	108	99	92	40	103	95	89	81	40	90	84	77	71	50	65
	铝	90	84	77	71		80	74	69	63		70	65	60	55		
50	铜	147	137	126	116	50	132	123	114	103	50	116	108	99	92	65	65
	铝	114	106	98	90		102	95	89	80		90	84	77	71		
70	铜	187	174	161	147	50	168	156	144	132	50	148	138	128	116	65	75
	铝	145	135	125	114		130	121	112	102		115	107	98	90		
95	铜	226	210	195	178	65	204	190	175	160	65	181	168	156	142	75	75
	铝	175	163	151	138		158	147	136	124		140	130	121	110		
120	铜	266	241	223	205	65	232	217	200	183	65	206	192	178	163	75	80
	铝	206	187	173	158		180	168	155	142		160	149	138	126		
150	铜	297	277	255	233	75	267	249	231	210	75	230	222	206	188	80	90
	铝	230	215	198	181		207	193	179	163		185	172	160	146		
185	铜	342	319	295	270	75	303	283	262	239	80	273	255	236	215	90	100
	铝	265	247	220	209		235	219	203	185		212	198	13	167		

注：①同上表注。

②管径在工程中常用英寸（in）表示，管径的 SI 制（单位 mm）与英制（单位 in）近似对照如下：

SI 制/mm	15	20	25	32	40	50	65	70	80	90	100
英制/in	1/2	3/4	1	1（1/4）	1（1/2）	2	2（1/2）	2（3/4）	3	3（1/2）	4

表A-13　10kV常用三芯电缆的允许载流量

项目注释		电缆允许载流量 /A							
绝缘类型		黏性油浸纸		不滴流纸		交联聚乙烯			
钢铠护套						无		有	
缆芯最高工作温度 /℃		60		65		90			
敷设方式		空气中	直埋	空气中	直埋	空气中	直埋	空气中	直埋
缆芯截面积 / mm^2	16	42	55	47	59	—	—	—	—
	25	52	75	63	79	100	90	100	90
	35	68	90	77	95	123	110	123	105
	50	81	107	92	111	146	125	141	120
	70	106	133	118	138	178	152	173	152
	95	126	160	143	169	219	182	214	182
	120	146	182	168	196	251	203	246	205
	150	171	206	189	220	283	223	278	219
	185	195	233	218	246	324	252	320	247
	240	232	272	261	290	378	292	373	292
	300	260	308	295	325	433	332	428	328
	400	—	—	—	—	506	378	501	374
	500	—	—	—	—	579	428	574	424
环境温度 /℃		40	25	40	25	40	25	40	25
土壤热阻系数/(℃·m/W)		—	12	—	12	—	20	—	20

前表注：①本表系铝芯电缆数值。铜芯电缆的允许载流量应乘以 1.29。
②如当地环境温度与本表不同时，其载流量校正系数如表 A–14 所示。
③如当地土壤热阻系数不同时，其载流量校正系数如表 A–15（以热阻系数 1.2 为基准）所示。
④本表据 GB 50217—1994《电力工程电缆设计规范》编制。

表A-14　10kV三芯电缆在不同环境温度时的载流量校正系数

电缆敷设地点		空气中				土壤中			
环境温度 /℃		30	35	40	45	20	25	30	35
缆芯最高工作温度 /℃	60	1.22	1.11	1.0	0.86	1.07	1.0	0.93	0.85
	65	1.18	1.09	1.0	0.89	1.06	1.0	0.94	0.87
	70	1.15	1.08	1.0	0.91	1.05	1.0	0.94	0.88
	80	1.11	1.06	1.0	0.93	1.04	1.0	0.95	0.90
	90	1.09	1.05	1.0	0.94	1.04	1.0	0.96	0.92

表A-15　10kV三芯电缆在不同土壤热阻系数时的载流量校正系数

土壤热阻系数	分类特征（土壤特性和雨量）	校正系数
0.8	土壤很潮湿，经常下雨。如温度大于 9% 的沙土，湿度大于 14% 的沙–泥土等	1.05
1.2	土壤潮湿，规律性下雨。如温度大于 7% 但小于 9% 的沙土，湿度为 12%~14% 的沙–泥土等	1.0
1.5	土壤较干燥，雨量不大。如湿度为 8%~12% 的沙–泥土等	0.93
2.0	土壤干燥，少雨。如湿度大于 4% 但小于 7% 的沙土地，湿度为 4%~8% 的沙–泥土等	0.87
3.0	多石地层，非常干燥。如湿度小于 4% 的沙土等	0.73

表A-16　导体在正常和短路时的最高允许温度及热稳定系数

导体种类及材料			最高允许温度 /℃		热稳定系数 C/ A $\sqrt{s}$ · mm^2
			正常	短路	
母线	铜		70	300	171
	铜（接触面有锡层时）		85	200	164
	铝		70	200	87
油浸纸绝缘电缆	铜（铝）芯	1~3kV	80（80）	250（200）	148（84）
		6kV	65（65）	220（200）	145（90）
		10kV	60（60）	220（200）	148（92）
橡皮绝缘导线和电缆		铜芯	65	150	112
		铝芯	65	150	74
聚氯乙烯绝缘导线和电缆		铜芯	65	130	100
		铝芯	65	130	65
交联聚乙烯绝缘导线和电缆		铜芯	80	250	140
		铝芯	80	250	84
有中间接头的电缆（不包括聚氯乙烯绝缘电缆）		铜芯	—	150	—
		铝芯			

表A–17 架空裸导线的最小允许截面积

<table>
<tr><th colspan="2" rowspan="2">线路类别</th><th colspan="3">导线最小截面积 /mm²</th></tr>
<tr><th>铝及铝合金线</th><th>钢芯铝线</th><th>铜绞线</th></tr>
<tr><td colspan="2">35kV 及以上线路</td><td>35</td><td>35</td><td>35</td></tr>
<tr><td rowspan="2">3~10kV 线路</td><td>居民区</td><td>35 ①</td><td>25</td><td>25</td></tr>
<tr><td>非居民区</td><td>25</td><td>16</td><td>16</td></tr>
<tr><td rowspan="2">低压线路</td><td>一般</td><td>16 ②</td><td>16</td><td>16</td></tr>
<tr><td>与铁路交叉跨越档</td><td>35</td><td>16</td><td>16</td></tr>
</table>

注：① DL/T 599—1996《城市中低压配电网改造技术导则》规定，中压架空线路宜采用铝绞线，主干线截面应为 150 ～ 240mm²，分支线截面不宜小于 70mm²。但此规定不是从机械强度要求考虑的，而是考虑到城市电网发展的需要。

②低压架空铝绞线原规定最小截面为 16mm²。而 DL/T 599—1996 规定：低压架空线宜采用铝芯绝缘线，主干线截面宜采用 150mm²，次干线截面宜采用 120mm²，分支线截面宜采用 50mm²。这些规定是从安全运行和电网发展需要考虑的。

表A–18 绝缘导线芯线的最小允许截面积

<table>
<tr><th colspan="3" rowspan="2">线路类别</th><th colspan="3">芯线最小截面积 /mm²</th></tr>
<tr><th>铜芯软线</th><th>铜芯线</th><th>铝芯线</th></tr>
<tr><td colspan="2" rowspan="2">照明用灯头引下线</td><td>室内</td><td>0.5</td><td>1.0</td><td>2.5</td></tr>
<tr><td>室外</td><td>1.0</td><td>1.0</td><td>2.5</td></tr>
<tr><td colspan="2" rowspan="2">移动式设备线路</td><td>生活用</td><td>0.75</td><td>—</td><td>—</td></tr>
<tr><td>生产用</td><td>1.0</td><td>—</td><td>—</td></tr>
<tr><td rowspan="5">敷设在绝缘支持件上的绝缘导线（L 为支持点间距）</td><td>室内</td><td>$L \leqslant 2m$</td><td>—</td><td>1.0</td><td>2.5</td></tr>
<tr><td rowspan="4">室外</td><td>$L \leqslant 2m$</td><td>—</td><td>1.5</td><td>2.5</td></tr>
<tr><td>$2m < L \leqslant 6m$</td><td>—</td><td>2.5</td><td>4</td></tr>
<tr><td>$6m < L \leqslant 15m$</td><td>—</td><td>4</td><td>6</td></tr>
<tr><td>$15m < L \leqslant 25m$</td><td>—</td><td>6</td><td>10</td></tr>
<tr><td colspan="3">穿管敷设的绝缘导线</td><td>1.0</td><td>1.0</td><td>2.5</td></tr>
<tr><td colspan="3">沿墙明敷的塑料护套线</td><td>—</td><td>1.0</td><td>2.5</td></tr>
<tr><td colspan="3">板孔穿线敷设的绝缘导线</td><td>—</td><td>1.0</td><td>2.5</td></tr>
<tr><td rowspan="3">PE 线和 PEN 线</td><td colspan="2">有机械保护时</td><td>—</td><td>1.5</td><td>2.5</td></tr>
<tr><td rowspan="2">无机械保护时</td><td>多芯线</td><td>—</td><td>2.5</td><td>4</td></tr>
<tr><td>单芯干线</td><td>—</td><td>10</td><td>16</td></tr>
</table>

注：GB 50096—1999《住宅设计规范》规定：住宅导线应采用铜芯绝缘线，住宅分支回路导线截面不应小于 2.5mm²。

表A-19　LJ型铝绞线和LGJ型钢芯铝绞线的允许载流量

（单位：A）

导线截面 / mm^2	LJ 型铝绞线				LGJ 型钢芯铝绞线			
	环境温度 /℃				环境温度 /℃			
	25	30	35	40	25	30	35	40
10	75	70	66	61	—	—	—	—
16	105	99	92	85	105	98	92	85
25	135	127	119	109	135	127	119	109
35	170	160	150	138	170	159	149	137
50	215	202	189	174	220	207	193	178
70	265	249	233	215	275	259	228	222
95	325	305	286	247	335	315	295	272
120	375	352	330	304	380	357	335	307
150	440	414	387	356	445	418	391	360
185	500	470	440	405	515	484	453	416
240	610	574	536	494	610	574	536	494
300	680	640	597	550	700	658	615	566

注：1. 导线正常工作温度按 70℃计。
　　2. 本表载流量按室外架设考虑，无日照，海拔高度 1000m 及以下。

表A-20　LMY 型矩形硬铝母线的允许载流量

（单位：A）

每相母线条数		单条		双条		三条		四条	
母线放置方式		平放	竖放	平放	竖放	平方	竖放	平放	竖放
母线尺寸 宽 × 厚 /（mm × mm）	40 × 4	480	503	—	—	—	—	—	—
	40 × 5	542	562	—	—	—	—	—	—
	50 × 4	586	613	—	—	—	—	—	—
	50 × 5	661	692	—	—	—	—	—	—
	3 × 6.3	910	952	1409	1547	1866	2111	—	—
	63 × 8	1038	1085	1623	1777	2113	2379	—	—
	63 × 10	1168	1221	1825	1994	2381	2665	—	—
	80 × 6.3	1128	1178	1724	1892	2211	2505	2558	3411
	80 × 8	1274	1330	1946	2131	2491	2809	2861	3817
	80 × 10	1427	1490	2175	2373	2774	3114	3167	4222
	100 × 6.3	1371	1430	2054	2253	2633	2985	3032	4043
	100 × 8	1542	1609	2298	2516	2933	3311	3359	4479
	100 × 10	1728	1803	2558	2796	3181	3578	3622	4829
	25 × 6.3	1674	1744	2446	2680	2079	3490	3525	4700
	125 × 8	1876	1955	2725	2982	3375	3813	3847	5129
	125 × 10	2089	2177	3005	3282	3725	4194	4225	5633

注：①本表载流量按导体最高允许工作温度 70℃、环境温度 25℃、无风、无日照条件下计算而得。如果环境温度不为 25℃，则应乘以下表的校正系数。

环境温度 /℃	+20	+30	+35	+40	+45	+50
校正系数	1.05	0.94	0.88	0.81	0.74	0.67

②当母线为四条时，平放和竖放时第二、三片间距均为 50mm。

表A-21 用电设备组的需要系数、二项式系数及功率因数参考值

用电设组备名称	需要系数 K_d	二项式系数		最大容量设备台数 x[①]	$\cos\varphi$	$\tan\varphi$
		b	c			
小批生产的金属冷加工机床电动机	0.16~0.2	0.14	0.4	5	0.5	1.73
大批生产的金属冷加工机床电动机	0.18~0.25	0.14	0.5	5	0.5	1.73
小批生产的金属热加工机床电动机	0.25~0.3	0.24	0.4	5	0.6	1.33
大批生产的金属热加工机床电动机	0.3~0.35	0.26	0.5	5	0.65	1.17
通风机、水泵、空压机及电动发电机组电动机	0.7~0.8	0.65	0.25	5	0.8	0.75
非连锁的连续运输机械及铸造车间整砂机械	0.5~0.6	0.4	0.4	5	0.75	0.88
连锁的连续运输机械及铸造车间整砂机械	0.65~0.7	0.6	0.2	5	0.75	0.88
锅炉房和机加、机修、装配等类车间的吊车（ε=25%）	0.1~0.15	0.06	0.2	3	0.5	1.73
铸造车间的吊车（ε=25%）	0.15~0.25	0.09	0.3	3	0.5	1.73
自动连续装料的电阻炉设备	0.75~0.8	0.7	0.3	2	0.5	1.73
实验室用小型电热设备（电阻炉、干燥箱等）	0.7	0.7	0	—	1.0	0
工频感应电炉（未带无功补偿装置）	0.8	—	—	—	0.35	2.68
高频感应电炉（未带无功补偿装置）	0.8	—	—	—	0.6	1.33
电弧熔炉	0.9	—	—	—	0.87	0.57
点焊机、缝焊机	0.35	—	—	—	0.6	1.33
对焊机、铆钉加热机	0.35	—	—	—	0.7	1.02
自动弧焊变压器	0.5	—	—	—	0.4	2.29
单头手动弧焊变压器	0.35	—	—	—	0.35	2.68
多头手动弧焊变压器	0.4	—	—	—	0.35	2.68
单头弧焊电动发电机组	0.35	—	—	—	0.6	1.33
多头弧焊电动发电机组	0.7	—	—	—	0.75	0.88
生产厂房及办公室、阅览室、实验室照明[②]	0.8~1	—	—	—	1.0	0
变配电所、仓库照明[②]	0.5~0.7	—	—	—	1.0	0
宿舍、生活区照明[②]	0.6~0.8	—	—	—	1.0	0
室外照明、应急照明[②]	1	—	—	—	1.0	0

注：①如果用电设备组的设备总台数 $n < 2x$ 时，则最大容量设备台数取 $x=n/2$，且按“四舍五入”修约规则取整数。例如某机床电动机组 $n=7 < 2x=2\times510$，故取 $x=7/2\approx4$。

②这里的 $\cos\varphi$ 和 $\tan\varphi$ 值均为白炽灯照明数据。如为荧光灯照明，则 $\cos\varphi$=0.9，$\tan\varphi$=0.48；如为高压汞灯、钠灯等照明，则 $\cos\varphi$=0.5，$\tan\varphi$=1.73。

表A-22 室内明敷和穿管的绝缘导线的电阻和电抗值

导线线芯额定截面积/mm²	电阻/(Ω·km⁻¹)				电抗/(Ω·km⁻¹)					
	导线温度/℃				明敷线距/mm				导线穿管	
	50		60		100		150			
	铝芯	铜芯	铝芯	铜芯	铝芯	铜芯	铝芯	铜芯	铝芯	铜芯
1.5	—	14.00	—	14.50	—	0.342	—	0.368	—	0.138
2.5	13.33	8.40	13.80	8.70	0.327	0.327	0.353	0.353	0.127	0.127
4	8.25	5.20	8.55	5.38	0.312	0.312	0.338	0.338	0.119	0.119
6	5.53	3.48	5.75	3.61	0.300	0.300	0.325	0.325	0.112	0.112
10	3.33	2.05	3.45	2.12	0.280	0.280	0.306	0.306	0.108	0.108
16	2.08	1.25	2.16	1.30	0.265	0.265	0.290	0.290	0.102	0.102
25	1.31	0.81	1.36	0.84	0.251	0.291	0.277	0.277	0.099	0.099
35	0.94	0.58	0.97	0.60	0.241	0.241	0.266	0.266	0.095	0.095
50	0.65	0.40	0.67	0.41	0.229	0.229	0.251	0.251	0.091	0.091
70	0.47	0.29	0.49	0.30	0.219	0.219	0.242	0.242	0.088	0.088
95	0.35	0.22	0.36	0.23	0.206	0.206	0.231	0.231	0.085	0.085
120	0.28	0.17	0.29	0.18	0.199	0.199	0.223	0.223	0.083	0.083
150	0.22	0.14	0.23	0.14	0.191	0.191	0.216	0.216	0.082	0.082
185	0.18	0.11	0.19	0.12	0.184	0.184	0.209	0.209	0.081	0.081
240	0.14	0.09	0.14	0.09	0.178	0.178	0.200	0.200	0.080	0.080

表A-23 电力电缆的电阻和电抗值

额定截面积/mm²	电阻/(Ω·km⁻¹)								电抗/(Ω·km⁻¹)					
	铝芯电缆				铜芯电缆				纸绝缘电缆			塑料电缆		
	缆芯工作温度/℃								额定电压/kV					
	55	60	75	80	55	60	75	80	1	6	10	1	6	10
2.5	—	14.38	15.13	—	—	8.54	8.98	—	0.098	—	—	0.100	—	—
4	—	8.99	9.45	—	—	5.34	5.61	—	0.091	—	—	0.093	—	—
6	—	6.00	6.31	—	—	3.56	3.75	—	0.087	—	—	0.091	—	—
10	—	3.60	3.78	—	—	2.13	2.25	—	0.081	—	—	0.087	—	—
16	2.21	2.25	2.36	2.40	1.31	1.33	1.40	1.43	0.077	0.099	0.110	0.082	0.124	0.133
25	1.41	1.44	1.51	1.54	0.84	0.85	0.90	0.91	0.067	0.088	0.098	0.075	0.111	0.120
35	1.01	1.03	1.08	1.10	0.60	0.61	0.64	0.65	0.065	0.083	0.092	0.073	0.105	0.113
50	0.71	0.72	0.76	0.77	0.42	0.43	0.45	0.46	0.063	0.079	0.087	0.071	0.099	0.107
70	0.51	0.52	0.54	0.56	0.30	0.31	0.32	0.33	0.062	0.076	0.083	0.070	0.093	0.101
95	0.37	0.38	0.40	0.41	0.22	0.23	0.24	0.24	0.062	0.074	0.080	0.070	0.089	0.096
120	0.29	0.30	0.31	0.32	0.17	0.18	0.19	0.19	0.062	0.072	0.078	0.070	0.087	0.095
150	0.24	0.24	0.25	0.26	0.14	0.14	0.15	0.15	0.062	0.071	0.077	0.070	0.085	0.093
185	0.20	0.20	0.21	0.21	0.12	0.12	0.12	0.13	0.062	0.070	0.075	0.070	0.082	0.090
240	0.15	0.16	0.16	0.17	0.09	0.09	0.10	0.11	0.062	0.069	0.073	0.070	0.080	0.087

参考文献

[1]刘介才．供配电技术［M］．4版．北京：机械工业出版社，2017.
[2]刘介才．工厂供电［M］．2版．北京：机械工业出版社，2015.
[3]陈一才．高层建筑电气设计手册［M］．北京：中国建筑工业出版社，1990.
[4]许晓慧．智能电网导论［M］．北京：中国电力出版社，2009.
[5]王厚余．低压电气装置的设计、安装和检验［M］．北京：中国电力出版社，2003.
[6]田淑珍．工厂供配电技术及技能训练［M］．北京：机械工业出版社，2009.
[7]刘增良．电气设备及运行维护［M］．北京：中国电力出版社，2004.
[8]周文彬．工厂供配电技术［M］．天津：天津大学出版社，2008.
[9]杨洋．供配电技术［M］．西安：西安电子科技大学出版社，2007.
[10]常大军，常绪滨．高压电工上岗读本［M］．北京：人民邮电出版社，2006.
[11]徐滤非．供配电系统［M］．北京：机械工业出版社，2009.
[12]张莹．工厂供配电技术［M］．北京：电子工业出版社，2006.
[13]刘燕．供配电技术［M］．西安：西安电子科技大学出版社，2007.
[14]李军．供配电技术［M］．北京：中国轻工业出版社，2007.